CHIMIE

APPLIQUÉE

A LA PHYSIOLOGIE

ET

A LA THÉRAPEUTIQUE.

CHIMIE

APPLIQUÉE

A LA PHYSIOLOGIE

ET

A LA THÉRAPEUTIQUE

PAR

M. le Docteur MIALHE, 

PHARMACIEN DE L'EMPEREUR,

Professeur agrégé à la Faculté de médecine de Paris, etc.

« Si les expériences ne sont pas dirigées par
» la théorie, elles sont aveugles ; et si la théorie
» n'est pas soutenue par l'expérience, elle devient
» trompeuse et incertaine. »

(BACON.)

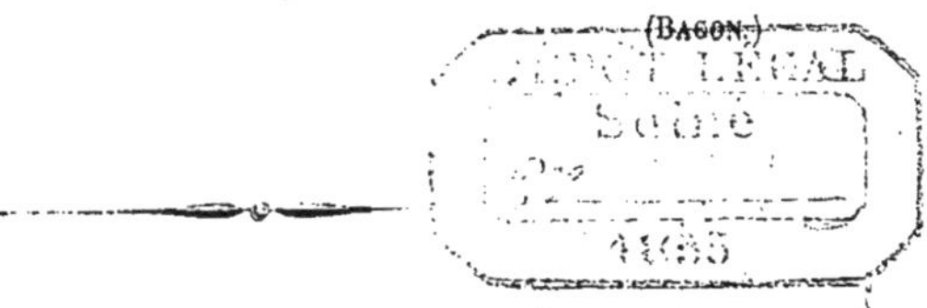

PARIS

LIBRAIRIE DE VICTOR MASSON

PLACE DE L'ÉCOLE-DE-MÉDECINE

M DCCC LVI

A

M. DUMAS

SÉNATEUR

MEMBRE DE L'ACADÉMIE DES SCIENCES DE L'INSTITUT, ETC.

Hommage de respect et de reconnaissance.

MIALHE.

Paris, septembre 1855.

a

TABLE DES MATIÈRES.

FIN DE LA TABLE DES MATIÈRES.

TABLE ALPHABÉTIQUE.

B

C

D

G

H

I

M

P

R

T

V

Z

FIN DE LA TABLE ALPHABÉTIQUE.

CHIMIE

APPLIQUÉE

A LA PHYSIOLOGIE

ET A LA THÉRAPEUTIQUE.

CONSIDÉRATIONS GÉNÉRALES.

I.

Les corps organisés, animaux et végétaux, présentent,
comme les corps inorganiques, des phénomènes physiques
d'électricité, de chaleur, de lumière, de pesanteur, d'hy-
grométrie, d'endosmose ; et des phénomènes chimiques
d'affinité, d'attraction, de composition et de décomposition. Mais, tandis que les corps inorganiques subissent
fatalement les lois générales de la nature, les corps organisés réagissent constamment contre l'action destructive
de ces mêmes lois, en vertu d'une constitution qui leur
est propre, et qui, pourvue de solides, de liquides, de
tissus, d'organes, de systèmes, donne lieu à des fonc-

1

tions dont l'ensemble détermine ce phénomène incompréhensible que l'on nomme la *vie*.

La vie est donc la lutte continuelle et prolongée des lois de la nature individuelle contre celles de la nature universelle. Le degré de vie est proportionnel au degré de supériorité des premières sur les secondes.

II.

Mais cette opposition constante des lois vitales aux lois physiques, mécaniques et chimiques, ne soustrait point les corps vivants à l'empire de ces dernières; si dans l'ensemble des fonctions constituant l'existence de l'homme, les unes, qui président aux plus hautes facultés intellectuelles, sensibilité, conscience, volonté, mémoire, etc., échappent à toute investigation scientifique et demeurent un mystère impénétrable, inaccessible; les autres fonctions, qui tiennent sous leur dépendance les conditions matérielles de l'existence (digestion, absorption, nutrition, etc.), sont, par la nature et la structure de leurs appareils, rattachées aux lois générales qui régissent la matière et permettent de temps en temps à la science de soulever le voile qui couvre le grand problème de l'économie vivante.

« A d'autres, comme le dit M. Dumas, le soin et le
» privilége de développer les nobles facultés de l'intelli-
» gence humaine; notre tâche, plus humble, doit se
» renfermer dans le champ des phénomènes physiques
» de la vie. Or, parmi ces phénomènes, il en est qui se

» rattachent manifestement aux forces que la matière
» brute met elle-même en jeu. »

Ce sont seulement ces phénomènes de la vie organique
que nous nous proposons d'étudier.

III.

Depuis longues années deux opinions se disputent l'explication de ces phénomènes : l'une les fait dépendre du *principe vital*, force particulière représentée comme l'antagoniste de celles qui régissent la matière brute ; l'autre rejette cette force hypothétique ; l'influence exercée par les agents extérieurs sur les corps organisés est pour elle une preuve que les phénomènes des fonctions animales n'ont rien de spécial , et que la *vie* ou l'ensemble de ces phénomènes résulte simplement des modifications successives de la matière.

On admet généralement aujourd'hui que les phénomènes qui se passent dans les corps vivants sont de deux ordres. Les uns, consistant en combinaisons et décompositions chimiques, sont absolument de même nature que les phénomènes qui sont produits dans le laboratoire du chimiste. Les autres se soustraient aux lois de la chimie ordinaire ; par suite des mystérieuses transformations qu'ils font subir aux molécules complexes dont se compose la partie fondamentale des corps organisés, ils donnent naissance aux liquides, aux solides, aux tissus de l'économie , et sont ainsi la manifestation d'une admirable puissance dont la chimie n'a pas encore pu reproduire les merveilles.

Toutefois l'analyse a démontré que la matière organique et la matière inorganique se composent des mêmes éléments premiers, et que des différences dans les proportions de ces éléments et dans leur mode de combinaison suffisent à expliquer l'origine de tous les principes immédiats, tant du règne animal que du règne végétal.

IV.

C'est ainsi que dans ces derniers temps on a pu reproduire du sucre de raisin, créer des bases et des acides organiques, et composer de toutes pièces l'urée, ce principe organique par excellence, que naguère encore les médecins signalaient comme un exemple frappant de l'impuissance de la chimie à imiter les produits de l'organisme !

Ces succès doivent être un puissant soutien pour ceux qui marchent dans la voie pénible des recherches. M. le professeur Chevreul pense que lorsque tous les principes immédiats seront connus, lorsqu'ils auront été étudiés dans leur composition et dans leurs propriétés, nous serons en état d'expliquer, dans l'être vivant, des phénomènes qui, jusqu'alors, étaient rapportés à ce que l'on nomme la *force vitale*. « La proposition suivante, dit » M. Chevreul, fera comprendre toute ma pensée. Sup-» posons qu'un être organisé contienne du bleu de Prusse » dans un liquide faisant fonction de séve ou de sang, et » que ce liquide pénètre dans un organe qui reçoive une » action de la lumière capable de réduire ce principe colo-

» rant en cyanogène et en protocyanure de fer ; suppo-
» sons qu'il y ait exhalation du cyanogène, puis absorption
» d'oxygène, et que, cet oxygène étant entraîné avec le
» protocyanure dans des organes sur lesquels la lumière
» n'agit pas, il y ait formation de bleu de Prusse et de
» peroxyde de fer : je dis maintenant que l'exhalation du
» cyanogène et la décoloration du liquide contenant le
» bleu de Prusse, dans l'organe qui serait frappé par la
» lumière et la recoloration du liquide, suite d'une ab-
» sorption d'oxygène et de sa soustraction à l'influence du
» soleil, seraient des phénomènes que rapporterait à une
» force vitale celui qui ignorerait les propriétés que nous
» avons signalées dans le bleu de Prusse, tandis que celui
» qui les connaîtrait, venant à rencontrer cette matière
» colorante dans le liquide d'un être vivant, et à observer
» les phénomènes dont j'ai parlé, aurait bientôt expliqué
» la décoloration et la recoloration du liquide sans recou-
» rir à une force vitale.

» Il y a plus, continue M. Chevreul, si nous supposons
» qu'un organe isole le peroxyde de fer du bleu de Prusse
» régénéré, à mesure que la recoloration du liquide a lieu,
» il y aura sécrétion, et si ce peroxyde s'accumule dans
» un organe, celui qui connaîtra les propriétés du bleu de
» Prusse s'expliquera l'origine du peroxyde de fer. Enfin,
» s'il était vrai, comme quelques physiciens l'ont admis,
» que les sécrétions s'opéreraient par suite d'un état élec-
» trique des organes, l'acte même par lequel le peroxyde
» de fer serait séparé du liquide, faisant fonction de séve
» ou de sang, pour accroître ou nourrir un organe, serait
» encore expliqué sans recourir à une force vitale. »

V.

Nous aussi, nous essayons de prouver qu'à l'aide des connaissances chimiques on peut arriver à une solution satisfaisante des actes qui paraissent les plus complexes et les plus inexplicables, sans invoquer sans cesse l'existence d'une *force particulière,* d'un *principe vital.* La vie n'est point une force spéciale jouissant d'une existence indépendante, elle ne consiste pas non plus dans le jeu parfait et régulier de quelques fonctions, même les plus importantes ; elle est dans l'agencement harmonique de tous les rouages divers, elle est multiple : c'est l'ensemble, la réunion des actes vitaux, c'est la matière organisée en action.

Les phénomènes de la digestion, de l'absorption, des sécrétions, etc., sont complexes et relèvent à la fois de la mécanique, de la physique, de la chimie ; aussi M. Matteucci a-t-il cru devoir les désigner sous le nom de *phénomènes vitaux.* Mais ce serait tomber dans une profonde erreur que de supposer qu'il a voulu par là les rattacher à la force mystérieuse appelée *force vitale.* M. Matteucci a soin de signaler la confusion que pourrait faire naître cette analogie. « Si Newton, dit-il, n'avait fait qu'appeler » *attraction* ou *force attractive* la force qui régit le mer- » veilleux système de la mécanique céleste, son nom » serait depuis longtemps tombé dans l'oubli. Mais en » démontrant que l'attraction s'exerce en raison directe » des masses, en raison inverse du carré des distances, » en précisant ainsi les lois éternelles de cette force,

» Newton a rendu son nom immortel. Parler de forces
» vitales, et ignorer les lois qui gouvernent ces forces,
» c'est ne rien dire, ou, ce qui est pis, c'est arrêter la
» recherche de la vérité. Dire que le foie sécrète du sang
» les éléments de la bile au moyen de la force vitale, c'est
» exactement se borner à dire que la bile se forme dans
» le foie. Par ce changement de mot, on se fait une dan-
» gereuse illusion. »

Il en est de même pour la digestion : dire qu'elle se fait
sous l'influence du suc gastrique et de la force vitale,
c'est ne donner aucune explication. Mais si l'on fait voir
qu'elle dépend des acides de l'estomac, des ferments salivaire et gastrique, et d'un certain degré de température; si l'on prouve que ce qui se passe dans la cavité
organique de l'estomac peut également avoir lieu dans un
vase inerte, en tenant compte de toutes les circonstances
qui président aux phénomènes digestifs, on aura réellement démontré que l'acte de la digestion repose sur des
réactions chimiques qui en donnent une théorie satisfaisante, complète, et l'on aura fait un grand progrès en
éloignant ce mot de *force vitale*, si vide de sens.

A ceux qui professent que, dans l'étude des phénomènes de la digestion, on ne saurait comparer l'estomac
à une cornue, nous répondons : l'estomac peut être comparé à une cornue, mais à la condition expresse de tenir
compte de tous les éléments qui sont en présence pendant le phénomène chimique si complexe de la digestion.

Toutefois, lorsque les phénomènes de respiration,
circulation, digestion, etc., auront été expliqués par les
sciences mécaniques, physiques et chimiques, nous n'en

serons pas plus avancés sur la cause première de la vie. Aussi, en étudiant le mécanisme et les lois des phénomènes de la vie animale, nous ne prétendons nullement remonter aux causes premières, pas plus que les astronomes, étudiant les secrets des cieux et les lois de la gravitation universelle, ne recherchent quelle est la force qui a lancé tous ces mondes dans l'espace.

VI.

Cause ou effet, la chimie intervient certainement dans la création, l'accroissement et l'entretien de tous les êtres vivants. Si l'essence de la vie est loin de résider tout entière dans l'affinité et dans les diverses réactions des molécules entre elles, les phénomènes chimiques et physiques n'en doivent pas moins être considérés comme un élément indispensable à sa manifestation. C'est par des phénomènes chimiques que s'accomplissent les fonctions de la respiration, de la digestion, de l'assimilation et des sécrétions ; sous ce point de vue, l'existence des êtres organisés consiste en *une suite non interrompue de réactions chimiques.*

Les réactions chimiques ne s'accomplissent pas d'une manière aussi simple et aussi précise au sein des êtres organisés que dans les expériences du laboratoire. Le corps humain n'est point un vase inerte, une simple cornue de verre, sans action sur les phénomènes qui se passent dans son intérieur ; c'est, au contraire, une organisation très complexe, très mobile, dont toutes les conditions, tous les éléments, doivent être étudiés, connus, réunis, pour permettre d'apprécier convenablement leur influence sur chacune des combinaisons nouvelles qui peuvent s'effectuer : autrement il est impossible de déduire une conséquence, une vérité.

C'est pour avoir trop souvent oublié ces principes, et pour avoir méconnu la composition des liquides et des solides animaux, que l'on a retardé plutôt qu'avancé la science, en faisant à la physiologie une application anticipée de la chimie naissante.

Maintenant les connaissances chimiques permettent de découvrir et d'expliquer une partie des modifications qui s'effectuent dans la profondeur des organes; bien plus, elles donnent la possibilité d'indiquer à l'avance ces modifications, d'en annoncer les résultats, uniquement à l'aide des lois scientifiques et des déductions rigoureuses qui en découlent.

Ainsi, loin d'être soumises au principe de la vie et modifiées par lui, comme le professait Stahl, loin d'être les effets de forces supérieures à celles qui agissent dans les laboratoires, les opérations chimiques de la nature vivante sont le résultat nécessaire des conditions chimiques de l'organisme.

VII.

Ces conditions chimiques sont, d'une part, les parties constituantes des corps animés, d'autre part, les éléments nouveaux qui viennent du dehors se combiner avec les parties constituantes, les uns pour y séjourner plus ou moins longtemps, les autres pour en être plus ou moins rapidement expulsés.

Les parties constituantes se divisent en éléments primitifs et en éléments secondaires.

L'analyse chimique ne révèle dans l'être vivant rien autre chose que ce que l'on rencontre dans le monde inorganique : des deux côtés les éléments sont les mêmes, il n'y en a pas un qui soit exclusivement propre au règne organique et que l'on ne retrouve point dans les corps bruts ; en sorte que s'il y a une différence matérielle, c'est dans l'arrangement et la combinaison, non dans l'essence des parties. Qu'on décompose l'animal le plus composé, comme l'homme, on y trouvera oxygène, hydrogène, azote, carbone, phosphore, soufre, calcium, sodium, etc. Parmi ces éléments, tous ne sont pas également nécessaires à la constitution organique, mais quatre d'entre eux prédominent en quantité sur tous les autres ; ce sont : l'oxygène, l'hydrogène, l'azote et le carbone. Ils prédominent aussi bien dans les végétaux que chez les animaux, avec cette différence que l'azote l'emporte chez les derniers et le carbone chez les premiers.

Les corps simples, éléments primitifs, *principes médiats*, ne sont jamais isolés dans l'organisme, ils sont combinés de manière à former ce que l'on nomme les éléments secondaires, *principes immédiats ;* et la nécessité de ces combinaisons est telle, pour l'entretien de la vie, que nul animal ne peut se nourrir qu'avec des principes immédiats pris au règne végétal ou au règne animal lui-même.

« En recourant aux moyens les moins énergiques de » l'analyse, on réduit les plantes et les animaux en des » principes que l'on appelle *immédiats*, parce que, ayant

» été séparés tels qu'ils existaient avant les opérations
» chimiques, on est en droit de leur attribuer les proprié-
» tés du végétal ou de l'animal auquel ils appartenaient,
» et de les considérer comme le constituant essentielle-
» ment ou immédiatement (1). Ainsi le sucre, la gomme,
» l'amidon, le ligneux ou cellulose, l'eau, les sels, etc.,
» relativement à une plante ; la fibrine, l'albumine, les
» graisses, la créatine, l'urée, l'eau, les sels, etc., relati-
» vement à un animal, sont leurs principes *immédiats;*
» tandis que l'oxygène, l'azote, le carbone, l'hydrogène
» qui les composent en sont les principes *médiats,* éloi-
» gnés ou élémentaires (**2**).

La substance organisée n'est donc pas, en réalité, constituée par de l'azote, de l'hydrogène, de l'oxygène, du
carbone, du soufre, etc., mais bien directement par des
corps résultant de l'union chimique de ces éléments.

VIII.

Toute parcelle de substance organisée a pour condition
d'existence la réunion des principes immédiats de trois
ordres différents, unis molécule à molécule.

1° Les uns sont identiques avec ceux du règne minéral, cristallisables comme eux : ils en viennent, ils y re-
tournent, ils ne font que passer sans s'arrêter dans l'organisme.

2° D'autres sont cristallisables aussi, mais la quantité

(1) Chevreul, *Journal des savants,* octobre 1847, p. 577.
(2) Chevreul, *Considérations générales sur l'analyse organique.*
Paris, 1824, in-8, p. 23.

de carbone, d'hydrogène ou d'azote qu'ils renferment, les fait distinguer facilement, de plus ils se forment dans l'économie et n'y séjournent pas ; dans l'organisme seulement, ils trouvent les conditions de leur formation, sauf quelques-uns, comme l'urée, qui peut être fabriquée artificiellement ; ils tendent à être expulsés aussitôt après leur formation, et sont, comme on dit, excrémentitiels.

3° Enfin, il est de ces principes qui se créent et se défont dans l'organisme qu'ils constituent essentiellement ; ils ne peuvent, ni être formés artificiellement de toutes pièces, ni être ramenés par l'analyse à un nombre fixe et défini d'équivalents chimiques : ce sont la fibrine, l'albumine, la caséine, la globuline, etc. (1).

IX.

Dans la nature inorganique, les combinaisons sont, en général, simplement binaires : elles sont fixes, comme le fait observer M. Chevreul, c'est-à-dire que les éléments ont satisfait aux affinités les plus énergiques qui les sollicitaient au milieu des circonstances où ils se trouvaient avant leur union ; de là résulte une résistance très grande à la décomposition. Dans les corps organisés, au contraire, les combinaisons sont ternaires, quaternaires, ou même plus compliquées encore, et toujours très mobiles, parce que la saturation, étant rarement complète, laisse

(1) Robin et Verdeil, *Traité de chimie anatomique*, préface, p. XIX et suiv.

un champ libre à d'autres affinités ; l'instabilité permet le déplacement et le remplacement des principes réunis pour former la substance du corps ; et le nombre considérable de ces principes permet que l'un se décompose et se recompose sans qu'il s'ensuive la dislocation de toutes les parties réunies.

X.

Les principes immédiats prennent part à la constitution des humeurs et des solides, et consécutivement à celle de toutes les parties de l'économie, par suite des dispositions nouvelles et plus ou moins compliquées qu'ils peuvent présenter.

Ces parties constituantes de l'organisme sont, d'une part, des gaz, comme l'oxygène, l'azote, l'acide carbonique, etc., qui, ordinairement sont à l'état de dissolution dans les liquides.

D'autre part, ce sont des liquides de natures très diverses : les uns, les plus nombreux, sont aqueux, c'est-à-dire séreux ou muqueux, etc.; les autres sont graisseux ou huileux. Les premiers sont formés par l'eau, qui tient des sels très nombreux en dissolution, principalement des sels à base alcaline, tels que les carbonates, sulfates, phosphates, chlorures, etc.; quelquefois des sels acides, et même des acides libres ; en outre, c'est l'albumine, la fibrine, la caséine, et autres corps analogues toujours très complexes, et par suite peu stables, cédant aux moindres forces qui tendent à les décomposer ou à les dédoubler en composés plus simples et plus fixes.

Les liquides huileux ou graisseux sont peu abondants ; ils se trouvent dans le lait, le chyle, le sang de la veine porte, etc.

Enfin, ce sont des solides : les uns, granulations moléculaires, globules, cellules, sont en suspension dans les humeurs dont ils font partie constituante ; et les autres, fibres, tubes, lamelles, forment des tissus en se réunissant, soit entre eux, soit avec d'autres d'espèces différentes.

XI.

Le sang, cette chair coulante de Bordeu, renferme tous les principes immédiats, soit en dissolution, soit en suspension ; il les porte, au moyen de la circulation, dans la profondeur des organes. Là des phénomènes d'endosmose et d'exosmose établissent l'échange des matériaux ; là se manifestent de nouvelles réactions chimiques qui déterminent l'acidité ou l'alcalinité de certaines humeurs, la solubilité ou l'insolubilité de certains principes : car c'est une des conditions d'existence de l'organisme, que ses principes puissent être alternativement liquides, solides, et encore liquides, pour entrer dans la substance du corps qu'ils concourent à constituer, et pour en sortir.

Le double mouvement de composition et de décomposition caractérise l'acte organique appelé *nutrition*, qui a pour résultat l'accroissement, la persistance ou le décroissement. La fonction *digestion* introduit les matériaux solides et liquides de formation, et la fonction *élimination* (urination, défécation, sueurs) rejette les produits de décomposition, ainsi que les matériaux qui ne font que passer; la *respiration* détermine des phénomènes particuliers d'oxydation; enfin, il existe un autre ordre d'actes chimiques, nommés *actes chimiques indirects, catalytiques*, ou *de contact*, ou *de fermentation*.

Un corps vivant est donc une sorte de foyer chimique où il y a, à tous moments, apport de nouvelles molécules, et départ de molécules anciennes. Et, suivant de Blainville, on peut donner le nom de faculté assimilatrice (*assimilation*) à celle qui, terme de toutes les fonctions de la nutrition, produit l'entretien de l'individu; et, par opposition, le nom de faculté désassimilatrice (*désassimilation*) à celle qui en produit la destruction.

XII.

Ainsi la substance organisée est constamment en présence d'un appareil chimique, composé d'oxygène, de ferments, d'acides, d'alcalis, de chlorures, éléments dont les propriétés constituent des forces toujours agissantes, qui font, de l'existence des animaux, *une suite non interrompue de réactions chimiques*.

CHAPITRE PREMIER.

PHÉNOMÈNES D'OXYDATION ET DE NUTRITION.

L'air atmosphérique et les aliments, c'est-à-dire l'oxygénation et la nutrition, représentent les deux conditions fondamentales de l'existence des êtres organisés.

De l'oxygène dans l'économie animale.

I. — « Si l'on examine, dit M. Dumas, quels sont les deux principaux produits excrétés par un animal, on constate que par les poumons il expulse de l'acide carbonique et de l'eau, par les urines il perd de l'oxyde d'ammonium. Un simple coup d'œil jeté sur ces matières nous fait voir qu'elles sont des produits d'oxydation, et nous pouvons en conclure que, dans un animal, les fonctions de la vie se font par des procédés d'oxydation. Mais, pour oxyder du carbone et de l'hydrogène, il faut de l'oxygène; or, la respiration en fournit qu'elle emprunte à l'air atmosphérique. L'oxydation du carbone et de l'hydrogène est accompagnée d'un dégagement de chaleur et d'électricité, l'animal doit donc produire aussi de la chaleur et de l'électricité. L'oxygène est aussi indispensable à la plante qu'à l'animal dans toutes les périodes de la vie. »

Par l'acte même de la respiration, l'oxygène de l'air qui nous environne s'introduit dans les terminaisons bronchiques, où il pénètre par endosmose à travers les parois des capillaires; en contact avec les liquides de

l'économie, il est absorbé et passe à l'état de dissolution. Les globules, la fibrine, le sérum, sont les trois parties du sang susceptibles de fixer ce gaz, mais dans des proportions différentes ; la fibrine et le sérum en absorbent fort peu, ce sont les globules qui en absorbent le plus. L'augmentation et la diminution, dans certaines limites, de la quantité d'oxygène introduite dans le poumon, est également sans influence sur la respiration, car les globules, dans le cas d'augmentation, n'absorbent jamais que la quantité qu'ils ont la propriété d'absorber, et, dans le cas de diminution, ils s'emparent de tout l'oxygène qu'ils peuvent prendre, tant qu'il y en a dans l'air.

II. — Les phénomènes d'oxydation ont lieu dans toutes les parties du corps où pénètre le sang chargé d'oxygène ; toute matière organisée, morte ou vivante, est douée de la propriété d'absorber et de fixer de l'oxygène, ainsi que l'a démontré Spallanzani.

L'oxygène se combine avec le carbone des substances organisées, non-seulement dans les poumons, mais encore dans tout l'organisme ; il le brûle pour faire de l'acide carbonique qui se dégage. Chez les animaux, la quantité d'oxygène absorbée est, en général, plus grande que celle que renferme l'acide carbonique rejeté ; cet excès d'oxygène est employé à la combustion d'autres corps.

L'oxygène exerce son action dans l'économie sur le carbone, l'hydrogène, le soufre, le phosphore. Il attaque les principes immédiats, sang, albumine, fibrine, graisse, etc., ainsi que les matières alimentaires, soit animales, soit végétales, qui, introduites dans la cavité digestive, passent dans le torrent circulatoire pour servir à la nutrition.

Parmi ces matières, les unes sont azotées : fibrine, albumine, caséum, gluten, gélatine ; elles se combinent plus ou moins lentement avec l'oxygène pour former une certaine quantité d'eau, d'acide carbonique, d'acide urique, d'urée, de sulfates, de phosphates ; mais, tout en s'oxydant en plus ou moins grande proportion, elles ne doivent point disparaître par la combustion, elles ne prennent qu'une part fort restreinte dans la production de la chaleur, et sont destinées, en grande partie, à l'entretien et à la réparation des organes de l'économie : c'est pourquoi elles sont appelées *aliments plastiques*.

Les autres sont des matières végétales, hydrocarbonées, telles que les sucres et les substances amylacées, qui, pendant la digestion, ont passé à l'état de glycose ; elles s'unissent promptement à l'oxygène et se brûlent presque entièrement, en donnant naissance à de l'eau, de l'acide carbonique, et à un grand dégagement de chaleur. L'excès qui échappe à cette combustion est utilisé dans l'économie ou rejeté par les urines. Elles sont dites *aliments respiratoires*, en raison de la grande part qu'elles prennent à la calorification et à la respiration, phénomènes auxquels viennent également concourir les matières grasses et huileuses.

Il ne faudrait pas, cependant, donner une valeur trop absolue à la distinction que nous venons d'établir avec les physiologistes modernes, entre les aliments plastiques et les aliments respiratoires. Cette distinction est plus théorique que réelle. En effet, chez l'animal qui engraisse, une portion des aliments dits respiratoires se dépose dans la trame de ses tissus, dont elle devient partie constituante, c'est-à-dire qu'elle est transformée en aliment plastique. Chez l'animal qui maigrit, au contraire, ou chez celui qu'on met à la diète, des substances qui avaient fait partie intégrante de la trame organique fournissent des matériaux à l'oxygène de la respiration, c'est-à-dire qu'elles deviennent aliments respiratoires. Mais il n'est nullement nécessaire d'envisager ces conditions exceptionnelles : chez tout animal il s'opère sans cesse un mouvement de composition et de décomposition dans tous les organes ; les substances dites plastiques qui font partie de leurs tissus sont brûlées au bout d'un certain temps par l'oxygène du sang, pour être rejetées au dehors à l'état d'urée ou d'acide urique, et sont remplacées par d'autres matériaux plastiques.

Aux phénomènes de dissolution et de combinaison de l'oxygène dans l'économie, correspondent des phénomènes d'élévation de température : toutes les fois qu'il y a dans l'organisme diminution de la quantité d'oxygène absorbé, on voit peu à peu la température du corps s'abaisser ; et toutes les fois, au contraire, que cette quantité augmente, la température du corps s'élève. Il y a corrélation entre ces deux phénomènes.

III. — L'importance de l'oxydation et de l'influence qu'elle doit exercer sur l'économie nous paraît être en raison de l'étendue considérable des surfaces et de l'extrême porosité des tissus (1) avec lesquels l'oxygène est

(1) « Si l'on compare, avec les propriétés que nous venons d'énumérer, et dont jouissent tous les corps poreux, les propriétés des » substances animales qu'on signale chez elles dans des circonstances » analogues, on acquiert la conviction que, dans de certaines directions,

incessamment en contact par suite de l'activité non interrompue du torrent circulatoire qui lui sert de véhicule.
Ces surfaces multipliées et cette extrême porosité des
tissus sont propres à produire de puissants effets chimiques, tout aussi bien qu'un morceau de platine en
éponge ou un corps poreux analogue.

Le pouvoir chimique inhérent à ces conditions d'étendue et de porosité est connu. M. Dumas a démontré avec
quelle facilité l'acide sulfhydrique se transforme en acide
sulfurique sous la seule influence des toiles humides.

Les expériences de M. Dœbereiner sur les sucres
fermentescibles en contact avec du noir de platine al-
calinisé légitiment parfaitement la comparaison que
nous établissons entre les tissus animaux et les corps
poreux.

Il est donc permis de chercher l'explication des faits
chimico - physiologiques d'oxydation dans cette texture
particulière des membranes animales, disposées de telle
manière que les liquides qui les imprègnent sont sans cesse
mis en contact avec l'oxygène, lui livrent les substances
qu'il doit oxyder au profit de l'organisme, et entraînent
ensuite au dehors les résidus inutiles auxquels cette oxydation a donné naissance.

Ainsi, une surface immense d'une texture poreuse et
perméable, un mouvement circulatoire continu qui répète

» elles ont des pores, quoique les méats soient d'une finesse telle, que
» les meilleurs microscopes ne puissent les découvrir dans la plupart
» des tissus. » (Justus Liebig, *Recherches sur quelques-unes des causes
du mouvement des liquides dans l'organisme animal*, dans *Annales
de chimie et de physique*, 3ᵉ série, t. XXV.)

et multiplie les contacts à l'infini, une température assez élevée et constamment uniforme, telles sont les conditions que la nature a fait concourir à l'accomplissement de l'oxydation des matières assimilées.

IV. — Si l'on compare la composition chimique des produits des diverses excrétions du corps avec celle des matières ingérées qui fournissent les éléments nécessaires à la nutrition et à la respiration, on verra que ces produits des excrétions ne sont, en définitive, que le résultat d'une véritable combustion vivante ; c'est-à-dire que la plupart des matières absorbées pendant l'acte de la digestion subissent dans le travail de la nutrition une série de transformations comparables à celles qui résulteraient de leur contact avec l'air libre, aidé d'une température plus ou moins élevée.

La combustion incessante, mais lente et partielle, qui s'opère dans l'économie, n'est pas un phénomène entièrement identique avec la combustion active d'un foyer. Il existe, entre le foyer de l'économie et un foyer de laboratoire, une différence capitale. Dans ce dernier, toute substance combustible est entièrement brûlée ; sous l'influence d'une oxygénation si puissante, tout produit organique est détruit ; après avoir été préalablement transformé en produits plus complexes, qui sont ceux de la distillation sèche, il donne ordinairement, pour résultat final, eau et acide carbonique. Dans le foyer de l'économie, l'action comburante est beaucoup plus limitée : l'oxygène n'attaque pas indistinctement toutes les matières qu'il rencontre sur son passage, mais seulement celles qui, de leur nature, sont aptes à se combiner avec

lui, ou bien qui le deviennent par suite des transformations qu'elles ont subies dans l'organisme.

V. — On peut diviser en trois groupes toutes les substances organiques introduites dans le torrent circulatoire :

1° Substances directement oxydables par l'économie;

2° Substances indirectement oxydables ;

3° Substances qui résistent à l'oxydation au sein de
l'organisme.

Premier groupe. — Ces matières sont toutes très facilement décomposées par l'oxygène, soit à l'air libre, soit
au sein de l'économie vivante; elles absorbent l'oxygène
d'autant plus abondamment qu'elles présentent plus de
surface, et d'autant plus rapidement qu'elles ont plus de
solubilité.

Ce sont les hydrogènes sulfuré, sélénié, arsénié et
autres, l'alcool, les huiles volatiles, le tannin, les
matières extractives, les sels alcalins à acides organiques, tels que les tartrates, les citrates, etc., les matières
albuminoïdes, etc.

Les chimistes savent que, au contact de l'air et à la
température ordinaire, ces corps éprouvent une oxydation
lente, mais réelle : les hydrogènes sulfuré, sélénié, arsénié, donnent naissance à de l'eau et à des produits acides
dont le degré d'oxydation peut varier suivant les circonstances; l'alcool passe peu à peu à l'état d'acide acétique, transformation à laquelle on peut singulièrement
aider en élevant légèrement la température et opérant
l'extrême division du liquide ; les huiles volatiles se rési-
nifient; le tannin en dissolution se change en acide gal-

lique et autres acides ; les dissolutions des tartrates et des citrates alcalins et autres sels analogues laissent pour résidu des carbonates alcalins ; enfin, les matières albuminoïdes se transforment en divers produits d'oxydation encore mal connus, et dont l'ensemble a reçu le nom de fermentation putride.

VI. — Toutes ces réactions se présenteront aussi bien au sein de l'organisme qu'au contact de l'air. C'est ainsi que les hydrogènes sulfuré, sélénié, arsénié, ont une action vénéneuse presque instantanée sur l'économie animale ; action vénéneuse qui reconnaît pour cause, d'une part, l'arrêt brusque de l'oxydation vitale résultant de la rapidité avec laquelle ces substances s'emparent de l'oxygène dissous dans le sang ; et, d'autre part, l'absorption des produits nouveaux qui naissent de cette combustion. Si l'hydrogène arsénié est plus vénéneux que l'hydrogène sulfuré, c'est que l'acide arsénieux produit par l'oxydation du premier est plus toxique que l'acide sulfurique résultant de l'oxygénation du second.

Les huiles volatiles entravent également l'oxydation respiratoire, et quelquefois assez brusquement pour devenir toxiques.

Quelques huiles essentielles subissent, même dans l'organisme, des transformations plus complètes qu'à l'air libre : par exemple, l'huile volatile d'amandes amères, laquelle passe d'abord à l'état d'acide benzoïque, puis à l'état d'acide hippurique qui est rendu par les urines, fait que les belles recherches de MM. Wœlher et Frerichs ont parfaitement démontré.

Il en est de même pour l'essence de cannelle, qui se

transforme en acide cinnamique, puis en acide hippurique.

Le tannin s'oxyde en produisant de l'acide gallique. Or, M. Wœlher avait anciennement annoncé que le tannin, pouvant être constaté dans les urines, ne devait subir aucune altération dans son passage à travers les voies circulatoires. Mais, à la suite de nouvelles recherches en collaboration avec M. Frerichs, cet habile chimiste a reconnu son erreur, et a déclaré que ce qui a été regardé comme du tannin était réellement de l'acide gallique, transformation parfaitement conforme aux principes que nous avons établis.

Les sels alcalins à acides organiques sont brûlés dans le foyer vital, en donnant pour résidus des carbonates alcalins que l'on retrouve en dissolution dans le liquide urinaire.

L'alcool est entièrement brûlé ; c'est pourquoi on n'en trouve jamais trace dans les urines.

Les matières albuminoïdes et azotées s'oxydent en produisant de l'eau, de l'acide carbonique, de l'acide urique, de l'urée, divers acides, etc.

Tous les corps de ce premier groupe sont donc oxydables dans l'économie animale comme ils le sont dans le milieu atmosphérique ; et, ainsi que nous l'avons déjà fait remarquer, les conditions inhérentes à l'économie vivante sont beaucoup plus favorables encore à l'oxydation que ne le sont celles des milieux chimiques ordinaires. Aussi cette oxydation y est-elle bien plus rapide et plus complète, puisqu'il suffit de quelques heures à l'organisme pour transformer des substances qui, dans l'air ambiant, ne s'oxydent qu'incomplétement et en un temps beaucoup plus long.

VII. *Deuxième groupe.* — Ce groupe renferme les matières hydrocarbonées neutres qui, incapables d'absorber directement l'oxygène, acquièrent cette faculté sous l'influence des liquides alcalins de l'économie : ce sont la glycose avec ses isomères et les matières grasses.

Les matières sucrées et amyloïdes puisées dans l'alimentation végétale, l'amidon, le sucre de canne, etc., doivent, pour pouvoir être assimilées, subir, dans les cavités digestives, des modifications qui les transforment en glycose. Cette glycose ne pourrait nullement donner lieu à des produits oxygénés, tels que les acides glycosique et formique, l'ulmine, etc., sans l'intervention des alcalis contenus dans les humeurs animales ; fait que nous avons constaté en 1844. Nous avons prouvé que, contrairement à l'opinion générale des chimistes, le sucre de raisin, ou glycose, n'a par lui-même aucune action réductive sur les sels de cuivre, soit à froid, soit à chaud, et qu'il n'acquiert cette propriété désoxygénante que sous l'influence d'une substance alcaline libre ou carbonatée.

Une expérience de Dœbereiner vient à l'appui de cette assertion. Ce chimiste a vu le noir de platine prendre, sous l'influence des alcalis, un pouvoir oxydant tel, que tous les sucres susceptibles de fermenter se décomposaient rapidement, par son seul contact, en acide carbonique et en eau. L'observation de M. Dœbereiner est parfaitement exacte, seulement il attribue au noir de platine une influence qu'il ne possède pas ; c'est l'alcali qui transforme les sucres fermentescibles en composés oxydables, et ces composés, en présence des corps poreux organiques ou inorganiques, brûlent en donnant naissance à des produits nouveaux, eau et acide carbonique. Nous traiterons avec plus de détails (article DIABÈTE) cette question si importante de l'oxydation de la glycose dans l'économie.

Les matières grasses, malgré leur assez grande affinité pour l'oxygène, nous paraissent nécessiter l'intervention des alcalis pour opérer complétement leur oxydation. Ce qui tendrait à confirmer cette opinion, c'est que les substances alcalines, prises avec excès, déterminent un notable amaigrissement de l'économie (par exemple, chez les personnes qui ont fait un long traitement à Vichy), et que la litharge, dont le rôle est le même que celui des alcalis, additionnée aux huiles grasses, les rend plus siccatives, c'est-à-dire plus oxydables.

VIII. *Troisième groupe.* — Dans ce groupe se rangent toutes les substances qui, n'étant ni fermentescibles, ni putrescibles, ne s'oxydent au contact de l'air ni directement ni indirectement, et n'éprouvent, par conséquent, aucune action de la part des réactifs de l'économie. Aussi ces substances traversent-elles les voies digestives sans y éprouver la moindre altération, et en sortent-elles dans le même état qu'elles y étaient entrées. La mannite et la gomme nous en fournissent les preuves. Nos expériences sur la manne, et celles de M. Boussingault sur la gomme, ont parfaitement démontré ces résultats.

Il en est de même d'un grand nombre de principes colorants, tels que celui de l'indigo en dissolution dans l'acide sulfurique, celui de la gomme-gutte, de la rhu-

barbe, de la garance, du bois de Campêche, des betteraves, etc.

Les alcalis organiques sont dans le même cas. Aucun
des réactifs de l'économie n'étant assez puissant pour les
détruire, ces composés traversent tout l'organisme sans
se décomposer, et se retrouvent dans les produits excrémentitiels. Cependant on serait porté à croire qu'il n'en
est pas de même pour la morphine. Cet alcaloïde a des
propriétés réductives très prononcées sur les sels de
peroxyde de fer et sur l'acide iodique. Il se pourrait donc
que, dans l'économie, il fût, en tout ou en partie, soumis
à l'oxydation vitale. Nous possédons un fait qui vient à
l'appui de cette hypothèse : un malade qui prenait souvent
jusqu'à 2 grammes d'extrait d'opium ne présentait dans
ses urines, malgré les recherches les plus scrupuleuses,
aucune trace de morphine.

IX. — En se basant sur les caractères des trois
groupes que nous venons d'établir, on pourra prévoir
comment une substance quelconque se comportera au
sein de l'organisme.

Ces notions peuvent aussi éclairer sur le traitement à
diriger contre certaines maladies, car, non-seulement les
médicaments, mais l'alimentation même, exercent la plus
grande influence sur la composition chimique des humeurs et des sécrétions de l'économie.

L'alimentation animale renfermant, dans ses éléments
albuminoïdes, du soufre et du phosphore, donne naissance, par leurs combinaisons avec l'oxygène, aux acides
sulfurique et phosphorique.

L'alimentation végétale engendre des produits de

nature alcaline, parce que les acides organiques qui saturent les bases alcalines, dans les plantes, en se brûlant dans l'économie, laissent pour résidus des carbonates et des bicarbonates alcalins.

Les urines nous fournissent une excellente preuve de ces diverses transformations : elles sont acides chez les carnivores, alcalines chez les herbivores. Or, le veau présente un exemple remarquable de ces deux états : tant qu'il prend le lait de vache, il a les urines acides; mais, dès qu'il change de nourriture, qu'il est mis à un régime végétal, il a les urines fortement alcalines.

Lorsqu'un animal est soumis à une diète prolongée, les phénomènes de combustion continuent à se produire, car ils sont indispensables au maintien et à la manifestation de la vie; mais alors, en l'absence d'alimentation extérieure, ils ont lieu aux dépens des éléments organiques de l'animal lui-même. Il en résulte un amaigrissement plus ou moins rapide et un excès d'acidité dans les humeurs, acidité qui prend sa source dans les résidus d'oxydations qui sont identiquement les mêmes que ceux provenant d'une alimentation animale.

Les phénomènes d'oxydation interstitielle, en s'opérant d'une manière plus ou moins complète, donnent lieu à des modifications chimiques très remarquables.

Les urines des gens sédentaires contiennent une grande quantité d'acide urique et très peu d'urée ; tandis que les urines des gens qui marchent beaucoup, qui font un violent exercice, contiennent à peine des traces d'acide urique, et sont très riches en urée, produit d'une oxydalion plus avancée. Une oxydation complète est donc une corrélation d'une bonne santé.

X. — L'oxydation intravasculaire est un phénomène incessant et tellement nécessaire, qu'il ne peut être entravé, anéanti, sans que la vie soit immédiatement en péril. Il devient ainsi possible d'expliquer les effets si délétères de certains corps sur l'économie animale ; les uns déplacent seulement l'oxygène, les autres s'en emparent pour former des produits nouveaux plus ou moins toxiques.

Le chloroforme, l'éther sulfurique, n'ont rien de vénéneux par eux-mêmes ; dès qu'ils sont introduits dans le torrent circulatoire, ils déplacent l'oxygène du sang, arrêtent la combustion et suspendent la vie plus ou moins longtemps : nous ne saurions mieux comparer l'action de ces agents qu'à celle de l'azote. Aussi l'inhalation de l'oxygène, proposée par M. Duroy, nous paraît-elle le moyen le plus rationnel à employer dans l'asphyxie qui résulte de l'usage des anesthésiques.

De même les huiles volatiles, par leur avidité pour l'oxygène, arrêtent momentanément les phénomènes d'oxydation, et cette suspension ne peut devenir nuisible à l'économie que si elle est trop longtemps prolongée.

Tandis que les hydrogènes sulfuré, sélénié, arsénié, déterminent, non-seulement des désordres, en s'emparant de l'oxygène, mais encore des empoisonnements souvent irrémédiables, en formant instantanément de nouveaux produits toxiques.

On comprendra donc aisément avec quelle rapidité deviendrait mortelle une substance qui s'emparerait sur-le-champ de tout l'oxygène destiné, dans le sang, aux besoins de la respiration et de la nutrition.

Tel serait le cas du phosphore si, par hypothèse, il était possible de l'administrer à l'état gazeux. Il en serait de même d'un composé qui, sans absorber l'oxygène, aurait la faculté d'anéantir brusquement le phénomène de la combustion intravasculaire. Un semblable composé agirait comme un coup de foudre. Or, il existe une substance dont les effets toxiques sont comparables à la foudre elle-même : c'est l'acide cyanhydrique. Nous savons, d'après les recherches de M. Millon, que cet acide a une grande tendance à entraver certains phénomènes d'oxydation ou de combustion ; que même, en très petite quantité, il arrête complétement la combustion ordinairement si rapide et si complète de l'acide oxalique par l'acide iodique. D'après la relation qui lie ces deux phénomènes, l'oxydation et la respiration, il est permis de penser que l'acide cyanhydrique n'a d'autre effet sur l'organisme que d'arrêter brusquement l'oxydation vitale, et de produire par là une mort instantanée. Cet acide paraîtrait ne mettre obstacle au phénomène de l'oxydation que d'une manière en quelque sorte mécanique, car il n'est pas brûlé lui-même, ainsi qu'on peut s'en assurer par la persistance de l'odeur prussique, caractéristique dans le corps des sujets qui ont succombé à cet empoisonnement. Cette explication nous paraît plus vraisemblable que celle qui attribue à l'acide cyanhydrique une influence spéciale et tout à fait hypothétique sur le sang ou sur le système nerveux.

L'acide arsénieux possède, quoique à un moindre

degré, la propriété d'entraver l'oxygénation. M. Millon a vu qu'une ou deux gouttes de solution d'acide arsénieux empêchaient le fer décapé de se dissoudre dans l'acide sulfurique étendu au douzième.

L'émétique aussi présente le même phénomène, mais à un degré beaucoup plus faible. Cette action rendrait compte, à nos yeux, de l'efficacité de l'émétique dans le traitement de la pneumonie, du rhumatisme articulaire aigu, etc. M. Mulder a, en effet, démontré que la couenne inflammatoire n'est pas constituée par de la fibrine, comme on l'avait cru jusqu'à lui, mais qu'elle est le résultat d'une oxydation outrée de l'élément albumineux primordial, la protéine ; oxydation que l'émétique vient réduire et ramener à son type normal. Les acides cyanhydrique et arsénieux, envisagés sous ce point de vue, pourraient peut-être remplir avantageusement cette même indication, et devenir des médicaments utiles contre les maladies inflammatoires, pneumonie et rhumatisme en particulier.

XI. — Il résulte de tout ce qui précède, que l'oxygène est, dans l'organisme, l'agent des réactions chimiques les plus remarquables et la source des principaux phénomènes vitaux ; c'est en attaquant incessamment les diverses substances avec lesquelles il est mis en contact, en les brûlant pour les divers besoins des fonctions nutritives et respiratoires, qu'il entretient en même temps la chaleur animale et la vie.

Tel est si bien le rôle de l'oxygène dans l'économie animale, que toute substance qui entrave cette oxygénation incessante est toxique , que toute substance qui l'anéantit est mortelle.

DE LA DIGESTION ET DES FERMENTS DANS L'ÉCONOMIE ANIMALE.

1. — « Les phénomènes de la respiration, en détruisant les matériaux devenus impropres à la vie, font subir à l'organisme des pertes que les fonctions nutritives sont appelées à réparer sans cesse. Le sang vient porter dans l'économie l'élément destructeur, l'oxygène ; mais il charrie en même temps des matériaux réparateurs en échange de ceux que les procédés de la vie ont soustraits à l'économie. Dans l'état normal, les éléments dont le sang doit se charger, et qui doivent suffire à la fois aux besoins de la respiration et aux fonctions nutritives, lui sont fournis par les aliments. L'animal carnivore consomme des matières dont il est lui-même composé : fibrine, albumine, caséum, gélatine, etc.; l'animal herbivore, en mangeant graines, semences, feuilles, herbe, consomme et assimile un ensemble de principes qui constituent des matières identiques avec celles dont le carnivore se nourrit : albumine, caséum, amidon, sucre, matières grasses, etc. Mais les substances si variées dont se compose la nourriture ne passent ordinairement dans le sang qu'après avoir subi, dans l'intérieur de l'économie, des modifications qui les rendent aptes au rôle qu'elles sont destinées à remplir. Ces changements s'accomplissent dans l'appareil digestif, dans lequel les aliments broyés séjournent pendant quelque temps et s'imprègnent des liquides capables de les dissoudre ou de les diviser. Ces liquides sont : la salive, le suc gastrique, la bile, le suc pancréatique et le

suc intestinal. L'action qu'ils exercent sur les substances alimentaires est une action purement chimique. » (Dumas.)

Ainsi, la digestion n'est pas une simple dissolution des aliments, comme on l'a professé pendant longtemps, c'est une véritable transformation qui s'opère par la force catalytique de deux matières azotées analogues aux ferments, existant dans la salive : le suc pancréatique et le suc gastrique.

Ces phénomènes de contact, appelés catalyses, qui ont pour résultat des transformations, des métamorphoses isomériques ou des dédoublements, sont bien différents : 1° des fermentations qui président à la décomposition d'un corps en deux ou trois autres, avec production de chaleur, et généralement avec dégagement d'acide carbonique ; 2° des putréfactions qui, souvent, donnent lieu à des phénomènes semblables aux actions précédentes, et, de plus, à des phénomènes de combustion.

2. — Les anciens n'avaient aucune connaissance de ces forces catalytiques ; mais ils avaient en quelque sorte pressenti l'existence et l'importance de la fermentation dans l'économie animale.

L'école chimiatre, s'appuyant sur une science à peine naissante, sur des expériences mal exécutées, des faits isolés, des idées erronées, prétendait dévoiler les principes de l'existence et les causes de toutes les maladies, par les ferments ; cette doctrine a longtemps dominé la physiologie, la médecine, la thérapeutique.

Van Helmont, Descartes, Sylvius, Willis, etc., professaient que tout changement dans le mélange des humeurs est constamment le résultat de la fermentation ; que la di-

gestion est une véritable fermentation opérée par l'inter-
mède d'un ferment ; qu'elle a lieu dans les premières voies
par la réunion de la salive avec le suc pancréatique et la
bile ; que le sang est le centre de réunion de toutes les
humeurs des sécrétions ; que la calorification, ce feu vital
tout différent du feu ordinaire, est, à son tour, entretenu
par le mélange uniforme du sang avec les autres humeurs
de l'économie ; que les maladies elles-mêmes ne peuvent
être expliquées que par les principes chimiques (les acides
et les alcalis), ces maladies se divisant ainsi en deux
classes, celles qui sont dues à une âcreté acide, celles qui
proviennent d'une âcreté alcaline.

Ces idées, tour à tour adoptées et combattues, ont traversé les siècles. Il était réservé à notre époque de convertir en réalités ce qui n'était, dans le principe, que des
conceptions de l'esprit.

3. — En effet, l'existence des ferments est aujourd'hui
une vérité scientifiquement démontrée : ce sont eux qui
président à tous les actes de nutrition des êtres organisés. Pour les végétaux, c'est la diastase, découverte par
MM. Payen et Persoz dans les cotylédons des plantes en
voie de germination ; pour les animaux, c'est, d'une
part la diastase, que nous avons le premier signalée dans
le liquide salivaire, et que MM. Bouchardat et Sandras
ont retrouvée dans le suc pancréatique, et, d'autre part,
c'est la pepsine, principe étudié par les auteurs sous les
noms de *pepsine, chymosine, gastérase.*

Chacun de ces ferments a une action qui lui est propre.
L'un, la diastase salivaire, en moins d'une minute, fluidifie l'empois d'amidon et le transforme en dextrine et en

glycose; l'autre, la pepsine, n'ayant aucune action saccharifiante sur la fécule, coagule le lait, la fibrine et le
gluten, rendus solubles par une faible proportion d'acide ;
dissout ensuite ce coagulum, et lui fait subir une transformation moléculaire toute particulière. Par contre, la
diastase n'exerce aucune action sur les liquides albuminoïdes.

Les ferments jouissent des propriétés remarquables
d'entraîner la décomposition de certaines substances très
complexes, d'amener des perturbations des plus énergiques, et de donner naissance à des réactions d'un ordre
tout particulier.

Ces transformations, parfois instantanées, déterminées sur une masse considérable par une quantité
minime, constituent un caractère spécial, n'ayant rien
d'analogue aux décompositions chimiques qui ont lieu
d'équivalent à équivalent. Ce caractère spécial ne se
révèle qu'en présence des corps sur lesquels les ferments ont une action immédiate, et la puissance et
l'intensité d'action ne sont pas les mêmes pour chaque
ferment. Ainsi, les fermentations amygdalique et sinapi-
sique, la fermentation amyloïque, sont en quelque sorte
instantanées, tandis que la fermentation albuminoïque,
les fermentations lactique, alcoolique, acétique, sont beaucoup moins rapides, et nécessitent chacune un temps
plus ou moins prolongé.

4. — D'après ces considérations, il ne nous est pas
possible d'admettre avec MM. Liebig, Bernard, Barreswil et autres, que les ferments se produisent et se détruisent instantanément dans l'économie, lorsquele besoin

s'en fait sentir ; que ces ferments sont un seul et même principe qui revêt des qualités différentes suivant le milieu dans lequel il se trouve placé, et suivant la substance à laquelle il s'adresse. Pour nous, ces matières sont spéciales et distinctes, chacune conservant sa nature et son rôle particulier, et une indépendance complète.

Les ferments destinés aux êtres organisés peuvent être isolés et conservés longtemps sans altération ; ils sont précipités de leur dissolution par l'alcool concentré, sans perdre de leur solubilité, ni de leurs propriétés catalytiques.

Jusqu'à présent, chez les animaux, deux seulement nous sont bien connus, la diastase et la pepsine, mais il en existe certainement d'autres qui concourent également à l'entretien de la vie.

Bien plus, il n'est pas douteux qu'en outre de ces *ferments physiologiques*, l'économie n'en renferme souvent d'autres d'une spécificité particulière, et qui, comme source de réactions chimiques anormales, pourraient être nommés *ferments pathologiques*. Si l'on n'admet pas leur existence, il est impossible de comprendre certains phénomènes morbides, tels que le choléra, la fièvre jaune, la peste, la fièvre typhoïde, la variole, la rage, la morve, la syphilis, l'infection putride, etc.

DISSOLUTION ET ABSORPTION DES MATIÈRES ALIMENTAIRES.

5. — Tous les aliments, si divers qu'ils soient, peuvent se rapporter à trois groupes bien distincts. Ce sont,

d'après Prout, qui, le premier, a établi cette importante distinction :

1° Les matières végétales ou hydrocarbonées : sucres, amidon ;

2° Les matières azotées ou albuminoïdes : albumine, caséum, fibrine, gélatine, gluten ;

3° Les matières grasses : graisses, huiles.

Ces trois groupes sont presque également indispensables à la nutrition ; cependant les matières sucrées seraient celles dont les animaux se passent le mieux, et les matières azotées celles qui leur sont le plus indispensables.

Pour devenir absorbables, ces matières doivent subir, dans l'appareil digestif, des transformations spéciales, qui constituent, pour chacune d'elles, un mode propre de digestion.

Digestion des matières sucrées.

6. — Le sucre cristallisable, sucre de canne, sucre ordinaire, ne se décompose point, et ne se colore point au contact des alcalis, chaux, soude ou potasse ; il ne réduit, ni les sels de cuivre, ni le bioxyde de cuivre mêlés à un liquide alcalin ; il n'entre point spontanément en fermentation ; il ne devient propre à toutes ces réactions chimiques que, lorsque sous l'influence directe des acides ou des ferments, il s'est transformé en *sucre incristallisable*, en *sucre interverti* modification isomère de la glycose, ou en *glycose*.

Injecté dans les veines d'un animal, il est rejeté par les urines sans avoir éprouvé aucun genre d'altération, tandis que s'il est injecté à l'état de glycose ou de sucre interverti, non-seulement il ne se montre plus dans les urines, mais au bout de quelques heures, il ne peut plus même être retrouvé dans le sang.

Ces faits démontrent que le sucre de canne n'est pas immédiatement assimilable, et qu'il doit passer à l'état de glycose pour devenir apte à subir les différentes réactions nécessaires à son assimilation.

Cette modification du sucre de canne en glycose s'effectue dans les voies digestives au moyen des acides et des ferments qui existent dans les liquides digestifs, exactement de la même manière qu'elle s'opère dans des vases inertes avec l'intervention d'acides étendus et de ferments.

La glycose et ses isomères sont donc les seuls sucres susceptibles d'être mis à profit par l'économie.

Digestion des matières amylacées.

7. — Les matières amylacées étant insolubles dans l'eau, l'alcool, l'éther, et indécomposables par les dissolutions alcalines faibles, tant qu'elles conservent leur état d'agrégation naturelle, doivent, pour devenir propres à la nutrition, subir la même transformation que le sucre de canne, et se convertir en dextrine d'abord, puis en glycose.

Le mode de digestion des matières féculentes a été longtemps ignoré, méconnu, et c'est à peine si l'on rencontre quelques faits épars, quelques hypothèses sans fondement par lesquelles on cherchait à éclairer la question, avant le mémoire que nous avons présenté à l'Académie des sciences le 31 mars 1845 (1). La découverte que nous avons faite du principe actif de la salive, principe parfaitement semblable à la diastase, et pouvant s'isoler comme elle, nous a permis de démontrer que les matières amyloïdes sont converties en dextrine et en glycose au moyen de ce ferment particulier que nous avons nommé *diastase animale*.

La diastase animale, que nous avions trouvée dans les liquides salivaires, a été signalée la même année, le 14 avril 1845, par MM. Bouchardat et Sandras dans le liquide du pancréas, organe complémentaire des glandes salivaires.

De sorte qu'un même ferment contenu dans les liquides salivaires et pancréatique préside à la transformation des amylacés, pour les rendre absorbables et assimilables.

Déjà cette transformation avait été entrevue par quelques auteurs. Tiedemann et Gmelin avaient découvert que, chez un chien, l'amidon était, au bout de cinq heures, converti en sucre et en gomme d'amidon (dextrine). Mais ils ne faisaient pas intervenir la salive comme agent du phénomène.

C'est Leuchs qui, le premier, démontra que l'amidon, réduit en empois par la cuisson et chauffé avec de la salive fraîche, devient liquide dans l'espace de quelques heures et se convertit en sucre; de plus, que cet effet n'est produit ni par la ptyaline, ni par l'albumine, mais seulement par la salive.

Sébastian a confirmé la découverte de Leuchs, en

(1) *De la digestion et de l'assimilation des matières sucrées et amyloïdes.*

montrant que l'amidon, mis en digestion avec la salive, perd sa propriété de bleuir par l'iode.

Schwann assure que la pepsine n'exerce pas son action digérante sur tous les aliments ; qu'elle dissout l'albumine, la fibrine, la caséine et le gluten, mais qu'elle est sans action sur l'amidon, dont la digestion ne s'opère que par la salive mêlée au suc gastrique.

Enfin, l'action de la salive sur les substances amylacées, quelle qu'elle fût, était connue depuis longtemps des peuplades barbares, qui l'appliquaient, en Chine à la préparation du pain, aux Indes à la fabrication des boissons spiritueuses.

8. — Nous avons répété un grand nombre de fois les expériences de Leuchs et de Sébastian, et nous avons toujours constaté que le produit de la réaction de la salive sur la fécule est primitivement de la dextrine, et non du sucre d'amidon, comme Leuchs l'avait annoncé. Le sucre d'amidon, sucre de raisin ou glycose, est le résultat d'une transformation plus complète. Ainsi, l'amidon est d'abord converti en dextrine, puis il passe à l'état de sucre de raisin ou glycose.

Nous avons, de plus, reconnu que l'amidon, pour pouvoir être promptement transformé en dextrine et en glycose par le liquide salivaire, à la température du corps des animaux, doit être désagrégé ; effet que l'on obtient en le cuisant dans l'eau ou le broyant à froid.

9. **Action de la salive sur la fécule cuite et hydratée.** — L'action de la salive sur la fécule cuite et hydratée est très prompte : que l'on introduise dans la bouche une certaine quantité d'amidon à l'état d'empois nou-

vellement préparé, et qu'on le soumette immédiatement à la mastication, en moins d'une minute la saveur
fade de l'empois sera remplacée par une saveur manifestement sucrée, tout à fait analogue à celle du sirop de
dextrine ; ce peu de temps suffit pour la transformation de
la fécule en dextrine et glycose, au point que le liquide
n'est plus influencé par l'iode.

Avec l'amidon hydraté délayé dans l'eau et filtré, l'action de la salive est encore plus rapide ; elle est, pour
ainsi dire, instantanée. Au bout de quelques secondes
d'agitation, le mélange n'offre aucune coloration en bleu
par la teinture d'iode.

Voici une manière très simple de constater ce fait :
Mâchez du pain azyme, crachez sur un filtre le contenu
de votre bouche ; d'autre part, broyez dans un mortier
du pain azyme avec de l'eau distillée, et jetez le liquide
sur un autre filtre. Traitez par la teinture d'iode les deux
liquides filtrés : le premier ne se colorera pas en bleu,
le second offrira tout de suite une teinte bleue très
foncée. Pour prouver ensuite que votre salive filtrée
contient de la glycose produite par la décomposition du
pain azyme, ajoutez-y de la potasse, et chauffez ; la
liqueur passera bientôt au brun rougeâtre très foncé.

10. Action de la salive sur la fécule crue et broyée. —
Si la fécule est crue et seulement désagrégée par le
broyage, la transformation est plus lente et nécessite
quelques heures de contact pour s'effectuer.

11. Action de la salive sur la fécule crue. — Quand
la fécule est crue et dans l'état d'agrégation qui lui
est propre, elle n'est que très lentement et très im-

parfaitement rendue soluble par la salive. Au premier moment l'action est même nulle ; il faut faire digérer pendant deux ou trois jours l'amidon dans la salive fraîche, et aider la réaction par une élévation de température de 40 à 45 degrés centigrades, pour que la transformation se manifeste.

12. Action de la salive sur le pain. — Si le pain est bien cuit, il est promptement modifié par la salive, et acquiert une saveur douce très marquée par le fait même de la mastication; s'il est mal cuit, il échappe en partie à l'action digestive, parce que l'amidon, qui n'a pas été désagrégé, ne peut se transformer en dextrine et en glycose.

13. Action de la salive sur le pain azyme. — Bien que le pain azyme n'ait pas subi la fermentation panaire, il n'en constitue pas moins un aliment bien digestible, attendu que les grains de fécule qu'il renferme ont été complétement désagrégés par la chaleur, et sont propres à recevoir l'influence fluidifiante de la salive.

14. —Dans toutes ces expériences, l'iode et la potasse ont été employés pour constater la modification de la fécule ; par ce double moyen, nous avons pu obtenir des résultats plus exacts qu'en ayant recours à l'iode seul. En effet, si la fécule a été transformée complétement par la salive, elle ne prend aucune coloration bleue par la solution iodée ; mais si elle ne l'a été qu'incomplétement, elle se colore en raison inverse de la portion transformée, car l'iode n'a d'action que sur la fécule indécomposée : il faut donc avoir recours à la potasse qui, contrairement à l'iode, n'exerce d'action que sur la fécule modifiée. On filtre la solution amylo-salivaire ; on ajoute quelques gouttes de potasse caustique en liqueur, et l'on chauffe : le degré de coloration brun jaunâtre que prend la solution permet de juger de la proportion d'amidon modifié, l'amidon pur n'étant pas coloré par les dissolutions alcalines.

15. Principe actif de la salive, diastase animale. — Après avoir ainsi constaté l'énergique influence de la salive humaine sur les matières féculentes, nous avons été naturellement conduit à rechercher quel en était le *principe actif.*

Nous avons filtré la salive humaine et l'avons traitée par cinq ou six fois son poids d'alcool absolu ; nous avons ainsi obtenu la précipitation d'une substance solide, blanche ou blanc grisâtre, se déposant par flocons, d'abord peu sensibles, mais qui vont en croissant et gagnent le fond du vase. Nous avons recueilli cette substance sur un filtre, et après l'avoir desséchée en couches minces sur une lame de verre au moyen d'un courant d'air chaud à la température de 40 à 50 degrés, nous l'avons conservée dans un flacon bien bouché.

Rien n'est plus simple que cette préparation, et pourtant ce n'est pas sans quelques difficultés que nous sommes arrivé à ce résultat, ce qui tient à la prompte et facile altération de ce principe, tant qu'il est humide. Lorsqu'il est desséché, il peut, au contraire, être conservé très longtemps sans perdre aucune de ses propriétés.

Si Leuchs et Sébastian ont conclu de leurs recherches que la salive ne renferme aucun principe *sui generis* susceptible d'agir d'une manière spéciale sur les aliments féculents, c'est qu'ils n'ont expérimenté que sur la diastase salivaire altérée ayant perdu tout pouvoir spécifique sur la fécule (PTYALINE de Berzelius).

16. — Le principe actif de la salive est solide, blanc ou blanc grisâtre, amorphe, insoluble dans l'alcool absolu, soluble dans l'eau et dans l'alcool faible.

Sa solution aqueuse est insipide, neutre aux papiers réactifs, précipitée par le sous-acétate de plomb; abandonnée à elle-même, elle s'altère promptement et devient acide, soit qu'elle ait ou non le contact de l'air. L'acide qui prend alors naissance est l'acide butyrique ou un acide qui lui est fort semblable.

Ce principe est sans influence sur les substances azotées, fibrine, albumine, caséine, gélatine et gluten, et sur les matières ternaires neutres, sucre de canne, inuline, gomme arabique et cellulose très agrégée; il exerce, au contraire, une action très puissante sur l'amidon. Mis en contact avec la fécule crue, la fécule anhydre ou la fécule hydratée, il donne lieu exactement aux mêmes réactions que la salive.

L'énergie de ce principe est telle, que 1 partie en poids suffit pour liquéfier et convertir en dextrine et en glycose plus de 2000 parties de fécule.

Cette propriété doit donc être rapportée à la classe des réactions chimiques qui s'opèrent à l'aide de doses infiniment petites, et par conséquent au groupe des phénomènes de fermentation, appelés aussi catalyses ou phénomènes de contact.

Or, il existe un corps qui exerce sur l'amidon un pouvoir spécifique absolument semblable, et ce corps est la *diastase* ou principe actif de l'orge germée, découvert par MM. Payen et Persoz.

Ces deux principes fluidifient l'amidon dans les mêmes circonstances et les mêmes proportions, aux mêmes degrés de température; celui de l'orge germée, cependant, a rarement une action aussi énergique que celui de la salive, ce qui tient à la différence de pureté. Le principe de l'orge, en effet, est presque constamment souillé par un peu de dextrine qui ne peut lui être enlevée que par des purifications réitérées; purifications plus nuisibles qu'avantageuses en raison de la grande altérabilité de la diastase.

Tous deux subissent les mêmes influences de la part du tannin, de la créosote, des acides puissants, d'un grand nombre de sels métalliques coagulants, des sels de cuivre, de mercure, d'argent, etc., qui anéantissent leur propriété saccharifiante.

Tous deux sont azotés et se trouvent en même quantité dans le règne animal et le règne végétal; la proportion du principe actif de la salive chez l'homme excède rarement **2** millièmes, et c'est justement la proportion de diastase qui existe dans l'orge germée.

Ces faits militent beaucoup en faveur de l'identité des deux principes. Voici, du reste, quelques expériences qui tendraient à confirmer cette opinion :

1° Lorsqu'on soumet à l'action de la chaleur d'un

bain-marie, d'une part, un mélange de diastase pure et d'amidon délayé dans l'eau, et, d'autre part, un mélange de ferment salivaire, d'amidon et d'eau, dans les mêmes proportions respectives, on remarque que la fluidification de l'amidon a lieu dans les deux cas au même moment, entre 70 et 75 degrés centigrades. En soumettant les mélanges à la filtration, on constate, de plus, que les particules amylaires indécomposées qui restent sur le filtre donnent lieu, avec l'iode, à une coloration rouge violacé absolument pareille dans les deux expériences ; que la liqueur filtrée n'est plus influencée par les solutions iodées, et qu'elle prend une coloration brune identique dans les deux cas par l'addition d'une solution alcaline bouillante.

2° Lorsqu'on fait réagir un pareil poids de ferment salivaire et de diastase pure sur un excès d'amidon hydraté, et que l'on filtre ensuite, on s'assure, par l'action de la potasse, que la proportion d'amidon transformé est la même dans les deux cas.

3° Quand on dissout un poids égal de ces deux principes fluidificateurs dans une même proportion d'eau, et quand on ajoute ensuite, dans les deux expériences, de l'iodure d'amidon, en ayant soin de n'en ajouter de nouveau que lorsque la coloration de l'iodure a été détruite par suite de l'action de ces principes fermentifères sur l'amidon, on constate que la proportion d'iodure employé est sensiblement la même dans les deux cas.

Toutefois, nous ne pensons pas qu'on puisse regarder le principe actif de la salive et celui de l'orge germée comme un seul et même ferment ; mais en raison de l'identité des propriétés chimiques, nous proposons de désigner l'un sous le nom de *diastase animale*, et l'autre sous le nom de *diastase végétale*.

17. — Nous avons répété, avec le suc pancréatique et avec le pancréas lui-même, toutes les expériences que nous avions faites avec le liquide salivaire ; les résultats obtenus ont été parfaitement identiques : l'amidon a été liquéfié et transformé en dextrine et en glycose.

En versant de l'alcool pur sur le suc pancréatique, nous avons obtenu un précipité qui agit comme le suc pancréatique : c'est le principe actif, c'est la diastase, ainsi que l'ont très bien reconnu MM. Bouchardat et Sandras.

Donc, en vertu de la diastase qu'ils contiennent, le liquide salivaire et le suc pancréatique ont la même énergie saccharifiante, le même pouvoir de transformer les amylacés en glycose.

18. **Nécessité du principe actif**. — Y avait-il nécessité de ces transformations pour que l'amidon pût servir à la nutrition des végétaux et des animaux ? Oui, certainement ; car l'amidon est une substance globulaire insoluble, en suspension dans les liquides avec lesquels il est mêlé. Dans cet état, il ne subit aucune loi de l'endosmose, il ne traverse pas les membranes, et n'est point, par conséquent, propre à être absorbé ; pour qu'il puisse le devenir, il doit perdre son organisation globulaire et se changer en une matière soluble et endosmotique : cette matière, c'est la glycose.

C'est ce que M. Payen a parfaitement démontré au moyen de bulbes végétaux : les uns , plongés dans une eau simplement amylacée, n'aspiraient aucune parcelle d'amidon; les autres, baignés par une eau chargée d'un mélange d'amidon et de diastase, contenaient dans leur intérieur, au bout d'un certain temps, une grande quantité de dextrine et de glycose résultant de l'action de la diastase sur l'amidon , et facile à reconnaître par les alcalis. Il en a conclu que, pour servir à la nutrition des végétaux, l'amidon devait être changé en dextrine, puis en glycose, au moyen d'un ferment particulier auquel il a donné le nom de *diastase.*

Nous avons renouvelé les expériences de M. Payen avec des endosmomètres composés de membranes animales.

Des tubes larges de 2 centimètres, et fermés à une de leurs extrémités par un morceau d'intestin grêle de mouton convenablement fixé , furent remplis , les uns d'eau distillée tenant en suspension de la fécule crue, les autres d'un mélange de fécule et de salive humaine. Les premiers laissèrent transsuder un liquide qui , même après une centaine d'heures , ne décela aucune trace de matière amyloïde ou sucrée. Les seconds donnèrent, après douze heures de contact , un liquide chargé d'une certaine quantité de matière saccharifiée, qui était l'amidon modifié et passé à l'état de dextrine et de glycose, qui ne bleuissait point par l'iode et se colorait en brun foncé par la potasse. La proportion de glycose devint de plus en plus abondante à mesure que le contact fut prolongé plus longtemps.

Ces résultats prouvent évidemment que l'amidon, devenu dextrine et glycose, passe seul à travers les membranes, et que l'amidon non décomposé reste tout entier à la surface.

Les expériences directes sur les animaux vivants ont également confirmé la nécessité de la transformation de l'amidon ; injecté dans les veines à l'état de dissolution, il cause de graves accidents, et même la mort ; injecté à l'état de glycose, il est parfaitement absorbé.

19. — Les mêmes réactions chimiques président aux phénomènes de nutrition chez les végétaux et chez les animaux.

Dans les végétaux, l'amidon que contiennent les organes ne peut servir à la nutrition qu'après avoir été rendu soluble à la faveur d'un ferment spécial, la diastase ; et ce qui frappe tout d'abord, c'est la localisation de ce ferment, qui n'existe ni dans les racines, ni dans les pousses, mais uniquement dans les semences féculifères, près des germes, là justement où son action est nécessaire pour dissoudre la fécule et la rendre absorbable.

De même, chez les animaux, l'amidon ne peut servir à la nutrition qu'après avoir été fluidifié et modifié par le même principe fermentifère. Comme dans les végétaux, la diastase existe aux lieux où elle doit opérer son action chimique, dans la bouche et dans le duodénum, là où commence la préparation, et où se termine la fluidification du bol alimentaire.

Dans tous les animaux, sans exception, la saccharification des matières féculentes se fait sous l'influence de la diastase qui existe dans les liquides salivaire et pancréatique. Cette transformation, bien loin d'être un fait pathologique, ainsi qu'on l'avait cru, est un fait normal physiologique et nécessaire.

20. — Il est donc évident que la condition essentielle d'une bonne digestion des substances amylacées, c'est que la salive et le suc pancréatique soient sécrétés en quantité suffisante et mis en contact avec l'aliment qui doit devenir sucre. Nous sommes sans action sur le suc pancréatique et nous ignorons les causes qui augmentent sa sécrétion ; mais nous possédons des moyens propres à influencer la sécrétion salivaire ; nous pouvons, par une mastication lente et prolongée, agir très efficacement sur l'insalivation, et partant, sur la digestion. C'est un fait d'observation, que les animaux qui ont l'appareil masticateur le plus parfait, sont ceux qui digèrent le plus aisément la fécule crue.

Les vieillards, privés de dents et incapables de broyer suffisamment les matières alimentaires, convertissent imparfaitement la fécule en glycose, et sont ainsi exposés à de mauvaises digestions.

La prothèse dentaire a souvent remédié à des dyspepsies qui n'avaient d'autre cause qu'une mauvaise insalivation, par défaut de broiement des aliments. Dans un cas remarquable, l'agacement douloureux déterminé par la présence de dents artificielles provoquait la déglutition avant que les aliments fussent suffisamment insalivés ; il en était résulté des douleurs d'estomac et un amaigrissement qui disparurent complétement lorsque, sur notre avis, le malade se décida à mâcher plus lentement les substances alimentaires.

Les enfants en bas âge ne digèrent que peu ou point les féculents, parce que, avant la première dentition, l'insalivation est à peu près nulle. Si le pain grillé, désigné sous le nom de *biscotte*, est plus digestible que les autres préparations féculentes, c'est uniquement parce que, pendant sa préparation, une partie de l'amidon a été modifiée comme il l'est pendant l'insalivation, c'est-à-dire transformée en dextrine et en glycose.

C'est bien réellement à la salive que doit être rapportée la cause première de la digestion des aliments féculents, car si l'on administre à de très jeunes enfants des matières amylacées, préalablement mâchées et insalivées, ainsi que certaines mères ont l'habitude de le faire, la digestion en est incomparablement plus aisée et plus complète. Comme cette manière d'agir a quelque chose de repoussant, il est bon de savoir qu'on arriverait au même résultat en introduisant dans la bouillie féculifère une petite quantité de diastase ou une proportion équivalente d'orge germée.

Enfin, le comte de Rumford a authentiquement constaté qu'à poids égal, le pain pris en substance est plus nutritif que lorsqu'il est ingéré sous forme de soupe, preuve d'une insalivation incomparablement plus parfaite dans le premier que dans le second cas.

21. — Depuis la lecture de ce mémoire à l'Académie des sciences, le 31 mars 1845, on a soulevé contre le rôle physiologique que nous avions assigné à la diastase plusieurs objections qu'il est de notre devoir d'examiner.

1re *objection*. — Et d'abord, on a nié l'influence chimique de la salive ; on voudrait considérer ce liquide comme ne servant qu'à favoriser la mastication et la dé-glutition au moyen du principe muqueux qu'il contient.

Cette doctrine, dont les derniers défenseurs ont été MM. Lassaigne et Blondlot, est complétement ren-versée par les faits. Il est incontestable que la salive possède une action chimique qui transforme l'amidon en glycose.

2e objection. — On a allégué que la plupart des matières animales solides ou liquides jouissent de la faculté de trans-former l'amidon en glycose, de sorte qu'il n'y aurait rien de spécial dans l'action de la salive. MM. Magendie et Bernard ont institué une série d'expériences, d'après lesquelles la bile, le sperme, le sang, le pus, les pro-duits sécrétoires provenant de l'irritation des muqueuses, les membranes muqueuses de tout ordre, convertissent, sous l'influence de l'air, de l'eau, et d'une chaleur égale à celle du corps, l'empois d'amidon en glycose, de telle sorte que les propriétés de la salive ne différeraient pas sensiblement de celles d'un infusum de membrane mu-queuse quelconque.

Ces faits très intéressants ne peuvent nullement infir-mer l'action de la salive, ni même restreindre son rôle dans le phénomène de la digestion. La salive et le suc pancréatique contiennent un principe fermentifère qui n'existe dans aucun autre liquide, principe qui peut être isolé et conservé avec toutes ses propriétés sacchari-fiantes; sa rapidité et son énergie d'action ne peuvent être comparées à celles des membranes muqueuses ou des autres liquides azotés qui ne transforment l'amidon

que par une fermentation putride et nullement semblable
à la fermentation catalytique.

Ces fermentations spéciales existent pour plusieurs
corps, et l'on n'a jamais songé à les contester, bien que,
dans certains cas, elles aient leurs analogues. Ainsi,
personne ne nie la spécificité d'action chimique du ferment de bière sur les sucres, bien que d'autres substances azotées aient aussi le pouvoir de donner lieu à la
fermentation alcoolique.

3e *objection.* — On a récusé l'influence de la salive,
par la raison que les acides empêchent l'action du ferment, comme l'ont montré MM. Boutron et Fremy; et l'on
a dit : L'estomac présente une acidité constante au moment de la digestion; or la salive, qui à peine a eu le
temps, dans la bouche, de modifier la fécule, perd toute
son action, une fois arrivée dans le ventricule gastrique.

M. Blondlot a même prétendu que l'acide contenu
dans le pain suffit pour annuler l'action de la diastase (1),
assertion qui tombe devant la moindre expérience.

Il n'est pas exact d'admettre que les substances alimentaires féculentes arrivant imprégnées de salive dans
l'estomac, n'y éprouvent aucune modification, parce que
les acides empêchent la diastase salivaire d'exercer son
action saccharifiante ; en effet, cette condition n'existe
qu'autant que l'amidon, la diastase et l'acide, sont seuls
en présence; aussitôt qu'une substance albumineuse est
ajoutée, elle s'empare immédiatement d'une portion de
l'acide qui a beaucoup d'affinité pour elle, et la diastase

(1) Blondlot, *Essai sur les fonctions du foie,* p. 123.

reprend tout ou partie de son pouvoir saccharifiant. Or, presque jamais les aliments amylacés ne se trouvent seuls dans la cavité stomacale.

Les faits suivants confirment ce que nous avançons :

5 centigrammes de diastase dissous dans 20 grammes d'eau chargée de 1 millième d'acide chlorhydrique ont été mis en digestion à une température de 40 degrés centigrades avec 4 grammes d'empois d'amidon ; la réaction a été à peu près nulle.

Les mêmes quantités de diastase, d'eau acidulée et d'empois, soumises également à la température de 40 degrés, mais en présence de 4 grammes de blanc d'œuf cuit, ont donné lieu à une transformation saccharine des plus marquées.

Voici une expérience encore plus probante : On a mis à digérer dans de l'eau acidulée et chargée de diastase, la fécule extraite de 10 grammes de parenchyme de pommes de terre crues ; la saccharification ne s'est point effectuée. En substituant à la fécule 10 grammes de pommes de terre soumises à la cuisson, on a obtenu une proportion notable de dextrine et de glycose. Cette différence de résultats doit être rapportée à l'albumine qui, renfermée dans la pomme de terre comme principe constituant, s'empare des principes acides, et laisse à la diastase toute son action saccharifiante sur la fécule.

Bien mieux, des expériences récentes viennent confirmer que les propriétés de la salive ne sont nullement atténuées dans l'estomac, soit par la présence d'acides libres, soit par les matières albuminoïdes.

M. Longet dit, dans ses *Nouvelles recherches relatives*

à l'action du suc gastrique sur les matières albuminoïdes (1) :

« Des doutes se sont élevés récemment, et des déné-
» gations ont été émises sur le pouvoir qu'aurait la salive
» de continuer son action saccharifiante dans l'estomac,
» sur l'empois d'amidon. Bien des fois il m'est arrivé
» de faire des mélanges de suc gastrique, de fibrine, et
» d'empois d'amidon dans des proportions telles, que
» l'acidité du suc gastrique fût dominante ; et je me suis
» convaincu que, dans ces cas encore, on avait conclu à
» tort du manque de réduction du sel de cuivre à l'ab-
» sence de la glycose, tandis qu'en réalité, ce principe
» sucré existait dans le mélange, et que sa réaction habi-
» tuelle n'était que dissimulée par le produit transformé
» de l'aliment albuminoïde (albuminose). »

On lit dans les *Archives de physiologie de Heidelberg*,
novembre 1854 :

« Les expériences suivantes, faites sur une femme
» atteinte de fistule gastrique, démontrent que l'action de
» la salive n'est point empêchée par la présence du suc
» gastrique acide (2).

» Après un repas de fécule crue, on ne trouva pas de
» sucre dans le contenu de l'estomac, on filtra le suc
» acide retiré par la fistule, et on le mêla avec de l'em-
» pois. La transformation en sucre commença aussitôt.

» Comme l'avait observé Bidder, la propriété transfor-

(1) Longet, *Nouvelles recherches relatives à l'action du suc gastrique
sur les matières albuminoïdes (Comptes rendus de l'Académie des
sciences*, 5 février 1855).

(2) Grünewaldt, *Arch. physiol. Heilk.*, novembre 1854.

» matrice de la salive persiste, même en présence des
» acides libres.

» Quelques onces d'amidon gonflé par l'eau bouil-
» lante furent introduites dans l'estomac, à jeun, à tra-
» vers la fistule ; aussitôt après, une portion de l'amidon
» fut expulsée de nouveau : déjà elle contenait du sucre.
» Un quart d'heure après, on trouva beaucoup de sucre
» dans l'estomac : l'empois était devenu *fluide*. »

4ᵉ *objection*. — Suivant M. Bernard, le rôle chimique
de la salive dans la digestion serait à peu près nul ; cette
opinion est basée sur le fait suivant : Si l'on tue un chien
quelque temps après lui avoir fait faire un repas copieux
de pommes de terre, on trouve dans l'estomac des traces
de sucre à peine sensibles, et beaucoup d'amidon, facile
à reconnaître par l'iode ; c'est seulement dans l'intestin
que la fécule disparaît.

MM. Bouchardat et Sandras, après avoir étudié, à
l'aide des réactifs chimiques et du microscope, la marche
de la transformation de la fécule crue dans toute l'étendue
du tube digestif, ont également conclu que c'est dans
l'intestin seulement que s'opère la métamorphose.

Il y a évidemment exagération dans ces conclusions :
la conversion de la fécule en dextrine et en glycose est
le phénomène normal de la digestion des amylacés,
puisqu'on suit les progrès de cette conversion aussi bien
dans le tube digestif qu'au dehors du corps de l'animal.
La salive commence, dans la bouche même, son action
sur l'aliment qu'elle contribue à réduire en pâte et à faire
glisser dans l'œsophage.

A cette première dose de salive il faut ajouter celle

que l'on avale après le repas. Si l'action s'arrête dans l'estomac, par l'influence des acides, elle reprend toute sa puissance dans l'intestin grêle, où la pâte alimentaire redevient d'abord neutre, puis alcaline ; en même temps le suc pancréatique vient apporter son complément de diastase, aussi voit-on la transformation marcher avec une grande activité à partir du duodénum.

Or, en empruntant à MM. Bouchardat et Sandras leurs propres résultats, nous voyons que chez l'homme, et même chez les carnivores (dont la salive n'a qu'un pou-voir transformateur limité), il y a déjà de la dextrine et de la glycose dans l'estomac, lorsque la fécule a été cuite avant d'y être ingérée.

Il nous est impossible d'admettre que deux liquides qui contiennent les mêmes principes fermentifères n'exercent pas la même action ; de plus, il nous paraît légitime de penser que, de ces deux liquides, le plus abondant aura la plus grande part dans l'accomplisse-ment des phénomènes. Or , le fluide salivaire existe dans l'économie en plus grande quantité que le fluide pancréatique.

5° *objection*. — Si des faits incontestables ont forcé, en quelque sorte, d'admettre un ferment pour la transforma-tion de la fécule en glycose, quelques physiologistes ont refusé à ce ferment un caractère spécial. Ainsi, MM. Ber-nard et Barreswil ont soutenu cette opinion, qu'un même principe organique fermentifère serait apte, suivant le mi-lieu dans lequel il se trouve, à produire la métamorphose de la fécule ou celle des matières azotées, la première dans un milieu alcalin, la seconde dans un milieu acide.

Nous reportons la discussion de cette opinion après l'étude de la digestion des matières albuminoïdes. En faisant le parallèle des propriétés de la diastase et de la pepsine, nous espérons démontrer clairement que ces deux principes sont tout à fait distincts l'un de l'autre.

6e objection. — On a recherché si la diastase était fournie par les glandes salivaires ou par la muqueuse buccale. Cette recherche, très intéressante au point de vue physiologique et anatomique, a moins d'importance pour le chimiste ; ce dernier n'examine, comme nous l'avons fait, que l'action générale du fluide salivaire qui existe naturellement dans la bouche, et qui se mêle aux substances alimentaires.

M. Lassaigne a fait le premier la remarque que la salive parotidienne du cheval n'exerce aucune action sur la fécule.

M. Bernard a soumis l'eau d'empois d'amidon à l'action de la salive venant de la glande sous-maxillaire et de la parotide d'un chien, sans obtenir de glycose.

La commission de l'Institut a établi que la salive parotidienne du cheval ne convertit pas l'amidon en dextrine et en glycose, mais que la salive mixte de la bouche chez cet animal jouit de ce pouvoir transformateur.

Le principe actif, admis ainsi formellement, est-il fourni par la membrane qui tapisse la bouche, ou bien est-il le résultat d'une modification qu'éprouverait, dans la cavité buccale, le produit de la sécrétion salivaire ?

Pour nous, la véritable question n'est pas là. Tous les expérimentateurs ont reconnu que le fluide salivaire mixte, c'est-à-dire composé de la sécrétion glandulaire et de la sécrétion muqueuse, tel qu'il existe dans la bouche, avait le pouvoir saccharifiant : c'est le fluide salivaire mixte que nous avons étudié, et dans lequel nous avons reconnu l'existence de la diastase, sans nous occuper de son origine.

22. Conclusions. — Les matières amylacées, pour servir à la nutrition des animaux, doivent être changées en dextrine, puis en glycose, au moyen d'un ferment particulier auquel nous avons donné le nom de *diastase animale*. Ce ferment est différent de celui par lequel sont attaquées, dans l'estomac, les substances albuminoïdes. La transformation de la portion que la salive aurait laissée intacte est complétée par une nouvelle dose de ferment fournie par le pancréas dans la cavité abdominale.

Pour nous, la digestion des matières amyloïdes commence dans la bouche et se termine dans l'intestin grêle; elle se compose de trois temps principaux :

Premier temps. — Broiement et insalivation dans la bouche; commencement de transformation, qui peut être complète pour certaines portions.

Deuxième temps. — Séjour plus ou moins prolongé dans l'estomac; pendant ce temps, l'action de la diastase peut être paralysée par les acides gastriques, quand ils ne sont pas employés à la digestion des matières albuminoïdes.

Troisième temps. — Passage dans le duodénum et dans l'intestin grêle : les alcalis de la bile, du suc pancréatique et du liquide intestinal, saturent les acides qui ont imprégné le bol alimentaire, et rendent à la diastase toute son énergie; l'afflux du suc pancréatique complète la modification des matières qui avaient échappé à l'action du liquide salivaire.

Comme c'est uniquement par la diastase qu'est effectuée la transformation de l'amidon, il est évident que tout corps qui contiendra ce ferment sera propre à la fluidification des féculents. Mais tout en admettant l'égale énergie saccharifiante du suc pancréatique, nous croyons qu'en raison de sa moindre quantité, il prend moins de part que la salive aux phénomènes de digestion amylacée. Toutefois, cette part est parfaitement démontrée par l'amaigrissement et l'altération de santé qui résultent des maladies du pancréas.

Source du sucre dans l'économie.

23. — Les faits que nous venons d'exposer, relativement à la conversion des matières amylacées en glycose, nous donnent la conviction que les principes sucrés qui existent dans l'économie y sont apportés du dehors et modifiés suivant les besoins de l'organisme.

Dans ces derniers temps, M. Bernard a conclu de ses expériences, que le sucre que l'on trouve chez l'homme et les animaux a deux origines distinctes, une origine interne et une origine externe. L'origine interne se rattacherait aux fonctions mêmes du foie, et elle offrirait une importance beaucoup plus grande que l'origine externe, qui dépend d'une condition variable de l'alimentation. Selon ce physiologiste, c'est le foie qui doit être considéré comme l'organe producteur ou sécréteur de la matière sucrée, laquelle a beaucoup d'analogie avec le sucre des diabétiques. La matière sucrée se trouve dans le foie de tous les vertébrés, quels que soient, du reste, leur alimentation, leur âge, leur sexe. Cette production du sucre est constante, elle éprouve un abaissement dans l'état d'abstinence, et une sorte de recrudescence à chaque période digestive; elle se fait aux dépens de certains éléments du sang qui traverse le tissu hépatique; elle décroît et s'éteint graduellement à mesure que, par l'effet de l'abstinence, le liquide sanguin s'use et diminue de quantité.

Nous ne pouvons partager les opinions de M. Bernard. Pour nous, le foie n'est pas un organe sécréteur du sucre, il n'est qu'un organe condensateur dans lequel le sucre s'accumule à la suite de l'alimentation ; de même qu'il n'est qu'un organe condensateur dans lequel s'accumulent certains poisons métalliques introduits dans l'économie (1).

Dans les expériences sur les animaux, quand la nourriture est amylacée, le sang du foie contient beaucoup de sucre ; quand la nourriture est albuminoïde, il en contient encore, mais en petite quantité ; il n'en contient plus du tout quand toute nourriture est supprimée.

Si le sucre ne provient pas uniquement de l'alimentation amylacée (puisqu'il est démontré aujourd'hui que la chair musculaire et le blanc d'œuf en contiennent une certaine quantité), c'est cependant un fait certain, admis même par M. Bernard, que la quantité de sucre renfer-

____

(1) Mialhe, *Recherches sur la destruction du sucre dans l'économie animale*, lues à la Société d'hydrologie de Paris, le 24 mars 1854.

mée dans l'organisme est en raison directe de la quantité de matières féculentes absorbées par l'appareil digestif. Ainsi le foie, qu'il soit un organe sécréteur ou simplement condensateur, puiserait dans l'alimentation les éléments sucrés qu'il déverse dans le torrent circulatoire.

Destruction du sucre de l'économie.

24. — Quelle que soit la source du sucre, qu'il provienne directement, conformément à notre théorie, de la transformation des amylacés par la diastase animale, ou qu'il soit sécrété par le foie, comme le veut M. Bernard, toujours est-il qu'il existe dans l'économie vivante. Pourquoi, à l'état normal de santé, ne se rencontre-t-il jamais dans les sécrétions, et disparaît-il si rapidement du sang, que quelques heures après son introduction, il ne laisse point de trace appréciable ? Comment est-il décomposé, détruit, pour servir aux besoins de l'économie ?

Ce sont ces importantes questions que nous nous proposons d'étudier.

25. — Nous avons pu assister aux phénomènes de formation ; nous avons vu la matière amylacée commencer à se métamorphoser en glycose dans la bouche, au milieu du liquide salivaire ; passer dans l'estomac, puis dans le duodénum, où elle complète sa transformation par l'afflux du suc pancréatique ; et, enfin, dans l'intestin grêle, où, comme toutes les matières solubles et absorbables, elle traverse par endosmose les membranes pour se mêler au torrent circulatoire. Mais il ne nous est point donné de suivre, jusque dans la profondeur des organes,

les phénomènes de destruction; ici nous sommes obligés de juger par probabilité, par analogie, par induction : or, cette manière de procéder, appliquée aux sciences, a déjà produit de grands résultats. Pourquoi ne serait-il pas permis, dans l'étude physiologique des fonctions animales, d'employer la méthode d'induction, en la basant sur l'observation exacte des phénomènes de la nature, et sur la connaissance approfondie des lois de la chimie?

26. — Commençons par étudier comment la glycose se comporte en dehors de l'organisme, sous l'influence de l'oxygène, des acides, des alcalis, en faisant observer que toutes les réactions chimiques que l'on attribue au sucre de canne reviennent, à proprement parler, à la glycose; car le sucre de canne n'est décomposé par les alcalis, et n'est propre à la nutrition, qu'autant qu'il est devenu sucre interverti ou glycose par l'action des acides ou des ferments.

Chauffée à la température de 140 degrés, la glycose perd de l'eau et se convertit en caramel; chauffée davantage, elle donne des gaz inflammables composés d'oxyde de carbone, d'acide carbonique, des huiles brunes, de l'acide acétique, de l'acétone, une matière amère appelée assamare, enfin un résidu de charbon.

Avec les acides chlorhydrique ou sulfurique, étendus et bouillants, elle se convertit en une matière brune ou noire, ulmine, acide ulmique et acide formique ; à froid ou à la température de 32 degrés avec les mêmes acides étendus, elle ne subit aucune transformation; chauffée avec la soude, la potasse ou leurs carbonates, elle forme des combinaisons que l'on est convenu d'appeler *glycosates*,

combinaisons éphémères qui se détruisent presque aussitôt et donnent lieu à un produit rougeâtre contenant
de l'ulmine, de l'acide formique, de l'acide glycique, de
l'acide mélassique. Ces substances, par des métamorphoses ultérieures, se convertissent en eau, acide carbonique et produits ulmiques bruns ou noirs, différant
seulement par des quantités d'oxygène et d'hydrogène
dans les rapports qui constituent l'eau. Les mêmes phénomènes se produisent à tous les degrés de température,
mais d'autant plus lentement que la chaleur est moindre.

Si la glycose peut déplacer les acides faibles, tels que
l'acide carbonique et l'acide sulfhydrique, elle est complétement sans action sur les sels plus stables formés par des
acides plus forts, tels que l'acide phosphorique, l'acide
sulfurique ; et, mise en présence des phosphates alcalins,
elle ne donne lieu à aucune décomposition, à aucune coloration semblables à celles qui s'effectuent en présence des
carbonates.

27. — On avait admis jusqu'à présent que la glycose
a beaucoup d'affinité pour l'oxygène, et qu'elle réduit
certains oxydes métalliques, notamment le bioxyde de
cuivre ; des expériences multipliées nous ont démontré que
seule elle est complétement sans action, soit à froid, soit
à chaud, tant sur le bioxyde que sur les sels de cuivre :
pour qu'elle acquière la propriété réductive, elle doit nécessairement être en présence d'alcalis libres ou carbonatés, lesquels la transforment en matières ulmiques, seules
propres à absorber l'oxygène et à opérer la réduction.

Ainsi, quand on chauffe une dissolution aqueuse de
glycose tenant en suspension de l'hydrate de bioxyde de

cuivre parfaitement pur, celui-ci n'est nullement attaqué par la dissolution saccharine ; mais instille-t-on dans la liqueur bouillante quelques gouttes de potasse libre ou carbonatée, à l'instant la glycose subit une transformation moléculaire qui la rend apte à décomposer le bioxyde de cuivre et à le réduire à l'état de protoxyde.

A froid, la glycose, rendue alcaline, opère également la réduction complète du bioxyde de cuivre, mais au bout de quelques heures.

Si, dans la dissolution de glycose, on remplace le bioxyde par du sulfate de cuivre, on n'observe aucune décomposition tant que l'on n'ajoute pas de la potasse ou de la soude en quantité plus que suffisante pour opérer le changement de base, saturer l'acide sulfurique en formant un sel de potasse ou de soude, et dégager l'oxyde de cuivre : ce bioxyde, en présence de la glycose modifiée par l'alcali, éprouve immédiatement une réduction, et passe à l'état de protoxyde ; réduction qui ne s'effectue pas quand la potasse ou la soude n'ont pas été employées en excès pour pouvoir suffire à toutes ces réactions.

Dans ces réductions, la présence ou l'absence de l'oxygène atmosphérique n'apporte aucune modification.

Les sels de plomb, de mercure, d'argent, d'or, sont également décomposés par la glycose unie aux alcalis.

La moindre quantité de glycose alcalisée existant dans un sirop destiné à certaines préparations pharmaceutiques suffit pour transformer rapidement le sublimé en calomel.

Ainsi, la glycose n'a point la propriété de s'unir directement à l'oxygène, elle doit être décomposée, transformée en substances nouvelles, qui seules sont propres à absorber l'oxygène, à se combiner avec lui; et ces transformations ne peuvent avoir lieu que sous l'influence des alcalis libres ou carbonatés.

Dans les transformations ultimes, la glycose donne naissance à des produits toujours identiques : eau, acide carbonique et matières ulmiques.

Telles sont nos connaissances précises sur les diverses réactions chimiques de la glycose.

28. — Examinons maintenant si des faits analogues se passent dans l'intérieur de l'organisme.

On y a parfaitement constaté des phénomènes de réductions métalliques : dans les expériences sur les animaux, le cyanoferrure rouge de potassium, injecté dans les veines, est rendu par les urines à l'état de cyanoferrure jaune ; dans l'empoisonnement par les sels de cuivre, le sel est décomposé, et le bioxyde passe à l'état de protoxyde, que l'on retrouve dans les organes. L'administration de la glycose aide beaucoup à cette décomposition. (MM. Flandin et Danger.)

Dans l'empoisonnement par le sublimé, la glycose transforme le deutochlorure en protochlorure.

D'autre part, on a reconnu dans le sang et dans diverses excrétions, des produits résultant de la décomposition de la glycose, tels que l'acide formique, des formiates, des substances ulmiques, etc.

29. — Voilà, relativement aux sels métalliques et à la glycose, des décompositions chimiques parfaitement analogues à celles qui s'effectuent dans le laboratoire.

Or, en présence de phénomènes identiques, nous

sommes en droit de prétendre que les mêmes effets reconnaissent les mêmes causes ; et puisque nous avons
établi, par des expériences positives, qu'en dehors de
l'économie, la glycose ne peut absorber l'oxygène, se
combiner avec lui qu'après avoir été transformé en produits nouveaux, et que cette transformation s'effectue
sous l'influence des matières alcalines libres ou carbonatées, nous sommes autorisé à penser que dans l'économie
animale la glycose sera soumise aux mêmes lois chimiques, et ne pourra pas se transformer en matières
ulmiques pour se combiner avec l'oxygène sans l'intervention des carbonates alcalins.

A l'état normal, ces carbonates alcalins existent en
grande proportion dans le liquide sanguin : la glycose
trouve donc, dans l'économie, toutes les conditions favorables à sa transformation et à son oxygénation.

Telle doit être, selon nous, la marche des phénomènes :

A son arrivée dans le liquide sanguin, la glycose décompose les carbonates alcalins, forme avec les bases de
nouveaux produits, *glycosates*, et met en liberté l'acide
carbonique ; les glycosates, sels très peu stables, se
transforment rapidement en acides glycique, ulmique,
formique, ou plutôt en glyciates, ulmiates, formiates,
lesquels se combinent avec l'oxygène du sang et subissent
une véritable combustion, en donnant naissance à de
l'eau et de l'acide carbonique.

Voilà une quantité d'acide carbonique qui provient de
deux sources bien distinctes : d'une part, de la décomposition des carbonates alcalins, et, d'autre part, de la

combustion des sels dérivant de la glycose. Une partie de cet acide carbonique est rejetée de l'économie, l'autre partie reste pour se combiner avec les alcalis rendus libres par la combustion, et reformer des carbonates qui, à leur tour, vont servir à décomposer la nouvelle quantité de glycose arrivant dans le torrent circulatoire. Il s'établit ainsi un cercle de réactions qui assurent la complète oxydation de la glycose, et renouvellent la proportion de carbonates alcalins nécessaires à l'économie.

Une probabilité de plus en faveur de notre opinion se trouve dans les faits consignés dans un travail très remarquable de MM. Regnault et Reiset, qui ont constaté que le rapport entre la quantité d'oxygène contenu dans l'acide carbonique expiré et la quantité d'oxygène consommé paraît dépendre beaucoup plus de la nature des aliments que de la classe à laquelle appartient l'animal. Ce rapport est le plus grand, lorsque les animaux se nourrissent de grains et de féculents (1).

30. —Ainsi, la destruction de la glycose est un phénomène de combustion ; c'est par l'intervention des alcalis du sang que la glycose et ses congénères se décomposent, s'oxydent, brûlent, et deviennent de véritables aliments respiratoires.

Diabète.

31. —Mais la glycose ne sert pas uniquement aux fonctions de respiration et de calorification, elle remplit

____

(1) *Annales de chimie et de physique*, t. XXVI, p. 544.

certainement un rôle important dans le grand acte de la nutrition ; de sorte que son assimilation ne saurait être empêchée ou simplement viciée sans qu'il en résulte les plus grands désordres dans l'organisme.

Si, dans certaines circonstances, la glycose n'est point décomposée, elle est rejetée comme corps étranger par tous les appareils de sécrétion ; c'est ce qui constitue le *diabète* ou la *glycosurie*, maladie caractérisée surtout par une sécrétion très abondante d'urines plus ou moins chargées de matières sucrées.

Ces urines, inodores, décolorées, semblables à du petit-lait clarifié, présentent une densité très remarquable ; mises en ébullition avec une dissolution de potasse, de soude ou de chaux, elles prennent une couleur brun rougeâtre, d'autant plus foncée qu'elles contiennent une plus grande proportion de glycose.

Elles s'accompagnent de symptômes graves : sécheresse de la bouche, soif inextinguible, faim extraordinaire ; abolition des forces corporelles, de la vision, des facultés génératrices ; absence de sueurs, constipation, amaigrissement et dépérissement général ; enfin, de tous les désordres qui caractérisent la consomption et la phthisie.

Le point de départ de ce trouble des fonctions, c'est l'existence du sucre dans les urines ; mais quelle est la cause de ce phénomène ? Pour la trouver, on a invoqué tour à tour, et avec le même insuccès, toutes les maladies, toutes les hypothèses ; irritation des reins, gastrite chronique, affection spéciale des voies digestives, suroxygénation des humeurs, aberration des forces assimilatrices, agent particulier existant seulement chez les diabétiques, etc.

32. — La cause du passage de la glycose dans les urines nous paraît pouvoir se déduire facilement des expériences et des faits que nous avons exposés dans les chapitres précédents.

Si la glycose cesse de s'unir à l'oxygène pour subvenir aux fonctions de respiration, de calorification, de nutrition ; si, devenue corps étranger et inutilisable, elle passe en nature dans les sécrétions, c'est qu'une cause anormale, puissante, empêche sa décomposition. C'est que les phénomènes chimiques qui s'accomplissent normalement dans l'économie ont subi une perturbation notable, profonde. Or, cette perturbation, c'est le défaut d'alcalinité suffisante dans les humeurs animales.

En effet, la digestion des matières amyloïdes s'opère exactement de la même manière chez le diabétique et chez l'homme en santé ; chez tous deux il y a transformation de l'amidon en glycose sous l'influence de la salive et du suc pancréatique ; seulement, chez l'un, la glycose est décomposée en présence des alcalis contenus normalement dans les humeurs animales, tandis que chez le diabétique il y a insuffisance d'alcalinité, et conséquemment absence de décomposition.

Comme causes principales de cette diminution d'alcalinité, on doit admettre l'abus des liqueurs acides, l'alimentation exclusivement azotée, la suppression de la transpiration.

33. — Chez l'homme sain, le sang est alcalin, et doit rester tel pour l'intégrité des fonctions organiques. Mais

les éléments d'acidité constamment introduits dans notre corps ne tarderaient pas à prédominer, s'ils n'etaient sans cesse éliminés par des sécrétions spéciales, les sueurs et les urines.

D'où il suit que l'état physiologique comporte un ordre de sécrétions toujours acides : celles des sueurs, du suc gastrique et des urines ; et un autre ordre de sécrétions toujours alcalines : celles des larmes, de la salive, de la bile, du suc pancréatique et des fèces.

Mais la nature de ces sécrétions n'est point l'effet d'une loi immuable de l'organisme : elle résulte de ce que les principes acides et alcalins de nos humeurs existent dans un certain rapport ; supposez ce rapport détruit, et aussitôt vous verrez les sécrétions changer de nature. Or, comme les aliments et les médicaments viennent sans cesse modifier l'état du sang, rien de plus facile à concevoir que la destruction, sous leur influence, de ce rapport entre les acides et les alcalis, qui est une des conditions essentielles de la santé.

Si les médicaments, éléments accidentels dans l'économie, n'ont qu'une influence momentanée qui peut cesser de se faire sentir peu après leur administration, il n'en est pas de même de l'alimentation ; condition indispensable de l'existence, elle exerce une influence qui se renouvelle à chaque instant, et dont les effets sont beaucoup plus durables.

La combustion des aliments absorbés et assimilés donne naissance aux mêmes produits que celle qui a lieu dans les foyers de nos laboratoires ; elle engendre des acides, si le soufre et le phosphore dominent, comme dans les matières animales; elle engendre des alcalis, si les sels alcalins à acides organiques sont en abondance, comme dans les matières végétales.

C'est ainsi que l'homme des villes, qui use d'une nourriture fortement animalisée, qui fait peu d'exercice, transpire peu ou point, et donne peu d'activité aux phénomènes de combustion, a souvent dans ses humeurs une insuffisance d'alcalinité, et est alors affecté de gravelle urique, rhumatisme, goutte, diabète; tandis que l'homme des campagnes, par son alimentation presque exclusivement végétale, par les sueurs énormes et la combustion active déterminée par les durs travaux auxquels il se livre, maintient ses humeurs dans un état salutaire d'alcalinité, et échappe ainsi aux infirmités des gens riches et sensuels.

Si de l'homme nous descendons aux animaux, nous trouvons, pour les mêmes causes, les urines très acides chez les carnassiers, très alcalines chez les herbivores.

Le veau présente un exemple remarquable de deux états bien différents, et cependant très compatibles avec la santé : tant qu'il prend le lait de vache, il est carnivore, et comme tel il a les urines acides; mais dès qu'il est changé de nourriture, qu'il est mis à un régime végétal, il a les urines fortement alcalines, et il présente une alcalinité marquée dans toutes les humeurs de son économie.

Si les animaux herbivores, qui ingèrent autant, et même plus que l'homme, des substances organiques acides ou pouvant le devenir, ne sont pas diabétiques, c'est qu'ils ne prennent jamais d'acides libres, et ne se

nourrissent que de substances organiques brutes contenant toujours une proportion marquée de sels alcalins à
acides organiques susceptibles d'être brûlés dans le sang
et d'être transformés en carbonate de potasse ; tandis
que l'homme introduit dans son économie des acides
libres, des matières organiques acidifiables, telles que
l'amidon, le sucre, etc. Ce fait explique à la fois, et
pourquoi les herbivores ont alcalines la plupart de leurs
humeurs intraviscérales, y compris même l'urine, et
pourquoi l'affection diabétique leur est inconnue. Pour
eux, la nature a placé le remède à côté du mal.

La plupart des fruits, et notamment les fruits rouges,
contiennent une grande proportion de sels alcalins susceptibles d'être brûlés dans le sang, et d'être transformés en carbonate de potasse : c'est ainsi que les raisins,
pris en grande quantité, peuvent rendre l'urine alcaline ;
à ce point qu'ils ont été administrés avec avantage dans
le traitement de la gravelle urique et autres affections
qui réclament la médication alcaline.

34. — Ce sont donc les mêmes lois qui régissent toute
la matière organisée.

Les animaux ne peuvent assimiler les matières
hydrocarbonées neutres, amidon, sucre, etc., qu'autant
qu'elles sont décomposées par les carbonates alcalins
contenus dans les humeurs vitales, et transformées en
divers produits ulmiques.

Les végétaux ne peuvent également avoir, pour éléments de nutrition, les substances hydrocarbonées neutres : amidon, ligneux, etc., qu'autant qu'elles ont été
décomposées par les alcalis contenus dans le sol et trans-

formées en divers produits, au nombre desquels figure l'ulmine.

Chez les animaux, le liquide nourricier, le sang, ne contient de glycose qu'à l'état anormal, qu'à l'état pathologique.

Chez les végétaux, le liquide nourricier, la séve, contient, à l'état normal, de la glycose ou sucre de raisin.

La raison de cette différence est que la séve est neutre ou acide, jamais alcaline, tandis que, au contraire, le sang est normalement alcalin ; or, la présence des alcalis est incompatible avec celle de la glycose. Mais si, par des circonstances accidentelles ou provoquées, on arrête la sécrétion acide de la peau, ou, si l'on ingère dans l'organisme animal des doses quotidiennes et immodérées de substances acidules ou facilement acidifiables, le sang perd ses qualités alcalines ; saturé par les acides, il devient moins alcalin, revêt des caractères chimiques analogues à ceux de la séve, et l'existence du sucre d'amidon ou glycose devient possible : c'est l'état diabétique.

Comme contre-épreuve, si l'on modifie l'acidité du végétal, si on l'arrose avec une dissolution légèrement alcaline, la séve acquiert des propriétés chimiques analogues à celles du sang : le sucre ne se produit plus, ou, pour mieux dire, il se détruit au fur et à mesure qu'il se forme. L'arbre cesse d'être diabétique, si l'on peut s'exprimer ainsi ; il n'a plus de sécrétions sucrées, il ne porte plus de fruits sucrés. Ce fait a été parfaitement établi par M. E. Fremy (1).

______

(1) *Comptes rendus de l'Académie des sciences*, octobre 1844.

35. — Si les sécrétions, au lieu de conserver chacune leur nature chimique, passent, les unes de l'acidité à l'alcalinité, les autres de l'alcalinité à l'acidité, ne devra-t-on pas conclure, dans le premier cas à un excès d'alcalinité, dans le second cas à un excès d'acidité?

Or, chez les diabétiques, la salive qui, cessant d'être alcaline, rougit plus ou moins fortement le papier de tournesol, les urines qui sont beaucoup plus acides, les superpurgations que détermine, même à petite dose, le lait de magnésie introduit dans les voies digestives, semblent suffisamment indiquer que les humeurs sont plus acides que dans l'état normal.

36. — En nous basant sur ce que nous avons démontré, savoir :

1° Que la transformation des féculents en glycose n'est point propre aux seuls diabétiques, qu'elle ne constitue pas un phénomène accidentel, anormal; qu'elle est, au contraire, le résultat nécessaire et physiologique de la digestion des matières amylacées ;

2° Que la glycose ne peut se décomposer, devenir propre aux besoins de l'organisme, que sous l'influence des alcalis contenus normalement dans le sang ;

3° Que des observations médicales recueillies à Vichy et des expériences faites sur les végétaux par M. Fremy établissent qu'en faisant varier les éléments acides ou alcalins des liquides nourriciers, on peut déterminer la présence ou l'absence du sucre dans les sécrétions :

Nous concluons que la maladie diabétique reconnaît pour cause un vice d'assimilation de la glycose par défaut d'alcalinité suffisante dans les humeurs de l'économie animale.

Cette théorie du diabète, présentée à l'Académie des sciences en février 1844, repose sur deux faits incontestables : d'une part, la transformation des matières amylacées en glycose ; d'autre part, l'action des alcalis sur la glycose. Elle est restée, pour nous, une conviction que des études nouvelles et des observations journalières n'ont fait que fortifier.

37. — La seule et importante objection que l'on nous ait opposée est celle-ci : Le sang des diabétiques n'est jamais acide ou neutre ; il reste toujours alcalin, et devant un tel fait, votre théorie s'écroule par la base.

Nous répondons : D'abord, il est très difficile d'établir par des expériences le degré d'alcalinité du sang. La multiplicité des éléments qui composent ce liquide nous paraît un obstacle insurmontable, quand on fait usage de liqueurs acides titrées pour saturer les bases.

Mais si le sang des diabétiques reste alcalin, sans pouvoir servir à la décomposition de la glycose, c'est qu'il a quelque chose de spécial dans son alcalinité.

A l'état de santé, l'alcalinité du sang est déterminée surtout par des carbonates alcalins, et un peu par des phosphates alcalins : ces derniers, malgré leur propriété de bleuir le papier rougi de tournesol, ne sont point admis, par les chimistes, au nombre des substances véritablement alcalines ; et, de plus, ils ne donnent point lieu à la décomposition de la glycose, ainsi que nous l'avons prouvé.

Or, nous pensons que, chez les diabétiques, le sang reste alcalin, parce qu'il est riche en phosphates et pauvre en carbonates, de telle façon, que la portion d'al-

calinité déterminée par les phosphates est complète-
ment nulle pour la décomposition de la glycose, puisque
celle-ci ne peut s'effectuer qu'en présence des carbonates.

Une opinion rapportée par M. Rayer concorde parfaitement avec nos expériences et notre théorie. Dans le
premier volume de son *Traité des maladies des reins*, on
lit, page 243 : « On a dit que le phosphate de chaux était
» en excès dans le sang des diabétiques. »

Nous sommes persuadé que ce fait sera rigoureusement établi, quand on pourra recueillir une assez grande
quantité de sang d'un diabétique pour en faire l'inciné-
ration comparativement au sang normal.

Nous maintenons donc que la cause du diabète est un
vice d'assimilation de la glycose par une insuffisance de
principes alcalins dans l'économie ; et par principes alcalins nous entendons les bases libres ou carbonatées, et
nullement les phosphates alcalins.

38. — La cause du diabète a été rapportée :

Par M. Bouchardat, à une modification pathologique
dans la digestion et l'absorption des féculents.

Par M. Bernard, à une lésion spéciale du système
nerveux.

Par M. Alvaro Reynoso, à une gêne des fonctions de
respiration, d'où résulte une combustion incomplète de
la glycose.

Nous ne pouvons nous ranger à l'avis de M. Bouchardat. Comme nous l'avons déjà dit, pour nous, la digestion
des matières amylacées et la formation de la glycose sont
les mêmes chez l'homme en santé et chez le diabétique,

il n'y a de différence que dans les phénomènes de décomposition et d'oxydation.

Mais, quant aux causes indiquées par MM. Bernard et Alvaro Reynoso, nous en reconnaissons toute l'importance ; nous sommes bien convaincu que la combustion de la glycose peut être entravée par d'autres conditions que l'insuffisance des carbonates alcalins : toute lésion pathologique ou physique agissant sur l'innervation, la circulation, l'hématose, entraînera une oxydation incomplète, et, par suite, le passage dans les urines d'une plus ou moins grande quantité de glycose non décomposée.

C'est ainsi que la glycose apparaît dans les urines des animaux strangulés ou noyés, des vieillards respirant avec difficulté, des malades frappés d'altérations profondes des centres nerveux, des épileptiques après leur attaque, des personnes qui éprouvent un commencement d'asphyxie par l'éther ou le chloroforme, etc.

Les phénomènes généraux de combustion intravasculaire sont donc en rapport direct avec la destruction de la glycose, et tout ce qui activera la circulation et la respiration, marche, travail, efforts musculaires, air pur et abondant, sera favorable à cette destruction.

Comme preuve à l'appui de l'influence du mouvement et de la fatigue sur les phénomènes d'oxydation, nous pouvons citer la différence de composition chimique des urines chez les personnes sédentaires et chez les personnes actives. Les urines des premières contiennent une grande quantité d'acide urique et peu d'urée ; celles des secondes renferment, au contraire, peu d'acide urique et beaucoup d'urée, qui est un produit plus avancé d'oxydation.

Après l'ingestion de 30 grammes de tartrate de potasse et de soude, les urines deviennent alcalines en moins de deux heures, si l'on fait un violent exercice ; mais elles ne s'alcalinisent qu'après quatre et cinq heures, si l'on se tient au repos.

Traitement du diabète.

39. — Depuis plusieurs années, nous avons pu recueillir un grand nombre d'observations, et constater des guérisons d'une maladie qui, mieux étudiée et mieux connue, semble devenir tous les jours plus fréquente, et qui, par suite de l'ignorance où l'on était de sa nature et de sa cause, était généralement considérée comme *incurable, et toujours mortelle.*

La fréquence du diabète concorde parfaitement avec les causes principales que nous lui avons assignées : l'abus des boissons acides, l'alimentation exclusivement azotée, la suppression de la transpiration. Les faits thérapeutiques viennent, d'autre part, confirmer nos opinions en montrant quelle action puissante la médication alcaline exerce sur la quantité de glycose contenue dans les urines des diabétiques ; sous l'influence de cette médication, nous voyons, en effet, le sucre diminuer considérablement, et même disparaître complétement.

Rétablir l'état normal des humeurs viciées et l'ordre naturel des fonctions assimilatrices, en introduisant dans l'économie l'alcali qui fait défaut, et en expulsant les acides qui prédominent, activer les phénomènes de combustion de la glycose : tel est le but du traitement.

Pour remplir la première indication, on peut administrer l'eau de chaux, le lait de magnésie, les eaux minérales de Vichy, le carbonate de soude, etc.; ce qu'il importe, c'est de faire parvenir une quantité suffisante d'alcali dans le sang. Si nous avons recommandé le bicarbonate de soude et l'eau de Vichy, c'est qu'ils ont été, jusqu'ici, employés avec le plus d'avantage.

On commencera par prescrire 6 grammes de bicarbonate de soude à prendre en trois fois : le matin, vers le milieu de la journée, et le soir. Au bout de deux ou trois jours, on augmentera successivement la dose de 1 gramme, jusqu'à ce que l'on arrive à donner, par jour, 12 ou 15 grammes, que l'on continuera ou diminuera suivant les circonstances particulières du malade ou de la maladie.

L'eau de Vichy sera, en même temps, administrée aux repas, mêlée avec du vin ; et elle sera bien plus efficace quand elle pourra être prise, en quantité convenable, aux sources naturelles.

Le carbonate d'ammoniaque, administré avec succès par M. Bouchardat, agit, non comme sudorifique, mais comme alcalin.

Il faut prendre garde de donner le lait de magnésie à dose élevée, parce que les acides abondants qui se trouvent dans le tube digestif des diabétiques changent la magnésie en sel, et il en résulte très facilement, chez ces malades, une superpurgation assez considérable pour les affaiblir.

Pour rétablir la transpiration, on mettra en usage les bains alcalins, les bains de vapeur, la flanelle, les frictions, l'exercice du corps, même les sudorifiques; en un mot, tout ce qui peut favoriser la sécrétion cutanée et la rendre plus abondante.

Quant à l'alimentation, qui peut exercer une grande influence, nous ferons observer que le régime animal, usité comme curatif de l'affection diabétique, ne constitue qu'un traitement palliatif, et que ce n'est que par l'emploi simultané des sudorifiques et des préparations alcalines que l'on peut espérer de maîtriser la cause première du mal : aussi les féculents, qui doivent être complétement supprimés dans les premiers jours de traitement, pour donner aux liquides organiques le temps de se débarrasser de l'excès de sucre, pourront être de nouveau administrés avec mesure convenable, afin que l'économie s'habitue peu à peu, sous l'influence des alcalins, à les assimiler, comme à l'état normal. Car il est évident que ce n'est pas la saccharification de la fécule qui constitue la maladie elle-même, mais bien la tendance qu'a le sucre à passer dans les urines sans être décomposé, tendance qui existe, quoiqu'on n'introduise plus de matières féculentes dans l'économie.

Par la suppression de tout aliment féculent, il est certain que l'on empêcherait le sucre de se former, et qu'il n'en passerait plus par les urines; mais comment suppléer à cette alimentation? Est-ce par l'usage exclusif des viandes, des graisses, du pain de gluten?

L'usage exclusif des viandes conduit, à la longue, à

une plus grande proportion d'acides dans l'économie, ainsi que nous l'avons expliqué.

Les graisses seules ne peuvent suffire à l'existence.

Le pain de gluten dégoûte promptement les malades.

Et d'ailleurs cette alimentation, en supposant qu'elle fût suffisamment nutritive, ne modifierait en rien l'état anormal des humeurs viciées, et à la première ingestion de matière féculente ou sucrée, le sucre reparaîtrait dans les urines, ainsi que nous l'avons expérimentalement constaté.

Il ne faut donc point interdire complétement l'usage du pain, des féculents, et surtout des végétaux ; la partie qui sera assimilée avec le secours des alcalis administrés sera toujours profitable à l'économie, et pourra même augmenter de jour en jour, par suite de la reconstitution de l'état normal des humeurs.

Il est nécessaire de varier l'alimentation, et de donner, comme adjuvants, du vin, du café, des amers ; mais on doit bannir avec soin toute substance sucrée.

Tout en neutralisant les effets, il faut attaquer la cause elle-même, et l'on n'y parviendra que par l'usage des alcalins et des sudorifiques.

D'après ce que nous avons dit de l'influence de la circulation et de la respiration sur les phénomènes de combustion générale, on comprend combien il est important de recommander la marche, l'exercice, les efforts musculaires, l'habitation dans un air vif et pur, etc.

Nous ne saurions trop insister sur la nécessité d'envoyer les malades aux eaux de Vichy pendant une ou plusieurs saisons : ces eaux, en raison de l'énorme proportion de bicarbonate de soude qu'elles renferment et de la facilité avec laquelle elles sont supportées, même en grande quantité, par les diabétiques, constituent le meilleur mode d'administration de la médication alcaline. Tous ceux qui se rendent à Vichy y éprouvent, en peu de temps, une grande amélioration, et voient rapidement le sucre disparaître de leurs urines.

40. — Dans certains cas particuliers de diabète, qui résultent évidemment de l'ingestion immodérée et prolongée de substances acides, et qui ne s'accompagnent, ni de suppression de sueurs, ni d'altérations profondes de l'organisme, l'influence des alcalis peut être instantanée. C'est ce que prouve l'observation suivante.

OBSERVATION. — « M. Garofolini, Italien, professeur de langues, résidant depuis plusieurs années à Paris, rue de la Tour-des-Dames, n° 8, habituellement d'une excellente santé, a été, en 1845, très souffrant de maux de reins, de coliques, qui lui donnaient des envies continuelles d'émettre de l'urine et d'aller à la selle, sans aucun résultat. Il prit, par occasion, les eaux de Vichy qui, très rapidement, le rétablirent dans son état normal, et un mois après, il avait recouvré sa santé ordinaire. Pendant les deux années qui suivirent, il n'éprouva aucun symptôme de maladie; mais en 1847, à l'époque des grandes chaleurs, tourmenté par une soif ardente, il fit un usage immodéré de boissons acidules, avec granits, pastilles de citron, etc., sans éprouver de soulagement à la soif et à la sécheresse continuelle de la bouche. Le besoin d'uriner, qu'il ne ressentait que trois ou quatre fois par jour, devint beaucoup plus fréquent; les émissions

d'urines étaient extrêmement abondantes, et semblaient
plus copieuses que la somme des liquides ingérés ; en
même temps, malaise général, prostration des forces,
amaigrissement progressif, affaiblissement de la vue,
abolition des facultés génératrices, constipation opiniâtre,
symptômes qui alarmèrent le malade et le firent penser
à une affection diabétique. Il nous fut adressé par M. le
docteur Emile Blanche, le 15 août 1847.

» Le même jour, les urines analysées présentèrent une
densité de 1040, et donnèrent, par la potasse caustique,
sous l'influence de la chaleur, une couleur jaune pourpre
presque noire : densité et coloration qui indiquaient la
présence d'une grande quantité de sucre, environ
80 grammes par litre.

» D'après nos conseils, il cessa toute boisson acidule, et
prit, dans les vingt-quatre heures, **20** grammes de bicarbonate de soude, **5** grammes de magnésie calcinée, deux
bouteilles et demie d'eau de Vichy ; le lendemain, les
urines de M. Garofolini n'avaient plus qu'une densité de
1026 au lieu de 1040, comme la veille, et *ne présentaient
plus aucune trace de sucre d'amidon ou glycose.*

» Sous l'influence du traitement alcalin, non-seulement
la glycose n'a plus reparu dans les urines, mais la vue,
troublée auparavant, se rétablit dans son intégrité dès le
second jour. La constipation fut vaincue au cinquième
jour ; elle fut suivie de diarrhée et de vomissements bilieux, qui durèrent jusqu'au lendemain matin. Chaque
jour suivant amena une amélioration marquée : la soif fut
apaisée, les urines moins copieuses ; les forces corporelles et les fonctions génératrices recouvrèrent toute leur

énergie. A dater de cette époque, M. Garofolini, rétabli dans son état normal, n'a présenté, à des analyses multipliées, aucune trace de glycose, et a pu supporter des fatigues de tout genre ; il n'est soumis à aucun régime alimentaire, se nourrit également de substances féculentes et azotées; seulement, par précaution, il évite tout usage des acides. »

41. — Ainsi lorsque la maladie reconnaît une cause directe, comme l'ingestion d'acides dans l'économie, et qu'elle n'est point la suite d'un vice de l'assimilation produit par une affection organique, profonde, et par un défaut de transpiration cutanée, elle semble moins grave, moins invétérée, plus facile et plus prompte à guérir, puisque l'on peut, presque immédiatement, neutraliser ces acides surabondants, et enlever ainsi la cause du mal; tandis que le défaut de sueur ne peut être combattu avec un succès aussi immédiat : dès lors, il entretient la cause du mal, empêche les acides d'être expulsés, et les concentre, pour ainsi dire, dans l'économie.

Cette distinction des causes est d'un grand poids, en cela qu'elle fera pronostiquer une guérison plus facile et plus prompte chez l'individu qui aura conservé intactes, en tout ou en partie, les fonctions exhalantes de la peau.

L'affaiblissement de la vue, chez les diabétiques, a été rapporté à une lésion nerveuse de l'appareil optique ; nous pensons qu'il n'est causé que par l'opacité accidentelle des humeurs : dans l'affection diabétique, le sérum du sang, au lieu d'être transparent, comme dans l'état de santé, est, au contraire, opalin, d'une apparence laiteuse ; fait qui a été constaté par Rollo, Dobson, Mac-Grégor et Thompson. De cette transparence incomplète des humeurs de l'œil vient l'affaiblissement de la vue; aussitôt que, sous l'influence des alcalis, le sérum du sang reprend ses qualités transparentes, la vue cesse d'être trouble et rentre dans son intégrité physiologique.

La constipation, qui est ordinaire et souvent opiniâtre chez les diabétiques, s'explique par l'insuffisance de l'alcalinité. La bile, épaissie, n'a plus la fluidité nécessaire pour traverser les canaux, se rendre dans l'intestin, se mêler aux excréments, qui restent décolorés ; survient alors la constipation, comme dans toutes les affections où le libre cours de la bile est interrompu. Mais les alcalins en excès rétablissent bientôt la sécrétion biliaire, et donnent lieu à d'abondantes évacuations de bile par les voies digestives.

On a dit que les diabétiques avaient une appétence particulière pour le sucre ; cela tient à ce que, saturés d'humeurs sucrées, ils ne peuvent percevoir la saveur douce du sucre qu'autant qu'ils en prennent une dose considérable. De même après avoir pris de l'aloès ou de la gentiane, on perçoit difficilement et imparfaitement la saveur de la rhubarbe, qui est beaucoup moins amère.

42. — En résumé, nous voyons que les alcalis introduits dans l'économie du diabétique ont pour effet :

1° De déterminer l'assimilation de la glycose, et, par conséquent, de faire cesser la maladie elle-même ;

2° De rétablir la transparence des humeurs qui, sous l'influence des acides, prennent une apparence laiteuse, et, par suite, de rendre à la vision sa force et sa clarté ;

3° De reconstituer les milieux chimiques nécessaires à la vie, à la dissolution de la matière verte du foie et de la sécrétion de la bile ; en un mot, de rendre la santé, conséquence de l'état normal de l'organisme.

De même que toutes les affections résultant d'une altération de composition des humeurs vitales, le diabète est une maladie sujette à récidiver ; et un diabétique ne doit être considéré comme guéri qu'autant qu'il peut employer intégralement la glycose qui provient des aliments sucrés ou amyloïdes.

Toutefois, si dans les cas de diabète aigu nous pouvons presque instantanément paralyser, annihiler les désordres dépendant du défaut d'alcalis dans l'économie, en introduisant l'élément nécessaire aux fonctions assimilatrices, nous devons reconnaître que le traitement alcalin aura beaucoup moins d'efficacité dans le diabète chronique, compliqué et entretenu par l'absence des sueurs, par les maladies de peau, par l'altération profonde de la nutrition, altération entraînant la faiblesse, la consomption générale, et la tuberculisation des poumons ; pour un moment, le traitement changera le résultat, sans attaquer la cause première de cette perturbation générale de l'économie.

43. — Tel est le traitement que, depuis longtemps, nous avons proposé, et qui paraît avoir fourni les résultats pratiques les plus satisfaisants.

Nous n'avons point voulu, comme on nous l'a reproché, présenter une théorie plus ou moins hasardée, préconiser une formule simple et facile à graver dans la mémoire ; nous avons cherché la cause et l'explication naturelle des faits, et nous les avons déduites des travaux que nous avons entrepris sur la digestion des matières amylacées et sur l'influence nécessaire des alcalis pour la décomposition de la glycose.

44. Conclusions. — Des expériences et des considérations qui viennent d'être exposées, nous tirons ces conclusions :

La glycose, en dedans comme en dehors de l'économie, est soumise aux mêmes lois chimiques.

Elle ne peut s'unir à l'oxygène qu'après avoir été décomposée, sous l'influence indispensable des alcalis libres ou carbonatés, en produits nouveaux : acides ulmique, formique, glycique, mélassique, qui forment, avec les bases, de nouveaux sels.

La combinaison de ces produits avec l'oxygène est une véritable combustion (comme celle des tartrates, des citrates, etc.) qui donne lieu à des résultats toujours identiques : eau, acide carbonique, matières ulmiques.

Dans l'organisme, c'est le liquide sanguin qui fournit les éléments de décomposition et de combustion : carbonates alcalins et oxygène.

Si ces éléments sont en quantité suffisante, la glycose se détruit complétement et ne laisse aucune trace ; s'ils sont en quantité insuffisante, la glycose non assimilée est rejetée par tous les appareils de sécrétion.

Conséquemment, pour remédier à l'affection diabétique, il faudra replacer l'économie dans les conditions nécessaires à la décomposition et à la combustion de la glycose, en administrant les carbonates alcalins, et en activant les phénomènes de circulation et de respiration.

Digestion des matières albuminoïdes.

45. — Dans l'un des articles précédents, nous avons établi le véritable rôle chimico-physiologique de la salive dans l'acte de la digestion des matières amylacées.

Nous allons faire connaître actuellement le rôle chimico-physiologique du suc gastrique dans la digestion des matières albuminoïdes.

Les humeurs sécrétées dans la cavité stomacale, pendant le phénomène de la digestion, ont, de tout temps, attiré l'attention des physiologistes, qui leur ont donné le nom de *suc gastrique*.

Considéré comme le dissolvant universel par les partisans du système de la fermentation, et par Van Helmont, leur chef, qui l'appelait *eau-forte animale*; dépourvu de tout pouvoir fluidificateur, suivant leurs adversaires, le suc gastrique n'a été étudié expérimentalement que dans ces derniers temps, et est devenu l'objet spécial des travaux de Wepfer, Viridit, Rast, Réaumur, Spallanzani, Scopoli, Stevens, Carminatti, Brugnatelli, Vauquelin, Montègre, Chevreul, Thenard, Prout, Beaumont, Lassaigne et Leuret, Tiedemann et Gmelin, Prévost et Leroyer, Morin, Müller, Eberle, Schwann, Purkinje, Papenheim, Wasmann, Blondlot, Payen, Dumas et Cahours, Melsens, Bernard et Barreswil.

En 1783, Spallanzani, poursuivant les idées des fermentateurs, et s'appuyant sur une multitude d'expériences, prétendit que, dans l'état de santé, le suc gastrique est parfaitement neutre ; qu'il peut dissoudre, même en cet état, les matières alimentaires en dehors comme en dedans du corps ; qu'il ne se putréfie point à la température ordinaire de l'atmosphère, et qu'il préserve même les matières animales de la putréfaction. Deux ans plus tard (1785), Carminatti démontra que le suc gastrique n'est point acide chez des animaux carnivores à jeun, mais qu'il possède une acidité prononcée chez ceux qui ont mangé de la viande. En 1800, Werner fit voir que la masse alimentaire contenue dans l'estomac des animaux, tant carnivores qu'herbivores, est constamment acide pendant la digestion. Montègre, en 1812, par suite d'expériences qu'il avait exécutées sur lui-même, en vertu de la faculté qu'il avait de vomir à volonté, soutint que le suc gastrique pur constitue un liquide qui n'est ni acide ni alcalin, et, de plus, que, contrairement aux allégations de Spallanzani, il ne possède aucune propriété dissolvante spéciale. Enfin, en 1824, Prout prouva, d'une manière irrévocable, que ce liquide est réellement acide, et, en outre, il avança que l'acide libre qu'il renferme est l'acide chlorhydrique. A la même époque où ce savant anglais publiait son mémoire sur la composition du suc gastrique, MM. Tiedemann et Gmelin exécutaient, de leur côté, une longue série de recherches qu'ils ont consignées dans leur bel ouvrage sur la digestion, et constataient également que le suc gastrique contient toujours de l'acide chlorhydrique, parfois aussi de l'acide acétique et de l'acide butyrique. Ces deux habiles expérimentateurs indiquaient, en outre, l'état de vacuité ou l'état de plénitude de l'estomac comme la cause des erreurs des physiologistes sur la nature neutre ou acide du suc gastrique

En effet, dans l'état de vacuité de l'estomac, il n'y a de liquide sécrété qu'autant qu'il en est nécessaire pour lubrifier les membranes, et ce liquide est alors neutre ou alcalin, ayant perdu son acidité sous l'influence de la salive avalée, ainsi que l'a démontré M. Donné.

Mais, dans l'état de plénitude de l'estomac, après l'ingestion de substances quelconques (même de cailloux) exerçant un stimulus mécanique sur la muqueuse, la sécrétion devient plus active, plus abondante, et l'acidité du suc gastrique augmente en proportion de sa quantité.

Depuis cette époque, l'acidité du suc gastrique a été généralement considérée comme un fait acquis à la science. La cause de cette acidité a été mise à l'étude, et les travaux modernes l'ont rapportée, tantôt à un, tantôt à plusieurs acides. Ainsi, suivant M. Blondlot, cette acidité serait uniquement due au biphosphate de chaux; mais les expériences sur lesquelles se fonde cet observateur, répétées par M. Lassaigne, ont conduit ce dernier à conclure que l'acide libre stomacal est principalement de l'acide lactique uni à un peu d'acide chlorhydrique.

M. Melsens a démontré également que les propriétés acides du fluide gastrique ne sauraient être exclusivement attribuées au biphosphate calcaire, puisque ce liquide organique attaque le spath d'Islande, ce qui ne peut être dû qu'à la présence d'un acide libre, et cet acide est, d'après M. Melsens, l'acide lactique.

Enfin, MM. Bernard et Barreswil pensent que le suc gastrique doit être considéré comme une dissolution de phosphates et de chlorures dans de l'acide lactique très affaibli, n'attribuant d'ailleurs aucune spécialité à l'acide lactique, puisqu'ils ont constaté, au contraire, que tous les acides possèdent une sorte d'équivalence digestive telle, que les qualités actives de ce fluide ne changeaient pas, même avec les mutations les plus complètes dans la nature de l'acide.

Malgré ces divergences d'opinions, il n'en est pas moins bien établi, depuis les célèbres digestions artificielles de Spallanzani, tant de fois répétées, que le fluide gastrique est merveilleusement apte à dissoudre certaines matières alimentaires, soit dans le corps, soit hors du corps ; mais on ne sait pas encore si cette aptitude lui est inhérente, ou si elle lui est communiquée par un ou plusieurs de ses principes constituants.

Walœus pensait déjà qu'il n'est pas douteux que la dissolution des aliments ne soit effectuée par un acide. MM. Tiedemann et Gmelin étaient également disposés à croire que la dissolution du bol alimentaire est opérée par les acides qui existent dans le suc gastrique, lorsque MM. Beaumont et Müller démontrèrent, chacun de son côté, par des expériences précises, que l'action du suc gastrique sur les aliments albumineux est autrement énergique que celle de l'eau acidulée, et M. Müller conclut même que le principe efficace du suc gastrique est une substance organique qui agit sur la viande et sur l'albumine de la même manière que la diastase agit sur l'amidon.

46. — Depuis lors, la science a fait d'importantes découvertes à l'égard des principes organiques fermentifères auxquels est due l'efficacité dissolvante des liquides digestifs en général, et du suc gastrique en particulier.

En effet, M. Eberle, en 1834, ayant remarqué que chez les animaux qui avaient mangé beaucoup de matières solides, la pelote alimentaire était revêtue d'un mucus ferme et grisâtre, et que ce mucus, dissous dans l'eau acidulée, exerçait une action dissolvante presque égale à celle du suc gastrique, en tira la conclusion : que le pouvoir de dissoudre rapidement les matières organiques n'appartient, ni aux acides affaiblis, ni au mucus, isolés l'un de l'autre, mais qu'il appartient à ces liquides réunis, au mucus acidulé ; et, de plus, que lorsqu'on fait digérer de l'albumine et de la viande, soit avec du mucus acide, soit avec l'extrait acidulé des membranes muqueuses, non-seulement ces substances sont promptement dissoutes, mais encore elles subissent une métamorphose chimique spéciale. Ainsi, par exemple, l'albumine perd la propriété de se coaguler, tant par l'action de la chaleur que par l'action des acides.

Mais, ainsi que le fait très judicieusement remarquer M. Müller, M. Eberle a commis une erreur grave, qui a beaucoup nui à la valeur de ses belles recherches, en attribuant à un mucus acide quelconque la propriété dissolvante qui n'appartient qu'à un principe organique particulier dont la sécrétion ou la création s'opère sans doute en même temps que celle du mucus et des acides gastriques.

M. Schwann a parfaitement démontré que le mucus d'organes autres que l'estomac, par exemple celui de la muqueuse vésicale, traité par l'acide chlorhydrique, ne possède pas la propriété dissolvante. Cet auteur a constaté, en outre, que la portion filtrée et claire du liquide

stomacal accomplit la digestion tout aussi bien qu'avant
la filtration. MM. Pappenheim et Wasmann, enfin, ont
isolé le principe actif auquel M. Schwann avait donné,
par anticipation, le nom de *pepsine* (de πέψις, coction), et
ont prouvé qu'en présence des acides il se comporte
avec l'albumine et la viande comme la diastase avec
l'amidon.

D'un autre côté, M. Deschamps (d'Avallon) a retiré de
la présure de veau une substance particulière à laquelle
il a donné le nom de *chymosine*. Il s'est assuré que cette
matière est propre à l'estomac de tous les animaux, et
que ses fonctions sont essentielles à la digestion, car elle
favorise la chymification.

Plus récemment encore, M. Payen, ayant expérimenté
du suc gastrique normal, en a retiré une matière animale
particulière tellement active, qu'elle peut désagréger plus
de trois cents fois son poids de tissu musculaire de bœuf
cuit, beaucoup plus rapidement que ne le ferait le suc gastrique lui-même , et il a fait remarquer qu'il ne faut pas
confondre ce principe actif, auquel il a donné le nom de
gastérase, avec la pepsine préparée en faisant digérer un
estomac de veau dans de l'acide chlorhydrique très dilué.

Tous les faits qui précèdent tendent donc à démontrer
que le suc gastrique renferme un ou plusieurs principes
organiques opérant la digestion. Cependant, dans ces derniers temps, quelques auteurs ont cherché à établir des
doctrines contraires.

47. — MM. Bouchardat et Sandras, adoptant la manière de voir de MM. Walœus, Tiedemann et Gmelin, ont
positivement annoncé, en 1842 : « Que, dans la diges-

» tion, la fonction de l'estomac consiste, pour les matières
» albumineuses (fibrine, albumine, caséum et gluten), à
» les dissoudre au moyen de l'acide chlorhydrique. Que
» cet acide suffit, quand il est dilué au demi-millième,
» pour la dissolution des matières précitées tant qu'elles
» sont crues, mais que lorsqu'elles ont subi la coction,
» l'acide chlorhydrique ne les dissout plus dans des appa-
» reils de verre ; et, disent-ils, pour qu'on les trouve
» dissoutes dans l'estomac vivant, nous constatons qu'il
» se passe alors autre chose qu'une simple dissolution. »

D'après M. Blondlot, la chymification ne serait, en fin
de compte, qu'une division de la matière, laquelle ne
subirait aucune décomposition dans ce changement d'état,
portant uniquement sur le mode d'agrégation.

48. — Enfin, MM. Bernard et Barreswil ont avancé,
dans ces derniers temps, que le suc gastrique, le fluide
pancréatique et la salive, renferment un seul et même
principe organique actif dans la digestion, et que c'est
seulement la nature de la réaction chimique qui fait diffé-
rer le rôle physiologique de chacun de ces liquides, et
qui détermine leur aptitude digestive pour tel ou tel principe, c'est-à-dire que, dans un milieu alcalin, ces trois
fluides transforment l'amidon cuit et ne digèrent pas la
viande, tandis que, dans un milieu acide, ils dissolvent
la viande et ne transforment pas l'amidon cuit.

49. — Cependant, avant la publication de ces derniers
travaux, nous avions présenté à l'Académie des sciences
un mémoire dont les conclusions : 1°confirmaient l'opinion
émise par M. Dumas, que les phénomènes chimiques de la
digestion doivent être rangés au nombre des fermenta-

tions ; 2° démontraient la transformation des matières amylacées par un ferment spécial, par le principe actif de la salive, véritable diastase ; et 3° annonçaient que l'absorption des matières albumineuses et celle des matières grasses (1) devaient également s'effectuer par des ferments propres à chacune de ces classes d'aliments. Conclusions par conséquent entièrement opposées à celles de MM. Bernard et Barreswil et à celles de M. Blondlot.

Il est donc incontestable que le plus grand vague règne encore aujourd'hui [1846 (2)] sur la nature chimique du suc gastrique, et que le seul point important sur lequel tous les auteurs s'accordent, c'est que ce liquide organique constitue un menstrue spécial, capable d'opérer la fluidification de certaines matières alimentaires, tant en dehors qu'en dedans du corps.

Mais cette fluidification opère-t-elle une simple dissolution des matières alimentaires, ou bien détermine-t-elle, en outre, une transformation chimique propre à les rendre assimilables ?

En réponse à cette question, nous trouvons encore des doutes et des opinions contradictoires. Partant de la fluidification simple, Hecquet et plusieurs physiologistes des temps modernes, MM. Beaumont, Leuret et Lassaigne, Bouchardat et Sandras, Blondlot, et même MM. Tiede-

---

(1) Nous avons abandonné depuis cette opinion en ce qui touche les matières grasses, bien qu'elle ait été adoptée et étayée d'une multitude de recherches par M. Bernard.

(2) Le travail que nous reproduisons ici presque textuellement a été lu par nous à l'Académie des sciences, dans sa séance du 13 août 1846, et inséré en septembre 1847 dans le journal l'*Union médicale*.

mann, Gmelin et Eberle (1), qui, les premiers, avaient cependant reconnu la plupart des changements chimiques dont l'estomac est le théâtre, prétendent que la digestion est une fluidification, une dissolution, plutôt qu'une véritable transformation.

Une grande autorité scientifique, M. Dumas, partage cette opinion, et la soutient ainsi dans son *Traité de chimie*, tome VIII, page 607 : « A proprement parler, dit-il,
» aucune substance organique ne se crée, ni dans le tube
» digestif, ni ailleurs. Les principes qui doivent passer
» dans le sang, et plus tard s'ajouter à la substance de
» l'animal, préexistent dans les aliments, ou ne subissent
» dans le tube digestif que des modifications qui ont pour
» but de les *rendre solubles ou de les diviser*. »

Tandis que les physiologistes, qui regardent la digestion comme une transformation chimique, rappellent, en faveur de leur théorie, que Alexandre Marcet, Prout et Brodie ont remarqué qu'il y a généralement absence d'albumine non coagulée dans le liquide contenu dans l'estomac pendant la digestion.

MM. Gmelin et Tiedemann ont reconnu eux-mêmes : 1° Que l'amidon est transformé, pendant le travail digestif, en dextrine et en sucre de raisin ou glycose ; 2° que l'albumine est changée en une matière soluble spéciale ; 3° que la gélatine est également modifiée, qu'elle n'est plus capable de se prendre en gelée, et qu'elle n'est plus précipitable en filaments par le chlore, etc. ; 4° enfin, qu'il existe dans le chyme une matière azotée (matière des plus

____

(1) Burdach, *Traité de physiologie*, t. IX, p. 305.

importantes au point de vue physiologique, ainsi que nous nous proposons de le démontrer dans ce travail), qui n'est pas précipitée par les acides ni coagulée par la chaleur, mais qui est précipitée par le tannin et par les sels solubles de plomb, d'argent et de mercure. Cette même matière a été aussi signalée, dans ces derniers temps, par MM. Prévost et Morin (de Genève), dans le chyme des moutons et des lapins.

D'après ce résumé succinct de l'état de la science, il est permis de conclure que les phénomènes de la digestion ne sont pas encore suffisamment éclairés et nécessitent une étude nouvelle. Nous avons donc cherché, dans ce travail, la solution des questions suivantes :

1° Quelle est la composition du suc gastrique ?

2° Existe-t-il un ou plusieurs ferments ? Quelle différence présentent la pepsine, la chymosine, la gastérase et la diastase ?

3° Quel est le rôle des acides ?

4° Quel est le rôle des ferments ?

1° COMPOSITION DU SUC GASTRIQUE.

50. — Les auteurs ont reconnu, dans le suc gastrique, deux éléments chimiques principaux, l'un acide, l'autre fermentifère.

Dans l'élément acide on a tour à tour admis la présence des acides phosphorique, chlorhydrique, acétique, lactique, etc. Berzelius a émis l'opinion que l'acide est un mélange de plusieurs, et probablement de tous les acides dont il se trouve des sels dans le suc gastrique : opinion dont les recherches de MM. Bernard et Barreswil, et nos propres recherches, ont confirmé toute la justesse, puisqu'elles ont mis hors de doute que la plupart des acides, convenablement étendus d'eau, possèdent une sorte d'équivalence digestive.

Dans l'élément fermentifère, on a signalé des principes que l'on a cru devoir désigner sous le nom de pepsine, chymosine, gastérase et diastase. Quant à cette dernière, la diastase, nous avons établi, dans un article précédent, sa part dans le phénomène de la digestion, et il est nécessaire de faire observer que, descendue des premières voies dans la cavité stomacale, elle se trouve mêlée au suc gastrique sans en faire partie constituante. En étudiant chacun des trois autres principes, nous allons montrer quelle différence ou quelle similitude ils présentent entre eux, et, conséquemment, répondre à cette question :

Existe-t-il un ou plusieurs ferments digestifs ? Quelle différence présentent la pepsine, la chymosine, la gastérase et la diastase ?

2° FERMENTS.

51. Pepsine. — La pepsine, principe actif contenu dans les liqueurs digestives préparées à l'aide de l'eau acidulée et des membranes muqueuses stomacales, a été découverte par M. Schwann ; MM. Pappenheim,

Wasmann et Vogel fils, ont fait connaître les procédés d'extraction.

La méthode indiquée par M. Vogel pour obtenir la pepsine est la suivante :

On prend la membrane muqueuse de l'estomac des porcs, et on la coupe en petits morceaux, qu'on lave avec de l'eau distillée froide. Après vingt-quatre heures de contact, on décante, et l'on verse sur les morceaux de nouvelles quantités d'eau. On répète cette opération pendant plusieurs jours, jusqu'à ce qu'il se manifeste une odeur putride. L'infusion aqueuse ainsi obtenue est précipitée par l'acétate de plomb. Le précipité blanc floconneux qui en résulte contient la pepsine, accompagnée de beaucoup de matière albumineuse ou caséiforme. Ce précipité, bien lavé, est mis en suspension dans l'eau, que l'on fait traverser par un courant d'hydrogène sulfuré. En filtrant le liquide, il reste sur le filtre la matière caséiforme avec le sulfure de plomb, tandis que le liquide contient la pepsine avec l'acide acétique. En ajoutant dans la liqueur filtrée quantité suffisante d'alcool absolu, on obtient un précipité abondant, blanchâtre, que l'on fait sécher à l'air : c'est la pepsine. Pour l'avoir plus pure et exempte d'acide acétique, il faut lui faire subir deux ou trois nouvelles solutions aqueuses, filtrations et précipitations alcooliques.

Ainsi obtenue, la pepsine offre les caractères suivants: Desséchée en couches minces sur une lame de verre, elle se présente sous la forme de petites écailles translucides d'un blanc jaunâtre ou grisâtre ; elle offre une légère odeur particulière, rappelant l'odeur de certains fromages ; et que nous ne croyons pas accidentelle ; une saveur faible, difficile à décrire, acerbe, un peu piquante, et manifestement nauséeuse.

La pepsine est soluble dans l'eau et dans l'alcool faible, mais tout à fait insoluble dans l'alcool anhydre.

Une chaleur de 100 degrés trouble sensiblement sa solution aqueuse, mais ne la coagule pas ; et cependant elle lui fait perdre tout pouvoir spécifique.

Les acides, en général, ne la troublent pas.

Le tannin, la créosote, la précipitent et anéantissent, en même temps, ses propriétés fermentifères.

Un grand nombre de sels métalliques, tels que ceux de plomb, de mercure, etc., la précipitent également ; mais ici les facultés dissolvantes de ce ferment digestif ne sont pas détruites, car, en s'emparant de la base contenue dans le précipité, on rend à la pepsine toutes ses propriétés premières.

Le caractère distinctif spécifique de la pepsine réside dans la propriété que cette substance possède : 1° de coaguler immédiatement le lait, ainsi que les autres matières albuminoïdes, rendues solubles à l'aide de l'eau faiblement acidulée ; 2° de redissoudre ensuite ce coagulum, en lui faisant éprouver une métamorphose constitutive spéciale qui le rend absorbable, ainsi que nous le démontrerons plus tard.

La manière remarquable dont la présure de veau se comporte avec la caséine a fixé depuis longtemps l'attention des chimistes. Berzelius a, le premier, fait voir que cette matière fait cailler le lait, même alors qu'il est parfaitement neutre, et Schwann affirme que cette réaction est tellement caractéristique, que l'on peut assurer que toute matière animale neutre qui coagule le lait, et à laquelle l'ébullition enlève cette propriété, contient de la pepsine. Cependant Liebig, s'appuyant sur les résultats de Scherer et de Roschleder, et adoptant, en grande partie, l'opinion de Haidlen, explique la coagulation du lait par la présure, en admettant que la matière azotée en voie de métamorphose amène le sucre de lait, ou lactose, à se transformer en acide lactique, et, en même temps, sollicite ce dernier à s'emparer de l'alcali qui, dans le lait, tient en dissolution la caséine, laquelle se sépare du menstrue et se coagule. Mais, ainsi que M. Selmi l'a tout récemment fait observer, si l'opinion de Liebig était vraie, on ne pourrait obtenir la coagulation de la caséine au moyen de la présure, ni dans le lait, qui, après la coagulation, laisserait un sérum alcalin, ni dans le lait précipité par les acides acétique et oxalique, et dissous par un excès des mêmes acides; or, c'est cependant ce qui arrive toujours, ainsi que M. Selmi et autres observateurs l'ont constaté.

52. — Des faits qui précèdent, il résulte que la pepsine donne lieu à la coagulation du lait par une tout autre cause que par la production de l'acide lactique ; que c'est à un phénomène de catalyse ou de simple contact que son action spécifique doit être rapportée ; et que, par conséquent, de même que la diastase, la pepsine appartient au groupe de corps qui opèrent leurs réactions à l'aide de doses infiniment petites, c'est-à-dire à la classe des ferments.

M. Dumas a donc eu parfaitement raison de désigner,

dès l'année 1843 , les réactions essentiélles qui ont lieu pendant la digestion, sous le nom de *fermentation digestive.*

53. Chymosine. — M. Deschamps (d'Avallon) a désigné sous ce nom un principe actif qu'il a retiré de la présure, c'est-à-dire du liquide que l'on obtient au moyen de la caillette de veau et de l'alcool affaibli. Il a reconnu que le principe actif de la présure était produit exclusivement par la membrane muqueuse de l'estomac des animaux, et il a constaté, en outre, que ses fonctions sont essentielles dans la digestion.

Pour préparer la chymosine il faut, d'après M. Deschamps, verser un petit excès d'ammoniaque dans la présure, filtrer, laver le précipité et le dessécher. Ainsi obtenue, la chymosine ressemble à de la gomme ; hydratée ou sèche, elle est insoluble dans l'eau. Son insolubilité est si grande, que l'on peut, même après une immersion de plusieurs heures, la pulvériser sous ce liquide sans qu'elle se dissolve ; mais elle est soluble dans l'eau acidulée. Ce soluté acidule jouit de la propriété de faire cailler le lait, mais moins énergiquement que la pepsine.

Le principe nommé chymosine par M. Deschamps est-il réellement distinct de la pepsine, bien que ces deux matières fermentifères aient une origine commune ?

M. Dumas a soupçonné l'identité de ces deux matières malgré l'insolubilité absolue de la chymosine, et l'expérience nous a appris que la supposition de M. Dumas était fondée, et, de plus, que le principe actif retiré de la présure par M. Deschamps ne représentait pas, à beaucoup près, tout celui qui existe dans cette liqueur fermentifère.

A l'aide du procédé que nous allons décrire, on isole en totalité le principe actif de la présure, ce qui est impossible par la méthode employée par M. Deschamps.

Il faut traiter la présure par huit à dix fois son volume d'alcool absolu, ou, pour mieux dire, il faut ajouter de l'alcool jusqu'à cessation de précipité, et recevoir le précipité, qui est la pepsine, sur un filtre, et la dessécher ensuite sur une lame de verre à peine chauffée. Pour l'avoir plus pure, il faut la redissoudre dans l'eau distillée, filtrer la dissolution et la précipiter de nouveau par de l'alcool rectifié.

Quand la présure est de bonne qualité, et qu'elle est récemment préparée, la pepsine qui en provient est d'une efficacité comparable, en tout point, à celle des chimistes allemands ; comme celle de M. Schwann, elle précipite immédiatement le lait ainsi que les autres composés protéiques rendus solubles à la faveur des acides; comme elle aussi, elle communique à l'eau faiblement acidulée des facultés digestives très énergiques.

Pour démontrer la vérité de ces faits, il suffira de reproduire quelques-unes de nos expériences.

Première expérience. — Nous avons déterminé exactement, par une série de recherches, le maximum de lait frais qu'une quantité donnée de présure pouvait coaguler ; puis nous avons isolé, par l'alcool, toute la pepsine contenue dans un poids égal de présure, nous l'avons mise en réaction avec une quantité de lait égale à celle que nous avions employée dans l'expérience précédente, et nous avons constaté que la coagulation en a été tout aussi prompte et tout aussi parfaite qu'avec la présure employée en nature.

Deuxième expérience. — Nous avons mis en digestion 2 grammes de fibrine avec 20 grammes d'eau acidulée, additionnée de 2 grammes de présure, d'une part ; 2 grammes de fibrine dans 20 grammes d'eau acidulée, additionnée d'une quantité de pepsine retirée de la présure, équivalant juste à 2 grammes de présure, d'autre part.

Dans les deux expériences, la digestion de la fibrine s'est effectuée avec une identité telle, qu'il nous a été tout à fait impossible de saisir la moindre différence entre elles.

Voici la cause de la double erreur de M. Deschamps, qui admet que la matière active de la présure isolée est insoluble, et qu'elle a perdu une partie de ses propriétés spécifiques.

La présure contient en dissolution, outre la pepsine, qui est naturellement soluble dans l'eau, une certaine quantité d'une matière albumineuse, ou, pour mieux dire, caséiforme, laquelle est tenue en dissolution à la faveur de l'acide libre contenu dans ce liquide fermentifère ; or, quand on ajoute de l'ammoniaque dans la présure, de manière à saturer l'acide, la matière caséiforme se précipite, entraînant en combinaison avec elle une certaine quantité de pepsine ; mais la plus grande partie de cette dernière reste en dissolution, ainsi qu'il est aisé de s'en convaincre, soit au moyen de l'alcool, qui l'isole, soit à l'aide du lait, dont elle détermine la coagulation.

54. Gastérase. — Sous le nom de *gastérase*, M. Payen désigne la pepsine produite naturellement dans l'estomac, et séparée du suc gastrique à l'aide de l'alcool. Il veut qu'on la distingue de la pepsine obtenue artificiellement en faisant digérer un estomac de veau dans l'eau acidulée et élevée à la température de 40 à 50 degrés ; mais on ne tarde pas à se convaincre de l'identité de ces deux principes qui, tous deux, ont la propriété de cailler le lait et de dissoudre la viande et ses congénères avec le concours des acides. D'ailleurs, les expériences démontrent que l'énergie dissolvante plus grande du ferment digestif stomacal tient uniquement à une plus grande pureté. La pepsine gastrique est, en effet, presque entièrement pure, et ne présente que des traces d'une matière azotée spéciale (albuminose), tandis que la pepsine obtenue au moyen des liqueurs digestives artificielles contient toujours, outre des traces d'albuminose, une proportion notable de caséine, ou tout au moins d'une substance albumineuse analogue au caséum.

L'analyse de la pepsine gastrique ou normale n'a point encore été faite, mais celle de la pepsine obtenue à l'aide de la membrane muqueuse de l'estomac des porcs a été exécutée par M. Vogel fils, qui lui a assigné la composition suivante :

Carbone...........................	57,72
Hydrogène	5,67
Azote	21,09
Oxygène, etc.......................	15,52

Les remarques qui précèdent ôtent à cette analyse une grande partie de sa valeur, car la matière analysée par le chimiste de Munich n'était probablement pas un produit pur. Néanmoins, les résultats de M. Vogel intéressent en ce point, qu'ils nous portent à croire que la pepsine dérive d'une matière albuminoïde, laquelle a éprouvé une altération profonde, et dont la perte a plus spécialement porté sur l'hydrogène et l'oxygène ; aussi la pepsine est-elle beaucoup plus riche en carbone et en azote qu'aucun autre composé albumineux connu.

Nous l'avons déjà dit, la pepsine contenue dans le suc gastrique est, en général, la plus active de toutes ; aussi est-ce elle qui nous a servi dans toutes nos expériences. Mais, comme dans le cours de nos recherches, nous avons employé plus d'une douzaine de grammes de pepsine gastrique, nous avons dû chercher un moyen propre à l'obtenir aisément et en proportion marquée.

Le procédé que nous avons mis en pratique, et qui nous a parfaitement réussi, est exactement le même que celui de M. Payen ; seulement nous avions remplacé le suc gastrique des chiens par celui des veaux. A cet effet, nous nous rendions le matin à l'un des abattoirs de Paris, et tout le long de la journée, nous recueillions nous-même le liquide contenu dans la caillette de tous les veaux qui étaient abattus : nous obtenions ainsi de 3 à 5 litres de ce suc gastrique. Celui-ci, additionné, après filtration, de dix à douze fois son volume d'alcool rectifié, donnait lieu à un abondant précipité floconneux, caséiforme, lequel, convenablement recueilli et desséché, produisait une quantité de pepsine brute équivalente à près d'un millième environ du poids du suc stomacal employé.

Ainsi préparée, la pepsine est déjà très active, mais on double presque son énergie en la redissolvant dans l'eau et en la précipitant de nouveau par l'alcool. Par une dernière opération semblable, on obtient la pepsine dans un état de pureté que ne peuvent lui donner des procédés beaucoup plus compliqués.

Les faits et remarques qui précèdent ne permettent pas de douter que la pepsine, la chymosine et la gastérase ne soient identiques entre elles.

Mais doit-on conclure, avec MM. Bernard et Barreswil, que la diastase animale dont nous avons démontré l'existence, soit aussi le même ferment, la pepsine ?

Non, certainement; nos nouvelles expériences ont confirmé les résultats consignés dans notre précédent travail, et établissent qu'il existe dans les liquides digestifs des animaux deux principes actifs bien distincts, n'ayant d'autre caractère commun que celui d'appartenir tous deux à la classe des agents chimiques opérant par les infiniment petits, c'est-à-dire à la classe des ferments: la pepsine et la diastase. Nous nous bornerons donc à transcrire ici les caractères distinctifs propres à chacun d'eux.

55. **Diastase et pepsine.** — La diastase, en moins d'une minute, fluidifie l'empois d'amidon et le transforme en dextrine et en glycose; la pepsine n'est douée d'aucune action saccharifiante sur la fécule.

La pepsine coagule le lait, ainsi que la fibrine et le gluten rendus solubles par une faible proportion d'acide; elle dissout ensuite ce coagulum, et lui fait subir une transformation moléculaire des plus remarquables ; la diastase n'exerce aucune action sur les liquides albuminoïdes.

Ces faits renversent les propositions de MM. Bernard et Barreswil, qui ont avancé que le suc gastrique, le fluide pancréatique et la salive, renfermaient un même principe organique dont les propriétés sur les matières alimentaires ne différeraient que par suite de la nature chimique du milieu où s'opère la réaction, c'est-à-dire que ces trois fluides pouvaient, en présence des alcalis, coopérer à la transformation des amylacés, et, en présence des acides, effectuer la transformation de la viande, des matières albumineuses. La transformation physiologique de l'amidon est uniquement opérée par la diastase, et la transformation physiologique de la viande et de ses congénères, par la pepsine. Ainsi, la diastase acidifiée n'attaque pas la fibrine et n'acquiert aucune des propriétés de la pepsine ; et, d'un autre côté, la pepsine, en présence d'un alcali, ne détermine pas la transformation de la fécule en dextrine et en glycose, et, par conséquent, ne joue jamais le rôle de la diastase.

Basé sur les indications qui précèdent, nous allons commenter actuellement les deux propositions chimico-physiologiques de MM. Bernard et Barreswil.

56. — *Première proposition*. « Lorsque l'on change la » réaction acide du suc gastrique, et que l'on rend ce » fluide alcalin par l'addition d'un peu de carbonate de » soude, sa matière organique active, se trouvant placée » dans un milieu à réaction alcaline, change de rôle phy- » siologique, et peut alors modifier très rapidement

» l'amidon, tandis qu'elle a perdu la faculté de digérer la
» viande et les substances azotées (1). »

Examinons d'abord si le suc gastrique, rendu légèrement alcalin, est apte à modifier l'amidon.

Nous avons répété plusieurs fois cette expérience,
tantôt avec succès, tantôt sans succès, c'est-à-dire qu'elle
nous a réussi avec le suc gastrique de l'homme, ainsi
qu'avec celui du chien, et qu'elle nous a donné un résultat négatif avec celui du veau. A quoi tient cette différence ?

A ce que le suc gastrique de tous les mammifères à
estomac unique contient à la fois, et du suc stomacal, et de
la salive, par conséquent de la diastase ; tandis que le suc
gastrique des mammifères herbivores ne contient guère
que des produits d'altération du fluide salivaire, altération
ayant eu lieu dans les cavités gastriques antérieures à la
caillette. Il suit de ces faits qu'en saturant l'acidité des
sucs gastriques de l'homme et du chien, on n'intervertit
pas les facultés digestives d'un principe actif unique, mais
que l'on rend à l'un des deux ferments (la diastase) qu'il
renferme les propriétés saccharifiantes que sa combinaison avec les acides lui avait fait perdre momentanément ; et que si, dans un cas pareil, le fluide gastrique
du veau se comporte autrement que celui de l'homme ou
du chien, c'est uniquement parce qu'il ne contient que
peu ou point de diastase.

Pour ne laisser aucun doute sur cette explication, nous

____

(1) Bernard et Barreswil, *Comptes rendus de l'Académie des sciences,*
7 juillet 1845.

ajouterons que nous l'avons corroborée par l'expérience suivante :

Un suc gastrique analogue à celui de l'homme et du chien a été préparé en ajoutant, à de l'eau faiblement acidulée par l'acide chlorhydrique, parties égales de pepsine et de diastase; ce fluide gastrique, qui dissolvait très bien la viande, et qui était sans action sur l'amidon, ayant été saturé par du carbonate de soude, a cessé d'agir sur des matières azotées, et a acquis le pouvoir de fluidifier l'empois et de le transformer en dextrine et en glycose.

MM. Bernard et Barreswil ajoutent :

« Le suc gastrique saturé par un peu de carbonate de » soude a perdu la faculté de digérer la viande et les sub- » stances azotées. »

Le fait est parfaitement établi, mais ce n'est pas à l'action de l'alcali sur le ferment que cet obstacle doit être rapporté. En effet, la saturation du suc gastrique par un alcali doit forcément empêcher la faculté digestive, attendu que, dans l'article suivant, nous démontrerons, par des faits irrécusables, la nécessité de l'intervention des acides pour gonfler, hydrater les matières albuminoïdes, et les rendre aptes à recevoir l'action métamorphosante de la pepsine.

57. — *Deuxième proposition.* « Lorsqu'on acidule le » fluide pancréatique et la salive, qui sont naturellement » alcalins, on intervertit leur mode ordinaire d'action, et » on leur donne la faculté de dissoudre la viande et les » substances azotées, tandis qu'on leur fait perdre celle » de transformer l'amidon cuit. » (Bernard et Barreswil)

Nos recherches sont dans un désaccord complet avec celles de MM. Bernard et Barreswil. La fibrine, mise en digestion avec de la salive acidulée, s'est gonflée, s'est hydratée, mais n'a jamais été métamorphosée. Étendue d'eau, elle s'est comportée avec les réactifs comme si elle avait été rendue soluble par l'eau faiblement acidulée; en d'autres termes, elle n'a point subi de transformation constitutive, elle n'a pas été digérée.

Quant au fluide pancréatique rendu légèrement acide, il exerce sur la fibrine une propriété dissolvante plus manifeste, ainsi que l'ont, du reste, observé MM. Bernard et Barreswil; mais on est bientôt convaincu que la fluidification s'effectue plutôt par une véritable putréfaction que par une digestion véritable.

Ce fait n'a, d'ailleurs, rien qui doive surprendre; car, de tous les organes des animaux, le pancréas est certainement l'un des plus putrescibles.

Des faits qui précèdent, il résulte incontestablement :

Que, dans les liquides digestifs des animaux, il existe deux principes organiques actifs dans la digestion, la diastase et la pepsine, principes que nous connaissons aujourd'hui d'une manière certaine ;

Que la chymosine, la gastérase et la pepsine, jouissant de propriétés chimiques absolument semblables, doivent être considérées comme un seul et même composé chimique, à divers états de pureté, composé auquel il convient de conserver le nom de *pepsine;*

Que la transformation physiologique de l'amidon est uniquement opérée par la diastase, et que la transformation de la viande et de ses congénères n'est opérée que par la pepsine;

Que les fluides diastasiques, salivaire et pancréatique, en présence des acides, n'acquièrent pas la propriété de digérer la viande, et que le suc gastrique, rendu légèrement alcalin, ne devient apte à transformer l'amidon en dextrine et en glycose qu'autant qu'il renferme, outre la pepsine, une certaine quantité de diastase salivaire, car la pepsine alcalinisée ne joue jamais le rôle de la diastase.

3° ROLE DES ACIDES CONTENUS DANS LE SUC GASTRIQUE.

58. — Quand on réfléchit sur le rôle des acides contenus dans le fluide gastrique, on comprend immédiatement qu'ils doivent avoir pour but de faciliter la dissolution des matières alimentaires qui ne sont pas naturellement solubles dans l'eau. Cependant la promptitude avec laquelle la dissolution de certains aliments est opérée dans un estomac vivant amène bientôt à douter que ce phénomène puisse être uniquement rapporté aux acides. Le doute augmente encore lorsque l'on se rappelle que la fluidification de tout un groupe de corps alibiles, les matières amyloïdes, est uniquement effectuée par la diastase; que les matières grasses, autre groupe d'aliments non moins important, n'éprouvent aucun changement appréciable durant leur séjour dans la cavité gastrique, et que ce n'est qu'après que ces substances ont franchi l'ouverture pylorique, qu'une modification spéciale, prédisposante à leur absorption et à leur assimilation, leur est imprimée.

On voit donc qu'en ne considérant le suc gastrique que comme agissant uniquement à la manière des liquides acides, on circonscrit singulièrement ses propriétés dissolvantes ; on est même conduit à conclure, *à priori*, qu'il ne peut faire sentir son action fluidifiante qu'à une seule des trois classes de corps alibiles, les matières albuminoïdes.

59. Action des acides sur les matières albuminoïdes. — De ce que certains acides inorganiques, tels que l'acide chlorhydrique, l'acide phosphorique hydraté, et la plupart des acides organiques, ont la propriété de se combiner avec les matières albumineuses et de les rendre solubles dans l'eau, les physiologistes ont conjecturé que la dissolution de la viande et de ses congénères doit être rapportée à l'action des acides contenus dans le fluide gastrique. MM. Tiedemann et Gmelin ont conclu de leurs nombreuses recherches expérimentales que c'est l'acide acétique ou l'acide chlorhydrique du suc gastrique qui dissout l'albumine coagulée durant le travail digestif, aussi bien que la fibrine, le caséum, le gluten, le tissu cellulaire, etc. Mais, ainsi que nous l'avons déjà dit, cette assertion a été réfutée par Beaumont et par MM. Müller, Eberle, Schwann, etc., et bien que MM. Bouchardat et Sandras l'aient reproduite dernièrement, cette manière de voir est certainement très éloignée de la réalité des faits.

Mais si les acides gastriques agissant seuls sont impuissants à donner lieu à une digestion normale des matières albuminoïdes, il est cependant certain que leur coopération est indispensable à l'accomplissement de ce phénomène. Les recherches suivantes mettront cette vérité hors de doute.

60. **Fibrine**. — Lorsque l'on plonge la fibrine dans quinze à vingt fois son poids d'eau additionnée d'un millième d'acide chlorhydrique concentré, elle se gonfle, comme on sait, prend un aspect géléiforme, au bout de vingt-quatre heures de contact, à la température ordinaire, et en quelques heures, à la température de 35 à 40 degrés. Tantôt une notable partie de la fibrine se dissout dans l'eau acide, tantôt il ne s'en dissout pas du tout; mais, dans tous les cas, il suffit d'étendre d'eau la gelée fibrinoïde pour en opérer la dissolution, au point que le liquide passe assez promptement au travers d'un filtre.

Ce liquide, au dire de MM. Bouchardat et Sandras (1), offre l'analogie la plus complète avec le liquide provenant de la digestion de la fibrine; aussi ces auteurs ont-ils conclu de leurs recherches que l'agent de la dissolution de la fibrine dans la digestion est l'acide chlorhydrique contenu dans le fluide gastrique; et que, cette dissolution une fois effectuée, le liquide qui en résulte est immédiatement absorbé par le système veineux stomacal.

Mais faut-il, avec MM. Bouchardat et Sandras, rapporter la dissolution physiologique de la fibrine uniquement à l'action des acides, ou bien doit-on l'attribuer à l'intervention d'un ferment digestif spécial, ainsi que le

____

(1) Bouchardat et Sandras, *Recherches sur la digestion* (*Journal des connaissances médico-pratiques*, t. X, p. 116).

professent aujourd'hui la plupart des physiologistes ?
L'expérience suivante jette une vive lumière sur cette
intéressante question :

MM. Dumas et Cahours ont constaté qu'en ajoutant
quelques gouttes de présure au mélange formé de 6 parties d'acide chlorhydrique pour 10,000 parties d'eau, on
obtient un liquide dans lequel la fibrine se dissout en
quelques heures, au point de passer au travers du filtre
sans difficulté. Il ne se forme plus de gelée consistante
et tremblante, comme dans le cas où l'on agit avec
l'acide seul. De cette expérience capitale, que nous avons
répétée un grand nombre de fois, et toujours avec succès, M. Dumas a tiré les conclusions suivantes, dont
toutes nos recherches confirment la justessse :

« Dans le suc gastrique il y a deux agents : l'acide qui
» ramollit et gonfle la matière azotée ; la pepsine ou la
» chymosine qui en détermine la liquéfaction par un
» phénomène analogue à celui de la diastase sur l'ami-
» don (1). »

Nous nous sommes, en effet, convaincu par des
expériences très variées, dont nous ne rapporterons que
les principales, que les acides gastriques ne servent
aucunement à dissoudre les aliments azotés pendant la
digestion, qu'ils ne sont utiles que pour les gonfler, les
diviser, ou, pour mieux dire, pour les hydrater.

Première expérience. — 1 gramme de fibrine pure a
été mis en digestion, à la température de 35 à 40 degrés, dans 20 grammes d'eau acidulée par un demi-mil-

____

(1) Dumas, *Traité de chimie*, t. VI, p. 380.

lième d'acide chlorhydrique concentré, et quand la fibrine
a été tout à fait gonflée, nous avons ajouté au mélange
2 centigrammes de pepsine pure dissoute dans quelques
gouttes d'eau. En moins d'une heure de réaction, la fluidification de la fibrine a été complète.

Deuxième expérience. — L'expérience que nous venons de rapporter a été répétée en tout point ; seulement,
avant d'ajouter la pepsine, nous avons saturé atomi-
quement, à l'aide du carbonate de soude, l'acide chlorhydrique existant dans les **20** grammes d'eau acidulée
réagissante. La fluidification de la fibrine a été tout aussi
prompte et tout aussi parfaite que dans l'expérience qui
précède.

Troisième expérience. — **1** gramme de fibrine a été
broyé avec un peu d'eau distillée, pendant une demi-
heure au moins, et placé ensuite dans **10** grammes
d'eau distillée additionnée de **2** centigrammes de pepsine ; le mélange a été mis à digérer à la température
de 35 à 40 degrés. Au bout de six heures de digestion,
la proportion de fibrine dissoute était déjà manifeste, et
au bout de douze, la proportion était des plus marquées,
quoique bien moindre, cependant, que si un acide fût
intervenu dans la réaction.

Ces expériences démontrent que, dans la digestion de
la fibrine, l'action de l'acide est une action purement
efficiente ou prédisposante, et que les acides agissent
à l'égard des aliments albumineux, comme la chaleur ou
le broyage à l'égard des matières alimentaires féculentes.

On objectera peut-être que de ce que les aliments
albumineux se dissolvent incomparablement plus vite

dans l'eau acidulée additionnée de pepsine que dans l'eau simplement acidulée, il ne s'ensuit pas pour cela que leur digestion ne puisse être rapportée à l'action des acides.

Mais cette objection tombe devant les faits que nous allons rapporter. Que l'on fasse digérer, l'espace d'une douzaine d'heures, à la température de 35 à 40 degrés, 1 gramme de fibrine dans 20 grammes d'eau acidulée, d'une part; et, d'autre part, 1 gramme de fibrine dans 20 grammes d'eau également acidulée, mais additionnée de quelques centigrammes de pepsine : on se convaincra aisément que le produit des deux réactions, filtré, possède des caractères chimiques totalement différents, contrairement aux assertions de MM. Bouchardat et Sandras, qui, comme il a déjà été dit, ont avancé que la fibrine, simplement dissoute dans l'eau acidulée, présente l'analogie la plus complète avec le liquide de la digestion normale de la fibrine.

En effet, le liquide résultant de l'action de l'eau acidulée sur la fibrine offre des caractères chimiques analogues à ceux du caséum ou de la caséine. Comme le caséum, ce liquide se trouble par l'action de la chaleur, mais ne se coagule pas; comme le caséum, il est précipitable par les alcalis ainsi que par les acides chlorhydrique, nitrique, etc.; enfin, ce qui lui donne une analogie complète avec le caséum, c'est que ce liquide fibrinoïde est immédiatement coagulable par la pepsine et par tous les liquides qui en renferment, en particulier par la présure.

Le liquide résultant de la réaction simultanée de l'eau acidulée et de la pepsine sur la fibrine n'offre aucun rapport avec le caséum, et se rapproche même plus de la gélatine modifiée par la chaleur que de toute autre matière alimentaire azotée. Ce liquide n'est point coagulable par la chaleur, point précipitable par les alcalis, ni par les acides chlorhydrique, azotique ; enfin, il n'est nullement affecté par la pepsine.

Ce parallèle démontre jusqu'à l'évidence que la pepsine fait subir à la fibrine, en la dissolvant, une métamorphose constitutive complète ; dans la dernière partie de ce travail, nous démontrerons, en outre, par des expériences concluantes, que cette métamorphose est, pour le moins, aussi remarquable au point de vue physiologique qu'au point de vue chimique.

Tout ce que nous venons d'exposer relativement aux phénomènes chimiques qui président à la digestion de la fibrine, se rapporte également à la digestion de la viande, qui, comme on le sait, est presque entièrement constituée par la fibrine. Nous dirons seulement que, comme on l'avait déjà constaté, la viande crue ou peu cuite est infiniment plus digestible, ou, pour mieux dire, sa digestion est plus promptement effectuée que celle de la viande cuite.

Cette proposition est d'une vérité incontestable ; le lait lui-même, quoique liquide, est plus facile à digérer au sortir de la mamelle que lorsqu'il a bouilli, en sorte que, contrairement aux aliments féculents, la digestibilité des aliments albumineux est en raison inverse de la température qu'ils ont supportée.

61. **Gluten.** — Les phénomènes chimiques qui accompagnent la digestion du gluten offrent les plus grands

rapports avec ceux qui ont lieu pendant la digestion de la fibrine, ainsi que le démontrent les expériences suivantes :

2 grammes de gluten ont été mis en digestion dans 20 grammes d'eau faiblement acidulée par l'acide chlor-hydrique, à la température de 35 à 40 degrés ; comme la fibrine, le gluten a commencé par se gonfler, puis, peu à peu, il a perdu sa cohérence, et a fini par se diviser entièrement dans le liquide acide. La liqueur, filtrée au travers d'un double papier à filtre, a présenté les caractères suivants : la chaleur la trouble, mais ne la précipite pas ; les acides chlorhydrique et azotique y dé-terminent un abondant précipité, et enfin la pepsine se comporte avec elle comme avec la caséine ou le caséum. Donc, la dissolution acide de gluten offre, avec celle de la fibrine, l'analogie la plus frappante.

L'expérience qui précède a été exactement reproduite une seconde fois, à cette seule différence près, que l'on a ajouté au mélange d'eau acidulée et de gluten 4 centi-grammes de pepsine. Le gluten ne s'est point sensible-ment gonflé ; il n'a point perdu sa cohérence, mais il a constamment diminué de volume, et, tout en disparais-sant dans le liquide, il n'a pas cessé de présenter à sa surface une légère couche pulpeuse, grisâtre, comme on vient de voir que cela a lieu avec la fibrine.

Après filtration, le liquide résultant de la digestion si-multanée du gluten, de l'eau acidulée et de la pepsine, comme le liquide correspondant produit avec la fibrine, présente des caractères totalement opposés à ceux du gluten simplement dissous dans l'eau acidulée. Ni la chaleur, ni les acides, ni enfin la pepsine, ne le précipitent. C'est donc encore à tort que MM. Bouchardat et Sandras ont formellement avancé que l'acide chlorhydrique extrêmement dilué constitue l'agent de la digestion du gluten, et que la matière dissoute par lui est immédiatement absorbée par les veines.

62. **Albumine.** — C'est aussi à l'action à la fois dissolvante et métamorphosante des acides et de la pepsine gastrique que la dissolution de l'albumine doit être rapportée. Voici comment les choses se passent : l'albumine crue est d'abord coagulée dans l'estomac, et elle se comporte ensuite en tout point comme l'albumine cuite, à cela près que la digestion de l'albumine crue est beaucoup plus promptement effectuée que celle de l'albumine qui a subi l'action de la chaleur.

Ici encore l'acide gastrique gonfle, hydrate, tandis que la pepsine métamorphose et dissout.

Le produit de cette transformation offre les caractères que nous avons déjà assignés à ceux qui résultent de la digestion de la fibrine et du gluten, c'est-à-dire qu'il n'est point coagulable par la chaleur, ni précipitable par les acides et la pepsine. Tous ces caractères, moins celui qui a rapport à l'action de la pepsine, avaient été notés déjà par MM. Eberle et Schwann, tant dans le produit de la digestion normale de l'albumine, que dans celui de la digestion avec le suc gastrique artificiel.

Nous ne croyons pas devoir passer sous silence la coloration manifestement rougeâtre que nous a toujours présentée la couche pulpeuse qui recouvre l'albumine de l'œuf pendant sa transformation digestive : la production de cette matière colorante offrirait-elle quelque relation avec la formation de la matière colorante du sang pendant l’incubation du poulet?

63. Caséine ou Caséum. — C’est à l’aide des mêmes réactions chimiques que la digestion de la caséine est effectuée. Cependant, la propriété que possède le caséum d’être précipitable par la pepsine sans avoir besoin d’être préalablement réactionné par un acide, comme cela a lieu pour la fibrine, la glutine et l’albumine, apporte dans l’accomplissement de ce phénomène une différence importante, et que nous devons signaler : c’est que l’action précipitante de la pepsine ne se faisant sentir sur la fibrine, la glutine et l’albumine coagulée qu’au fur et à mesure que ces matières albuminoïdes s’hydratent de la circonférence au centre et couche par couche, à la faveur des acides gastriques, il en résulte que, pendant leur transformation digestive, elles sont toujours recouvertes par une couche d’un précipité pulpeux, blanchâtre ou grisâtre, résultant de l’action de la pepsine sur le composé protéique soluble, en lequel les acides transforment toutes les matières albuminoïdes : précipité susceptible d’être redissous et métamorphosé par un excès de pepsine, et auquel les physiologistes ont donné le nom de *chyme*.

La caséine, au contraire, est naturellement soluble et attaquable par le ferment gastrique au moment où elle arrive dans la cavité stomacale ; il en résulte que sa chymification, au lieu de se faire couche par couche, s’effectue en masse, c’est-à-dire que la totalité de la pepsine contenue dans le suc gastrique agit immédiatement avec la caséine et la précipite ; puis, peu à peu, le précipité caséi-

forme est redissous et métamorphosé par l'action continue de ce ferment digestif (1).

A cela près, du reste, l'action de la pepsine sur la
caséine est en tout pareille à celle qu'elle exerce sur les
autres matières alimentaires albumineuses. Ce qu'il importe surtout de constater, c'est que le produit final est
identique avec ceux de la fibrine, de la glutine et de l'albumine; comme eux, il n'est pas coagulable par la chaleur,
ni précipitable par les acides, par la pepsine, etc.

4° QUEL EST LE ROLE DU FERMENT CONTENU DANS
LE SUC GASTRIQUE ?

64. — Nous venons de voir que l'albumine, la fibrine
et le gluten, acquièrent, sous l'influence de l'eau faiblement acidulée, des propriétés chimiques et physiologiques très analogues à celles de la caséine ou du caséum ;
que, comme ce dernier corps, ces substances forment, en
présence de la pepsine, un coagulum blanchâtre ou rougeâtre, pulpeux, caséiforme, susceptible d'être redissous
et métamorphosé par un excès de ce ferment. Or, ce coagulum caséiforme, qui se produit toujours à la surface du
bol alimentaire pendant la digestion des viandes, n'est
autre chose que la matière pulpeuse entrevue et désignée

____

(1) Le rôle que joue la pepsine dans la digestion du caséum avait été
pressenti par M. Dumas, ainsi que le passage suivant le démontre :
  « Un principe analogue et peut-être identique avec la pepsine se re-
» trouve dans la présure ; il détermine d'abord la coagulation du caséum,
» et probablement qu'il en favorise ensuite la dissolution sous une forme
» nouvelle. » (Dumas, *Traité de chimie*, t. VI, p. 379.)

par les physiologistes sous le nom de *chyme*. C'est au moment où le chyme est rendu soluble par un excès de pepsine, qu'il devient propre à l'assimilation, ainsi que nous allons bientôt le démontrer.

Ces faits établissent, contrairement aux assertions de MM. Tiedemann et Gmelin et de MM. Bouchardat et Sandras, que l'estomac n'a pas pour fonction unique de dissoudre les matières albumineuses au moyen de ses acides; qu'il n'est pas seulement un lieu de transit, mais qu'il est bien un foyer d'élaboration où se forme le chyme; que le chyme n'est point un être de raison imaginé par les physiologistes, comme l'ont écrit MM. Bouchardat et Sandras; qu'il est un résultat nécessaire de la digestion préparatoire, une bouillie spécialement apte à l'assimilation, sans la production et la transformation de laquelle les matières albuminoïdes cesseraient d'être absorbables et assimilables.

L'histoire du produit final de la digestion des aliments albumineux (l'albuminose) va mettre hors de doute cette proposition fondamentale.

65. **Albuminose.** — Pour terminer tout ce qui a rapport à la digestion et à l'assimilation des matières albuminoïdes, il nous reste à tracer l'histoire chimique de la partie liquide du chyme, ou, pour mieux dire, du liquide produit par la digestion de la viande et de ses congénères.

Il résulte des recherches consignées dans l'article précédent que toutes les matières alimentaires albuminoïdes, sans exception, sont, en dernier résultat, transformées par la pepsine en une substance offrant

toujours les mêmes réactions chimiques, bien que, probablement, elle ait une composition chimique un peu
différente, suivant qu'elle provient de tel ou tel composé
albumineux. Or, ce produit de métamorphose joue un
rôle immense dans le grand acte de la nutrition des animaux, car il est aux aliments azotés ce que la glycose
est aux aliments hydrocarbonés de la famille des substances amyloïdes, ainsi que nous allons le démontrer
par des faits irrécusables. Nous proposons de le désigner sous le nom d'*albuminose*, ce nom ayant le double
avantage de rappeler son origine et sa destination physiologique (1).

66. — L'albuminose pure, celle qui résulte de la fermentation digestive de la fibrine, que nous prendrons
pour exemple, se présente sous la forme d'un liquide
tout à fait incolore, d'une odeur et d'une saveur faibles,
mais qui, ordinairement, rappellent un peu l'odeur et la
saveur de la viande. Ce liquide, évaporé à une douce
chaleur, laisse un résidu blanc jaunâtre, offrant assez de

---

(1) M. Lehmann, qui a récemment examiné l'albuminose, lui accorde
la même origine que nous, et la désigne sous le nom de *peptone*, pour
rappeler qu'elle doit sa formation à la pepsine. Nous sommes heureux
de voir nos recherches sur l'albuminose confirmées par celles d'un expérimentateur aussi habile que M. Lehmann. Nous croyons cependant
que le nom d'*albuminose* convient plutôt que celui de *peptone* aux produits absorbés après la digestion des substances albuminoïdes, à cause de
son analogie avec le mot *glycose*, qui désigne le produit absorbé après
la digestion des matières féculentes et sucrées. Pour le même motif,
nous proposons de donner le nom d'*oléose* au produit absorbé résultant
de la digestion des corps gras, quelle que soit d'ailleurs l'opinion que
l'on admette au sujet de l'action exercée par les liquides digestifs sur
cette classe de substances.

ressemblance avec l'albumine de l'œuf desséchée : c'est l'albuminose solide.

L'albuminose est très soluble dans l'eau et complétement insoluble dans l'alcool.

Sa solution aqueuse n'est point précipitable par la chaleur, ni par les bases alcalines, ni par les acides, ni enfin par la pepsine.

Elle est, au contraire, précipitée par un grand nombre de sels métalliques, tels que ceux de plomb, de mercure et d'argent.

Le chlore la précipite également. Il en est de même du tannin, même alors que ce dernier réactif est additionné d'une certaine quantité d'acide azotique.

Les propriétés physiologiques de l'albuminose sont des plus remarquables. On sait que l'albumine dissoute dans du suc gastrique naturel et injectée dans les veines d'un animal, est assimilée, car on n'en constate pas la présence dans l'urine ; tandis que l'albumine simplement dissoute dans l'eau arrive en nature dans ce liquide excrémentitiel (Bernard et Barreswil.)

Ces faits s'expliquent naturellement. L'albumine, qui n'a subi aucune transformation préalable, est inapte à éprouver le phénomène de l'assimilation ; mais mise en contact avec la pepsine du suc gastrique, l'albumine se transforme en albuminose, et devient ainsi assimilable.

D'où l'on voit que l'albumine est à l'albuminose ce que le sucre de canne est au sucre de raisin, ou glycose, c'est-à-dire que l'albuminose et la glycose sont seules assimilables.

Nous avons répété avec succès les expériences de

MM. Bernard et Barreswil, en remplaçant l'albumine par la caséine.

15 grammes de lait, préalablement soumis à l'action de la pepsine acidifiée, ont été injectés dans la veine jugulaire d'un gros lapin : aucune trace de caséum ne s'est montrée dans l'urine.

15 grammes de lait pur ont donné lieu, dans la même circonstance, à une urine contenant une proportion très manifeste de caséine ou caséum.

Pour dernière confirmation, nous avons injecté comparativement dans la jugulaire de deux gros lapins, dans une expérience, de la fibrine transformée par l'action réunie de l'eau faiblement acidulée et de la pepsine, et, dans une autre expérience, de la fibrine rendue soluble par l'eau simplement acidulée. Les choses se sont passées, dans la première expérience, comme nous nous y attendions : la fibrine, transformée en albuminose par la pepsine, s'est comportée comme le liquide correspondant de la digestion pepsinique de l'albumine, c'est-à-dire qu'elle a été assimilée, ainsi que nous nous en sommes assuré par l'inspection chimique de l'urine ; tandis que la fibrine rendue soluble par de l'eau additionnée d'un peu plus d'un demi-millième d'acide chlorhydrique, a déterminé instantanément la mort de l'animal soumis à l'expérimentation, par suite de l'engorgement des capillaires du poumon.

Cet engorgement est produit par le précipité insoluble et volumineux que forme immédiatement la matière fibrineuse lorsque, mise en présence des alcalis du sang, elle se trouve tout à coup privée de l'acide qui la tenait en dissolution.

Ces faits démontrent évidemment la nécessité de la transformation moléculaire des matières albuminoïdes en albuminose pour devenir assimilables.

Ils établissent en outre, que sans la pepsine, les aliments albumineux, non-seulement ne seraient point assimilables, mais ne seraient même point absorbables, car en supposant que les acides gastriques opérassent à eux seuls la fluidification de la viande et des autres matières azotées neutres, la dissolution acide de ces composés organiques alimentaires ne saurait éprouver le phénomène de l'absorption, puisque, aussitôt entrée dans le système général, elle se trouverait en contact avec des liquides alcalins qui en détermineraient la précipitation, et, par conséquent, en empêcheraient l'absorption.

Par suite des fonctions assimilatrices qu'elle est appelée à remplir, l'albuminose doit exister dans toutes les humeurs de l'économie animale. Nous en avons constaté, en effet, la présence dans le sang, dans le lait, dans la salive, dans la sueur, dans l'urine (1), etc. Nous ajouterons même que l'albuminose existe en proportion marquée dans le suc exprimé d'un grand nombre de plantes.

C'est à la présence de l'albuminose dans l'humeur de la transpiration cutanée qu'il faut rapporter l'odeur buty-

(1) La proportion d'albuminose excrétée par les reins est parfois assez considérable pour constituer une véritable maladie, qu'il convient de désigner sous le nom d'*albuminosurie*, attendu qu'elle est aux aliments albumineux ce que le diabète sucré ou la *glycosurie* est aux aliments féculents, c'est-à-dire que l'albuminosurie est due à un vice d'assimilation du produit ultime de la digestion des matières albuminoïdes (l'albuminose), tout comme la glycosurie est due à un vice d'assimilation du produit ultime de la digestion des matières amyloïdes (la glycose).

rique que répandent les parties cachées du corps de l'homme sujettes à une transpiration outrée. En effet, l'acide butyrique est l'un des produits constants de la décomposition spontanée de l'albuminose.

Ce fait prouve que l'albuminose, en se putréfiant, se comporte à la manière de la fibrine. On sait que la fibrine, abandonnée à elle-même, se transforme en un liquide qui répand une odeur de fromage pourri qui lui est communiquée par l'acide butyrique (Wurtz).

C'est également l'albuminose qui communique à l'urine exposée à l'air ses propriétés éminemment putrescibles ; ce qui le prouve, c'est que si, par un moyen chimique, l'urine est privée de l'albuminose qu'elle renferme, elle n'éprouve plus le phénomène de la décomposition spontanée.

Pour isoler l'albuminose existant dans un liquide organique, le sang, par exemple, il faut soumettre ce liquide à l'action d'une température de 100 degrés, après l'avoir préalablement étendu d'une certaine quantité d'eau il faut ensuite le passer à travers une toile, puis en précipiter, à l'aide de l'acide azotique, les quelques traces d'albumine que le liquide contient encore en dissolution, et enfin filtrer au papier. Le produit filtré contient l'albuminose, ainsi qu'il est aisé de s'en convaincre à l'aide du tannin, de l'alcool, etc.

Mais si l'albuminose est un composé organique abondamment répandu dans les liquides vivants, comment peut-il se faire que l'on en ait méconnu si longtemps l'existence ?

A cela, nous répondrons qu'un grand nombre de

physiologistes et de chimistes ont constaté les principaux caractères de l'albuminose, et que quelques-uns même en ont soupçonné le rôle physiologique.

Et d'abord, nous rappellerons que plusieurs observateurs, et notamment Alexandre Marcet, Prout, Brodie, ont constaté que la partie liquide du chyme contenu dans l'estomac ne renferme point d'albumine non coagulée, c'est-à-dire d'albumine liquide, mais bien des produits azotés spéciaux, auxquels MM. Gmelin et Tiedemann, Eberle, Schwann, Simon, ont donné différents noms, tels que ceux de matière salivaire, osmazôme, gélatine, matière gélatiniforme, etc., et auxquels ils ont reconnu les principales propriétés chimiques que nous venons d'assigner à l'albuminose.

Nous ferons remarquer, en outre, que l'albuminose a été implicitement reconnue dans la salive par MM. Gmelin et Tiedemann, nos recherches nous ayant appris que leur matière salivaire ne diffère de la ptyaline de Berzelius que parce que la ptyaline est uniquement constituée par la diastase altérée, et que la matière salivaire, outre la ptyaline, contient aussi de l'albuminose.

L'albuminose a été également reconnue dans la sueur par M. Thenard ; mais ce savant l'a confondue avec la gélatine, à cause de la propriété que l'albuminose partage avec elle d'être abondamment précipitée par le tannin.

Enfin, dans ces derniers temps, deux observateurs habiles, MM. Prévost et Morin, de Genève, ont retrouvé dans le chyme une matière particulière qu'ils ont appelée matière gélatiniforme, qui n'était point précipitée par les acides, ni coagulée par la chaleur, mais qui donnait un précipité insoluble avec le tannin, ainsi qu'avec les sels de plomb, de mercure et d'argent.

MM. Prévost et Morin ont également retrouvé cette matière spéciale dans le sang et dans l'urine des hommes et des animaux, ainsi que dans le suc exprimé des plantes. Cette matière était insoluble dans l'alcool, soluble dans l'eau, précipitable par le tannin et par les sels d'argent et de mercure, etc. En un mot, elle présentait tous les caractères de l'albuminose, et c'est, en effet, à l'albuminose que les deux expérimentateurs de Genève ont eu affaire.

Ces faits prouvent évidemment que l'albuminose n'avait point échappé jusqu'ici aux investigations des chimistes. Voici actuellement quelques citations qui démontrent que son rôle physiologique avait été au moins pressenti par quelques auteurs.

Burdach, combattant l'opinion de Krimer, qui veut que les différents aliments se convertissent en albumine pendant la digestion, ajoute : « D'ailleurs (la digestion), dût-elle fournir réellement un produit toujours identique, nous sommes en droit de conjecturer que ce ne serait ni l'albumine, ni aucun des autres produits constituants du sang, mais un rudiment de ces diverses substances, une sorte de matière neutre, aux dépens de laquelle toutes pussent prendre naissance, ou, comme s'exprime Truttenbacher, une masse plastique indifférente (1). »

Est-il besoin de faire remarquer que les caractères

(1) Burdach, *Traité de physiologie*, t. IX, p. 314.

assignés théoriquement par Burdach à la matière ali-
bile se rapportent uniquement à l'albuminose ?

Enfin, un expérimentateur à qui la chimie et la physiologie doivent tant et de si bonnes observations, Berzelius,
en parlant d'une matière azotée trouvée par MM. Gmelin
et Tiedemann dans le chyme, laquelle avait pour caractère
de n'être point précipitable par l'ébullition ni par les
acides, mais qui l'était par les sels de plomb, de mercure, et par le tannin (albuminose), ajoute entre deux
parenthèses les réflexions suivantes : [Ici doit, sans doute,
se ranger la plus grande partie de ce qui s'est *dissous*
dans les aliments (1)].

67. **Résumé.** — De ce travail il résulte que :

Des deux agents principaux, acide et ferment, qui
existent dans le suc gastrique, l'acide n'est propre qu'à
gonfler, hydrater, préparer les matières ;

Le ferment est unique : la pepsine, la chymosine, la
gastérase ne sont qu'un seul et même principe, auquel
il convient de conserver le nom de *pepsine ;*

C'est ce ferment, la pepsine, qui opère uniquement la
transformation des matières albumineuses, tandis que la
diastase, fournie par les glandes salivaires, et complète-
ment distincte de la pepsine, opère uniquement la transformation des matières amyloïdes ;

La chymification, si bien étudiée et appréciée à sa
véritable valeur par les anciens, méconnue et niée par
quelques physiologistes modernes, se trouve, par les
expériences contenues dans ce mémoire, rétablie dans

____

(1) Berzelius, *Traité de chimie*, t. VII, p. 260.

son rôle de phénomène indispensable à la digestion préparatoire ;

Le produit ultime de la transformation des matières
albuminoïdes est l'*albuminose*, corps qui avait déjà été
entrevu par quelques auteurs ;

Cette albuminose est, comme la glycose, propre à
l'assimilation et à la nutrition ;

Sous l'influence de deux ferments, diastase et pepsine,
les animaux peuvent digérer simultanément les aliments
féculents et les aliments albumineux, et, dans cette
double digestion, les phénomènes chimico-physiologiques se réduisent à trois temps principaux :

Premier temps. — Désagrégation et hydratation.

Deuxième temps. — Production d'une matière transitoire, chyme pour les aliments albumineux, dextrine
pour les aliments amylacés.

Troisième temps. — Transformation de cette matière
en deux substances éminemment solubles, transmissibles
à travers toute l'économie, propres à l'assimilation et à
la nutrition, dont l'une, produit final des matières amyloïdes, est la glycose, et l'autre, produit final des matières
albuminoïdes, est l'albuminose.

La digestion n'est donc pas une simple dissolution des
aliments.

Or, après avoir constaté que la transformation des
féculents et des albumineux s'opère par deux ferments
spéciaux, la diastase et la pepsine, il est permis de conclure, ainsi que nous l'avons déjà énoncé dans un précédent article, que la nature, si admirable dans la
simplicité et l'uniformité de ses moyens, procède à l'assi-

milation des matières grasses constituant le troisième groupe alimentaire par une réaction semblable, par un ferment spécial, de telle sorte qu'une loi unique préside à l'acte, en apparence si compliqué, de la nutrition...

C'est ce que nous nous proposons de démontrer dans un prochain mémoire (1).

DE L'ALBUMINE ET DE SES DIVERS ÉTATS DANS L'ÉCONOMIE ANIMALE.

PREMIÈRE PARTIE.

68. — L'état liquide ou gazeux est la condition première de tout échange de matière entre notre organisme et le monde extérieur ; c'est pour nous un axiome qui trouvera sa confirmation dans tout le cours de cet ouvrage.

Une substance, cependant, semble seule échapper à cette loi : c'est l'albumine (2). Considérée jusqu'à présent comme soluble, parce qu'elle offre toutes les apparences des liquides ordinaires, elle présenterait cette singulière anomalie de se comporter comme un corps insoluble.

Nous nous proposons de démontrer que, contraire·

---

(1) Nous avons reproduit à dessein ce que nous pensions de la digestion des matières grasses à l'époque où nous avons publié ce travail. Nous allons bientôt voir qu'aujourd'hui nos convictions sont bien modifiées à cet égard.

(2) Ce Mémoire a été lu à l'Académie des sciences en octobre 1851, et inséré dans l'*Union médicale* en juillet 1852.

ment à l'opinion généralement admise, l'albumine est insoluble ; que son insolubilité est la conséquence de son organisation et la condition essentielle des fonctions qu'elle est destinée à remplir ; qu'elle doit, pour pénétrer dans l'économie ou pour en sortir, subir des transformations qui la rendent soluble.

69. — Tous les auteurs ont pensé que l'albumine est soluble et endosmotique. M. Denis, seul, assurait qu'elle est insoluble, mais qu'elle peut être dissoute à l'aide d'un alcali.

Berzelius, ayant trouvé qu'on peut neutraliser l'alcali sans modifier l'état de l'albumine, concluait qu'elle est soluble par elle-même.

M. Dumas dit, dans son *Traité de chimie*, 7ᵉ volume, page 455 : « On connaît l'albumine sous deux formes bien distinctes : liquide et miscible à l'eau en toutes proportions, telle qu'on la trouve dans le sang, le blanc d'œuf ; solide et tout à fait insoluble, telle qu'on l'observe dans le blanc d'œuf cuit et dans le sang coagulé par la chaleur. »

Selon M. Liebig (*Traité de chimie organique*, t. III, p. 230), le sérum du sang, évaporé à une douce chaleur, laisse une masse diaphane, dure et friable, qui se dissout de nouveau, et d'une manière complète, par la digestion dans l'eau ; le blanc d'œuf desséché revient aussi à son état primitif lorsqu'il est mis en contact avec l'eau froide. Parmi toutes les dissolutions de substances organiques, c'est pour la dissolution d'albumine que les membranes animales ont la plus faible capacité d'imbibition et d'absorption.

Dutrochet, dans ses excellents travaux sur l'endosmose et l'exosmose, a bien constaté que c'est l'albumine qui exerce l'attraction la plus considérable sur les liquides aqueux, mais il n'a point cherché s'il y avait passage ou non de l'albumine à travers les membranes.

M. Matteucci, qui s'est livré avec tant de succès à l'étude des phénomènes endosmotiques, dit que le passage de l'albumine à travers les membranes doit être possible, sans toutefois appuyer cette opinion d'aucun fait précis.

M. Poiseuille, persuadé que peu de liquides échappent aux lois formulées par Dutrochet, a recherché si le sérum du sang obéissait au double phénomène d'endosmose et d'exosmose, et a conclu de ses expériences qu'il y avait exosmose du sérum à la solution saline de sulfate de soude, de sulfate de magnésie, de sel marin, à travers les membranes animales.

70. — Mais si l'albumine était soluble, endosmotique, aussi bien que les liquides aqueux des humeurs animales, elle ne pourrait se maintenir dans le système circulatoire, elle traverserait constamment les parois des vaisseaux qui la contiennent, se répandrait dans tout l'organisme, et irait se perdre dans les produits de sécrétion. Or, c'est ce qui n'arrive jamais dans l'état physiologique : il est parfaitement établi que « les liquides des excrétions » sont les seuls où l'on remarque l'absence totale de l'al- » bumine. » (Dumas.)

Les liquides albumineux de l'économie animale échappant aux lois de l'endosmose, se trouvent ainsi dans des conditions différentes des liquides aqueux ordinaires.

L'albumine ne traverse pas les membranes

71. — Pour nous assurer si, en toutes circonstances, les liquides albumineux se comportaient comme les corps insolubles, nous avons expérimenté sur le sérum du sang et sur le blanc d'œuf : dans l'un et dans l'autre, l'albumine présente exactement les mêmes propriétés, précipitant par la chaleur ; par l'acide nitrique , sans pouvoir se dissoudre dans un excès d'acide ; par les sels de plomb, de mercure, d'argent ; par la créosote, le tannin, l'alcool, etc.

Des tubes de même diamètre (40 à 45 millimètres), fermés d'un côté par un appendice cœcal de mouton, ont été remplis, les uns de sérum, les autres de blanc d'œuf battu et filtré, puis plongés dans l'eau pure ou dans diverses solutions de sulfate de soude, sulfate de magnésie, phosphate de soude. Dans chacune des expériences, il s'est effectué, au bout de six heures, passage et mélange des liquides. La chaleur et l'acide nitrique ont déterminé, dans tous les liquides extérieurs, un trouble manifeste indiquant la présence d'une certaine quantité de matière albumineuse. Mais cette matière albumineuse n'était pas de l'albumine normale, semblable à celle qui avait été introduite dans les tubes ; c'était de l'albumine *modifiée*, car elle ne se coagulait pas complétement par la chaleur, et formait, avec l'acide nitrique, un précipité qui se dissolvait en partie dans un excès d'acide. Ces expériences, répétées un grand nombre de fois avec beaucoup de soin, ont toujours donné le même résultat.

Par sa modification et sa proportion constante, quelle que fût la quantité de sérum ou de blanc d'œuf renfermée dans les endosmomètres, cette matière albumineuse donna lieu de penser qu'elle pouvait provenir des membranes mêmes, qui, par la macération, laissaient écouler les liquides organiques dont elles sont normalement imprégnées, et nullement du passage de l'albumine à travers les membranes. De nouvelles expériences en donnèrent la certitude : plusieurs anses intestinales de mouton furent lavées et pesées exactement, puis remplies d'eau pure et plongées dans des solutions de sulfate de soude et de sulfate de magnésie ; de sorte que les membranes se trouvaient entre deux liquides non albumineux. Après six heures d'expérimentation, la chaleur et l'acide nitrique décelaient, dans les liquides extérieurs, la même matière albumineuse, en quantité proportionnelle au poids de l'anse intestinale employée.

Il est devenu évident, par ce fait, que la matière albumineuse trouvée dans les expériences précédentes provenait uniquement des membranes.

Expériences avec les membranes de l'œuf.

72. — Afin d'éviter cette cause d'erreur et de n'avoir aucun produit qui pût dénaturer les résultats, nous avons rejeté les membranes intestinales, et nous avons cherché pour endosmomètre une membrane poreuse, non vasculaire, non gorgée de liquides organiques et supportant longtemps la macération sans se décom-

poser : la membrane de l'œuf nous a offert tous ces avantages (1).

Il était d'abord nécessaire de s'assurer que la membrane de l'œuf est bien endosmotique : à cet effet, un œuf dont la coquille avait été enlevée à l'un des bouts, et la membrane qui la tapisse, conservée intacte, fut plongé dans un vase rempli d'eau ; bientôt la membrane, affaissée avant l'expérimentation, s'est distendue graduellement, au point de combler d'abord le vide de la chambre de l'œuf, et de dépasser ensuite le niveau de l'ouverture de la coquille pour venir faire hernie au dehors : preuve évidente que l'eau du vase avait pénétré à travers la membrane dans l'intérieur de l'œuf.

L'œuf s'est ainsi rempli d'une assez grande quantité de liquide extérieur : pesé exactement avant l'expérience, puis, d'heure en heure après son immersion dans l'eau, il avait acquis :

	Grammes.
Au bout de 1 heure	0,50
— 2 heures	1
— 3 heures	1,50
— 4 heures	2

Après cinq heures, la membrane se rompit ; l'œuf avait alors 2^{gr},50 de poids en plus. L'époque de la rupture de la membrane varie d'après la grosseur de l'œuf et la résistance de la membrane ; elle a lieu, en général, entre la troisième et la cinquième heure.

(1) M. Brücke, cité par Valentin dans ses leçons de physiologie, avait déjà employé la membrane qui double la coquille de l'œuf dans des expériences tout à fait analogues, mais sans arriver à aucun résultat concluant.

Pour rendre plus sensibles ces phénomènes d'absorption, on adapte avec de la cire, au sommet de l'œuf, un
tube droit qui communique avec l'intérieur; le liquide,
après avoir rempli l'œuf, monte rapidement dans le tube.
Il faut que la membrane ne soit pas mise à découvert
dans une trop grande étendue à la partie inférieure
de l'œuf, autrement elle se romprait par la pression :
cette membrane, d'ailleurs, peut être efficacement pro-
tégée par deux bandelettes de linge qui s'entrecroisent
au-dessous d'elle , et n'apportent aucun obstacle aux
phénomènes endosmotiques. Il est facile de calculer
exactement la quantité de liquide ascendant, en le faisant déverser par un tube recourbé à mesure qu'il monte.
Alors le phénomène n'a d'autre terme que le mélange
parfait des liquides soumis à l'expérimentation ou l'altération de la membrane, laquelle peut être soumise à la
macération pendant plus de vingt-quatre heures sans se
décomposer. Un œuf, pesant 70 grammes, a déversé de
cette manière 25 grammes de liquide, plus d'un tiers
de son poids.

La membrane de l'œuf, bien endosmotique pour l'eau
pure, l'était-elle également pour des liquides différents?
Des expériences furent faites avec des solutions de sel
marin, de sucre de canne, de glycose, introduites dans l'intérieur d'œufs préalablement ouverts et vidés par un de
leurs bouts, fermés à l'autre bout par la membrane laissée intacte après le bris de la coquille ; les œufs, servant
eux-mêmes d'endosmomètres , baignaient séparément
dans des vases remplis d'eau. Dans chacune des expériences, le double phénomène d'endosmose et d'exos-

mose s'est produit; l'eau du vase a passé dans l'œuf, la solution contenue dans l'intérieur de l'œuf a passé dans le vase, ce dont il a été facile de s'assurer par les divers réactifs qui décelaient la présence, soit du sel marin, soit du sucre de canne, soit de la glycose.

Ainsi, l'œuf garni de sa membrane est parfaitement propre aux expériences endosmotiques; organisé lui-même, et presque à l'état vivant, il peut être considéré comme l'expression la plus rapprochée des phénomènes physiologiques, établissant, en quelque sorte, le passage entre la nature vivante et la nature morte.

73. — Il a donc été possible de le substituer aux membranes animales, sans rien changer aux conditions physiques des expériences par lesquelles on cherchait à constater le passage des liquides albumineux.

Un œuf, dont la coquille avait été brisée et la membrane mise à découvert à une de ses extrémités, fut complétement submergé dans un vase rempli d'eau. Au bout de cinq heures, l'eau du vase avait pénétré dans l'œuf de manière à augmenter de 2 grammes le poids de ce dernier, et à déterminer une hernie volumineuse de la membrane. Évidemment il y avait eu endosmose; mais y avait-il eu exosmose des substances contenues dans l'intérieur de l'œuf? Oui, pour les matières salines que l'œuf tient en dissolution; l'eau du vase était devenue alcaline au papier de tournesol et verdissait le sirop de violette. Non, pour l'albumine; jamais, dans des expériences multipliées, les réactifs n'ont pu faire constater la moindre trace d'albumine dans l'eau du vase, tant que la membrane n'a pas été rompue.

On pourrait objecter.que, dans l'œuf, l'albumine est cloisonnée, qu'elle ne circule pas librement, et qu'à cet obstacle était due l'absence du phénomène d'exosmose.

L'expérience suivante répond à cette objection. Un œuf dont la coquille avait été cassée aux deux extrémités fut vidé complétement, rempli de blanc d'œuf battu et filtré, puis plongé dans l'eau par l'extrémité garnie de sa membrane. Après un séjour prolongé dans l'eau, on constata, comme dans les expériences précédentes, qu'aucune trace d'albumine n'avait passé au dehors.

Le sérum du sang remplaça, dans l'intérieur de l'œuf, l'albumine battue et filtrée; les résultats furent exactement les mêmes. Après six et huit heures d'immersion, le sérum avait cédé à l'eau du vase tous ses éléments salins : carbonates, chlorures, sulfates, phosphates, qui se reconnaissaient aisément par leur réactifs particuliers, mais pas un atome d'albumine.

Dans aucun cas l'albumine, soit du blanc d'œuf, soit du sérum, n'a traversé les membranes de l'œuf.

Expériences avec les membranes animales.

74. — Les membranes animales devaient certainement se comporter comme les membranes de l'œuf, et ne point livrer passage à l'albumine. Pour décider complétement la question, nous avons repris les appendices de cœcum avec la précaution de les empêcher de se décomposer au moyen d'un liquide conservateur, le sirop de sucre.

Deux cœcums de mouton, contenant du sang défibriné, ont été plongés, l'un dans une solution de sucre, l'autre dans une solution de sulfate de magnésie. Les liquides ont été examinés au bout de six heures; la solution sucrée essayée n'a donné lieu à aucun trouble et n'a présenté aucune trace de matière albumineuse; la solution saline a fourni, par l'acide nitrique, un précipité albumineux plus ou moins soluble dans un excès d'acide. Cette différence de résultat ne peut être attribuée qu'à l'action conservatrice du sucre sur les membranes.

Pour plus de précision, les expériences ont été répétées en sens inverse avec des endosmomètres. Ceux-ci, contenant, dans leur intérieur, l'un une solution de sulfate de soude, l'autre une solution saturée de sucre, furent placés dans des quantités égales de sang défibriné. Au bout de cinq heures, il y avait eu endosmose du sérum à la solution sucrée et à la solution saline, mais non dans les mêmes proportions. Dans l'endosmomètre contenant le sucre, la quantité de sérum était trente fois plus grande que dans l'endosmomètre contenant le sulfate de soude. On devait donc, si l'albumine du sérum avait traversé les membranes, trouver dans la solution sucrée une quantité de matière albumineuse trente fois plus grande que dans la solution saline. C'est l'inverse qui avait eu lieu : l'acide nitrique déterminait dans la solution saline un notable précipité, tandis que, dans la solution sucrée, il ne révélait pas trace d'albumine.

75. — C'est ainsi que nous avons pu découvrir la cause d'erreur qui a entraîné la plupart des physiologistes à admettre l'albumine comme endosmotique. Si, en dehors

des endosmomètres, il existe une certaine quantité d'albumine, nos expériences ont péremptoirement établi que cette matière albumineuse, *albumine modifiée*, provenait, non d'un phénomène d'endosmose, mais de l'altération des membranes mêmes servant à l'expérience, et du déplacement du liquide albumineux contenu dans leur tissu. De sorte qu'en se servant de membranes rendues inaltérables par un liquide conservateur, ou de membranes résistant longtemps à la macération, par leur nature même, comme la membrane de l'œuf, on évite absolument cette cause d'erreur, et l'on acquiert la certitude que jamais, à l'état normal, l'albumine ne traverse les membranes ; que, par conséquent, elle est insoluble et non endosmotique.

L'albumine, étant insoluble, a une organisation spéciale.

76. — L'insolubilité de l'albumine doit se rattacher à une constitution semblable à celle des substances qui n'obéissent pas non plus aux lois de l'endosmose, telles que la fibrine, la caséine, le cruor dans les animaux, l'amidon et le gluten dans les végétaux ; substances reconnues pour avoir une organisation globulaire et être en suspension dans les liquides qui leur servent de véhicule.

L'albumine présente, avec ces différents corps, une parfaite analogie : comme eux, elle ne peut pénétrer dans l'économie qu'après avoir subi des modifications qui la rendent soluble ; comme eux, elle a la propriété de se prendre en gelée sous l'influence des alcalis, propriété capitale, qui n'appartient qu'aux substances organisées ; car les cellules d'un corps ne peuvent être gonflées par le liquide qu'elles emprisonnent, qu'autant qu'elles ne sont pas solubles dans ce liquide. En outre, de même que l'amidon hydraté traité par l'alcool perd son eau et forme un coagulum qui n'est plus apte à produire la pseudo-dissolution désignée sous le nom d'*empois*, de même l'albumine, traitée par l'alcool, se déshydrate et forme un précipité opaque qui reste insoluble. En vertu d'une réaction analogue, l'albumine, mêlée à un alcali caustique, cède son eau à l'alcali qui se dissout ; mais elle ne peut plus, lorsque l'on sature cet alcali par un acide, reprendre son eau d'hydratation, elle reste insoluble et se précipite. Par la soustraction de l'eau, l'albumine ne devient pas insoluble ; elle perd seulement sa transparence, ainsi qu'il arrive pour certains oxydes desséchés : comme l'amidon, elle était réellement insoluble avant ces réactions, tandis que l'albuminose et tous les composés organiques solubles forment, dans des circonstances semblables, des précipités qui se redissolvent complétement.

Cette similitude de propriétés conduirait donc à admettre, *à priori*, pour l'albumine, la similitude d'organisation, c'est-à-dire l'état globulaire.

77. — L'état globulaire de l'albumine a été signalé par plusieurs auteurs.

Le sérum du sang, dit Burdach, donne, quand il se décompose, de l'albumine coagulée qui se précipite sous forme de masses. Pour M. Bauer, ces petites masses sont des globules qu'il a vus se former et grossir, mais rester toujours beaucoup plus petits que ceux du sang. MM. Dumas et Prévost les ont aperçus dans du sérum qu'ils avaient fait coaguler par la chaleur et le galvanisme, ils en ont même précisé le diamètre. Ce diamètre, du reste, ne serait pas constant, car Treviranus a constaté des globules de diverses grosseurs dans du blanc d'œuf en coagulation.

Nous avons essayé de voir ces globules ; nous avons obtenu avec l'albumine coagulée les mêmes résultats que MM. Dumas, Prévost, Bauer, etc.; mais directement, sans coagulation ni intermédiaire, les globules d'albumine, en admettant qu'ils existent, ne sont point visibles. Cependant l'extrême petitesse et la transparence ne devraient pas faire exclure l'état globulaire, car les globules du sang, en perdant leur opacité et leur matière colorante par le contact de l'eau, deviennent transparents, cessent d'être visibles, et pourtant ne cessent pas d'être globulaires. Pourquoi l'albumine, à l'état normal, ne serait-elle pas comme le sang accidentellement décoloré par l'eau ? pourquoi ne serait-elle pas transparente, mais globulaire ? Qu'est-ce, d'ailleurs, que les globules du sang privés de matière colorante, sinon presque exclusivement de la matière albumineuse ?

Ne pouvant apercevoir directement ces globules, nous avons, à l'exemple de M. Baudrimont, fait intervenir l'eau de baryte ; et alors ont apparu de petits corps arrondis, d'une forme régulière, parfaitement circonscrite, et d'un diamètre égal à celui déterminé par M. Baudrimont, 1/167e de millimètre pour le blanc d'œuf de la poule, 1/200e de millimètre pour le sérum du sang. Avec d'autres solutions salines, ces résultats n'ont plus eu lieu. Afin de préciser si l'eau de baryte pouvait se présenter sous cette forme globulaire, nous l'avons examinée seule au microscope, et nous n'y avons jamais distingué que des points irréguliers, anguleux ; tandis que l'addition de quelques gouttes d'albumine faisait immédiatement apparaître des corpuscules arrondis, très bien limités, parfaitement semblables à des globules, que l'eau de baryte ne pouvait avoir créés, et qu'elle avait seulement rendus visibles par le dépôt d'une petite quantité de carbonate de baryte, suffisante pour effectuer l'opacité.

Nous avons constamment obtenu ces résultats avec une grande netteté. Mais comme on peut objecter que tous les corps globulaires de l'économie se voient directement au microscope sans aucun intermédiaire, nous ne regarderons pas (malgré les analogies qui fonderaient à en admettre l'existence) l'état globulaire de l'albumine comme suffisamment démontré. Toutefois, en présence des faits physiologiques, il y a nécessité de reconnaître que l'albumine a une organisation spéciale qui la maintient à l'état de suspension, et non de dissolution, dans le sérum du sang et le blanc d'œuf, qui l'empêche de sortir des vaisseaux qui la contiennent, autrement que par rupture ou altération des membranes, et la rend, pour les propriétés physiques et chimiques, parfaitement semblable aux substances globulaires. Deux faits nouvellement acquis à la science confirment cette proposition :

M. Melsens a reconnu que l'albumine, soumise au battage, devient opaque et donne lieu à des flocons blancs offrant, avec la fibrine, une ressemblance telle, que cet expérimentateur a cru pouvoir les considérer comme constitués par la fibrine elle-même. Mais, enréalité, ce n'est là qu'un simple phénomène de déshydratation de l'albumine.

Il résulte des recherches de MM. Ch. Leconte et Goumoens, que les matières albuminoïdes, bien que présentant quelques différences dans leurs propriétés physiques, sont toujours formées de deux substances : l'une soluble dans l'acide acétique cristallisable, l'autre insoluble. La première présente dans la fibrine la forme de granulations ; la seconde, celle de fibres. Dans l'albumine, la caséine, la vitelline et la globuline, *il est impossible de distinguer les deux substances au microscope.*

Pour devenir soluble, l'albumine doit subir des modifications constitutives.

78. — L'albumine, ainsi qu'il a été dit, est soumise aux mêmes lois de modifications que les substances alimentaires insolubles, lesquelles ne pénètrent dans l'économie qu'à la condition d'être transformées en matières solubles et absorbables : ces transformations s'effectuent sous l'influence de ferments spéciaux, et les mêmes réactions chimiques président aux phénomènes de nutrition chez les plantes et chez les animaux.

M. Payen a prouvé que, pour servir à la nutrition des végétaux, l'amidon devait être changé en *dextrine*, puis en *glycose*, par un ferment particulier auquel il a donné le nom de *diastase;* il a constaté, au moyen d'un bulbe végétal, que ce n'est qu'à l'état de *glycose* que l'amidon devenait propre à traverser les tissus et à être absorbé.

Nous-même (31 mars 1845) nous avons démontré que, dans l'économie animale, l'amidon subissait les mêmes métamorphoses, qu'il était changé en *dextrine*, puis en *glycose* par un ferment contenu dans les liquides salivaire et pancréatique : *diastase animale* ou *salivaire*, et qu'à l'état de *glycose* seulement, l'amidon pouvait traverser les membranes et être assimilé.

Cette transformation des matières féculentes est un fait physiologique nécessaire. Il en est de même pour les matières albumineuses (1) : sous l'influence des acides et et du ferment (la *pepsine*) contenus dans les sucs gastriques, l'albumine, le caséum, la fibrine, le gluten, perdent leur organisation moléculaire ; les acides agissent sur eux comme le broyage et la chaleur à l'égard des aliments féculents, et les convertissent en une gelée préparatoire ; puis la pepsine fluidifie cette gelée préparatoire, et la transforme en une substance parfaitement soluble et assimilable, que nous avons nommée *albuminose*, parce qu'elle est aux aliments azotés ce que la *glycose* est aux aliments amylacés.

79. — Dans nos expériences précédentes, nous avons constamment trouvé l'albumine insoluble et impropre à traverser les membranes. Mais faisons naître les mêmes conditions que celles qui résultent de la digestion, trai-

---

(1) Mialhe, *Mémoire sur la digestion et l'assimilation des matières albuminoïdes*, lu à l'Académie des sciences, le 3 août 1846.

tons le blanc d'œuf et le sérum du sang par le suc gastrique du veau ou par la pepsine légèrement acidulée; introduisons ces mélanges dans des endosmomètres, et expérimentons en même temps le blanc d'œuf et le sérum sans addition de ferment, avec la précaution de placer le tout dans des liquides conservateurs, tels que des solutions sucrées, afin d'éviter toute cause d'erreur. Les solutions sucrées contenant les endosmomètres à albumine pure ne donnent aucun précipité par les réactifs; les solutions contenant les endosmomètres à albumine traitée par le suc gastrique ou par la pepsine acidulée ne se coagulent, ni par la chaleur, ni par l'acide nitrique, mais fournissent d'abondants précipités par les sels de plomb, de mercure, d'argent, par le tannin, la créosote, l'alcool, réactifs qui décèlent la présence de l'albuminose.

Preuve évidente que, par l'effet du ferment gastrique, le blanc d'œuf et le sérum du sang, de même que tous les éléments albumineux, subissent une modification constitutive, changent de nature, deviennent solubles et propres à traverser les membranes, ce qu'ils ne pouvaient faire avant cette transformation.

Divers états de l'albumine dans l'économie.

80. — L'albumine, sous l'influence de la pepsine, ne devient pas immédiatement *albuminose;* elle passe par un état intermédiaire, de même que l'amidon, avant de devenir glycose, est d'abord converti en dextrine. Il

en résulte que, normalement, dans l'économie animale, l'albumine existe sous trois états bien distincts par leurs propriétés physiques et chimiques :

1° L'albumine *normale, physiologique*, entre pour une proportion considérable dans le liquide sanguin, où elle est à l'état de suspension, comme la fibrine et les globules, en vertu d'une organisation qui la rend insoluble et impropre à traverser les membranes, conditions indispensables pour l'intégrité et le maintien du sang dans les vaisseaux qui la contiennent : identique avec l'albumine du blanc d'œuf, elle précipite par la chaleur et l'acide nitrique, sans qu'un excès d'acide puisse dissoudre le précipité.

2° L'albumine *modifiée, amorphe, caséiforme*, représente l'état intermédiaire par lequel les matières albumineuses doivent passer pour devenir *albuminose*. Dans l'état de santé, elle résulte de la première modification que les sucs gastriques font subir aux aliments albumineux introduits dans l'estomac : produit de transition destiné à être converti en albuminose, elle est désorganisée, fluide, et tout à fait analogue, sinon identique, à la caséine, dont elle a tous les caractères ; c'est pourquoi nous l'appelons *caséiforme*. Comme la caséine, elle ne devient soluble dans l'eau que sous l'influence des acides ou des alcalis. Elle constitue le *chyme* des anciens ; elle est absorbable quand elle est alcaline, et peut entrer dans le torrent circulatoire, mais n'est pas suffisamment élaborée pour être assimilée, ce que les injections directes dans les veines d'animaux ont parfaitement démontré (Bernard, Mialhe). Elle précipite incomplétement par la chaleur et par l'acide nitrique, qui, en excès, dissout le précipité. A mesure qu'elle se modifie, l'albumine *amorphe* se rapproche de l'albuminose, dont elle acquiert les propriétés.

3° L'*albuminose* est le produit ultime de la transformation des matières albuminoïdes, ainsi que nous l'avons déjà dit. Dans les phénomènes de digestion, elle résulte de l'action catalytique de la pepsine ; soluble, endosmotique, assimilable, elle est promptement absorbée par tous les appareils de sécrétion et de composition organique ; elle ne précipite ni par la chaleur ni par l'acide nitrique, mais seulement par les réactifs qui décèlent les matières animales, l'alcool, le tannin, la créosote, les sels de plomb, d'argent, de mercure, etc.

L'albumine est la base, le point de départ de toute la série de tissus particuliers qui sont le siége des activités organiques. Elle donne naissance à la fibre musculaire, aux membranes, aux cellules, à la fibrine, aux globules du sang, aux vaisseaux sanguins et lymphatiques, aux os, etc.; elle entre dans la composition du cerveau, des nerfs, du foie, des reins, de la rate et de toutes les glandes ; elle prend part à tous les actes de l'économie et détermine l'accroissement du corps, la production et la reproduction de tous les organes. Mais si l'albumine *normale* ne peut traverser les membranes, si l'albumine *modifiée* ne peut être assimilée et passe presque entièrement dans les sécrétions, c'est l'*albuminose* seule qui doit fournir aux besoins de la nutrition, et opérer l'échange continuel qui s'établit entre les divers éléments fluides et solides de l'économie : des voies digestives elle passe dans la circulation générale, et tandis que les éléments insolubles du sang sont maintenus dans les vaisseaux qui les contiennent, elle traverse les parois, baigne les cellules et les fibres des tissus, et fournit les matériaux nécessaires à la nutrition et aux sécrétions ; en même temps une partie, oxydée et brûlée par l'oxygène contenu dans le sang, se transforme en eau, acide carbonique, acide urique, urée, etc. L'albuminose se retrouve dans toutes les humeurs animales, dans le sang, le lait, la salive, la sueur, l'urine, car l'excédant qui n'a pas été employé est emporté par les divers émonctoires.

81. — Ces trois états de l'albumine constituent une seule et même substance qui, en se modifiant, acquiert des propriétés nouvelles; ils sont chimiquement isomériques, et l'analyse la plus scrupuleuse ne peut constater la moindre différence dans leur composition élémentaire. Bien que conservant leur caractère commun de précipiter tous les trois par les sels de plomb, d'argent, de mercure, par la créosote, le tannin, l'alcool, etc. ., ils se distinguent parfaitement par la manière dont ils se comportent avec la chaleur et l'acide nitrique : l'albumine *normale*, *physiologique*, coagulant et précipitant entièrement sans pouvoir se dissoudre ; l'albumine *amorphe*, *caséiforme*, ne se coagulant et ne se précipitant qu'imparfaitement, se dissolvant dans un excès d'acide ; l'*albuminose* n'étant ni coagulée ni précipitée.

C'est ainsi que l'albumine, naturellement insoluble, subit dans l'organisme des modifications par lesquelles elle est désagrégée, rendue soluble, absorbable, assimi lable, propre à opérer les phénomènes de nutrition, à régénérer les solides et les liquides animaux : après ce changement intermoléculaire, elle subit une nouvelle série de métamorphoses, inverses de celles qui l'ont rendue soluble, elle reprend ses propriétés premières, et se retrouve à l'état insoluble dans le sang et les divers tissus de l'économie.

DEUXIÈME PARTIE. — INFLUENCES MORBIDES.

82. — Jusqu'à présent, nous n'avons étudié les phénomènes endosmotiques propres à l'albumine que dans l'état sain de l'économie animale ; examinons maintenant comment les influences morbides, en modifiant les conditions physiologiques des membranes et des liquides, donnent lieu à des phénomènes différents de ceux qui se passent dans l'état normal ; comment les membranes cessent d'être endosmotiques ; comment le sang et ses éléments, altérés dans leur composition, transsudent à travers les parois, et viennent se perdre dans les déjections.

Altération des membranes.

Les membranes ont, dans les phénomènes endosmotiques, une part très active, mais étroitement liée à l'intégrité de leur état physiologique. MM. Matteucci et Cima ont parfaitement précisé leur mode d'action, et ont démontré que les phénomènes d'endosmose se modifient, s'arrêtent en présence de membranes desséchées ou altérées par la macération et la putréfaction.

L'état physiologique des membranes est la souplesse, l'élasticité, la porosité, le degré de saturation, de turgescence en rapport avec une certaine densité des fluides aqueux et albumineux qui baignent constamment leurs tissus, et qui ne peuvent varier de proportions sans que les membranes soient altérées dans leurs conditions vitales et leurs propriétés physiques. Par défaut d'eau suffisante, elles perdent souplesse, élasticité, transparence. Par excès d'eau, elles se gonflent, se ramollissent, deviennent plus perméables, et laissent écouler la matière albumineuse dont tous les pores sont normalement remplis. C'est ce qui arrive toutes les fois qu'une membrane animale se trouve en présence d'un nouveau liquide ; c'est ce qui s'est présenté dans le cours de nos expériences, lorsque les endosmomètres n'étaient pas plongés dans un liquide conservateur ; c'est ce qui donne la facilité de se procurer la pepsine : on fait macérer dans l'eau la membrane de l'estomac, et par l'alcool on détermine un précipité abondant de matières albumineuses qui, entre autres substances, contient la pepsine, ainsi que nous l'avons déjà dit. Ce déplacement des matières albumineuses résulte de la différence de densité des liquides : quand on oppose au liquide albumineux un liquide d'une densité à peu près semblable, l'échange n'a pas lieu si rapidement, et c'est ainsi que le sirop de sucre conserve assez longtemps les membranes dans leur état physiologique.

Privées de leur matière albumineuse, réduites à leur

trame celluleuse, les membranes ne donnent plus lieu aux phénomènes endosmotiques et ne sont que des filtres inertes.

Si, à ces causes d'altération qui résident dans les liquides ambiants, on ajoute celles qui frappent directement la texture, telles que l'inflammation, l'épaississement, le ramollissement, la dégénérescence tuberculeuse, cancéreuse, etc., on comprendra que, chez l'homme et les animaux, les membranes exposées à de semblables désorganisations perdent leurs propriétés physiologiques et se réduisent au rôle de filtres plus ou moins grossiers à travers lesquels il ne s'effectue, comme dans la nature morte, que des phénomènes d'imbibition et d'extravasation.

L'état physiologique des membranes est donc dépendant lui-même de l'état physiologique des liquides de l'économie.

Altération des liquides, sang, albumine.

83. — Le sang nécessite, pour l'intégrité de ses propriétés et son maintien dans les vaisseaux artériels et veineux, un degré de concentration, de viscosité, qui ne peut varier sans donner lieu à de graves accidents. Est-ce sa viscosité ou son organisation spéciale qui l'empêche d'être endosmotique? Ce n'est pas la viscosité, car il est démontré que des liquides beaucoup plus visqueux, tels que les sirops concentrés, traversent parfaitement les membranes; c'est donc l'organisation spéciale. En effet, tant que cette organisation est conservée et que la

circulation est libre dans les canaux membraneux, les porosités vasculaires ne livrent passage qu'à une très petite partie de sérosité qui s'échappe au dehors. Mais une fois que les conditions physiques sont modifiées par un excès d'eau ou par des ferments morbides, les phénomènes d'imbibition se modifient également, et le sang subit, comme tous les fluides, les lois de l'endosmose.

En présence d'un excès d'eau, les éléments du sang se désorganisent, la matière colorante abandonne les globules rouges, qui alors disparaissent et semblent se détruire ; les principes albumineux se désagrégent, deviennent solubles et sortent de l'économie avec les excrétions.

Dans les expériences du laboratoire, sous l'influence de l'eau, la matière colorante des globules se dissout rapidement ; mais l'albumine ne se modifie qu'après un temps plus ou moins long, et toujours la métamorphose est incomplète ; elle s'arrête à l'état intermédiaire que nous avons désigné sous le nom d'albumine *amorphe, caséiforme ;* elle n'a pas la même fluidité que celle qui prend naissance dans l'économie, elle traverse difficilement les membranes, et seulement lorsqu'elles ont éprouvé une altération évidente. Des anses intestinales de mouton, remplies de sang défibriné et étendu d'eau, ont été plongées dans l'eau pure et dans diverses solutions salines : au bout de huit à dix heures, la matière colorante avait transsudé et s'était répandue dans les liquides extérieurs. Le sérum, malgré sa modification par l'eau, n'avait pas encore traversé ; ce n'est qu'après quinze à dix-huit heures, quand la macération et la putréfaction avaient

manifestement altéré les membranes, que s'est effectué
le passage de l'albumine. D'autres anses intestinales,
remplies de sang défibriné et étendu d'eau, ont été placées dans le sirop de sucre : la matière colorante a facilement transsudé, mais la matière albumineuse, bien
que modifiée par un long contact avec l'eau, et même
par la putréfaction, n'a pu, après dix-huit heures d'expérimentation, se frayer un passage à travers les membranes restées intactes au milieu du liquide conservateur. Cependant, chez les animaux vivants, l'albumine,
la caséine, étendues d'eau et injectées dans les veines,
se retrouvent presque en totalité dans les urines (Bernard, Mialhe) : c'est une preuve que ces substances
éprouvent, de leur mélange avec l'eau, une modification
suffisante pour leur permettre d'imbiber les membranes
et de les traverser, mais insuffisante pour les rendre
aptes à être brûlées ou assimilées.

Ainsi, l'excès des principes aqueux est aussi funeste à
l'état physiologique des liquides qu'à l'état physiologique
des membranes. Cet excès de principes aqueux est déterminé dans l'économie par tout obstacle au cours du
sang, par toute modification à l'abondance des sécrétions.
Le sérum étant plus dense que la plupart des liquides
introduits dans le tube digestif, il y a presque toujours
prédominance de l'endosmose sur l'exosmose ; les différents émonctoires, transpirations pulmonaire et cutanée,
sécrétion urinaire, en chassant cet excès d'eau, ont pour
objet principal de ramener sans cesse les matériaux du
sang à un même degré de concentration ; et la circulation, par son mouvement continuel, tend à favoriser

dans chaque appareil les conditions d'absorption aussi bien que les conditions de sécrétion. Si la circulation s'entrave ou s'arrête, si les fonctions éliminatrices cessent, ou même se ralentissent seulement, les parties aqueuses s'accumulent, distendent les parois des vaisseaux, rendent la perméabilité plus grande, empêchent les phénomènes endosmotiques, fluidifient et désorganisent les éléments sanguins; de telle sorte que, soit le sang en nature, soit la matière colorante des globules, soit l'albumine du sérum, transsudent dans les cavités splanchniques, dans le tissu cellulaire ou dans les produits excrémentitiels. « Si nous voulions formuler des » lois, dit M. Magendie, nous établirions que toute alté- » ration de la viscosité du sang, toute modification dans » les proportions de ses éléments, entraînent inévitable- » ment des phénomènes d'extravasation. »

84. — Mais l'eau en excès n'est pas le seul agent qui puisse donner lieu à l'altération des liquides de l'économie; les virus, les venins, les poisons, les miasmes, les effluves auxquels l'organisme est sans cesse exposé, sont autant de principes putrides qui, comme les ferments spéciaux, peuvent déterminer la modification des globules du sang et la désorganisation des éléments albumineux. Les membranes elles-mêmes, du moment qu'elles sont altérées, se décomposent en donnant naissance à des produits fermentifères qui, à leur tour, tendent à accélérer la métamorphose des liquides et à les rendre endosmotiques.

Les expériences des physiologistes ont depuis longtemps mis hors de doute qu'en modifiant la composition

du sang, en l'altérant par le mélange de pus ou de matières septiques, on peut, chez les animaux, créer des
états pathologiques semblables à céux qui se développent
chez l'homme. Dans certaines circonstances morbides, la
matière colorante du sang seule se dissout et transsude
partout sous forme de sérosité rouge : c'est ce que l'on
observe chez les scorbutiques, les sujets atteints de *mor-
bus maculosus*, ou mordus par des serpents venimeux.
Dans d'autres maladies, désignées avec raison par les
anciens sous le nom de *putrides*, telles que les fièvres
typhoïdes, le typhus, la fièvre jaune, le choléra, la
peste, etc., la décomposition générale des humeurs
donne lieu aux exhalations sanguines, ecchymoses, pété-
chies, et aux évacuations albumineuses.

Ainsi, dans l'état de santé, l'albumine *amorphe* et l'al-
buminose sont constamment des produits de la transformation des substances alimentaires extérieures, destinés
à fournir les matériaux nécessaires à la nutrition. Mais
dans l'état de maladie, il n'en est plus de même : l'albumine *amorphe* et l'*albuminose*, loin d'être des éléments
réparateurs venus du dehors, se créent aux dépens de
l'albumine *normale* du sang et des tissus vivants, et
deviennent, en sortant de l'économie, qu'elles appau-
vrissent, des éléments de destruction plus ou moins
rapidement mortels.

Passage de l'albumine dans les déjections.

85. — D'après les idées que nous venons d'exposer
sur la nature et les modifications de l'albumine dans

l'économie animale, nous croyons pouvoir expliquer les causes qui permettent le passage des matières albumineuses dans les produits excrémentitiels.

Dans les déjections apparaissent les trois états de l'albumine, chacun d'eux se rattachant à des causes pathologiques différentes :

L'*albumine normale*, à l'altération directe, à la désorganisation des tissus et des membranes ;

L'*albumine modifiée*, à l'altération du sang et de ses éléments ;

L'*albuminose*, au défaut d'assimilation ou à la transformation des principes albumineux de l'économie par des ferments morbides.

Passage de l'albumine normale.

86. — Lorsque les membranes, altérées dans leur texture et frappées de désorganisation, ont perdu leurs propriétés physiologiques, le sang en nature, sa matière colorante, ou son sérum, transsudent et s'épanchent au dehors.

Ces phénomènes se présentent dans les cas de violente inflammation des tissus intérieurs et dans la désorganisation de la peau par le feu, l'eau bouillante, les topiques irritants, etc. L'application d'un vésicatoire fournit un double exemple d'exsudation albumineuse par la peau et par l'appareil rénal : la cantharidine détermine à la peau une vive inflammation donnant lieu à la production d'une phlyctène dont le liquide est entièrement composé de sérum normal, coagulable comme le blanc d'œuf; en même temps qu'elle agit à l'extérieur, la cantharidine, par son union avec les principes alcalins de l'économie, devient absorbable et passe dans la circulation générale sous forme d'un composé salin qui n'a plus de propriétés irritantes et n'exerce aucune action sur les membranes. Mais, arrivé dans l'appareil rénal, ce composé rencontre des principes acides qui s'emparent de la base alcaline, et mettent la cantharidine en liberté ; celle-ci reprend alors sa vertu vésicante et agit sur les tissus des reins, des uretères, de la vessie, comme elle avait agi sur la peau, en donnant lieu à une exsudation d'albumine *normale*, qui se mêle aux urines.

L'albumine normale passe dans les urines lorsque la texture des reins a été profondément modifiée et désorganisée, soit par une inflammation violente, soit par une affection chronique. Dans le premier cas, les urines, denses, épaisses, colorées, conservant tous leurs principes sans changement appréciable, contiennent de l'albumine normale mêlée, soit à du sang en nature, soit à du pus. Dans le deuxième cas, les urines, décolorées, légères, aqueuses, privées de leur proportion d'eau et de sels, presque jamais sanguinolentes, contiennent, en même temps que de l'albumine normale, une plus ou moins grande quantité d'albumine modifiée. L'albumine normale, ainsi que nous l'avons dit, a pour caractères d'être coagulée parfaitement par la chaleur et l'acide nitrique, sans qu'un excès d'acide puisse redissoudre le coagulum.

Passage de l'albumine modifiée.

87. — L'albumine *modifiée, amorphe, caséiforme*, se trouve dans les déjections, lors de la viciation du sang ou de ses éléments. Bien que la diathèse qui donne lieu au passage de l'albumine dans les produits excrémentitiels soit une maladie générale, et qu'elle produise une tendance à la sécrétion albumineuse dans tous les organes, dans les reins comme ailleurs (de même que dans l'affection diabétique, il y a excrétion de sucre par tous les émonctoires), c'est surtout dans les urines que l'on constate une grande proportion d'albumine, parce que les reins sont dans des conditions de structure telles, que là stagnation des liquides exerce une très grande influence, et sur l'abondance de l'élimination, et sur la texture même des tissus, constamment imprégnés de ces liquides.

Si les urines prennent quelquefois l'aspect laiteux, caséeux, c'est par suite des modifications que l'albumine, passant à l'état caséiforme, éprouve sous l'influence d'une quantité plus ou moins grande d'acide ou d'alcali existant dans l'économie. En effet, la caséine combinée soit avec les acides, soit avec les alcalis, est soluble dans l'eau, et donne lieu à une dissolution transparente ; mais si la proportion d'alcali ou d'acide diminue, la dissolution passe à l'état opaque, lactescent, parce qu'une partie de la caséine se trouve alors en suspension. M. Quevenne a démontré que le lait privé de sa matière grasse par l'éther est encore lactescent, parce que la caséine, en l'absence d'une alcalinité suffisante, n'y est pas à l'état de véritable dissolution. Le même phénomène se présente dans le sang qui n'est plus suffisamment alcalin pour saturer complétement la matière caséiforme : la partie non dissoute se trouve à l'état de suspension, et donne au sang l'aspect lactescent. C'est à cette lactescence du sang, s'opposant à la transparence des humeurs de l'œil, qu'il convient de rapporter l'affaiblissement de la vision si fréquent dans l'albuminurie et le diabète.

Si le sang de la femme en état de gestation contient (ainsi qu'il a été reconnu) une plus grande proportion d'eau, c'est parce que ces conditions sont nécessaires aux changements que les éléments albumineux doivent subir pour subvenir à la sécrétion lactée. Comme preuve de ces modifications albumineuses, nous citerons la présence si fréquente de l'albumine dans les urines vers la fin de la grossesse.

La viciation du sang et de ses éléments est le résultat de tout arrêt dans les fonctions de sécrétion, de tout obstacle à la circulation générale, ou bien de l'action des ferments morbides : causes qui déterminent la fluidification des matières albuminoïdes et leur épanchement dans les cavités séreuses, le tissu cellulaire ou les produits excrémentitiels, sous forme d'albumine *modifiée, caséiforme.* Celle-ci se distingue de l'albumine normale en ce qu'elle se coagule imparfaitement par la chaleur, et forme, avec l'acide nitrique, un précipité qui se redissout dans un excès d'acide.

MALADIE DE BRIGHT.

88. — Le passage des matières albumineuses (albumine modifiée) dans les urines est un phénomène commun à plusieurs maladies aiguës et chroniques, ainsi que
l'a démontré, un des premiers, M. le professeur Bouil-
laud. Mais la persistance de cette sécrétion anormale,
jointe à l'altération de la composition chimique des urines
et à l'hydropisie des tissus, a paru être le symptôme
caractéristique d'une affection spéciale des reins que l'on
a appelée *maladie de Bright*, *granulation des reins avec
hydropisie, albuminurie, néphrite albumineuse*. On sait
actuellement que tous les symptômes de la maladie de
Bright se manifestent, les reins restant exempts de toute
altération, et que, lors de l'altération de ces organes, les
désordres pathologiques envahissent au même degré les
deux reins à la fois; ce qui indiquerait que la maladie
n'est point due à une inflammation locale, mais bien à
une cause générale agissant en même temps sur toute
l'économie.

Nous n'avons pas l'intention de présenter le tableau
de cette affection, étudiée avec tant de soin, depuis
plusieurs années, par les médecins anglais et français :
le magnifique ouvrage de M. Rayer sur les maladies des
reins résume d'une manière parfaite, et l'historique des
travaux, et l'état de la science sur ce sujet. Nous voulons
seulement aborder quelques points qui laissent encore
des doutes sur sa nature et sa cause.

La maladie de Bright est caractérisée : « par la présence d'une quantité notable d'albumine avec ou sans globules sanguins dans l'urine; par une moindre proportion des sels et de l'urée dans ce liquide, dont la pesanteur spécifique est presque toujours plus faible que dans l'état sain; enfin, par la coïncidence ou le développement ultérieur d'une hydropisie particulière du tissu cellulaire et des membranes séreuses. » (Rayer.)

Nous demandons si c'est à la maladie des reins qu'il faut rapporter l'existence de l'hydropisie et la présence de l'albumine dans les urines, ou bien si c'est à une cause antérieure, à une maladie primitive du sang qu'il faut rapporter les urines albumineuses, l'hydropisie et les lésions rénales.

89. — L'altération du sang dans la maladie de Bright n'est point douteuse : il est démontré que la diminution de l'albumine contenue dans le sérum du sang est souvent considérable et toujours proportionnelle à la quantité d'albumine qui passe par les urines. MM. Andral et Gavarret, en confirmant l'exactitude de cette proposition, ont constaté qu'à mesure que l'albumine disparaissait de l'urine, les matériaux organiques du sérum augmentaient et revenaient à l'état normal.

Cette altération du sang, admise par tous les auteurs, est-elle cause ou effet? Nous croyons pouvoir résoudre cette importante question, en nous appuyant sur les faits consignés dans ce travail.

90. — Nous avons vu quelle influence désorganisatrice exerce sur les liquides et les membranes de l'économie un excès de principes aqueux; nous avons établi que l'équilibre des matériaux du sang ne peut se maintenir

que par l'exercice régulier de la circulation et des fonctions éliminatrices ; que si la circulation s'entrave, si les transpirations pulmonaires et cutanées, la sécrétion urinaire, cessent ou seulement se ralentissent, les plus graves désordres apparaissent, et qu'un des premiers est le passage des éléments albumineux, soit dans le tissu cellulaire et les cavités séreuses, soit dans les urines.

Or, M. Rayer a constaté que le froid et l'humidité sont, en France, les causes les plus fréquentes de la maladie de Bright. Eh bien ! le refroidissement a pour effet de ralentir, et même d'arrêter la transpiration cutanée, et la suppression de la transpiration cutanée a pour résultat l'accumulation des principes aqueux et la modification de l'albumine. La preuve directe en a été donnée depuis longtemps (1844) par Fourcault. Cet habile expérimentateur a démontré qu'en supprimant artificiellement la transpiration cutanée, but qu'il atteignait en recouvrant la peau d'un enduit impénétrable, il rendait les animaux albuminuriques. Ces faits sont la confirmation de nos recherches, ils trouvent leur cause dans la trop grande fluidification du sang donnant lieu à la modification de l'albumine et à son passage à travers les tissus. C'est ainsi que l'on constate des urines albumineuses et diverses hydropisies après les maladies qui entravent les fonctions de la peau (scarlatine, rougeole, érysipèle, variole, etc.).

Il en est de même dans les cas où il existe un obstacle au cours du sang (affections du cœur, anévrysmes de l'aorte, etc.).

Dans ces circonstances, il est évident qu'il n'y a point

altération des organes de la sécrétion rénale, mais seulement altération passagère de l'albumine du sang, par suite de l'accumulation des liquides aqueux dans l'économie. Les maladies aiguës ou chroniques des reins, en suspendant ou ralentissant la sécrétion urinaire, causent souvent les mêmes effets.

Si, dans la chlorose, l'anémie, la polydipsie, l'excès d'eau dans le sang n'implique pas le passage de l'albumine dans les urines, c'est parce que les appareils de sécrétions fonctionnent régulièrement et ne laissent pas séjourner longtemps les mêmes liquides dans l'économie. Toutefois ces états pathologiques doivent être considérés comme prédisposant à la maladie de Bright.

On a recherché quel est le rapport de coïncidence des diverses maladies du cœur, du foie, de la peau, des poumons, du tube digestif, etc., avec la maladie de Bright : nous pensons que toutes les maladies qui déterminent une modification générale des liquides de l'économie peuvent causer l'apparition de l'albumine dans les urines. L'abus même de la saignée peut produire les mêmes résultats, puisqu'en soustrayant au sang une grande partie de ses éléments solides, on diminue la densité du sérum et l'on augmente la proportion des liquides aqueux, lesquels sont bien plus rapidement reconstitués que les éléments organiques.

Dans la scarlatine, la rougeole, la variole, deux causes se réunissent pour donner lieu à l'anasarque avec urine albumineuse, indépendamment de toute lésion rénale : la première est le virus essentiel à chacune de ces maladies, virus prouvé par la contagion et la transmission directe, et qui, par son action sur le sang et ses éléments, altère d'abord la matière colorante des globules, puis, consécutivement, l'albumine et la fibrine. La seconde cause, c'est la suspension de la transpiration cutanée, suspension qui a pour effet d'accumuler les principes aqueux, dont le moindre excès suffit alors pour achever la désagrégation de l'albumine, et déterminer des hydropisies, soit générales, soit partielles, ainsi que des urines albumineuses.

91. — La maladie de Bright s'accompagne presque constamment d'infiltration cellulaire et de suffusions séreuses ; cependant les urines albumineuses peuvent exister sans hydropisie, lorsque la rapidité de la circulation générale balance la tendance aux épanchements. La cause de ces épanchements ne peut être rapportée à l'affection des reins ; il est bien évident que les reins n'exercent quelque influence sur la formation de l'hydropisie que d'une manière indirecte, et en tant seulement qu'ils ont la possibilité de laisser transsuder l'albumine. C'est à l'appauvrissement causé par la soustraction continuelle de l'albumine, à la diminution des globules sanguins, qu'il faut attribuer l'hydropisie et les accidents qui s'observent dans la maladie de Bright, tels que : anéantissement des forces, dépérissement général, consomption qui peut donner naissance à des tubercules, à des dégénérescences de toutes sortes, et devenir promptement mortelle.

92. — Le sérum du sang, constamment dépouillé de ses principes albumineux, devient moins dense, et l'urine participe à ce défaut de densité ; au lieu de peser 1,018 à 1,022 comme à l'état normal, elle ne pèse plus que

1,005 à 1,012; elle est décolorée et sans odeur; comparée à volume égal avec l'urine normale, elle contient beaucoup moins d'urée, d'acide urique, d'urates et de phosphates. Le docteur Bostock a constaté un des premiers que dans cette urine la proportion des sels et de l'urée était très diminuée, et que l'urée pouvait même disparaître presque entièrement. M. Rayer dit : « La proportion de l'urée est variable et toujours très peu considérable; toutefois il paraît que la proportion de l'urée dans le sang est d'autant plus considérable que la quantité d'urée dans l'urine est plus faible et son excrétion moins abondante. »

L'urée doit sa formation à l'oxygénation des matières albumineuses qui, dans un premier degré d'oxydation, engendrent l'acide urique, et dans un second l'urée; celle-ci n'est pas susceptible d'arriver à une combinaison plus oxygénée. Des trois états de l'albumine, c'est l'albuminose d'abord, puis l'albumine *modifiée*, qui seules fournissent ces éléments de combustion, car l'albumine normale reste inattaquable par l'oxygène. Or, dans l'albuminurie, ces phénomènes de combustion ne cessent pas d'avoir lieu, et même l'abondance d'albumine *modifiée* qui existe alors dans l'économie serait propre à favoriser la formation d'une plus grande quantité d'urée. Nous croyons donc que, lors de la maladie de Bright, il existe dans l'économie autant d'urée qu'à l'état normal, et que si les urines en contiennent une moins grande proportion qu'une urine saine, à volume égal, c'est en raison de leur extrême dilution.

M. Édouard Robin, dans une note lue à l'Académie

des sciences, le **22 décembre 1851**, a exposé que : « si, pendant un temps suffisamment prolongé , l'albumine venait à subir dans la circulation une quantité de combustion très notablement moindre qu'à l'état normal, elle pourrait passer en nature dans les urines, au lieu de n'être éliminée qu'à l'état d'urée et d'acide urique. »

Nous ne pouvons partager cette opinion : les matières albumineuses fournissent certainement des éléments à la combustion ; mais ce n'est point par défaut d'oxygénation ou de combustion qu'elles passent dans les urines, car ces principes plastiques ne sont point destinés à disparaître et à être complétement brûlés après leur absorption, comme les principes respiratoires ; ils doivent, au contraire, être conservés en grande partie pour servir à la réparation générale de l'organisme. Et ici nous nous appuyons de l'autorité de M. Liebig : « Si l'albumine du sang qui naît des parties des aliments avait à un plus haut degré la faculté d'entretenir la respiration, elle serait entièrement impropre à la nutrition ; si l'albumine s'altérait et se détruisait directement dans la circulation par l'oxygène inspiré, la petite quantité d'albumine que les organes de la digestion introduisent journellement dans les vaisseaux sanguins disparaîtrait très rapidement, et le moindre trouble dans les fonctions digestives mettrait promptement un terme à la vie. Les principes non azotés, l'amidon, le sucre, la graisse, servent à préserver les organes et à entretenir la respiration, et conséquemment la chaleur ; ce sont des *agents de respiration*, tandis que les principes sulfurés et azotés des aliments sont des *agents de réparation* : le rôle de ces principes plastiques dans l'économie est d'entretenir les fonctions vitales en réparant les parties organisées qui ont été consommées et évacuées. » (Liebig, 33e *lettre*.)

93. — Les urines chargées d'albumine sont acides, neutres ou alcalines.

Dans l'exploration par le calorique, si l'urine est alcaline, le précipité ne se forme pas, et le liquide se trouble à peine, même lorsque l'albumine est très abondante. Si l'urine est neutre, le précipité se forme ordinairement, mais cependant il peut n'avoir pas lieu, ainsi que l'a indiqué M. Rayer. Dans ces cas, il faut saturer avec une goutte d'acide nitrique les bases alcalines qui tenaient en dissolution l'albumine *modifiée, caséiforme*, et l'on obtient immédiatement le précipité albumineux.

L'acide nitrique précipite l'albumine dans tous les cas, que l'urine soit acide, neutre ou alcaline. On a contesté que, versé en excès, il pût dissoudre le précipité albumineux, admettant qu'il n'avait d'action que sur l'acide urique et les urates précipités en même temps, et qu'il laissait intacte l'albumine. M. le docteur Hérard, dans une note adressée à l'*Union médicale* du 6 août 1850, a publié qu'il avait constamment obtenu le même résultat dans un grand nombre d'urines albuminuriques, savoir : précipité de l'albumine par l'acide nitrique, et redissolution complète ou à peu près complète par un excès d'acide, variable suivant la quantité d'albumine. Ces faits avaient été déjà mentionnés par M. Martin-Solon, dès 1838, dans son *Traité de l'albuminurie*, et plus tard par M. Becquerel, dans son *Traité des urines*. Soumis à de nouvelles épreuves, ils ne peuvent actuellement laisser aucun doute : l'albumine *normale* ne se dissout pas, mais l'albumine *modifiée* se dissout très bien dans un excès d'acide.

94. — Cette propriété de l'albumine *modifiée, caséiforme*, de se dissoudre dans un excès d'acide nitrique, démontre que l'albumine contenue dans l'urine des sujets atteints de la maladie de Bright diffère de l'albumine normale du sérum du sang. Déjà Prout (1) et Bostock avaient pensé que l'albumine se trouvait alors dans un état particulier, et qu'elle n'offrait pas tout à fait les mêmes caractères que celle du sérum du sang. M. Biot, en examinant avec le polarimètre l'urine dite albumineuse, avait été conduit à mettre en doute la nature de la substance anormale considérée par les médecins comme de l'albumine : « J'ai eu occasion, dit l'illustre physicien, d'étudier les urines dites albumineuses, le caractère optique faisait voir que ce n'était pas de l'albumine animale proprement dite qui les dénature ; car l'albumine exerce le pouvoir rotatoire vers la gauche, et les urines dites albumineuses n'exercent aucune action sur les plans de polarisation des rayons lumineux. » Stuart Cooper, attribuant les résultats négatifs obtenus par M. Biot à ce que l'urine examinée par ce savant ne contenait qu'une faible quantité d'albumine, a conclu, après des expériences multipliées, que l'urine albumineuse dévie le plan de

(1) Prout, dans son *Traité de la gravelle*, page 67, dit : « La matière animale contenue dans ces urines différait de l'albumine et offrait des propriétés analogues à celles du lait caillé, quoiqu'elle fût cependant distincte de l'une et de l'autre : elle présentait les caractères propres à la matière albumineuse imparfaite qu'on trouve dans le chyle. »

polarisation, que la déviation est en rapport direct avec la quantité d'albumine, et que c'est bien l'albumine animale proprement dite que contient l'urine des sujets affectés de la maladie de Bright. Pour nous, nous ne pensons pas que l'on soit en droit d'affirmer que la matière contenue dans les urines des malades albuminuriques soit de l'albumine normale, parce qu'elle affecte la lumière d'une manière identique avec l'albumine : la dextrine n'est plus amidon, et cependant elle a le même pouvoir rotatoire. L'albumine *modifiée, caséiforme,* qui est à l'albumine normale ce que la dextrine est à l'amidon, peut exercer la même action sur les plans de polarisation, et cependant avoir des caractères particuliers qui la distinguent.

Nous avons mis en digestion dans l'eau acidulée par un millième d'acide chlorhydrique, d'une part de l'albumine d'œuf, d'autre part de l'albumine d'urine, toutes deux coagulées préalablement par l'alcool. Après trois heures de digestion, l'albumine de l'urine était dissoute, tandis que l'albumine du blanc d'œuf, à peine attaquée, persistait dans son insolubilité, qu'elle n'a pu perdre entièrement.

Nous avons recommencé l'expérience, en ajoutant à l'eau acidulée une certaine quantité de pepsine, et en favorisant la réaction par une température de 35 à 40 degrés : l'albumine de l'urine était entièrement transformée en albuminose, quand celle de l'œuf commençait à peine à en donner quelques traces. En substituant à l'albumine de l'œuf l'albumine du sérum du sang normal, nous sommes arrivé à des résultats semblables.

On ne peut nier la différence de ces deux albumines, dont l'une, *normale*, résiste longtemps à l'action des acides et des ferments par le fait de son organisation ; tandis que l'autre, *modifiée*, *caséeuse*, cède facilement aux réactions, en vertu même de sa désorganisation. Il ne faudrait pas croire que cette différence résulte du séjour prolongé de l'albumine dans l'urine ; nous nous sommes assuré par des expériences que l'albumine normale n'y est pas sensiblement modifiée après un laps de temps considérable ; et lors même que l'urine commence à se putréfier, l'albumine reste encore intacte et insoluble dans l'acide nitrique en excès.

Il est donc certain que l'albumine du sérum est modifiée dans le sang lui-même ; et cette modification est, dans l'économie, plus complète que celle qui résulte artificiellement d'une brusque addition de liquides aqueux.

95. — Les urines qui se présentent plus ou moins sanguinolentes, avec leur couleur, leur densité, leur composition chimique ordinaires, et qui, traitées par la chaleur et l'acide nitrique, donnent un précipité albumineux insoluble, en même temps qu'elles s'accompagnent, chez le malade, de pouls fébrile, sécheresse et chaleur de la peau, douleur sourde à la région rénale, etc. (forme aiguë de la néphrite albumineuse pour M. Rayer), nous paraissent réunir tous les signes d'une inflammation plus ou moins violente des reins, sans avoir rien de commun avec la maladie de Bright proprement dite ; celle-ci affecte toujours une forme chronique, avec affaiblissement général, langueur, dépérissement, urines constamment décolorées et limpides, ayant perdu leur

densité normale, et contenant une plus ou moins grande proportion d'albumine *modifiée* reconnaissable à ce qu'elle précipite incomplétement par la chaleur et l'acide nitrique, et se dissout dans un excès d'acide.

Si, dans le cours de la maladie de Bright, les symptômes d'acuité se développent quelquefois, ce n'est que dans des cas exceptionnels, comme on en rencontre dans toutes les affections essentiellement chroniques, ainsi que l'a parfaitement établi M. Valleix.

Vers une période très avancée de la maladie, il n'est pas rare de trouver dans les urines de l'albumine *normale* mêlée à l'albumine *modifiée*. C'est la désorganisation des glandes rénales qui a permis le passage de l'albumine normale, restée intacte dans la masse sanguine.

96.—D'après les faits et considérations qui précèdent, nous croyons donc être fondé à admettre que, dans la maladie de Bright, l'altération générale des liquides de l'économie a précédé et déterminé le passage de l'albumine dans les urines; et nous reconnaissons deux degrés bien distincts :

Dans le premier, il y a seulement altération des liquides de l'économie, sans altération des reins : avec un excès de principes aqueux, le sang et ses éléments ne peuvent se maintenir dans les conditions physiologiques : l'albumine se modifie, se désorganise, et sous forme *amorphe*, *caséeuse*, elle traverse les membranes et vient apparaître dans les urines.

Dans le second degré, la fluidification constante de l'albumine entraîne à son tour la modification des membranes, des tissus rénaux, et détermine peu à peu les altérations dont les reins peuvent être le siége.

97. — La maladie de Bright est la diminution de l'albumine du sang, comme la chlorose est la diminution des globules sanguins : cette viciation des humeurs, essence de la maladie, peut, ainsi que nous l'avons dit, se rattacher à des altérations pathologiques plus ou moins graves, qui en rendent la guérison plus ou moins possible. Il est évident :

1° Que, produite par un obstacle au cours du sang, par une maladie du cœur ou des gros vaisseaux, par un anévrysme, etc., elle doit subsister tant que la circulation normale n'aura pu être rétablie;

2° Que, liée à une altération organique des reins, elle n'offre de chances de guérison qu'autant que l'état pathologique des reins eux-mêmes aura pu être modifié;

3° Que, succédant au contraire à une maladie de la peau, à des fièvres inflammatoires, ou même à une affection passagère des reins, elle peut être momentanée, transitoire, et céder facilement à une médication combattant directement la cause qui lui a donné naissance;

4° Enfin, que n'étant compliquée, ni d'affection organique des reins, ni de maladies aiguës ou chroniques, elle constitue un état pathologique spécial qui n'est point inaccessible aux ressources de l'art, et peut être très heureusement modifié par un traitement convenablement dirigé.

Ces cas si différents expliquent parfaitement les dissentiments des auteurs sur la gravité plus ou moins grande dé la maladie de Bright et sur la variabilité des succès obtenus.

Dans le traitement de la maladie de Bright sans complications, on doit avoir pour but de reconstituer, autant que possible, les éléments du sang, et d'expulser de l'économie l'eau qui est en excès. Il faudra :

1° Rétablir, exagérer même les sécrétions naturelles par des sudorifiques, diurétiques, laxatifs, qui, enlevant au sang ses principes aqueux, concourent à rétablir la densité et la concentration physiologiques.

2° Administrer toniques, amers, rhubarbe, vins de quinquina, de gentiane, préparations ferrugineuses, eaux minérales, boissons alcoolées, etc., toutes médications propres à entretenir les forces digestives et à ranimer l'économie.

3° Prescrire une alimentation succulente, fortement animalisée, pour régénérer les aliments albumineux, base du système sanguin ; y ajouter les substances grasses et sucrées, qui sont le complément indispensable d'une bonne nutrition. C'est ainsi que le lait, résumant l'ensemble des matières alimentaires, a souvent été pris avec grand succès ; c'est ainsi que, dans plusieurs cas tout récents, l'huile de foie de morue, en ménageant et remplaçant dans l'économie les matériaux combustibles détruits par l'oxygénation, a concouru à déterminer les plus heureux résultats.

Les eaux de Vichy, par la stimulation qu'elles produisent sur la peau et sur la membrane gastro-intestinale, autant peut-être que par la modification qu'elles impriment aux fonctions d'assimilation et de sécrétion, sont un adjuvant utile du traitement que nous venons de formuler, et les résultats inespérés qu'elles ont procurés à quelques malades dans ces derniers temps, sont bien certainement de nature à appeler l'attention des praticiens sur cette médication.

On est parvenu à guérir la chlorose en reconstituant les globules sanguins, pourquoi désespérerait-on de guérir la maladie de Bright en reconstituant les molécules d'albumine désorganisées? On admet actuellement que la présence du sucre dans les urines tient à une altération générale des liquides de l'économie, nous pensons que l'on doit admettre de même que la présence de l'albumine dans les urines peut reconnaître pour cause une altération générale des liquides : la modification de l'albumine.

Passage de l'albuminose.

98. — L'albuminose, dans l'état physiologique, se trouve dans toutes les sécrétions, le lait, la salive, la sueur, l'urine, mais en si petite quantité, qu'il est facile de concevoir que c'est un excédant échappé aux phénomènes d'assimilation et de combustion.

Pendant l'acte de la digestion, l'albuminose, un moment en excès, n'est point complétement assimilée et se perd en plus ou moins grande quantité dans les urines (urines de la digestion) ; mais, au bout d'un certain temps, après le repas, l'albuminose répandue dans la masse sanguine suffit à peine aux besoins de l'économie, et ne se trouve plus dans les urines.

Si une cause quelconque vient à suspendre les fonctions assimilatrices, l'albuminose n'est plus d'aucun profit pour l'économie, et se perd dans les produits excrémentitiels. Ces cas, peu inquiétants s'ils se rattachent à un état passager, peuvent, au contraire, entraîner les plus grands désordres quand ils sont déterminés par une altération du cerveau ou de la moelle épinière entravant toutes les fonctions de l'organisme, et conséquemment l'assimilation.

CHOLÉRA.

99. — La cause la plus grave de la présence de l'albuminose dans les déjections, c'est l'affection cholérique : alors l'albuminose expulsée n'est plus le produit de la transformation des aliments albuminoïdes par l'acte de la digestion ; elle est le produit de la transformation des éléments du sang et des divers tissus sous l'influence fermentifère du virus qui constitue le choléra. Nous avons vu que certaines fièvres inflammatoires, le rhumatisme articulaire, la fièvre typhoïde, etc., pouvaient donner lieu à la désorganisation de l'albumine normale du sang et produire le premier degré de modification, qui est l'état *amorphe*, *caséiforme*. Dans ces diverses maladies, les principes fermentifères n'ont pas assez de puissance pour faire passer l'albumine *modifiée* à l'état d'*albuminose*; mais dans le choléra ils ont une telle violence, que souvent ils opèrent cette transformation aussi rapidement que les ferments digestifs.

La transformation de l'albumine suit les phases de

cette terrible maladie : si l'élément morbide agit lentement, l'albumine passe successivement de l'état normal aux états intermédiaires et au produit ultime, l'*albuminose*; elle commence par devenir soluble, en conservant une partie de ses réactions chimiques, se coagulant imparfaitement par la chaleur, et formant avec l'acide nitrique un précipité qui n'est pas complétement insoluble ; passant ensuite à l'état *caséiforme*, elle est coagulée à peine par la chaleur, et donne, par l'acide nitrique, un précipité qui se dissout parfaitement dans un excès d'acide; enfin, elle devient *albuminose*, et alors elle ne se révèle plus par la chaleur ni par l'acide nitrique, et n'est précipitée que par le tannin, la créosote, l'alcool, les sels d'argent, de mercure, etc., avec lesquels elle forme un composé insoluble.

Si le fléau sévit avec intensité, il détermine presque instantanément la formation de l'albuminose.

Il en résulte que les points de transition de ces métamorphoses sont quelquefois difficiles à saisir, et que l'on pourrait tomber dans de graves erreurs en se hâtant de conclure d'après ce qui existait dans le moment si court d'une seule investigation.

Comme l'a très bien fait remarquer M. le professeur Rostan, les précipités plus ou moins abondants que l'on obtient sont un signe diagnostique précieux, puisque la désorganisation albumineuse est en raison directe de la gravité de la maladie.

Nous avons déjà, dans de précédents travaux, nié la présence de l'albumine normale dans les déjections des cholériques, et nous maintenons ici que c'est avec rai-

12*

son ; ce que l'on y trouve, c'est l'albumine modifiée à tous les degrés, suivant l'influence désorganisatrice.

Ainsi, le ferment digestif et le ferment morbide exer-cent la même action sur les matières albumineuses, l'un pour les faire pénétrer dans l'économie, l'autre pour les en expulser.

100. Résumé. — 1° L'albumine *normale* du sérum du sang et du blanc d'œuf ne traverse pas les membranes animales. Si, pendant les expériences endosmométriques, il apparaît dans les liquides extérieurs une certaine quan-tité de matière albumineuse, ce n'est pas de l'albumine *normale*, c'est de l'albumine *modifiée* provenant de la macération des membranes mêmes, qui ont laissé trans-suder la matière albumineuse dont elles étaient impré-gnées ; cause d'erreur qui a entraîné la plupart des physiologistes à ranger l'albumine parmi les substances endosmotiques, et que l'on peut facilement éviter en plaçant les membranes animales dans un liquide conser-vateur, comme le sirop de sucre, ou en employant les membranes de l'œuf, qui résistent longtemps à la macé-ration et constituent de parfaits endosmomètres. Dans ces conditions, jamais le sérum et le blanc d'œuf, dont la composition chimique et les propriétés physiques sont semblables, ne traversent les membranes.

L'albumine est donc insoluble.

2° Cet état d'insolubilité doit impliquer une organisa-tion semblable à celle des autres substances qui n'obéis-sent pas aux lois de l'endosmose : la fibrine, le caséum, le cruor chez les animaux, l'amidon et le gluten chez les

végétaux ; substances reconnues pour avoir une organisation globulaire, et être en suspension dans les liquides
qui leur servent de véhicule.

L'état globulaire de l'albumine, signalé par plusieurs
auteurs, ne peut être directement aperçu au microscope ;
il est contestable quand on s'est servi d'eau de baryte
pour le rendre visible. Malgré les analogies qui fonderaient à l'admettre, nous ne le considérons pas comme
suffisamment démontré. Mais il est certain que l'albumine
a une organisation spéciale qui la maintient à l'état de
suspension, et non de dissolution, dans le sérum et le
blanc d'œuf, et qui la rend, pour les propriétés physiques et chimiques, parfaitement semblable aux substances globulaires.

3° Comme les substances globulaires, l'albumine doit,
pour pénétrer dans l'économie, subir des modifications
qui la rendent soluble et propre à être assimilée.

Si l'albumine *normale* est insoluble et non endosmotique, l'albumine modifiée par un ferment (la pepsine)
devient soluble et traverse parfaitement les membranes.

4° Par suite de ces transformations, l'albumine existe
dans l'économie animale sous trois états bien distincts
par leurs propriétés, l'albumine *normale*, l'albumine *modifiée* ou *caséiforme*, l'*albuminose*.

5° Les influences morbides, en modifiant les conditions de l'état physiologique des membranes et des liquides, donnent lieu à des phénomènes différents de ceux
qui se passent dans l'état normal ; par suite des inflammations, de l'excès des principes aqueux, du défaut de
viscosité, de l'introduction, dans l'organisme, de virus,

miasmes, poisons, ferments putrides, les membranes cessent d'être endosmotiques et ne présentent plus que des phénomènes d'imbibition, de filtrage, analogues à ceux qui s'effectuent dans la nature morte. Les liquides (le sang et ses éléments) viciés, désorganisés, transsudent à travers les parois, et apparaissent dans les cavités splanchniques, dans le tissu cellulaire ou dans les produits de sécrétions.

6° Dans ce passage des matières albumineuses dans les déjections, on retrouve les trois états de l'albumine, se rattachant chacun à des causes pathologiques différentes :

L'albumine *normale*, à l'altération profonde des tissus;

L'albumine *modifiée*, *caséiforme*, à la viciation des liquides ;

L'*albuminose*, au défaut d'assimilation ou à l'influence cholérique.

7° Nous croyons, dans ce travail, avoir prouvé, par des expériences directes et par des faits tirés de l'état sain et de l'état pathologique, que les éléments albumineux de l'économie animale sont exactement dans les mêmes conditions que toutes les matières albumineuses; qu'ils subissent les mêmes transformations, soit pour pénétrer dans l'organisme, soit pour en sortir; qu'ils existent nécessairement sous des états différents, afin de pouvoir tantôt se maintenir dans le système circulatoire, et tantôt s'ouvrir un passage à travers les parois, pour fournir les matériaux de nutrition et de combustion, ou se perdre dans les produits excrémentitiels.

Digestion des matières grasses.

101. — Si la science nous paraît aujourd'hui fixée définitivement, quant à ce qui concerne la nécessité et l'existence d'un ferment spécial pour la digestion des matières amylacées d'un côté, des matières albuminoïdes de l'autre, elle est bien loin d'avoir acquis, selon nous, la même certitude pour ce qui est de la digestion des corps gras. Les anciens, comme on le sait, considéraient la bile comme l'agent qui produit l'émulsionnement et l'absorption des graisses　Nos recherches sur la diastase et sur la pepsine nous avaient conduit à admettre, pour les matières grasses, l'existence d'un agent digestif analogue à ces deux ferments, lorsque de nouveaux faits vinrent détruire nos prévisions, et nous forcèrent de revenir, à regret, à l'ancienne théorie de l'émulsionnement par les alcalis. Précisément à la même époque, M. Bernard annonçait qu'il avait découvert, dans le suc pancréatique, un ferment spécial destiné à émulsionner les graisses.

Deux conditions seraient nécessaires pour qu'il fût possible d'admettre l'opinion de M. Bernard. Il faudrait : 1° que le suc pancréatique, saturé molécule à molécule par quelques gouttes d'un acide quelconque, conservât encore ses propriétés émulsives; 2° que le ferment spécial admis par lui dans le suc pancréatique, étant précipité par l'alcool, puis redissous dans l'eau, jouît encore de la faculté d'émulsionner les corps gras. Or, nous le disons avec conviction, ni l'une ni l'autre condition n'est remplie par le suc pancréatique : nos expériences ne nous permettent pas le moindre doute à cet égard.

102. — D'un autre côté, si l'on verse dans un tube de verre fermé à l'une de ses extrémités une certaine quantité d'huile et d'eau, et que l'on y ajoute ensuite une goutte d'ammoniaque, il suffit d'agiter une ou deux fois le mélange pour produire une émulsion aussi parfaite et aussi persistante que celle que donne le suc pancréatique.

Nous empruntons à M. Matteucci quelques faits qui jettent un grand jour sur cette question :

« Je verse dans un matras une solution formée de
» 300 grammes d'eau distillée et de $1^{gr},30$ de potasse
» caustique. Cette solution n'a pas sensiblement de saveur
» alcaline et agit faiblement sur le papier de tournesol ;
» c'est un liquide moins alcalin que la lymphe et le
» chyle. Je chauffe au bain-marie ce matras jusqu'à une
» température de 35 à 40 degrés centigrades ; j'y ajoute
» quelques gouttes d'huile d'olive et j'agite : à l'instant
» je vois le liquide devenir laiteux et prendre les appa-
» rences du lait au point d'être confondu avec lui. Le
» liquide ainsi obtenu, abandonné à lui-même, conserve
» son analogie avec le lait, se sépare en deux couches,
» dont l'une, plus opaque au-dessus, et dans laquelle
» il y a évidemment de petits globules de matières
» grasses, et l'autre, plus inférieure et moins opaque,
» quoique conservant toujours l'aspect laiteux. J'ai rem-
» pli un morceau d'intestin avec cette espèce d'émulsion,
» et je l'ai plongé dans la solution alcaline décrite, main-
» tenue à la température de 35 à 40 degrés centigrades.
» Après un certain laps de temps, celle-ci s'est troublée,

» a pris les caractères de l'émulsion intérieure, et cer-
» tainement on doit croire que celle-ci a traversé les
» membranes et s'est épanchée au dehors.

» J'ai rempli un endosmomètre d'une solution très
» faiblement alcaline, et je l'ai plongé dans l'émulsion
» que je viens de décrire. Il y eut endosmose, et l'émul-
» sion pénétra dans la solution alcaline en soulevant une
» colonne de liquide de 30 millimètres en très peu de
» temps.

» Voici des phénomènes physiques qui, sans résoudre
» toutes les particularités de la digestion des corps gras,
» contribuent néanmoins à les rendre moins obscures.
» Les vaisseaux chylifères, terminés par des vaisseaux en
» cul-de-sac, enveloppés par la muqueuse intestinale,
» sont, surtout dans l'animal à jeun, pleins d'un liquide
» alcalin très analogue à la lymphe. Après la digestion,
» surtout si l'animal s'est nourri de matières grasses, le
» liquide des chylifères ne diffère de ce qu'il était aupa-
» ravant que par l'adjonction des corpuscules gras qui
» lui donnent l'apparence laiteuse. Il est naturel d'ad-
» mettre que cette affinité chimique qui produit le liquide
» laiteux dans le mélange de la solution alcaline et de
» l'huile a également lieu à travers *la membrane des*
» *vaisseaux chilifères qui, certainement, se laissent imbi-*
» *ber, tant de la solution alcaline que du liquide laiteux*
» *formé par l'action de l'alcali sur les corps gras* (1). »

Nous croyons donc, conformément aux idées de

____

(1) Matteucci, *Leçons sur les phénomènes physiques des corps vi-*
vants, p. 104 et suiv., année 1847.

M. Matteucci, que les corps gras, pour être absorbables, doivent, non-seulement être émulsionnés, mais encore, et surtout, avoir pour les liquides qui imprègnent les membranes organiques une certaine affinité, qui est la condition essentielle de l'imbibition. Peut-être même l'émulsionnement n'est-il pas indispensable; c'est au moins ce que tendraient à faire croire les observations faites sur les oiseaux dont le chyle est limpide et non laiteux. Quant à la seconde condition, les expériences très remarquables de M. Matteucci et celles toutes récentes de M. Lhermite nous en montrent toute l'efficacité.

« Remplissez, dit M. Matteucci, deux entonnoirs avec » du sable également tassé dans chacun ; versez sur l'un » de l'eau pure, sur l'autre une solution alcaline : les » liquides écoulés, arrosez d'une même quantité d'huile » les deux filtres. Pendant même plusieurs heures, l'huile » restera à la surface du sable imprégné d'eau pure ; » dans l'autre, au contraire, *elle disparaîtra rapide-* » *ment par l'imbibition du sable mouillé avec la solution* » *alcaline* (1). »

« On imbibe, dit M. Lhermite, un vase poreux du » liquide auquel on veut faire jouer le rôle de cloison, et » l'on dispose l'expérience comme s'il s'agissait d'essayer » le vase poreux lui-même, en mettant néanmoins de » préférence, à l'extérieur, le liquide qui se mêle le » mieux à l'intermédiaire, et que l'on suppose, par suite, » devoir donner le mouvement endosmotique principal, » lequel est plus facilement appréciable quand l'accumu-

(1) Matteucci, ouvrage cité, p. 106.

» lation du liquide a lieu dans l'endosmomètre. En im-
» prégnant le vase poreux d'huile de ricin, le remplissant
» d'eau et le plongeant dans l'alcool, *on a endosmose*
» *vers l'eau*, tandis que, dans le vase non préparé, le
» mouvement principal a lieu de l'eau vers l'alcool (1). »

Pour nous, comme pour M. Matteucci, « il est cer-
» tain que l'absorption ne saurait physiquement avoir
» lieu si les parois des intestins n'étaient pas baignées
» par un liquide avec lequel les corps gras auraient de
» l'affinité. » Et nous pensons que les alcalis ont seuls la
propriété de communiquer aux corps gras cette indispensable affinité pour les membranes intestinales. Aussi,
croyons-nous fermement que c'est aux bases alcalines
contenues dans les sucs digestifs intestinaux que l'absorption des matières grasses doit être uniquement rapportée.

Or, parmi les composés alcalins qui concourent à
l'absorption de corps gras, nous croyons qu'il faut prendre en sérieuse considération l'ammoniaque caustique
mise en liberté par suite de la réaction des liquides
alcalins intestinaux sur les sels ammoniacaux contenus
dans la salive avalée (2).

103. — De ce qui précède, il résulte : 1° Que l'action

(1) Lhermite, *Recherches sur l'endosmose* (*Comptes rendus de l'Académie des sciences*, 18 décembre 1854`.

(2) On sait que tous les alcalins produisent sur l'organe du goût une
impression *sui generis*, désignée sous le nom de saveur alcaline ou
urineuse. M. Chevreul a donné la véritable explication de ce phénomène.
La saveur alcaline est toujours due à la même substance, elle est due à
l'ammoniaque, laquelle résulte de l'action décomposante de la base

exercée par le suc pancréatique sur les corps gras est due uniquement à l'alcali qu'il renferme; 2° que la proportion de base alcaline contenue dans le suc pancréatique est trop bornée pour que ce liquide organique puisse être considéré comme l'agent spécial de l'absorption des corps gras. S'il restait encore dans quelques esprits le moindre doute à cet égard, les expériences de Bidder, Schmidt et Frerichs seraient de nature à les dissiper complétement. Voici comment les rapporte M. Lehmann (1) :

« Aussitôt après la publication du travail de M. Ber-
» nard, Bidder et Schmidt lièrent le canal pancréatique sur
» des chats, et laissèrent ces animaux à la diète pendant
» 12 à 24 heures, pour être certains qu'il ne restait plus
» de suc pancréatique dans l'intestin. Ils les nourrirent
» ensuite avec du lait, de la viande grasse ou du beurre,
» et quatre à huit heures après le repas, ils les mirent à
» mort. Ils répétèrent ces expériences un grand nombre
» de fois, et *toujours ils trouvèrent une très belle injection*
» *laiteuse des vaisseaux chylifères, et le canal thoracique*
» *distendu par du chyle laiteux.*
» Sur de jeunes chiens et de jeunes chats qui n'avaient
» pris aucune nourriture depuis longtemps, Frerichs lia
» l'intestin grêle bien au-dessus de l'embouchure des

---

alcaline sur les sels ammoniacaux contenus dans les humeurs de la bouche. Or, l'expérience nous a appris que le phénomène chimique signalé par M. Chevreul a lieu non-seulement avec les alcalis caustiques et le liquide salivaire, comme cet habile chimiste l'avait constaté, mais même avec la magnésie, les carbonates et les bicarbonates alcalins.

(1) Lehmann, *Lehrbuch der physiolog. Chemie,* 2° édit. t. II, p. 93 et 94.

» canaux biliaire et pancréatique ; puis il injecta dans
» l'intestin, au-dessous de la ligature, du lait avec de
» l'huile d'olive, ou une émulsion d'huile et d'albumine,
» ou de l'huile d'olive pure. *Toujours, après deux ou*
» *trois heures, il trouva les vaisseaux chylifères de ces*
» *animaux remplis de chyle blanc.* »

Source de la cholestérine dans l'économie animale.

104. — Nous venons d'examiner de quelle manière
les corps gras pénètrent dans le sang. Des savants émi-
nents ont soutenu que ces matières grasses venues de
l'extérieur sont les seules qui existent dans l'économie,
et que celle-ci est incapable d'en produire par elle-même.
Aujourd'hui c'est l'opinion inverse qui tend à prédominer, et la majorité des physiologistes pensent que certains
corps gras prennent naissance au sein même de notre
organisme. Cette dernière origine paraît au moins incontestable pour la cholestérine, qui n'a pas encore été
retrouvée dans le règne végétal.

Mais quelles sont les réactions chimico-physiologiques
qui président au développement de cette matière grasse
spéciale ?

Il y a pour nous deux manières de comprendre la
formation de la cholestérine aux dépens des éléments du
sang. La cholestérine peut provenir des matières grasses ;
elle serait, dans ce cas, comme le résultat final ou le
dernier terme des modifications chimiques que subissent
les matières grasses dans l'économie animale.

Cette manière de voir est peu probable, car, pour

qu'elle fût vraie, il faudrait que les corps gras, en s'oxydant, donnassent naissance à un composé plus riche qu'eux en carbone. On sait, en effet, que la cholestérine est, de tous les corps gras, celui qui contient le plus de carbone.

Nous croyons donc devoir rejeter cette opinion, et nous arrêter à la suivante :

La production de la cholestérine peut être attribuée à une transformation des matières albuminoïdes, transformation analogue à celle qui a été signalée par M. Blondeau de Carolles dans le fromage, et que ce chimiste a désignée sous le nom de fermentation adipeuse. La forte proportion de carbone que contient la cholestérine, et qui la rapproche des matières albumineuses, viendrait à l'appui de cette manière de voir. Le ralentissement de la circulation, et le défaut d'oxydation qui en est la conséquence, expliquent aussi pourquoi la cholestérine est en bien plus grande proportion dans les cavités closes que dans le sang lui-même.

Quoi qu'il en soit de ces deux opinions, il est incontestable pour nous que, si la cholestérine n'est pas brûlée avec les autres matières propres à l'alimentation respiratoire, c'est uniquement à cause de son inertie chimique ; la cholestérine, en effet, est aux matières grasses ce que la mannite est aux matières sucrées, ce que l'urée est aux matières albuminoïdes, c'est-à-dire qu'elle constitue une espèce de *caput mortuum* dont l'organisme n'a plus qu'à se débarrasser. Il est certain aussi, pour nous, que si la cholestérine ne se rencontre pas dans tous les liquides excrémentitiels où figurent la plupart des autres produits existant dans le sang, c'est uniquement à cause de son insolubilité.

Les remarques qui précèdent expliquent parfaitement, à nos yeux du moins, pourquoi on n'a jamais constaté la présence de la cholestérine dans l'urine de l'homme, soit sous forme de cristaux, soit à l'état de calculs; tandis que l'on trouve cette substance dans la bile, où elle forme très souvent des calculs considérables. La cholestérine, en effet, est insoluble dans les liquides acides, tels que l'urine; tandis qu'elle est soluble dans les liqueurs savonneuses, telles que la bile. Voilà uniquement pourquoi la cholestérine est excrétée par les voies biliaires.

Calculs biliaires.

105. — Les considérations chimico-physiologiques auxquelles nous venons de nous livrer sont-elles de nature à fournir quelques inductions propres à éclairer le traitement des affections déterminées par des calculs cholestériques, de la colique hépatique ?

Telle est la question que nous allons chercher à résoudre.

Si l'on admet l'opinion qui fait provenir la cholestérine des matières albuminoïdes du sang, on pourrait expliquer l'action bien avérée des alcalins dans les affections calculeuses du foie par leur influence sur la combustion interstitielle des matières albumineuses. Nous comprendrions aussi pourquoi une alimentation trop animalisée, dont la tendance est de produire des composés acides, détermine à la longue la formation de calculs cholestériques ; et pourquoi une alimentation végétale, qui a pour effet d'alcaliser les humeurs, peut s'opposer à cette formation. Si, comme le fait remarquer M. Fauconneau-Dufresne dans son mémoire sur la bile, les alcalins n'ont pas une action directe sur la cholestérine, on peut du moins admettre qu'ils agissent en s'emparant des matières grasses du sang, qu'ils entraînent en les saponifiant, de manière à empêcher le dépôt de cette substance, s'ils ne peuvent dissoudre celle qui a été déjà formée.

Ainsi, en résumé, d'après l'opinion que nous sommes disposé à adopter, les alcalis agiraient : 1° En favorisant la combustion des matières albuminoïdes, qu'ils empêcheraient ainsi de se transformer en cholestérine ; 2° en dissolvant la cholestérine elle-même, à la faveur des savons auxquels ils donnent naissance dans l'économie ; 3° en activant la circulation, ce qui favorise également la combustion interstitielle.

CHAPITRE II.

DE L'ABSORPTION EN GÉNÉRAL.

106. — Les vaisseaux dans lesquels se meuvent nos humeurs constituent un système de canaux clos de toutes parts, et ne présentant, en aucun point de leur trajet, la moindre ouverture appréciable qui permette d'expliquer le passage de certaines substances, soit à leur intérieur, soit à leur extérieur ; les prétendues *bouches absorbantes* qu'admettait l'ancienne anatomie à l'origine des lymphatiques et des veines, sont niées par tous les physiologistes depuis que l'observation directe a cherché en vain à les constater.

La conséquence inévitable de cette disposition anatomique, c'est qu'aucune substance du monde extérieur n'est apte à pénétrer dans le domaine circulatoire qu'à la condition de pouvoir filtrer à travers les membranes qui forment les parois des vaisseaux, c'est-à-dire d'imbiber les tissus dont elles sont formées, d'être *endosmotiques*. Or, cette condition ne peut être remplie que par les liquides et le gaz, d'où cette conclusion immédiate : que les corps solides qui ne trouvent pas dans nos organes les agents nécessaires pour devenir liquides, ne sauraient être absorbés.

107. — Depuis longtemps ces principes étaient admis, sauf quelques exceptions, par la majorité des médecins

et des physiologistes. Nous croyons cependant les avoir, le premier, formulés d'une manière précise, et leur avoir donné une application générale, en montrant les véritables conditions dans lesquelles se trouvent, après leur ingestion, les substances insolubles dont l'action sur l'organisme n'était soumise à aucun doute. C'est ainsi qu'après avoir annoncé formellement qu'aucun métal, qu'aucun oxyde, qu'aucun composé salin insoluble, etc., ne peut être actif qu'autant qu'il sera devenu soluble, nous exposerons successivement, dans les chapitres qui vont suivre, les divers phénomènes chimiques qui président à cette liquéfaction dans notre organisme.

Les opinions que nous professons sur l'absorption sont aujourd'hui adoptées par le plus grand nombre des médecins ; cependant, elles n'étaient nullement accréditées avant les travaux que nous avons entrepris à ce sujet. Quelques citations suffiront pour le démontrer.

Un des physiologistes qui ont le plus écrit sur l'absorption des poisons, Orfila, n'était pas encore persuadé que la *solubilité soit*, comme nous l'affirmons, *la condition essentielle de l'action des médicaments et des poisons*, ainsi que l'atteste le passage suivant :

« Nous nous sommes assuré que les liquides contenus » dans l'estomac et dans les intestins de J. L... ne conte- » naient aucune trace d'acide arsénieux ; en sorte que » *l'empoisonnement avait été l'effet du métal à l'état pul-* » *vérulent.* » (Rapport par MM. Orfila, Chevallier et Barruel (1).

____

(1) Orfila, *Traité de toxicologie*, 4ᵉ édition, t. Iᵉʳ, p. 304 (1843).

M. Bouvier, à propos d'une discussion sur l'absorption du plomb, provoquée par un mémoire de M. Legroux présenté à l'Académie de médecine, fit observer qu'il y avait peut-être quelque chose de trop absolu à prétendre que l'insolubilité du plomb empêchait l'absorption directe de ce métal. Il cita comme exemple d'absorption de matières insolubles les expériences de M. OEsterlen. Le physiologiste allemand a fait prendre à plusieurs lapins, chats et coqs, du charbon de bois finement pulvérisé qu'il mêlait avec leurs aliments. Au bout de six jours ces animaux furent tués, et présentèrent dans le sang de la veine mésaraïque, de la veine porte, du foie, etc., des molécules de charbon parfaitement appréciables au microscope.

Ces expériences étaient en si complète opposition avec tout ce que nous avions vu et professé jusqu'alors, que nous dûmes chercher à les contrôler. Répétées par nous, elles ont donné un résultat complétement opposé à celui qu'annonçait le professeur de Dorpat, et nous avons eu le bonheur de voir nos conclusions confirmées par M. Soubeiran, rapporteur, au nom d'une commission nommée par l'Académie de médecine pour examiner notre travail. M. Bérard a vu, de son côté, qu'en employant le noir de fumée, substance dont les particules n'offrent pas les contours anguleux des molécules de charbon de bois, on ne retrouve pas la moindre trace de charbon dans le sang des animaux auxquels on l'a ingéré. Il est donc probable que, même dans le cas où M. OEsterlen ne se serait pas laissé abuser par une illusion, il ne s'agissait nullement d'un phénomène d'absorption, et que les molécules de charbon anguleuses et acérées s'étaient frayé *mécaniquement* un passage à travers la substance molle des villosités.

108. — La solubilité est, dans les végétaux comme chez les animaux, la condition essentielle de l'absorption. M. Payen a vu qu'en trempant les radicelles d'une hyacinthe dans de l'eau d'empois colorée par l'iode, elles n'absorbent que de l'eau pure, et ne présentent à aucune époque la moindre parcelle amylacée qui ait pénétré par voie d'absorption directe. La même expérience, faite avec une membrane animale, nous a donné des résultats identiques. Pour faire la contre-expérience, il suffit d'enlever à l'amidon sa forme globulaire, de le réduire en une substance soluble au moyen de la diastase, qui le convertit en dextrine et en glycose; on le voit alors traverser immédiatement, et les radicelles de la plante, et les membranes animales.

L'état liquide est donc l'état indispensable à la manifestation de l'action générale ou dynamique des médicaments et des poisons, et l'on doit admettre, comme un axiome également bien démontré, que dans une même classe de corps, tout étant égal d'ailleurs, les plus solubles sont aussi les plus actifs.

109. — Mais l'état liquide est insuffisant pour permettre à lui seul l'absorption d'une substance; il faut encore que cette dernière puisse *mouiller*, *imbiber* la membrane qu'elle doit traverser : c'est ainsi que le mercure ne filtre pas à travers un papier, et que l'eau ne peut traverser un papier huilé. Dans l'organisme, la nécessité de cette deuxième condition peut être con-

statée d'une manière frappante dans le fait de l'absorption des corps gras. Aussi longtemps que ces derniers conservent leur état naturel, ils peuvent séjourner indéfiniment dans le canal digestif; mais sitôt que, sous l'influence des alcalis, ils se sont émulsionnés, et sont devenus aptes à imbiber les membranes du canal intestinal, l'absorption commence et se fait d'une manière rapide.

110. — L'absorption étant ainsi réduite à un simple phénomène d'imbibition des membranes, et de mélange de deux liquides miscibles, on dira peut-être qu'elle devrait être la même chez le vivant et sur le cadavre; il est cependant loin d'en être ainsi. C'est que l'on oublie une condition qui produit, à elle seule, toute la différence observée dans ces deux cas. Dans le corps mort, le mélange des liquides qui baignent les deux faces de la membrane organique s'opère jusqu'à ce qu'ils aient atteint une composition à peu près identique. Dès lors tout mouvement de matière cesse. Il résulte de là que, dans ces circonstances, une faible quantité de liquide peut être absorbée. Mais, chez le vivant, cet équilibre ne se réalise jamais; la matière qui pénètre dans les vaisseaux étant sans cesse emportée par la circulation, et un liquide pur de substance étrangère venant à chaque instant remplacer celui qui en est déjà saturé en partie, il s'ensuit que les phénomènes restent constamment ce qu'ils étaient au commencement de l'expérience sur le cadavre, et que l'absorption peut se faire d'une manière continue. Pour faire mieux comprendre notre pensée à cet égard, nous nous servirons d'une comparaison vulgaire. Voyez ce qui se passe

dans la mèche d'une lampe. Tant que la lampe n'est pas allumée, la mèche s'imprègne d'huile dans toute son étendue ; mais, dès que l'imbibition est complète, l'huile cesse de s'élever. Lorsque, au contraire, la lampe est allumée, l'huile qui imprègne la portion supérieure de la mèche étant sans cesse enlevée par la combustion, l'ascension se fait d'une manière continue.

111. — Il est une autre condition dont il faut tenir compte, dans l'étude des phénomènes d'absorption des diverses substances, c'est la propriété qu'elles possèdent ou non de coaguler l'albumine, si abondamment répandue dans nos humeurs et dans nos tissus. Pour qu'une matière puisse pénétrer dans le système vasculaire, il faut, non-seulement qu'elle soit liquide, mais encore qu'elle conserve cette fluidité en traversant les membranes qui la séparent du liquide sanguin ou lymphatique. Il est facile de comprendre que celles qui forment avec l'albumine un composé solide, bien que remplissant les conditions d'absorbabilité mentionnées précédemment, ne devront entrer dans le torrent circulatoire qu'avec une grande difficulté et avec beaucoup de lenteur ; il faut, en effet, pour cela, que le coagulum produit soit repris, molécule à molécule, par les agents de dissolution que renferment nos humeurs, travail qui exige un temps d'autant plus long que ces agents sont moins concentrés et la circulation moins active. Au contraire, les matières qui, en présence de l'albumine, ne forment pas une combinaison solide, ne trouvent pas la même difficulté à se mêler à nos humeurs, et, dès lors, s'absorbent avec une grande rapidité. C'est ce qui fait que nous attachons la plus grande importance à la distinction, établie par nous, entre les substances coagulantes et celles qui ne le sont pas ou les substances fluidifiantes.

Entrons dans quelques détails à ce sujet.

112. — Il résulte de nos recherches que la plupart des substances introduites dans l'économie animale agissent chimiquement sur le sérum du sang, soit immédiatement, soit médiatement : les unes coagulent l'albumine que cette humeur renferme; les autres, au contraire, la fluidifient (1).

Dans la première classe, les *coagulants* ou *plastifiants*, se trouvent, outre quelques toniques, tous les agents vraiment astringents ou hémostatiques : ainsi, la plupart des acides minéraux, un grand nombre de sels métalliques, le tannin, la créosote, le seigle ergoté, la sabine, etc.

La seconde classe, les *fluidifiants* ou *désobstruants*, renferme tous les agents véritablement diurétiques, un grand nombre d'altérants ou d'excitants généraux, etc.: ainsi, les oxydes alcalins et leurs carbonates, l'ammoniaque et ses sels, les iodures, sulfures et chlorures alcalins, et autres composés à base alcaline ; quelques acides organiques, etc.

Un fait bien digne de remarque, et que nous croyons fertile en applications thérapeutiques, c'est que certaines substances, coagulantes au moment de leur administration, rentrent plus tard, en se dissolvant dans l'économie, dans la classe des fluidifiants : tel est, par exemple, le

____

(1) *Comptes rendus de l'Académie des sciences*, août 1842.

sublimé corrosif ; tandis que d'autres, qui n'exercent aucune action apparente sur le sérum du sang quand elles sont introduites dans la circulation générale, acquièrent, bientôt après, des propriétés coagulantes incontestables : tel est l'alun, alors qu'on l'administre à hautes doses.

Le tableau suivant permettra de saisir d'un seul coup d'œil l'ensemble des recherches que nous venons de résumer succinctement.

PREMIÈRE CLASSE.

Coagulants ou plastifiants.

113. — Cette classe renferme, parmi les métalloïdes : le chlore, le brôme, l'iode.

Parmi les acides minéraux : les acides sulfureux, sulfurique, azotique, chlorhydrique, pyrophosphorique, etc.

Parmi les composés salins : la plupart des sels de zinc, d'étain, de bismuth, de plomb, de cuivre, d'antimoine, de mercure, d'argent, d'or et de platine.

Parmi les composés organiques : le tannin ou acide tannique, l'acide acétique concentré, l'alcool, la créosote, l'huile de croton tiglium, etc.

Tous les agents précités produisent, avec les éléments protéiques de l'économie animale, c'est-à-dire avec l'albumine, la fibrine et la caséine du sang et des tissus vivants, des combinaisons insolubles plus ou moins plastiques, plus ou moins stables ; de là vient que le premier effet de ces agents modificateurs est toujours purement cal. Toutefois cette première action ne tarde pas à être suivie, le plus ordinairement, d'une action générale ou dynamique plus ou moins marquée, laquelle est toujours consécutive à l'absorption du corps coagulant, absorption qui s'effectue à l'aide d'un très petit nombre de réactions chimiques d'une admirable simplicité.

Les métalloïdes, les acides minéraux et végétaux, l'huile de croton, certains oxydes, tels que ceux d'aluminium, d'antimoine, existant dans le coagulum protéique, acquièrent la propriété de se redissoudre, et partant d'être absorbés, en se combinant avec les bases alcalines que renferment nos humeurs. Il en est de même des sels de cuivre et de quelques sels de fer, mais ici avec la participation des matières albuminoïdes contenues dans le sang ou dans la lymphe.

Les sels de plomb, de mercure, d'argent, d'or et de platine deviennent susceptibles d'éprouver le phénomène de l'absorption en s'unissant avec les chlorures alcalins contenus dans le liquide lymphatique et sanguin, et en donnant ainsi lieu à des chlorures doubles, solubles et imprécipitables par aucun des réactifs existant dans les humeurs vitales.

Enfin, quelques sels deviennent absorbables à la faveur d'un excès de leur propre substance, c'est-à-dire que la combinaison insoluble qui résulte de leur union avec les éléments albumineux du sang ou des tissus est soluble dans un excès du composé salin qui lui a donné naissance : tels sont certains sels d'alumine, de zinc, de fer et de cuivre.

DEUXIÈME CLASSE.

Fluidifiants ou désobstruants.

114. — Ce groupe de corps comprend : les oxydes alcalins et leurs carbonates, sulfates, nitrates, phosphates, tartrates, citrates, iodures, chlorures, sulfures, etc.; l'ammoniaque et tous ses composés salins ; les acides arsénieux, arsénique, phosphorique hydraté ; tous les acides organiques étendus d'eau.

Tous les agents qui précèdent appartiennent à la classe des corps non coagulants, mais ils sont loin d'avoir tous le même pouvoir fluidifiant. C'est ainsi que les alcalis et leurs carbonates, l'ammoniaque et ses sels, sont doués de propriétés antiplastiques des plus marquées ; il en est de même des sels alcalins à acides organiques, lesquels sont décomposés dans le sang et transformés en carbonates. D'autres, au contraire, sont presque entièrement dépourvus de pouvoir fluidifiant, et, en réalité, ce sont plutôt des agents non coagulants que de véritables agents fluidifiants : tels sont les acides précités.

115. — Dans les deux classes de corps que nous venons de faire connaître, on doit distinguer, au point de vue de l'application thérapeutique, deux groupes spéciaux : les *coagulants médiats* et les *fluidifiants médiats*.

Coagulants médiats ou après absorption. — Cette sous-classe renferme : l'alcool faible, l'infusion de seigle ergoté, l'infusion de sabine, le suc d'ortie, l'eau de Monterossi et autres, l'alun pris à haute dose, etc.

Ce sont les seuls agents hémostatiques qui aient la propriété inappréciable, en certains cas, de pouvoir pénétrer dans la circulation générale, et d'agir consécutivement sur le sérum du sang; ils le coagulent partiellement, de manière à intercepter l'abord de ce liquide dans les capillaires par où s'effectue l'hémorrhagie.

Ce que nous venons de dire sur les vertus hémostatiques des coagulants suffira, nous l'espérons du moins, pour attirer l'attention de tous les praticiens qui ont, comme nous, la ferme persuasion que, pour arrêter une hémorrhagie grave quelconque, externe ou interne, c'est toujours sur le système sanguin, et non sur le système nerveux, qu'il convient d'agir activement.

116. **Fluidifiants médiats ou après absorption.** — A cette sous-classe appartiennent tous les sels métalliques susceptibles d'être transformés en chlorures doubles par les chlorures alcalins : tels sont les sels de plomb, de mercure, d'argent, d'or et de platine.

Le groupe des fluidifiants médiats ou après absorption mérite d'être pris en sérieuse considération, attendu que les composés chimiques chlorurés qui le constituent appartiennent, suivant les doses auxquelles on les administre, ou aux agents modificateurs les plus précieux, ou aux agents toxiques les plus énergiques.

117. — La connaissance des faits qui précèdent ouvre aux thérapeutistes une voie nouvelle, et paraît appelée à jeter le plus grand jour sur le traitement de certaines maladies.

On a cru adresser à notre classification un grave reproche, en disant qu'il était tout à fait impossible de substituer tous les coagulants les uns aux autres, ou de remplacer un fluidifiant par un autre fluidifiant.

Ce reproche n'est nullement fondé, et il nous est très facile de le repousser, car, en nous réfutant, on nous a prêté des opinions que nous n'avons jamais professées. En effet, nous n'avons jamais eu l'intention de comparer ces deux genres de corps qu'en ce qu'ils ont de comparable ; nous les avons envisagés uniquement sous le rapport de l'action qu'ils exercent sur les liquides et les tissus albuminoïdes. Nous avons établi que les uns coagulent et que les autres ne coagulent pas ; voilà tout. Mais nous n'avons nullement prétendu qu'on pouvait les remplacer les uns par les autres. Ainsi, comme action coagulante locale, les acides, les sels métalliques, l'alcool, ne produisent pas du tout le même effet, et cependant tous coagulent l'albumine. Nous n'avons donc pas été aussi loin qu'on a voulu le faire supposer.

Cela étant bien établi, nous ajouterons cependant que ces substitutions d'un corps par un corps du même groupe ne sont pas toujours aussi impossibles qu'on pourrait le croire, mais cela dans de justes limites. Ainsi,

il est bien certain pour nous qu'un grand nombre
d'astringents peuvent se remplacer mutuellement, car
ils ont une action si spéciale, qu'elle est, à peu de
chose près, la même pour tous. Il est certain encore
qu'un grand nombre de fluidifiants agissent sur l'économie d'une manière sensiblement analogue, et il est au
moins remarquable que presque toutes les substances
que l'on a employées avec succès contre les scrofules et
contre la syphilis appartiennent à la classe des fluidifiants, soit immédiats, soit médiats : telles sont toutes les
préparations alcalines et iodurées, tous les composés
de mercure et d'or.

118. — Toute substance, pour être absorbable, doit
donc remplir trois conditions essentielles : 1° être à l'état
liquide ; 2° être susceptible de mouiller la membrane à traverser ; 3° ne pas se combiner chimiquement avec cette
membrane. Nous avons vu que lorsque cette combinaison
a lieu, l'obstacle qu'elle apporte à l'absorption n'est, en
général, que momentané, et qu'elle ne fait que la retarder sans l'empêcher complétement.

Il suffit de jeter un coup d'œil sur les agents médicamenteux que nous allons successivement passer en revue,
pour se convaincre que toutes les substances actives sont
réellement absorbables, soit qu'elles appartiennent à la
classe des corps solubles, soit qu'elles fassent partie du
groupe des corps insolubles. Seulement, l'observation
des faits nous apprend que leur absorption se fait avec ou
sans l'intermédiaire d'un dissolvant spécial. Presque tous
les corps solubles sont absorbés directement ; tous les
corps insolubles, au contraire, ont besoin, pour devenir

absorbables, de l'intervention d'un dissolvant spécial, soit d'un dissolvant organique ou ferment, comme l'amidon, la fibrine, etc., soit d'un dissolvant inorganique, acide, alcali ou composé salin, comme les substances insolubles du règne minéral. Ainsi, par exemple, les métaux, la plupart des oxydes et certains sels, demandent l'intervention des acides pour être absorbés ; les métalloïdes, les acides insolubles, les huiles, les résines, les baumes, l'intervention des alcalis ; et certains sels insolubles, enfin, celle des sels solubles ; les acides se trouvent dans le suc gastrique, à l'intérieur, à l'extérieur du corps, dans la sécrétion cutanée ; les alcalis se rencontrent dans le suc intestinal, et les composés salins, dans toutes les humeurs de l'économie animale.

119. — Parmi les substances absorbables les plus actives, celles qui sont capables de produire une mort instantanée ou presque instantanée, telles que l'acide cyanhydrique, l'alcool faible, la strychnine, appartiennent, comme le veut la théorie, à la classe des agents modificateurs *immédiatement absorbables*, c'est-à-dire à la classe des corps fluidifiants ou non immédiatement coagulants ; et parmi les substances coagulantes, toutes choses égales d'ailleurs, les plus promptement mortelles sont précisément celles dont le *coagulum* est rendu le plus promptement soluble par les agents de dissolution de l'économie animale que nous avons signalés plus haut. C'est ainsi, par exemple, que, de deux personnes qui auraient ingéré, l'une du deutonitrate et l'autre du protonitrate de mercure, celle qui aurait pris le deutonitrate mourrait bien avant celle qui aurait pris le protonitrate, attendu que

les chlorures alcalins contenus dans nos humeurs transforment plus promptement et plus complétement les deutosels que les protosels de mercure en chloro-hydrargyrates alcalins.

Veut-on savoir pourquoi les malades qui ont avalé de l'acide oxalique périssent toujours en moins d'une heure, et quelquefois même ne survivent que quelques minutes ; tandis que les personnes qui ont ingéré de l'acide nitrique ne meurent jamais qu'après plusieurs heures, et souvent même plusieurs jours ?

C'est que l'acide oxalique appartient à la classe des corps qui ne coagulent pas le sérum du sang, et que, par conséquent, il fait partie des poisons immédiatement absorbables ; tandis que l'acide azotique appartient au groupe des corps qui exercent sur le sang une action coagulante des plus marquées. De là résulte que l'introduction de ce dernier acide dans l'économie ne peut s'effectuer que lentement, et que l'effet toxique qu'il produit doit, par cela même, être à peu près complétement local.

Veut-on également connaître la cause qui fait que le cyanure de mercure appliqué sur la peau dénudée, ou introduit dans l'estomac d'un animal, détermine, sans laisser de traces sensibles dans les cavités gastrique et intestinale, une mort incomparablement plus prompte que ne le fait le bichlorure ou le sublimé corrosif ?

C'est que le chlorure mercurique appartient à la classe des substances coagulantes, et que le cyanure mercurique n'en fait point partie. Ce qui démontre d'une manière irréfragable cette assertion, c'est que si l'on enlève

14*

au sublimé ses propriétés coagulantes, c'est-à-dire si on
le combine avec un excès de sel marin ou de sel ammoniac, et si on l'ingère après cela dans l'estomac d'un
animal, on remarque à la fois, et que ses effets délétères
se manifestent plus tôt, et que l'estomac de l'animal empoisonné n'offre plus la couleur grise blanchâtre signalée
par Orfila, et qui résulte, selon nous, de l'union du
sublimé avec les éléments albumineux de cet organe.

« Dans l'empoisonnement par le *cyanure de mercure*,
» suivant Ollivier (d'Angers), l'action immédiate de ce
» composé mercuriel sur les parties avec lesquelles on
» le met en contact est à peu près nulle dans les premiers
» instants, de sorte qu'on ne peut le considérer comme
» essentiellement irritant. Cependant il produit quelque-
» fois des phénomènes évidemment inflammatoires, mais
» dont l'intensité n'est pas assez grande pour que l'on
» puisse leur attribuer les symptômes généraux qui se
» manifestent, et qui sont bientôt suivis de la mort (1).

» Tandis que le *sublimé corrosif* détermine une inflam-
» mation plus ou moins intense des parties qu'il a tou-
» chées ; lorsqu'il a été introduit dans l'estomac, on
» découvre une rougeur plus ou moins foncée de la
» luette, des piliers du voile du palais, de l'épiglotte ;
» les cartilages du larynx, la trachée, et jusqu'aux der-
» nières ramifications des bronches, sont injectés et
» enflammés. Ordinairement l'œsophage est blanchâtre ;
» l'estomac, plus ou moins contracté et fortement en-
» flammé dans son intérieur, d'un rouge-brique, avec

(1) Orfila, *Toxicologie*, t. I, p. 585.

» des ecchymoses çà et là, notamment sur les replis de
» de la membrane muqueuse, et avec des érosions plus
» ou moins multipliées. Tous les vaisseaux sont forte-
» ment injectés et paraissent noirs. Il arrive quelquefois
» que, dans cet empoisonnement, les tissus sur lesquels
» le sublimé corrosif a été appliqué sont d'une couleur
» grise blanchâtre, *même du vivant de l'individu* (1). »

Action du cyanure de mercure sur l'économie ani-
male. — *Première expérience.* — « On a fait avaler à
» une chienne de petite taille 35 centigrammes de cya-
» nure de mercure dissous dans de l'eau distillée. Au
» bout de cinq minutes l'animal a fait des efforts multi-
» pliés pour vomir ; il est tombé sur le côté ; convulsions
» générales et affaissement qui se succèdent alternative-
» ment ; respiration accélérée d'abord, ainsi que les bat-
» tements du cœur, et ensuite ralentissement extrême des
» mouvements du thorax et de la circulation. Mort au
» bout de dix minutes. »

Deuxième expérience. — « 50 centigrammes de cya-
» nure introduits de la même manière dans l'estomac
» d'un autre chien ont produit les mêmes accidents au
» bout d'une minute, et sept minutes après l'animal a
» succombé (2). »

Action du bichlorure de mercure sur l'économie ani-
male. — *Première expérience.* — « J'ai empoisonné un
» chien avec 6 décigrammes de sublimé corrosif dissous
» dans 300 grammes d'eau distillée. L'œsophage et la

(1) Orfila, *Toxicologie*, t. I, p. 528.
(2) Orfila, *Toxicologie*, t. I, p. 580 et 581.

» verge ont été liés. Dix heures après, l'animal n'était pas
» encore mort.

Deuxième expérience. — « J'ai introduit dans l'esto-
» mac d'un chien à jeun 2 grammes de sublimé corrosif
» dissous dans 210 grammes d'eau distillée. L'œsophage
» et la verge ont été liés. L'animal est mort au bout de
» dix heures (1). »

Il n'est pas jusqu'aux prétendues anomalies d'absorption dont les principes que nous avons fait connaître ne
donnent l'explication facile, comme dans l'exemple suivant, emprunté encore à Orfila :

« L'absorption des poisons appliqués à l'extérieur est,
» en général, plus considérable dans les parties qui con-
» tiennent un grand nombre de vaisseaux absorbants,
» lymphatiques et veineux. Cependant, il est des cas dans
» lesquels le lieu sur lequel ils sont appliqués n'influe en
» aucune manière sur l'énergie de cette action. Que l'on
» mette 25 centigrammes d'acide arsénieux sur le tissu
» cellulaire du dos ou de la partie interne de la cuisse
» d'un chien, la mort aura lieu, dans l'un et l'autre cas,
» au bout de trois, quatre ou six heures ; il arrivera
» même que le chien sur le dos duquel le poison aura
» été appliqué périra plus vite, tout étant égal d'ailleurs.
» Au contraire, la même dose de sublimé corrosif occa-
» sionnera la mort au bout de quinze à vingt-quatre
» heures, si l'on a mis ce sel en contact avec le tissu
» cellulaire de la cuisse, tandis que l'animal vivra six ou
» sept jours si le sel a été appliqué sur le dos (2). »

(1) Orfila, *Toxicologie*, t. I, p. 563 et 564.
(2) Orfila, *Toxicologie*, t. I, p. 11.

Rien de plus aisé que de donner la clef de cette diffé-rence d'action en se reportant à nos recherches sur les agents coagulants et non coagulants. Quand on applique sur le dos d'un chien de l'acide arsénieux, ce poison ne tarde pas à être absorbé par imbibition ou par endosmose ; et, comme il appartient aux corps non coagulants, l'effet endosmotique s'en continue jusqu'au moment où, rencon-trant des vaisseaux absorbants lymphatiques et veineux, il les imprègne et entre alors dans la grande circulation ; tandis que si c'est du sublimé qui est appliqué sur le dos de cet animal, comme ce composé est coagulant, le premier effet qu'il détermine est purement local, et consiste en la production d'une sorte d'eschare résultant de l'union du sublimé avec les éléments albumineux des tissus du dos, ce qui fait que l'absorption du sel mercuriel ne devient possible qu'au fur et à mesure que les chlorures alcalins de l'économie se combinent avec lui. Or, cette combinaison ne saurait se produire que très lentement en un lieu tel que le dos, où la circulation est à peine sensible, tandis qu'à la cuisse, où il existe un grand nombre de vais-seaux absorbants, lymphatiques et veineux, le sublimé qui constitue l'eschare, ne tarde pas à être rendu soluble, et par suite absorbable, par les chlorures alcalins conte-nus dans les humeurs qui la baignent sans cesse.

Dans des circonstances semblables, le cyanure mercu-rique agirait exactement comme l'acide arsénieux, parce que tous deux appartiennent à la classe des corps non coagulants.

120. — Tout ce que nous venons de dire vient à l'appui d'un principe général énoncé par nous dès l'année 1841,

et que l'ignorance où l'on était alors des conditions de l'absorption a pu seule faire méconnaître. Ce principe est le suivant : *Aucun agent médicamenteux ou toxique ne peut produire sur l'organisme un effet général ou dynamique qu'à la condition d'être préalablement absorbé.*

Et cependant, nous devons le dire, notre opinion n'est pas encore celle de tous les médecins ; quelques-uns soumettent toujours les actes qui se passent dans notre corps à des lois en opposition directe avec celles qui régissent la matière brute, et repoussent toute assimilation entre les phénomènes de notre organisme et ceux du monde extérieur.

Bon nombre de praticiens professent encore aujourd'hui que l'étude chimico-physiologique des humeurs en général, et du sang en particulier, n'est pas de nature à pouvoir éclairer la thérapeutique. C'est ainsi, par exemple, que Giacomini, dans son *Traité de thérapeutique et de matière médicale*, ne cesse de répéter « que l'action » chimique ne peut s'exercer qu'au moment même de son » application, c'est-à-dire avant que la substance soit » absorbée ; mais que, du moment qu'il y a eu absorp- » tion, l'action chimique ne peut plus s'effectuer. »

Mais il est plus surprenant de voir un illustre chimiste, dont les travaux ont puissamment contribué à l'explication des phénomènes organiques, s'exprimer comme il suit :

« Sans poser les questions d'une manière précise, on a » mis le sang, l'urine et d'autres parties de l'organisme, » sain ou malade, en contact avec des alcalis, des acides » et toute espèce de réactifs chimiques, et l'on est parti

» de ces réactions pour faire des inductions sur les phé-
» mènes de l'économie.

» Quelquefois le hasard a conduit ainsi à un médica-
» ment utile, mais il est impossible qu'une pathologie
» rationnelle se fonde sur ces sortes de réactions, car
» l'économie animale ne peut pas être considérée comme
» un laboratoire de chimie (1). »

Après avoir lu ces lignes échappées à la plume de
Liebig, on se demande véritablement si c'est le même
auteur qui a écrit la phrase suivante :

« La connaissance de l'influence que les alcalis, que la
» magnésie et la chaux, ou les acides, exercent sur les
» propriétés de l'urine, ou, si l'on veut, sur la sécrétion
» des reins dans le corps sain, est de la plus grande im-
» portance pour la guérison des états pathologiques, et je
» pense même qu'il ne faut plus qu'un petit nombre d'ob-
» servations sûres et bonnes, pour établir une règle tout
» à fait fixe, relativement aux remèdes à employer dans
» différents cas (2). »

Certes, nos espérances ne vont pas aussi loin que celles
du célèbre professeur de Giessen. Mais chacun conviendra, pour le moins, que le traitement de la chlorose par
les ferrugineux, le traitement du diabète par les alcalis,
constituent des arguments bien puissants en faveur de l'utilité de l'intervention de la chimie dans la thérapeutique.

Il est certain aussi que nous avons été conduit, par des
recherches chimiques, à donner la théorie d'un grand

(1) Justus Liebig, *Chimie organique appliquée à la physiologie animale et à la pathologie.*

(2) Justus Liebig, *Journal des pharmaciens*, octobre 1844.

nombre d'actes physiologiques, thérapeutiques ou pathologiques dont, jusqu'alors, on avait en vain cherché l'explication.

Un exemple suffira pour démontrer toute la vérité de
cette dernière assertion :

« Avant les expériences du docteur Blacke, dit Or-
» fila (1), on était disposé à admettre que, dans beaucoup
» de cas, le système nerveux pouvait être atteint diverse-
» ment par les poisons qui l'avaient touché, *même avant*
» *d'avoir été absorbé*. Ce physiologiste distingué a suffi-
» samment prouvé, en expérimentant sur plusieurs sub-
» stances, et notamment sur les sels de baryte et de
» strychnine : 1° qu'il existe toujours un rapport direct
» entre le temps que met un poison à agir et la rapidité
» de la circulation; 2° que chez les animaux sur lesquels
» il a été opéré, il s'écoule toujours, entre l'introduction
» du poison dans le système vasculaire et les symptômes,
» un intervalle suffisant pour que le sang altéré par ce
» poison parvienne aux capillaires du tissu sur lequel
» ce poison exerce son action délétère (2). »

Or, nos recherches ne font que confirmer, étendre et
expliquer les données physiologiques de l'expérimentateur anglais, dont nous n'avions aucunement connaissance
lors de la publication de nos premiers travaux.

Nous ne disons pas cela pour chercher à nous attribuer
l'honneur d'avoir émis le premier, sur l'absorption, quelques idées rationnelles; nous nous sommes convaincu,
au contraire, que Giacomini a publié sur l'action des

____

(1) Orfila, *Traité de toxicologie*, t. I, p. 7.
(2) *Edinburgh medical and surgical Journal*, octobre 1841.

poisons, bien avant Blacke et nous, des remarques de la plus haute portée, et qui résument, on ne peut mieux, tout ce qui a été dit sur ce sujet, soit en France, soit en Angleterre.

Voici le passage auquel nous venons de faire allusion :

« Les expériences qui nous sont propres, dit Giaco-
» mini, éclairent singulièrement l'action mécanico-chi-
» mique des poisons dits corrosifs ; elles prouvent jus-
» qu'à l'évidence que l'action chimique n'est pas la seule
» que ces substances possèdent ; et que cette action
» n'est pas celle qui produit les phénomènes de l'em-
» poisonnement et la mort immédiate. Les effets chi-
» miques sont, à circonstances égales, en raison inverse
» des effets dynamiques ; la mort est toujours due à
» ces derniers. Un acide concentré quelconque, un alcali
» caustique, le plomb en fusion, le verre en poudre,
» l'huile bouillante, le fer rouge, peuvent produire des
» effets mécanico-chimiques pareils à ceux du sublimé et
» de l'arsenic, ou même plus prononcés, et pourtant on
» ne peut, à la rigueur, les regarder comme des poisons.
» Il est vrai de dire que l'inflammation traumatique, la
» cautérisation à l'œsophage, à l'estomac, que ces sub-
» stances occasionnent, comme le sublimé corrosif, l'ar-
» senic, le nitrate d'argent, la cantharide, etc., peu-
» vent entraîner, dans quelques cas, des conséquences
» funestes, indépendamment de leur action dynamique ;
» mais cela n'a pas lieu subitement, comme après le véri-
» table empoisonnement. Il y a ordinairement, dans ces cir-
» constances, une réaction fébrile dont la marche et la ter-
» minaison exigent un certain temps, comme à la suite de

» certaines blessures de l'estomac. Ajoutons que l'inflam-
» mation dont il s'agit est de nature maligne, car elle est
» accompagnée de gangrène dans l'estomac : aussi peut-
» elle occasionner la mort, mais jamais aussi rapidement
» que la véritable intoxication. Une blessure, une brûlure
» de l'estomac ne peut s'appeler un empoisonnement ; on
» ne pourra pas non plus donner ce titre aux accidents
» mortels produits par l'action mécanico-chimique des
» acides concentrés et des autres substances qui agissent
» d'une manière analogue. Cette considération nous paraît
» incontestable sous le point de vue pharmacologique ; il
» en est peut-être autrement sous le rapport de la méde-
» cine légale ; ici il est peut-être convenable de désigner
» quelques-uns de ces effets par le nom d'*intoxication*. Il
» est certain, cependant, que l'on ne peut regarder la
» mort produite par l'arsenic, le sublimé, etc., comme
» celle qu'occasionnent les acides concentrés, le verre en
» poudre et l'huile bouillante, etc. (1). »

Ces paroles démontrent que si les savants français en
général, et Orfila en particulier, peuvent revendiquer
l'honneur d'avoir le mieux éclairé l'histoire chimique des
poisons, et d'avoir le plus contribué à leur opposer un
traitement local rationnel, les Italiens en général, et
Giacomini en particulier, sont en droit de réclamer la
gloire d'avoir les premiers précisé l'action générale ou
dynamique des agents toxiques, et d'avoir, les premiers,
rapporté uniquement à cette action la cause de toute
mort immédiate résultant d'un empoisonnement.

(1) Giacomini, *Traité de matière médicale*, édition française, p. 16,
1839.

CHAPITRE III.

RECHERCHES SUR L'ABSORPTION DES AGENTS MÉDICAMENTEUX ET TOXIQUES INSOLUBLES OU PEU SOLUBLES.

Charbon.

121. — Comme le vieil axiome chimique : *Corpora non agunt, nisi soluta*, n'est pas moins vrai en physiologie qu'en chimie générale, et comme aucun des agents de dissolution contenus dans les fluides du corps de l'homme n'est apte à réagir sur le charbon, il s'ensuit qu'il est impossible que ce corps simple soit doué d'une action modificatrice générale ou dynamique réelle. La pratique médicale a sanctionné la valeur de l'assertion qui précède ; tous les praticiens instruits s'accordent aujourd'hui à ne reconnaître au charbon qu'une action toute physique, en vertu de laquelle il absorbe à la fois les matières colorantes et les matières odorantes, gazeuses ou non gazeuses.

122. — Toutefois un praticien distingué de Lyon, M. Brachet, a établi, par des expériences, qu'*à l'extérieur*, le charbon agit à la manière des excitants, et qu'administré *à l'intérieur*, il ne borne pas son action à absorber les corps que nous venons de signaler, mais qu'il agit aussi sur les sécrétions intestinales. Cet auteur parle *d'une couche muqueuse qui enduit en partie la surface des évacuations.*

M. Cazenave, d'un autre côté, a constaté, sur des cholériques soumis par Biett à l'usage du charbon, que, *chez presque tous ces malades, en peu de temps, souvent au bout de quelques heures, les selles étaient tout à fait bilieuses, et ordinairement abondantes.* Il résulte de là que l'action thérapeutique du charbon est plus complexe qu'on ne le pense généralement.

Ce corps simple, administré à doses suffisamment élevées, agit très certainement à la manière des évacuants faibles, ainsi que l'admet Chapman, qui le prescrit comme purgatif léger, à la dose d'une cuillerée à soupe, répétée deux ou trois fois par jour. Mais que l'on ne pense pas, pour cela, que l'action physiologique du charbon soit analogue à celle des purgatifs ordinaires, car il n'en est rien. Les vrais purgatifs n'agissent qu'autant qu'ils sont absorbés en tout ou en partie, tandis que l'effet relâchant du charbon est dû à une action *irritative* toute de contact, action qui, à la longue, est même susceptible de déterminer une véritable phlegmasie intestinale. Nous savons d'ailleurs que les mêmes accidents peuvent être produits par le soufre, la magnésie, le fer métallique, etc., lorsque ces corps sont ingérés dans l'économie pendant un assez long espace de temps, à des doses au-dessus de ce que les liquides du tube digestif peuvent dissoudre.

123. — En résumé, l'action du charbon étant une action toute physique, son ingestion n'a d'autre effet que: 1° d'absorber, en tout ou en partie, les matières colorantes ou odorantes, liquides ou gazeuses, contenues dans les voies digestives; 2° d'exciter, par un effet de présence ou de simple contact, la sécrétion des liquides gastriques et intestinaux. C'est à cette dernière propriété que doivent être rapportées, et son action purgative, et son efficacité dans certaines gastralgies.

Iode et ses composés.

124. — Bien que l'iode soit un peu soluble dans l'eau, la proportion qui s'y dissout est cependant assez peu notable pour qu'il nous soit permis d'en parler ici. On nous objectera peut-être que ce corps simple n'est jamais employé en médecine à l'état solide, et que, par conséquent, l'étude de sa dissolution dans l'économie animale est une pure chimère. Mais à cela nous répondrons qu'en réalité, il est, bien plus fréquemment qu'on ne le pense, ingéré sous cette forme : c'est ainsi que, lorsque la teinture d'iode est administrée en dissolution dans une très faible proportion d'eau, une partie de ce principe actif devient insoluble, et arrive comme tel dans l'estomac. Mais c'est surtout quand la teinture d'iode est employée en injections dans le traitement de l'hydrocèle et autres épanchements dans des cavités closes, que le fait que nous venons de signaler se présente à son maximum. Nous nous sommes, en effet, assuré par l'analyse que lorsqu'on ajoute 1 partie de teinture d'iode à 2 parties d'eau, comme certains praticiens le recommandent, les 17/18ᵉˢ de l'iode sont mis en liberté et se précipitent.

125. — Quand l'iode est mis en contact, à l'état solide, avec les tissus vivants, une petite partie se dissout immédiatement, à la faveur de l'eau et des carbonates alcalins contenus dans les humeurs animales ; il se forme une certaine quantité d'iodure et d'iodate alcalins, et comme les iodures basiques possèdent la propriété de dissoudre

une forte proportion d'iode, il en résulte que la quantité dissoute est bientôt assez marquée, ainsi que le témoigne le *coagulum scariforme* qui ne tarde pas à apparaître, alors que ce corps simple est mis, à l'état solide, en contact avec nos tissus ; et c'est même à ce coagulum qu'il faut rapporter l'espèce de pincement douloureux qui résulte de son action locale. Deux cas peuvent se présenter : ou bien la proportion d'iode qui entre dans l'eschare est faible, et alors les carbonates et chlorures alcalins ne tardent pas à en opérer la dissolution, et par suite l'absorption à l'état d'iodure et d'iodate ; ou bien la proportion d'iode contenue dans l'eschare est considérable, et, dans ce cas, l'absorption ne pouvant s'en effectuer qu'à la longue, ce corps simple, outre son action chimique, exerce, sur les membranes qu'il touche, une action irritante analogue à celle de tout corps solide, et de cette double action résulte une inflammation plus ou moins intense.

126. — Il en serait tout autrement si les assertions de M. Duroy étaient exactes (1). En effet, suivant notre honorable confrère : « Il est convenable de détruire une opinion » erronée : l'iode, suivant quelques auteurs, coagule le » sang et les autres liquides de l'économie animale. La » septième expérience de ce mémoire démontre, je crois, » suffisamment le contraire. Il n'est pourtant pas suppo- » sable que des expérimentateurs se soient servis, pour » fonder leur jugement, de solutions alcooliques ou éthé- » riques d'iode, et qu'ils aient attribué à celui-ci l'effet » coagulant dû à l'alcool et à l'éther. »

(1) *Union médicale*, 23 septembre 1854.

Mais l'assertion de M. Duroy est-elle fondée ?

Les expériences qui suivent vont nous mettre à même e répondre à cette question.

Lorsqu'on met dans un verre à expérience un mé-ange d'eau albumineuse parfaitement transparente et 'iode en poudre, on remarque qu'au fur et à mesure ue l'iode se dissout, il tend à coaguler l'albumine ; mais ette coagulation ne devient possible que lorsque toute 'alcalinité qui est inhérente à l'albumine a été com-létement saturée par l'iode. Alors seulement la coa-ulation devient de plus en plus manifeste ; car si, de nême que le chlore et que le brome, l'iode ne coagule as instantanément les liquides albumineux, cela tient miquement à sa moindre solubilité dans les liqueurs queuses.

La preuve qu'il en est ainsi, c'est que, lorsque l'on ugmente le pouvoir dissolvant de l'eau sur l'iode, à 'aide d'une proportion d'alcool assez faible pour ne pas gir sur l'albumine à titre de coagulant, on constate que ette teinture hydro-alcoolique d'iode coagule instantané-1ent l'eau albumineuse.

Il suit de ces faits que l'iode, comme le chlore et le rome, appartient à la classe des coagulants.

Il faudrait donc, selon nous, bien laisser déposer le 1élange de teinture d'iode et d'eau destiné au traitement e l'hydrocèle et autres affections analogues, avant de 'introduire dans la seringue, ou mieux encore, en opérer filtration ; sans quoi, nul doute que l'iode suspendu ans le mélange hydro-alcoolique injecté, venant à se récipiter et à se déposer dans la partie la plus déclive

du sac, ne puisse déterminer des accidents d'eschare et
d'inflammation.

127.—Ce qui précède nous conduit tout naturellement
à conclure : 1° Que l'action générale ou dynamique de
l'iode n'est pas produite par ce corps simple, mais bien
par les composés salins qui résultent de sa transformation, et qui, seuls, pénètrent dans la grande circulation;
2° que, hormis les cas où l'on tient à voir se produire
une action chimico-irritative, l'iode ne doit pas être introduit dans l'économie à l'état de liberté, mais bien à
l'état d'iodure neutre, et spécialement à l'état d'iodure
de potassium ; 3° que lors de l'emploi de la teinture
d'iode dans le but de déterminer l'inflammation adhé-
sive des cavités closes, la suppuration qui se manifeste
doit probablement reconnaître pour cause, le plus souvent, la présence d'une certaine quantité d'iode à l'état
de simple suspension dans la teinture hydro-alcoolique
employée.

128. **Iodure de potassium.** — Nous venons de dire
que l'iode ne devrait jamais être prescrit à l'intérieur à
l'état de corps simple, mais à l'état d'iodure alcalin, et
notamment d'iodure de potassium, et nous ajouterons
que l'iodure de potassium administré doit être neutre,
et surtout parfaitement exempt d'iodate de potasse. Il résulte, en effet, des recherches de M. Leroy, pharmacien
distingué de Bruxelles, qu'un iodure de potassium dont
l'ingestion, même à dose thérapeutique faible, avait
donné lieu à des douleurs stomacales assez vives, renfermait une notable proportion d'iodate de potasse, fait
dont il était aisé de s'assurer en versant dans la dissolu-

tion aqueuse de ce sel une certaine quantité d'acide acétique concentré, lequel, mettant à nu tout ou partie de l'iode qui existait dans l'iodate de potasse, sans toucher à l'iode contenu dans l'iodure de potassium, communiquait à la liqueur iodurée une teinte rouge violacé très foncé.

Or, nous pouvons affirmer que la double assertion de notre honorable confrère de Bruxelles est parfaitement exacte, car nous nous sommes assuré par l'expérience qu'il existe assez souvent, dans le commerce de la droguerie, de l'iodure de potassium mêlé d'iodate de potasse, et, de plus, qu'un pareil iodure est apte à produire des douleurs gastriques. C'est aussi ce qui a été constaté par un bon nombre de praticiens chez les malades qui en avaient fait usage.

Voici comment on peut expliquer ces douleurs : l'iode de l'iodate de potasse est mis en liberté par les acides gastriques, tout comme nous avons dit qu'il l'était par l'acide acétique : c'est encore là un fait dont nous nous sommes assuré directement. Or, c'est à l'action irritante de ce métalloïde que les douleurs précitées doivent être rapportées.

129. — Ce fait prouve : 1° Que l'iodure de potassium *iodaté* doit être banni de la thérapeutique, et, partant, qu'il est indispensable de soumettre à l'analyse tout l'iodure de potassium destiné à l'usage de la médecine; 2° que c'est avec raison que nous avons posé en principe, dès l'année 1845, que l'iode en nature ne devrait être jamais prescrit à l'intérieur.

Formules rationnelles (1).

130. — L'action générale ou dynamique (2) de l'iode
n'étant jamais produite par ce métalloïde lui-même, mais
bien par les composés salins auxquels il donne naissance,
ainsi que nous l'avons établi plus haut, et l'ingestion de
l'iode à l'état libre pouvant donner lieu à des accidents
inflammatoires qui, sans être toujours très graves, ne
laissent pas que d'être parfois très fâcheux (3), il convient
de reléguer ce corps simple dans la classe des médica-

---

(1) Nous désignerons sous le nom de *formules rationnelles* toutes les
préparations pharmaceutiques que nous ferons connaître ici, non que
nous nous croyons autorisé à les considérer comme exemptes de tout
reproche, ainsi que le nom que nous leur appliquons semblerait l'indiquer, mais bien parce que nous les regardons comme préférables aux
formules analogues que nous ne rapporterons pas. En agissant ainsi,
nous ne faisons, du reste, qu'imiter les auteurs qui ont donné aux
recettes qu'ils ont consignées dans leurs écrits le nom de *formules
modèles.*

(2) Nous avons cru devoir adopter la dénomination de : *action générale* ou *dynamique*, et non celle de : *action sur le système nerveux*,
parce que la première désignation, étant plus vague, ne saurait impliquer aucune contradiction, tadnis que la seconde a le désavantage de
trancher d'un mot une question encore indécise.

(3) Un de nos collègues et amis, parfaitement bien constitué au début
de ses études médicales, se croyant atteint de phthisie pulmonaire, pensa
devoir recourir à l'emploi des inspirations iodées, et s'il ne leur doit
pas la guérison d'une affection qu'il n'avait pas, il leur dut, en revanche,
la production d'une pneumonie des plus intenses qui mit ses jours en
danger.

En rappelant ici ce fait, nous n'avons nullement l'intention de porter
atteinte à la nouvelle méthode de traitement de la phthisie par les inha-
lations d'iode instituée par MM. Piorry et Chartroulle !

ments spécialement destinés à l'usage externe, et encore ferait-on mieux, à notre avis, de s'en tenir presque toujours, dans les deux cas, à l'usage de l'iodure de potassium, toutes les fois, du moins, que l'iode est destiné à agir dynamiquement.

Tous les praticiens s'accordent, d'ailleurs, à considérer l'iodure de potassium comme constituant l'un des plus puissants modificateurs de l'économie dont la chimie moderne ait enrichi la thérapeutique. L'iodure de potassium est, en effet, selon nous, l'un des agents médicaux les plus aptes à enrayer le travail de la plasticité organique; il appartient à la classe des fluidifiants, dont il constitue un des plus énergiques : aussi doit-il être administré avec un sage discernement, car il ne convient certainement pas à toutes les époques des maladies au traitement desquelles il est journellement appliqué.

A l'intérieur, l'iodure de potassium ne doit être prescrit que sous la forme liquide, jamais en pilules, sous peine de lui voir produire des douleurs gastriques assez intenses, ainsi que nous en avons été plus d'une fois témoin. Il convient de l'administrer en dissolution dans une boisson mucilagineuse assez étendue et convenablement sucrée, afin de dissimuler autant que possible la saveur saline âcre qui le caractérise. Chacun sait, du reste, que c'est là la méthode généralement adoptée. Toutefois, ce mode d'emploi, tout rationnel qu'il est, n'est pas complétement irréprochable, à cause de la saveur du produit administré, qui est désagréable et difficilement supportée par quelques malades.

131. — Voici la formule de deux préparations que

nous avons eu occasion de voir prescrire avec succès, et qui nous paraissent réunir tous les avantages désirables.

EAU GAZEUSE IODURÉE.

Iodure de potassium.	2 gram. 50 centigr.
Bicarbonate de soude	2 grammes.
Acide citrique pur.	2 gram. 50 centigr.
Eau pure, demi-bouteille, ou. . .	300 grammes.

On dissout les deux composés salins dans l'eau, on filtre; on introduit le produit filtré dans une demi-bouteille à eau gazeuse, on ajoute l'acide citrique; on bouche immédiatement et l'on assujettit convenablement le bouchon.

L'eau iodurée gazeuse renferme 5 centigrammes d'iodure potassique par 30 grammes de véhicule.

LIMONADE GAZEUSE IODURÉE.

En ajoutant à l'eau gazeuse iodurée un mélange de 25 grammes de sirop de limon et 25 grammes de sirop simple, on obtient une sorte de limonade iodée gazeuse d'une saveur plutôt agréable que désagréable.

Préparations iodées pour l'usage externe.

TEINTURE D'IODE (Codex).

Iode.	10 grammes.
Alcool à 34° Cart. . . .	120 —

Dissolvez à une douce chaleur et filtrez.

Cette teinture est une préparation mal conçue, à cause de la facilité avec laquelle tous les liquides aqueux en précipitent l'iode. Nous ne la reproduisons ici que pour l'intelligence des faits que nous allons rapporter:

TEINTURE HYDRO-ALCOOLIQUE (à parties égales).

Teinture d'iode. . . . 100 grammes.
Eau distillée.. . . . . 100 —

Mêlez et filtrez.

Quand on mélange la teinture d'iode et l'eau à parties égales, les 5/6es de l'iode se précipitent, de sorte que la teinture hydro-alcoolique dont nous venons de donner la formule ne contient que 1/72e de son poids, tandis que la teinture du Codex en renferme 1/12e.

TEINTURE HYDRO-ALCOOLIQUE (au tiers d'alcool).

Teinture d'iode. . . . 100 grammes.
Eau distillée.. . . . . 200 —

Mêlez et filtrez.

C'est la teinture d'iode proposée par M. Velpeau pour le traitement curatif de l'hydrocèle. Cette préparation est bien moins riche en iode que les praticiens ne le supposent, attendu que, par son mélange avec deux fois son poids d'eau, la teinture laisse précipiter les 17/18es de l'iode qu'elle renferme, ce qui fait que la préparation iodique de M. Velpeau, décantée ou filtrée, ne contient plus que 1/216e de son poids d'iode.

Ce qui précède démontre que, pour préparer la solution iodique du savant chirurgien de la Charité, il est tout à fait inutile de s'adresser à une teinture d'iode au douzième, et qu'en agissant avec une teinture dont nous allons donner la formule, et qui contient seulement 1/65^e

de son poids d'iode, on arrive absolument au même résultat qu'avec celle de M. Velpeau filtrée.

TEINTURE HYDRO-ALCOOLIQUE D'IODE POUR INJECTIONS.

> Alcool à 34° Cart.. . . . . . 150 grammes.
> Iode pur . . . . 7 —
> Eau distillée. . . . . 300 —

Dissolvez l'iode dans l'alcool, ajoutez peu à peu l'eau, et filtrez.

SOLUTION IODURÉE POUR INJECTIONS (Guibourt).

> Iode . . . . 5 grammes.
> Iodure de potassium. . . . 5 —
> Alcool à 90° centésim . . . 50 —
> Eau distillée. . . . . 100 —

F. s. a.

M. Guibourt, qui admet comme nous que l'iode ne doit jamais être introduit dans l'économie à l'état de simple suspension, a proposé de remplacer l'injection hydro-alcoolique de M. Velpeau par celle dont nous venons de rapporter la formule.

Il ne nous appartient pas de juger si c'est aux solutions hydro-alcooliques simples ou aux solutions hydro-alcooliques iodurées qu'il convient de donner la préférence; c'est aux praticiens à décider cette question. Nous ferons seulement observer que la présence de l'iodure de potassium dans ce genre de solutions doit paralyser en partie l'action coagulante de l'iode.

POMMADE D'IODURE DE POTASSIUM.

> Axonge très récente . . . . 30 grammes.
> Iodure de potassium, de 1 à . . . . 8 —

La pommade d'iodure de potassium, préparée avec de la graisse fraîche et de l'iodure potassique bien neutre, est, sans contredit, le meilleur topique ioduré que l'on connaisse. Quelques praticiens, dans le but d'augmenter encore les propriétés fluidifiantes ou désobstruantes de cette préparation, y ajoutent une certaine quantité d'iode; mais ce dernier corps, loin d'ajouter à l'action curative du médicament, enflamme le tissu cutané, et, dès lors, l'effet dynamique produit pendant l'absorption de l'iodure ne tarde pas à être détruit en tout ou en partie.

Soufre.

132. — Le soufre ingéré dans l'économie animale est-il absorbé ?

Cette question a été résolue affirmativement par M. Wœhler (1), et négativement par MM. Millon et Laverean. Suivant ces derniers observateurs, *l'administration du soufre fournit des résultats négatifs , il ne s'absorbe pas et n'est oxydé ni modifié en aucune façon* (2).

Un fait principal, auquel nous ne connaissons encore *aucune exception*, résulte de nos recherches sur la théorie de l'action des médicaments insolubles, c'est qu'il existe toujours une relation entre leurs effets physiologiques et leur aptitude à acquérir la propriété de se dissoudre à la faveur des agents de dissolution que nos humeurs renferment. Si nous appliquons cet axiome au soufre, nous

(1) *Journal des progrès*, t. I.
(2) *Compte rendu de l'Académie des sciences*, août 1844.

serons tout naturellement conduit à établir, *à priori*, que ce corps simple doit pouvoir devenir soluble, au moins en partie, dans les liquides de l'économie animale, puisque l'observation clinique démontre qu'il est doué de propriétés médicales incontestables. Tous les praticiens savent que le soufre, outre un effet laxatif assez marqué, produit fréquemment une excitation générale qui ne saurait évidemment pas être rapportée à une action *irritative* locale. Aussi le plus grand nombre des auteurs s'accorde-t-il à croire que le soufre est absorbé, en partie, ainsi que le témoigne, selon eux, l'odeur sulfureuse qui s'exhale de la peau de ceux qui en font un grand usage; odeur que nous avons eu occasion de constater un grand nombre de fois chez un magistrat qui prenait habituellement 4 grammes de soufre par jour, et chez lequel toutes les sécrétions répandaient une odeur tellement caractéristique, que, malgré l'emploi de bains fréquemment répétés, ses vêtements en étaient toujours fortement imprégnés. Les partisans de l'absorption du soufre citent également, à l'appui de leur opinion, la propriété que la peau acquiert pendant l'administration de cette substance, de noircir certains métaux, et de prendre elle-même, à la longue, une coloration jaunâtre.

133. — Ce peu de mots suffit pour faire préjuger que, contrairement aux observations de MM. Millon et Laverean, le soufre doit pouvoir être chimiquement influencé par les liquides du tube digestif. Or, l'observation nous a démontré qu'il l'est réellement, et cela à l'aide des carbonates alcalins que ces liquides renferment, et qui le transforment en partie en sulfure et en hyposulfite alca-

lins, composés solubles, et, par conséquent, absorbables. Ainsi donc, nul doute que le soufre n'entre dans la grande circulation à la faveur des alcalis contenus dans le suc intestinal, et en éprouvant, au préalable, la réaction que nous venons de signaler. Mais ce qu'il est plus difficile d'expliquer, c'est que l'un ou l'autre de ces composés puisse arriver en nature à la périphérie du corps, puisqu'il résulte des belles recherches de M. Wœhler qu'ils sont tous deux transformés en sulfates par l'oxygène du sang, ainsi que l'atteste l'analyse de l'urine des personnes qui en ont fait usage. Toutefois, l'explication ne nous semble pas impossible à donner : une certaine quantité de sulfure, ou plus probablement d'hyposulfite alcalin, échappe à l'action comburante de l'oxygène, et, par imbibition ou endosmose, arrive à la surface de la peau. Là, si c'est du sulfure alcalin qui est excrété, il est instantanément décomposé par les acides de l'humeur cutanée ; il se forme un sel alcalin et il se dégage de l'acide sulfhydrique. Si c'est, au contraire, un hyposulfite qui est perspiré, il est décomposé par la même cause, mais les produits de décomposition sont différents : il se forme aussi un sel alcalin, mais il se dégage de l'acide sulfureux, et il se précipite du soufre. Cette dernière supposition explique encore plus aisément que la première la couleur jaunâtre que le soufre donne à la peau, quand il est administré pendant un certain temps et à une dose convenablement élevée, aiusi que Vogt l'a, le premier, constaté.

134. — Voyons actuellement s'il est quelques données chimiques qui puissent être invoquées en faveur de la

théorie de l'absorption du soufre que nous venons de faire connaître. Les exemples ne nous manqueront pas. Faisons d'abord observer que les préparations sulfureuses véritablement énergiques contiennent toutes une certaine quantité, au moins, de soufre combiné avec une base alcaline ou terreuse, et, de plus, que celles qui sont censées n'en pas renfermer, en contiennent réellement. C'est ainsi, par exemple, que l'un des agents antipsoriques dont l'efficacité est le mieux reconnue, la pommade d'Helmerich, contient, ainsi que nous nous en sommes assuré directement, une énorme proportion de sulfure et d'hyposulfite alcalins.

Ce qui précède démontre donc que, tout étant égal d'ailleurs, les malades dont le suc intestinal est très alcalin, sont ceux qui se trouvent dans les circonstances les plus favorables pour obtenir du soufre le maximum d'effet thérapeutique que ce corps simple puisse produire.

Mais, dira-t-on peut-être, si votre théorie est juste, les animaux herbivores, qui ont leurs humeurs bien autrement alcalines que l'homme, ne doivent pas, par conséquent, pouvoir supporter le soufre aussi impunément que lui?

C'est, en effet, ce qui arrive : le soufre, à la dose de 500 grammes constitue un poison pour les chevaux. (Voy. *Journal de médecine*, par Leroux, t. XXI; p. 70.)

Enfin, si notre manière de voir est réellement exacte, le soufre, administré à doses réfractées, doit être manifestement plus actif que lorsqu'il est pris à la même dose, mais en une seule ingestion, comme cela arrive pour le calomel et autres agents médicamenteux qui, pour acquérir de l'action, ont besoin de l'intervention d'un dissolvant spécial. Or, l'observation clinique démontre qu'il en est précisément ainsi :

« A une dose un peu élevée, 6 à 8 grammes, le soufre » en poudre agit comme laxatif, sans donner lieu d'ail- » leurs à de vives coliques. Mais quand on le prend à » doses fractionnées, de telle manière, pourtant, qu'il en » soit donné 4 à 8 grammes par jour, on voit survenir » une excitation générale caractérisée par une augmenta- » tion dans la fréquence du pouls et dans la chaleur de la » peau. » (Trousseau et Pidoux.)

Enfin, nous ajouterons que, depuis la publication de notre *Traité de l'art de formuler*, l'absorption du soufre a été péremptoirement démontrée par le docteur Griffith. Ainsi, tandis que dans l'urine de l'homme à l'état normal, la quantité d'acide sulfurique est de 0,134 pour 100, et celle du soufre de 0,024 pour 100, ou dans les vingt-quatre heures, de $34^{grains},3$ d'acide et de $5^{grains},1$ de soufre, M. Griffith a vu, sous l'influence de l'ingestion du soufre, cette quantité s'élever, dans les vingt-quatre heures, à 85 et 89 grains d'acide et près de 8 grains de soufre ; preuve évidente que le soufre est absorbé en quantité notable dans l'économie, et qu'il s'oxyde dans son passage à travers le système circulatoire.

Formules rationnelles.

POUDRE SULFURO-MAGNÉSIENNE (Biett).

Soufre lavé. . . . . 16 grammes.
Magnésie carbonatée. . . . 16   —

Mêlez, et faites dix-huit paquets. Un tous les jours.

MM. Biett et Cazenave ont eu fréquemment à se louer de cette formule dans le traitement de certaines affections de la peau, notamment de l'eczéma chronique et du psoriasis.

La pratique, on peut le dire, avait ici devancé nos recherches. La magnésie, en saturant les acides des premières voies, permet au suc intestinal d'agir avec plus d'intensité sur le soufre, et, par suite, l'action dynamique de ce corps simple, administré en nature, est portée à son maximum.

Les formules suivantes sont toutes basées sur les mêmes principes.

PILULES SULFURO-ALCALINES.

Soufre lavé. . . . . . .   4 grammes.
Magnésie carbonatée. .   4   —
Savon médicinal. . . .   2   —
Eau, q. s., environ . .   2   —

F. s. a. quarante pilules, qui contiendront chacune 10 centigrammes de soufre, autant de magnésie et 5 centigrammes de savon. Quatre à six pilules par jour dans les mêmes affections que la poudre composée ci-dessus, et aussi dans certaines affections hémorrhoïdales.

OPIAT SULFURO-MAGNÉSIEN.

Soufre lavé . . . .   10 grammes.
Magnésie carbonatée. . .   20   —
Miel de Narbonne. . . .   60   —

Mêlez.

Cet opiat est propre à vaincre les constipations qui

accompagnent certaines maladies dartreuses dans lesquelles le soufre est indiqué ; il est également très convenable pour l'administration de ce corps dans la médecine des enfants. Toutefois l'addition du miel paralyse en partie l'absorption du soufre, mais, en revanche, il augmente l'effet laxatif de la magnésie.

POMMADE SULFO-ALCALINE (d'Helmerich).

Soufre sublimé.	20 grammes.
Carbonate de potasse sec . . .	10 —
Axonge..	80 —

Mélez. La pommade d'Helmerich s'emploie à la dose de 15 grammes, matin et soir, en frictions sur tous les points occupés par la gale.

Cette pommade a été longtemps presque exclusivement adoptée à l'hôpital Saint-Louis pour le traitement de la gale ; elle est très active, à cause du carbonate alcalin qu'elle renferme. La suivante est encore plus promptement efficace, mais elle est un peu plus irritante.

POMMADE SULFURO-ALCALINE.

Soufre sublimé.	20 grammes.
Potasse caustique . . .	10 —
Eau. . . . . ,	5 —
Axonge	100 —

Dissolvez la potasse dans l'eau, ajoutez les fleurs de soufre, broyez très exactement ; ajoutez peu à peu l'axonge, et agitez ensuite jusqu'à ce que le mélange soit parfaitement homogène.

Cette préparation doit être prescrite à la même dose et

dans le même cas que la précédente ; mais comme celle-ci contient une plus forte proportion de soufre absorbable, c'est-à-dire à l'état de combinaison, elle est notablement plus active que celle qu'elle est appelée à remplacer.

BAUME SULFURO-ALCALIN (baume antipsorique).

Soufre sublimé.	25 grammes.	
Carbonate de soude. . .	15	—
Savon animal	20	—
Eau de Cologne	100	—

Broyez le soufre et le carbonate de soude dans un mortier de marbre ou de porcelaine ; d'un autre côté, faites dissoudre dans un vase de verre, au bain-marie, le savon dans l'eau de Cologne. La solution opérée, ajoutez-la par parties au mélange alcalin, et agitez-le tout de suite, sans discontinuer, jusqu'à parfait refroidissement.

Cette préparation est douée d'une efficacité antipsorique pareille à celle de la pommade d'Helmerich, pour ne pas dire plus, employée aux mêmes doses qu'elle ; or, comme ce médicament sulfureux est d'une odeur agréable, que son excipient est soluble dans l'eau, et que son usage ne saurait entraîner aucun inconvénient, il est incontestable qu'il mérite d'être préféré à la plupart des pommades usitées jusqu'à ce jour dans le traitement de la gale.

135. — Il résulte des expériences relatées plus haut, que les pommades sulfureuses employées dans le traitement de la gale doivent être d'autant plus actives qu'elles contiennent une proportion plus marquée de soufre combiné avec une matière alcaline, c'est-à-dire du soufre absor-

bable : ainsi, la pommade soufrée, uniquement constituée par du soufre et de l’axonge, doit être incomparablement moins active que la pommade d’Helmerich, et cette dernière, à son tour, doit être moins promptement efficace que la pommade sulfuro-alcaline que nous proposons de lui substituer. Eh bien, ces assertions ont été sanctionnées par l’expérience clinique. Or, nous le demandons, quel est le praticien qui, n’ayant pas expérimenté comparativement les préparations qui précèdent, aurait pu porter sur elles un semblable jugement ?

On sait que Chaussier, et après lui M. Brachet (de Lyon), ont proposé de substituer aux pommades sulfureuses les fleurs de soufre, que l’on répand simplement dans le lit des malades, chaque soir, au moment où ils vont se coucher. Or, qu’on nous dise quel est le médecin qui, ignorant qu’à l’aide de ce moyen on ne triomphe de la maladie que vers le troisième ou quatrième septénaire, aurait pu dire, *à priori*, que les effets d’un pareil genre de traitement doivent nécessairement être très lents à se manifester ? Tandis qu’à l’aide des principes que nous exposons ici, chacun est à même de prévoir aisément que cette méthode pour se débarrasser de l’*acarus scabiei* doit être une des plus longues, le soufre ne pouvant acquérir de l’action qu’au fur et à mesure qu’il est chimiquement impressionné par la faible proportion de matière alcaline provenant, ou de l’humeur de la transpiration, ou du lessivage du linge de corps ou des draps ; effet qui ne saurait se produire que très lentement et très incomplétement.

Tous les praticiens savent qu’à une certaine époque,

Alibert substitua à la pommade d'Helmerich, dans l'hôpital Saint-Louis, une autre pommade sulfureuse composée
de : axonge, 80 parties ; soufre sublimé, 120 parties ;
acide sulfurique, 10 parties. Eh bien ! chose étrange,
et à laquelle nul n'a probablement pensé avant nous!
l'énorme proportion de soufre qui entre dans cette préparation pharmaceutique ne contribue en rien à son efficacité ; c'est l'acide sulfurique qui en fait tous les frais.
Aussi cette pommade attaque-t-elle fortement le linge de
corps des personnes qui en font usage.

Phosphore.

136. — Le phosphore est insoluble dans l'eau ; cependant on en trouve des traces non équivoques, à l'état de
fluide élastique, dans l'eau où des fragments de phosphore
ont séjourné pendant longtemps. Le phosphore, en effet,
est sensiblement volatil à la température et à la pression
ordinaires de l'atmosphère. Mais ce n'est pas au phosphore
ainsi répandu dans l'espace que doit être rapportée l'action physiologique de ce métalloïde : celle-ci est à la fois
locale et générale. L'action locale, qui est de nature
inflammatoire, est due aux acides hypophosphorique et
phosphorique, auxquels donne lieu la combinaison lente
ou rapide du phosphore avec l'oxygène contenu dans les
gaz des premières voies ; tandis que l'action dynamique
résulte d'une réaction analogue à celle que nous avons
signalée pour le soufre. Sous l'influence de l'eau, en effet,
les composés alcalins contenus dans les sucs intestinaux

transforment le phosphore en hypophosphite et en hydrogène perphosphoré.

C'est Giulio qui, le premier, a fait observer que l'action
locale du phosphore peut bien expliquer la mort, *mais
qu'elle n'est pas nécessaire pour la produire*. Aussi Orfila
a-t-il eu raison d'établir : « Qu'il n'est pas exact, comme
» l'observe M. Devergie, que le phosphore exerce beau-
» coup plus d'action quand il est transformé en acide
» hypophosphorique par le contact de l'air, puisque l'on
» peut faire prendre à des animaux, sans déterminer
» d'accidents notables , des quantités de cet acide au
» moins deux fois plus fortes que les doses de phosphore
» susceptibles de tuer, pourvu que ce corps ait été dissous
» dans une huile (1). »

Selon nous, l'effet dynamique ou général du phosphore
doit être surtout rapporté à l'hydrogène perphosphoré
auquel donne naissance son action sur l'eau ; c'est à la
combustion lente, effectuée aux dépens de l'oxygène libre
du sang, que sont dues la fréquence du pouls, l'intensité
de la chaleur et l'excitation générale qu'il détermine, excitation qui, lorsqu'elle est portée à un certain degré, se tra-
duit par les symptômes les plus alarmants, tristes avant-
coureurs d'une mort prochaine.

Ce qui démontre d'une manière péremptoire que l'action dynamique du phosphore est bien due à l'hydrogène
perphosphoré, c'est que M. Magendie nous a appris que
lorsque l'on injecte l'huile phosphorée dans la veine jugulaire d'un chien, on n'a point encore terminé l'injection,

______
(1) *Traité de toxicologie*, t. I, p. 59.

que déjà l'animal rend par les narines des flots de vapeur blanche, et qu'il ne tarde pas à expirer.

Or, ce phénomène ne saurait être attribué à un composé de phosphore autre que l'hydrogène perphosphoré résultant de l'influence sur l'eau du phosphore et des alcalis du sang, parce que ce gaz jouit seul de la propriété de produire par son contact avec l'air et la vapeur d'eau une fumée blanche, épaisse, formée d'acide phosphorique, c'est-à-dire qu'il est seul susceptible de reproduire exactement sur le vivant les remarquables effets physiologiques que M. Magendie a le premier signalés dans son beau Mémoire sur la transpiration pulmonaire.

Formules rationnelles.

137. — La plupart des réflexions que nous allons faire actuellement touchant l'emploi rationnel du phosphore seront empruntées à M. Soubeiran. Comme les recherches que ce savant auteur a faites à ce sujet ont été conçues et exécutées au même point de vue que celles que nous publions de notre côté, nous ne saurions mieux faire que de le copier ici à peu près textuellement.

« Un fait qui domine toute l'étude de la thérapeutique du phosphore, dit cet habile pharmacologiste, quand on s'occupe de l'introduire dans une préparation, et qu'on veut l'administrer à un malade, c'est sa facile combustibilité. Quand il est très divisé, il s'enflamme facilement au contact de l'air ; et quand il est en morceaux, une assez légère élévation de température suffit pour produire le même effet. Le phosphore doit être parfaitement divisé, ou mieux encore dissous, et l'on doit exclure de l'usage médical toutes les préparations où il pourrait se trouver en trop grande proportion ou dans un état de division incomplet. »

ÉTHER PHOSPHORÉ.

Phosphore. . . . . q. v.
Éther sulfurique pur. . . . . . q. s.

On doit faire cette préparation avec l'éther chimiquement pur, parce qu'il dissout mieux le phosphore que l'éther ordinaire, et se servir, en outre, de phosphore très divisé, afin de rendre le contact des deux corps plus intime, et d'abréger ainsi la durée de l'opération.

100 parties d'éther phosphoré contiennent presque exactement 0,7 de phosphore, ou 20 centigrammes par 30 grammes.

HUILE PHOSPHORÉE.

Phosphore. . . . . . .   1 gramme.
Huile d'olive. . . . . .   30 —

On met l'huile dans un flacon de capacité telle, qu'il en soit presque rempli; on introduit le phosphore, et l'on chauffe au bain-marie bouillant pendant quinze à vingt minutes, avec l'attention d'agiter vivement de temps en temps. On tient le flacon fermé pour éviter l'oxygénation du phosphore : seulement, au commencement, on interpose entre le goulot et le bouchon un petit morceau de papier qui ouvre une issue à l'air intérieur qui se dilate.

Cette préparation contient le phosphore dans les mêmes proportions que la précédente, c'est-à-dire qu'elle en renferme 20 centigrammes pour 30 grammes.

POMMADE PHOSPHORÉE.

Phosphore........ 1 gramme.
Axonge......... 50 —

On met l'axonge dans un flacon de verre bouché à l'émeri. Ce flacon doit être d'une capacité telle, que l'axonge fondue le remplisse presque entièrement. On fait fondre l'axonge au bain-marie ; on ajoute le phosphore, et l'on continue à chauffer avec les précautions qui ont été indiquées pour l'huile phosphorée. On agite vivement de temps à autre, jusqu'à ce que le phosphore soit entièrement dissous ; alors on retire le flacon de l'eau bouillante, et l'on agite jusqu'à parfait refroidissement.

Cette manière de préparer la pommade phosphorée, proposée par M. Soubeiran, est bien préférable à toutes celles qui avaient été employées auparavant. Le phosphore y est parfaitement divisé, parce que, ayant été dissous en totalité, à mesure qu'il se sépare molécule à molécule, par le refroidissement, l'agitation dans laquelle on entretient le liquide ne lui permet pas de se réunir. A la rigueur, on pourrait augmenter la proportion de phosphore en divisant par une agitation vive celui qui ne serait pas fondu ; mais presque chaque fois que M. Soubeiran a voulu recourir à ce moyen, il a constaté que la pommade contenait des grains de phosphore isolés. On conçoit que, lorsqu'ils viendraient à être échauffés par le frottement, ils s'enflammeraient au contact de l'air, et brûleraient profondément le malade. Le fait prévu par mon honorable ami a été réalisé dans la pratique : un de nos collègues a eu, tout dernièrement, à soigner une brûlure assez grave qui n'avait pas d'autre origine. Il serait donc imprudent de pousser au delà de 1/50ᵉ la proportion de phosphore; c'est la quantité que l'axonge peut dissoudre à la température de 100 degrés.

POTION ÉTHÉRO-PHOSPHORÉE (Soubeiran).

Sirop de gomme	60 grammes.
Éther phosphoré	q. v.
Eau de menthe poivrée.. . . .	60 grammes.

On pèse le sirop dans une bouteille munie de son bouchon ; on ajoute l'éther, on mêle les deux liquides par l'agitation, et peu à peu on introduit l'eau aromatique par petites parties, en agitant à chaque fois.

On introduit facilement, par ce moyen, 8 grammes d'éther phosphoré ou 5 centigrammes de phosphore dans une potion.

Comme, dans cette potion, le phosphore n'est pas dissous, mais bien sous forme de parcelles très fines qui ne sont qu'imparfaitement suspendues au milieu du liquide, il convient de recommander au malade d'agiter la bouteille chaque fois qu'il en fait usage.

POTION OLÉO-PHOSPHORÉE. (Soubeiran.)

Huile phosphorée.	8 grammes.
Gomme arabique pulvérisée	8 —
Eau de menthe poivrée	90 —
Sirop de sucre	60 —

On fait, avec la poudre de gomme et la moitié de l'eau de menthe,

un mucilage que l'on introduit dans une bouteille, on pèse ensuite
dans la même bouteille l'huile phosphorée; on agite vivement pendant plusieurs minutes; puis on ajoute par parties, successivement, le sirop et le reste de l'eau distillée, en ayant soin d'agiter
à chaque fois.

On obtient ainsi une potion émulsionnée d'un excellent usage toutes les fois que l'on doit donner le phosphore à l'intérieur. Ce corps s'y trouve en dissolution
dans l'huile, et celle-ci est extrêmement divisée au
milieu du liquide, deux circonstances des plus favorables à l'action du médicament et à la sûreté de son
administration.

138. — Ces deux potions, comme toutes les préparations du phosphore, seront tenues bien bouchées. Elles
doivent être administrées toutes deux par cuillerée à
bouche, *toutes les heures au plus*, car, pendant l'administration d'un agent aussi énergique que l'est le
phosphore, il ne faut pas perdre de vue un seul instant
que l'action dynamique qu'il détermine n'est pas due
à ce corps simple lui-même, mais bien aux produits
qui résultent de son action sur les liquides alcalins contenus dans le tube digestif. Il s'ensuit de là que si, au
moment où ces préparations sont prescrites, le suc intestinal est momentanément supprimé ou modifié dans
sa constitution chimique, elles peuvent être administrées pendant plusieurs jours sans déterminer d'effet
médical bien marqué, le phosphore n'étant alors que
peu ou point absorbé. Il y a, en ce cas, *accumulation* du médicament dans l'économie. Mais si ensuite
l'excrétion intestinale devient plus abondante ou plus

alcaline, l'absorption peut s'en effectuer incontinent ; de là la production de tous les symptômes qui caractérisent l'empoisonnement dynamique ou général par le phosphore.

L'observation qui suit démontre toute la valeur de la remarque qui précède.

Empoisonnement par le phosphore pris à petites doses. —Un homme de quarante-neuf ans avait un affaiblissement général avec tremblement des membres, produit par des émanations saturnines. Il avait été traité pendant longtemps par la strychnine et le chlorhydrate de morphine. Il était sans fièvre.

On prescrit une potion contenant 4 grammes d'éther phosphoré, qui représentaient 12 milligrammes de phosphore. Pendant sept jours, la potion est continuée, et la dose de phosphore portée à 26 milligrammes, en même temps qu'une pommade phosphorée est ordonnée : amélioration. Le huitième jour, prescription de 5 centigrammes de phosphore en dissolution dans l'huile, et mêlés à une potion émulsive. Saveur désagréable et sensation âcre et brûlante dans la gorge. Le lendemain, on continue l'usage de la potion ; mais elle avait été exposée au soleil, et *répandait des vapeurs abondantes d'acide hypophosphorique.* A la troisième cuillerée, chaleur brûlante le long de l'œsophage ; vomissement de mucosités blanchâtres ; abdomen douloureux à la pression ; pouls petit, fréquent ; refroidissement des extrémités. Le lendemain, augmentation des vomissements ; pouls à peine sensible. Dans la journée, cessation des battements du pouls ; douleurs générales des membres ; facultés intellectuelles un peu obtuses ; affaiblissement de plus en plus considérable ; mort dans les vingt-quatre heures (1).

M. Devergie prétend qu'ici le phosphore n'a agi avec tant d'intensité que parce qu'il avait été transformé en acide hypophosphorique pendant son exposition au soleil. Orfila, au contraire, pense que l'on ne saurait admettre une semblable explication ; car, dit-il, l'acide hypophosphorique résultant de l'action de l'oxygène de l'air sur *cinq centigrammes* de phosphore était en trop petite proportion, et se trouvait trop étendu dans la potion pour pouvoir déterminer des accidents même légers (2).

Après les remarques que nous avons présentées en tête de cette observation, il est presque inutile d'ajouter que nous partageons, à ce sujet, la manière de voir d'Orfila.

Arsenic métallique et ses composés.

139. — L'arsenic métallique est-il vénéneux ?

Avant de répondre à cette importante question, nous allons reproduire ici ce que nous avons dit depuis longtemps, à propos du mercure, relativement à l'action physiologique des métaux en général.

Un fait physiologique remarquable, c'est que, dans le nombre assez considérable de métaux qui font partie du

(1) Martin-Solon, *Dictionnaire de médecine et de chirurgie pratiques*, article Phosphore.

(2) *Traité de toxicologie*, t. I, p. 57.

domaine de la thérapeutique, *aucun n'a d'action sur l'économie vivante à l'état de corps simple.*

Ceci admis, il devient très aisé de répondre à la question qui précède : Non, l'arsenic métallique n'est pas vénéneux.

Toutefois nous nous empressons de faire remarquer ici que les principes que nous professons sur l'action des métaux ne sont pas admis par tous les maîtres de la science, et qu'Orfila, entre autres, est loin de les partager, ainsi que le démontre le passage suivant, ayant précisément rapport au sujet spécial que nous traitons :

«Depuis cette époque (1814), j'ai été chargé, avec
»MM. Barruel et Chevallier, d'une expertise médico-
»légale dont les résultats établissent l'action vénéneuse
»de ce métal. En effet, nous avons constaté que la ma-
»tière extraite du cadavre de J. L..., soupçonné mort em-
»poisonné, était formée d'un mélange d'*arsenic métal-
»lique*, d'oxyde de fer, de sable quartzeux et de paillettes
»de mica ; l'arsenic formait la moitié du poids de ce mé-
»lange, qui se présentait sous forme d'écailles à éclat mé-
»tallique, dont quelques-unes avaient la couleur du gris
»d'acier, tandis que d'autres étaient irisées ; ces dernières
»avaient la plus grande ressemblance avec le cobalt ou
»l'arsenic métallique du commerce. Pulvérisé, 1 gramme
»de cette matière administré à des chiens a déterminé
»les symptômes de l'empoisonnement par les prépara-
»tions arsenicales, et les animaux sont morts au bout de
»dix heures. Nous nous sommes assurés que les *liquides*
»contenus dans l'estomac et les intestins de J. L... ne con-
»tenaient aucune trace d'acide arsénieux, en sorte que

» l'empoisonnement avait été l'effet du *métal* à l'état pul-
» vérulent (1). »

Bien que nous n'eussions aucune raison de douter de l'exactitude des expériences chimiques sur lesquelles nous nous étions appuyé, en 1842, pour établir en principe qu'aucun métal, pas plus l'arsenic que les autres, n'a d'action sur l'économie animale à l'état métallique; comme ce point de doctrine nous trouve en désaccord complet avec trois des plus habiles toxicologues de notre époque, nous avons cru devoir nous livrer encore à quelques nouvelles investigations à ce sujet. Elles n'ont fait que confirmer les résultats de nos recherches antérieures : *l'arsenic*, *en tant que métal*, *n'est pas vénéneux*, ainsi que, du reste, l'avaient établi, avant nous, Bayen et Renault. Mais hâtons-nous d'ajouter qu'aucun métal, peut-être, n'est plus apte à acquérir de l'énergie à la faveur des agents de dissolution que nos humeurs renferment.

140. — Il résulte, en effet, de nos recherches que l'arsenic métallique chimiquement pur absorbe assez promptement l'oxygène, alors qu'il est divisé et mis en contact avec l'eau aérée ou avec l'air humide, fait qui était, du reste, connu des chimistes. Mais nos expériences nous ont démontré, de plus, que l'eau aérée contenant en dissolution une certaine quantité d'un chlorure alcalin quelconque est incomparablement plus propre que l'eau aérée ordinaire à réagir sur ce métal, et à le transformer

____

(1) Rapport par MM. Orfila, Chevallier et Barruel (*Journal de chimie médicale*, année 1839, p. 3). — Orfila, *Toxicologie*, 4ᵉ édit., t. I, p. 304.

partiellement en acide arsénieux. Or, comme la plupart des liquides contenus dans le corps de l'homme renferment de l'oxygène, et que tous contiennent du sel marin et du sel ammoniac, il s'ensuit que l'arsenic métallique pulvérisé introduit dans l'économie animale doit presque toujours donner naissance à une proportion d'acide arsénieux capable de produire la mort. Nous disons presque toujours, car dans le cas où la poudré d'arsenic serait introduite dans un estomac ne contenant que peu ou point d'oxygène, l'empoisonnement ne saurait résulter de son ingestion, tandis que, lorsque ce métal est appliqué sur le tissu cellulaire, c'est-à-dire lorsqu'il est incessamment en contact avec l'oxygène atmosphérique, l'intoxication doit infailliblement se manifester tôt ou tard.

La première des propositions qui précèdent, explique les résultats négatifs des expériences sur lesquelles Bayen et Renault se sont fondés pour admettre que l'arsenic métallique n'est pas vénéneux ; et la seconde nous enseigne comment il se fait que l'orpiment naturel, appliqué sur le tissu cellulaire, détermine constamment la mort, ainsi que Smith et Orfila l'ont établi, tandis que, administré par la bouche, il peut ne pas produire d'accidents fâcheux, comme l'ont expérimentalement démontré Hoffmann et Renault.

141. **Cobalt, ou poudre à mouches**. — La théorie de la *toxicité* de l'arsenic métallique que nous venons d'exposer doit être également appliquée au cobalt pulvérisé, ou poudre à mouches, récemment préparé, attendu que cette substance, au moment où elle est livrée au commerce, est constituée par de l'arsenic métallique pres-

que pur; mais quand elle y existe depuis un temps plus ou moins long, il renferme une proportion plus ou moins marquée d'acide arsénieux : ce qui fait que ce composé arsenical peut très fréquemment donner la mort, sans avoir besoin, comme l'arsenic métallique pur, d'éprouver préalablement l'action chimique de l'oxygène atmosphérique, lequel, comme nous l'avons déjà dit, le transforme en tout ou en partie, en acide arsénieux. Car c'est une erreur de croire que l'arsenic métallique exposé à l'air se transforme en un oxyde d'arsenic particulier, le prétendu oxyde noir d'arsenic qui se forme en ce cas n'étant autre chose qu'un mélange intime, en proportions variables, d'acide arsénieux et d'arsenic métallique.

142. Sulfures d'arsenic naturels (réalgar et orpiment). —Lorsque ces deux sulfures sont parfaitement exempts d'acide arsénieux, ils ne sont pas vénéneux, au dire d'Hoffmann et Renault, et nos expériences chimiques confirment les données pratiques de ces deux habiles observateurs. Mais pour que leur ingestion n'amène aucun accident, il faut que ces deux composés arsenicaux ne séjournent pas longtemps dans la cavité stomacale ; sans quoi ils éprouveraient la double influence de l'air et des chlorures alcalins contenus dans les liquides gastriques, et la proportion d'acide arsénieux qui prendrait naissance serait bientôt suffisante pour amener à sa suite tous les symptômes morbides qui caractérisent ce genre d'intoxication.

Tout ce que nous venons de dire relativement à l'action des sulfures d'arsenic ne s'applique, bien entendu, qu'aux vrais sulfures, ou, pour mieux dire, aux seuls

sulfures qui ne renferment aucune trace d'acide arsénieux, et *cela ne doit être nullement rapporté aux sulfures d'arsenic artificiels, qui portent dans les arts les
mêmes noms vulgaires que les sulfures naturels, attendu
que ces prétendus sulfures contiennent tous deux d'énormes
proportions d'acide arsénieux, surtout le sulfure jaune
ou faux orpiment, lequel renferme, d'après M. Guibourt,
94 pour 100 d'acide arsénieux, et seulement 6 pour 100
de sulfure d'arsenic.*

143. *Traitement de l'empoisonnement par l'acide arsénieux.* — Les recherches qui nous ont porté à admettre
l'opinion d'Hoffmann et Renault sur l'innocuité des sulfures
d'arsenic exempts d'acide arsénieux, nous ont conduit également à établir que le sulfure de fer hydraté, que nous
avons proposé comme antidote des sels d'étain, de plomb,
de cuivre, de mercure, d'argent, etc., constitue aussi,
pour l'acide arsénieux, le contre-poison par excellence, et
qu'il doit, par conséquent, être considéré comme préférable à l'antidote signalé par Bunsen, c'est-à-dire au
peroxyde de fer hydraté.

Voici sur quels faits nous nous fondons pour admettre
en principe cette proposition capitale.

Quand on traite comparativement une solution aqueuse
d'acide arsénieux par un excès d'hydrate de sulfure de
fer et par un excès d'hydrate de peroxyde de fer, on ne
tarde pas à se convaincre que l'action décomposante du
sulfure ferreux est bien plus prompte à s'effectuer que
celle de l'oxyde ferrique ; après moins de deux minutes de
contact avec un excès de sulfure de fer, la solution arse-
nicale précitée, soumise à la filtration, acidulée par

l'acide chlorhydrique, et traitée par l'acide sulfhydrique, *ne donne aucune trace de sulfure d'arsenic ;* tandis qu'après plus de cinq minutes de réaction avec l'oxyde ferrique, elle contient encore une quantité marquée d'acide arsénieux, comme le prouve un abondant précipité jaune que l'hydrogène sulfuré y détermine.

Ainsi donc, nul doute que le sulfure ferreux hydraté n'ait la propriété de transformer plus vite l'acide arsénieux en sulfure d'arsenic insoluble et en oxyde ferreux, que le peroxyde de fer ne le transforme en arsénite ferrique (1). Or, comme il découle de nos expériences que l'acide arsénieux dissous est bien plus promptement absorbable que le sublimé corrosif, puisqu'il appartient à la classe des *fluidifiants*, tandis que ce dernier fait partie du groupe des *coagulants*, il s'ensuit qu'il y a encore plus d'urgence avec l'arsenic blanc qu'avec le sublimé à transformer immédiatement l'agent toxique en un composé insoluble, et, partant, incapable d'éprouver le phénomène de l'absorption.

De la connaissance des faits qui précèdent, il résulte que, dans le traitement de l'empoisonnement par l'acide

---

(1) MM. Bouchardat et Sandras ont confirmé par des expériences faites sur le vivant la valeur de nos assertions théoriques sur l'efficacité du sulfure de fer hydraté employé comme antidote de tous les composés métalliques susceptibles de donner naissance à des sulfures plus électronégatifs que lui ; ils ont examiné avec soin l'action spéciale de l'hydrate de sulfure de fer sur l'acide arsénieux ; mais comme ils ont agi sur un sulfure ferreux contenant un excès de soufre, ils n'ont été conduits qu'à placer notre contre-poison sur la même ligne que le peroxyde de fer hydraté. Nul doute que, s'ils eussent expérimenté sur de l'hydrate de sulfure de fer pur, ils ne fussent arrivés aux mêmes conclusions que **nous.**

arsénieux, on ne saurait balancer un seul instant entre l'hydrate de peroxyde et l'hydrate de protosulfure de fer, tout l'avantage étant du côté de ce dernier.

144. — Nous croyons devoir aller au-devant de deux objections que probablement on ne manquerait pas de faire au sulfure de fer hydraté employé comme antidote de l'acide arsénieux : la première, c'est que le sulfure d'arsenic produit sous l'influence du sulfure ferreux peut, en absorbant l'oxygène contenu dans les premières voies, repasser à l'état d'acide arsénieux ; et la seconde, c'est que, d'après M. de Courdemanche, le sulfure d'arsenic nouvellement préparé est en partie décomposable par l'eau, qui le transforme en acide arsénieux et en acide sulfhydrique.

A la première objection nous répondrons que, comme le sulfure ferreux doit être employé en excès, c'est très certainement sur lui que se portera de préférence l'oxygène gazeux, puisqu'il n'existe peut-être pas de composé chimique qui ait pour ce gaz une affinité plus marquée que ce composé sulfuro-martial ; et, à la seconde, que nous avons constaté par expérience qu'une solution d'acide arsénieux, additionnée d'un excès d'hydrate de sulfure de fer et soumise à l'ébullition pendant plus d'un quart d'heure, ne laisse dégager aucune bulle d'hydrogène sulfuré.

On observera d'ailleurs que, quand bien même ces deux objections présenteraient le degré de vérité que nous leur contestons, elles ne suffiraient pas pour faire abandonner l'emploi de notre antidote ; car, autant il est rationnel de se hâter de transformer l'agent délétère en

un composé insoluble, autant il est de précepte en toxicologie de s'empresser, aussitôt après l'action du contre-
poison, de débarrasser l'économie dudit composé par tous
les moyens possibles, quelque insoluble et quelque inoffensif que ce dernier nous puisse paraître.

145. — Mais, même en supposant que le sulfure de fer
usité comme antidote de l'acide arsénieux n'agisse pas
d'une manière plus efficace que le peroxyde de fer, il y
aurait encore un grand avantage à recourir à lui de préférence, et cet avantage, nous ne craignons pas de le dire
hautement, mérite d'attirer toute l'attention des praticiens:
c'est que, tandis que l'oxyde ferrique borne son action
bienfaisante à l'acide arsénieux, l'hydrate de sulfure ferreux étend ses effets salutaires à la plupart des composés
toxiques appartenant à la classe des sels métalliques. C'est
ainsi qu'il peut servir à annihiler l'action des sels d'étain, de
plomb, de cuivre, d'antimoine, de bismuth, de mercure,
d'argent, d'or, etc., c'est-à-dire que, à part les acides,
les alcalis et le cyanure de mercure, il constitue à lui
seul l'antidote de presque tous les poisons minéraux.

Or, pour faire sentir toute l'importance du sulfure de
fer, supposons un instant qu'un médecin soit appelé
auprès d'une personne qui vient d'ingérer un poison.
Supposons, en outre, qu'il ait pu s'assurer que le composé
toxique ingéré n'est ni un acide, ni un alcali, et enfin que
ses soupçons se portent tour à tour sur l'arsenic blanc,
sur le verdet, sur l'extrait de Saturne et sur le sublimé
corrosif; mais que, après quelques instants d'hésitation,
il se range du côté de l'acide arsénieux, tandis qu'en
réalité, c'était à du sublimé qu'il avait affaire, et qu'il

administre, en conséquence, l'hydrate de peroxyde de fer.

Qu'arrivera-t-il? C'est que son malade mourra infailliblement ; tandis que si , au lieu de s'être adressé au contre-poison spécial de Bunsen, il avait, dans le doute, eu recours à notre antidote, dont l'action est bien autrement générale , son malade aurait été inévitablement sauvé !

Alumine (oxyde d'aluminium) et ses composés.

146. — L'alumine pure n'est pas usitée en médecine ; mais comme elle fait partie de quelques terres bolaires qui sont encore employées quelquefois, et qui, à notre avis, mériteraient de l'être plus souvent, nous croyons devoir lui consacrer un petit article. Cela nous fournira , en même temps, l'occasion de faire connaître la théorie de l'action médicale de l'alun, agent modificateur d'une utilité pratique incontestable.

L'alumine anhydre est insoluble dans l'eau, et comme telle, inactive ; mais en subissant l'action dissolvante du fluide gastrique acide, elle acquiert des propriétés astringentes très marquées : aussi était-ce à titre d'astringent que les anciens employaient fréquemment les terres bolaires dans le traitement de certaines diarrhées atoniques.

Ceci admis, arrêtons-nous un instant sur la théorie de l'action astringente des sels d'alumine.

Les sels aluminiques produits dans l'estomac après l'ingestion d'une terre alumineuse, une fois arrivés dans le tube intestinal, rencontrent, au moment de leur absorption, des liquides alcalins qui les transforment peu à peu en sous-sels aluminiques insolubles, d'un aspect gélatini-forme, lesquels composés étant produits dans la trame même de la muqueuse intestinale, obturent, en quelque sorte, les pores *invisibles* par où s'effectuent les déjections diarrhéiques. Toutefois cette sorte d'occlusion chimico-mécanique n'a qu'une durée passagère, attendu que le sous-sel d'alumine, en contact avec les alcalis sans cesse renouvelés que renferment nos humeurs, finit par perdre la totalité de son acide, ce qui met l'alumine en liberté ; mais comme, à l'état naissant, l'alumine est très soluble dans les liquides alcalins, elle ne tarde pas à se combiner à son tour avec les alcalis du sang, et l'aluminate alcalin étant soluble, il s'ensuit, très probablement, qu'une partie est excrétée dans l'intestin, tandis que l'autre pénètre dans la grande circulation.

147. **Alun**. — Nos recherches nous ont montré que le sulfate d'alumine et de potasse constitue à la fois un excellent astringent ou *coagulant*, et un *désobstruant* ou *fluidifiant* très marqué, et cette dernière circonstance permet de le mettre au rang des agents détersifs les plus remarquables.

Expliquons-nous à ce sujet.

Lorsqu'une très faible dose d'alun, dissoute ou non dans l'eau, est mise en contact avec une muqueuse ou avec la peau dénudée, il se produit un sous-sel aluminique, comme nous l'avons déjà dit plus haut, et dès lors il y a coagulation ou astriction. Mais vient-on à augmenter la proportion du sulfate aluminico-potassique, alors le rôle de cet agent modificateur est changé : non-seulement le coagulum aluminique primitivement produit se redissout, mais tous les liquides albumineux de l'économie, qui se trouvent saturés, en quelque sorte, d'alun, acquièrent une fluidité telle, que les tissus vivants, au lieu d'être *astringentés*, laissent au contraire transsuder au dehors les humeurs qui les imprègnent.

Et que l'on ne pense pas que c'est par des vues théoriques, des conceptions *à priori*, que nous sommes arrivé à formuler, comme il vient d'être dit, la cause de l'action physiologique de l'alun ; au contraire, c'est en cherchant à apprécier scientifiquement un fait clinique, que nous avons été mis sur la voie de la vérité.

M. ***, demeurant à Neuilly, atteint d'une amygdalite assez intense, fut mis, par son médecin, à l'usage de l'alun employé en gargarismes à la dose d'une petite cuillerée d'alun par demi-verre d'eau. M. *** fit, pendant toute une journée, un très fréquent usage de ces gargarismes sans en éprouver d'effet bien appréciable, et il les continuait encore pendant la nuit, lorsqu'il fut presque subitement atteint d'un ptyalisme très marqué, qui ne cessa qu'après une cinquantaine d'heures d'un écoulement salivaire des plus abondants.

148. — Les données qui précèdent éclairent singulièrement la théorie de l'action thérapeutique de l'alun ; elles nous apprennent que, suivant les doses auxquelles on l'administre, la médecine peut trouver en lui, ou un astringent remarquable, ou un détersif très énergique. Et, en effet, veut-on simplement astringenter un organe, modifier sa plasticité, c'est à une très faible dose d'alun qu'il faut avoir recours. Veut-on, au contraire, donner de la vitalité

aux parties, en fluidifier les humeurs, afin de faciliter le jeu de tel ou tel organe, c'est à haute dose que l'alun doit être employé.

Ainsi, pour donner un exemple de chacun des cas qui précèdent, nous dirons que c'est à faible dose que le sulfate aluminico-potassique doit être administré en injections, dans le traitement de la leucorrhée? A l'appui de ce principe, nous ajouterons que nous tenons de M. le professeur Moreau que l'emploi de l'alun contre les fleurs blanches réussit toujours au début, mais que, lorsqu'on en continue longtemps l'usage à doses un peu élevées, loin d'amoindrir le mal, on l'augmente. Voilà pour le premier exemple; voici pour le second. Qui ne sait que tous les praticiens qui s'occupent des maladies du larynx chez les chanteurs, font de l'alun un usage presque immodéré?

Est-il besoin d'ajouter que le sulfate aluminico-potassique ainsi administré, en fluidifiant les humeurs contenues dans les organes de la voix, a pour résultat de maintenir tout l'appareil vocal dans cet état de flaccidité qui est indispensable à l'accomplissement de ses fonctions?

Formule rationnelle.

INJECTION ASTRINGENTE.

Alun. . . . .   3 grammes.
Eau distillée   1000   —

Trois à quatre injections par jour (une seule injection à chaque fois) dans la leucorrhée chronique et autres écoulements analogues (1).

(1) Voyez l'article GARGARISME pour le complément des formules à base d'alun.

Magnésie calcinée (oxyde de magnésium) et ses composés.

149. — La magnésie calcinée est si peu soluble dans l'eau (1), que ce n'est évidemment pas à cette propriété que ses effets dynamiques doivent être rapportés, mais bien aux composés salins auxquels elle donne naissance avec les acides du suc gastrique, et aussi avec l'acide lactique produit par la décomposition partielle du sucre, alors que ce dernier corps lui est associé, ce qui a presque toujours lieu.

150. **Carbonate de magnésie.** — Ce qui vient d'être dit sur la cause de l'action thérapeutique de la magnésie calcinée, s'applique également à son hydrocarbonate, ce sous-sel magnésien étant encore moins soluble que l'oxyde magnésique lui-même.

151. — Nous allons actuellement faire connaître ici quelques observations chimiques sur les différentes espèces de magnésie calcinée que l'on trouve dans les pharmacies, observations que nous avons été conduit à faire à propos d'une formule avantageuse pour administrer la magnésie comme purgatif, et insérée par nous, dans le courant de l'année 1843, dans le *Bulletin de thérapeutique*.

Il existe au moins trois variétés bien distinctes de ma-

(1) L'oxyde de magnésium, de même que l'oxyde de calcium, est moins soluble à froid qu'à chaud ; son maximum de solubilité est à 15 degrés (Fife). Calciné, il se dissout dans le rapport de 1 gramme à 5 760 grammes, et à l'état d'hydrate gélatineux, dans celui de 1 gramme à 4 000 grammes (O. Henry).

gnésie calcinée, qui, toutes trois, méritent une attention spéciale de la part des praticiens, leurs propriétés organoleptiques étant éminemment dissemblables.

Magnésie calcinée officinale (magnésie caustique). — Lorsque l'on soumet l'hydrocarbonate de magnésie à une calcination ménagée, ainsi que le Codex le recommande, c'est-à-dire seulement jusqu'au moment où il a perdu tout son acide carbonique et toute son eau, on obtient un oxyde qui jouit de certaines propriétés chimiques bien différentes de celles que nous offrent deux autres variétés de magnésie calcinée, qui, toutes deux, sont préparées en Angleterre.

La magnésie du Codex français est très blanche, très soluble dans les acides, et surtout dans les acides concentrés, qui la dissolvent en donnant lieu a un très grand dégagement de chaleur. La manière dont elle se comporte avec l'eau est remarquable et constitue un de ses principaux caractères. Récemment calcinée, c'est-à-dire tant qu'elle est anhydre, elle possède la propriété de rester liquide, quand on la met avec une certaine quantité d'eau, et de devenir ensuite solide en s'hydratant, après vingt-quatre heures de contact.

Notre collègue, M. Gobley, en exécutant avec cette magnésie deux prescriptions médicales analogues à la potion magnésienne dont nous avons fait connaître la formule, mais contenant une proportion moindre de sucre et une plus grande d'eau, a cru avoir été appelé à constater le premier l'action de l'oxyde de magnésium sur l'eau, c'est-à-dire son hydratation.

Pour s'assurer de cette propriété de la magnésie,

M Gobley fit des mélanges de 1 partie de magnésie calcinée et de 1, 2, 3, 4, 5, 6, 7, 8, 9, 10, 11, 12, 13, 14 et 15 parties d'eau distillée. En examinant ces mélanges après vingt-quatre heures, il vit que ceux qui contenaient 1 partie de magnésie et jusqu'à 10 parties d'eau distillée, ne laissaient surnager aucune goutte de liquide, et que leur consistance était assez ferme pour laisser difficilement pénétrer le doigt à travers leur masse; que ceux qui étaient faits avec 1 partie de magnésie calcinée et 11, 12 et 13 parties d'eau, laissaient surnager une petite quantité de liquide, mais avaient une consistance assez ferme pour ne pas être rendus liquides par l'agitation. Avec 14 et surtout 15 parties d'eau, les mélanges devenaient liquides après une agitation de quelques instants.

Nul doute alors que la consistance qu'avaient prise les potions ne fût due à la solidification, ou, pour mieux dire, à l'hydratation de la magnésie.

Mais bien que nous soyons le premier à faire remarquer que M. Gobley a rendu un certain service aux praticiens, en attirant leur attention sur l'action réciproque de l'oxyde de magnésium et de l'eau, la justice nous oblige à relater ici que cette propriété n'avait pas échappé à Berzelius, ainsi que l'atteste le passage suivant : « La magnésie caus» tique ne s'échauffe point avec l'eau, mais forme avec » elle une combinaison solide (1). »

152. Magnésie hydratée ou éteinte. — Cette variété commerciale de magnésie décarbonatée est très blanche, très légère, très soluble dans les acides, et ne contient que

______

(1) *Traité de chimie*, t. II, p. 364.

peu ou point d'acide carbonique. Elle renferme toujours une quantité d'eau assez grande, mais qui varie pour la proportion entre 12 et 20 pour 100, ainsi que nous nous en sommes assuré par plusieurs analyses comparatives. Broyée avec 4 et 5 fois son poids d'eau, elle donne lieu à une sorte de lait magnésien qui se conserve liquide, contrairement à ce qui arrive avec la magnésie calcinée du Codex.

Nous avons cru, un certain temps, avoir le premier constaté la présence de l'eau dans la magnésie calcinée anglaise légère; mais il n'en était rien. M. Dubail, dans sa thèse inaugurale, avait consacré à cette dernière un article, dont nous allons rapporter quelques passages :

« Depuis quelque temps, il nous vient, à ce qu'il paraît,
» de Londres, de la magnésie décarbonatée, qui est livrée
» à un prix inférieur à celui auquel elle rentre ici à qui-
» conque veut la fabriquer, quelle que soit l'économie
» qu'il apporte dans cette fabrication. Cette magnésie est
» un peu plus légère que la magnésie calcinée ordinaire;
» elle se dissout comme elle, et plus facilement qu'elle,
» sans effervescence dans les acides. Elle ne donne l'in-
» dice d'aucune base étrangère, on la croirait donc
» pure; mais si on la calcine, on trouve qu'elle perd
» 20 pour 100 d'eau. »

Quelle est la véritable nature chimique de cette variété de magnésie décarbonatée? Nous avons présumé un instant que cet oxyde magnésique devait constituer un hydrate en proportions définies. La même idée était venue à M. Dubail; mais nous nous sommes bientôt convaincu du contraire : c'est un mélange d'hydrate et d'oxyde non hydraté. C'est un hydroxyde à proportions variables (1).

Par quel procédé cette magnésie décarbonatée a-t-elle été obtenue?

Cette magnésie calcinée a été très certainement préparée par la méthode ordinaire, c'est-à-dire par la calcination de l'hydrocarbonate; mais elle a été ensuite exposée à l'air humide un temps plus ou moins long, soit à dessein, ce qui est probable, soit accidentellement, pendant la traversée.

Rien de plus facile, actuellement, que de donner l'explication de la différence de propriétés que nous présentent les deux variétés d'hydroxyde de magnésium dont il vient d'être parlé : il y a entre ces deux composés la même différence qu'il y a entre la chaux vive spontanément délitée à l'air et la chaux vive brusquement éteinte par une suffisante quantité d'eau. Chacun sait que cette dernière peut seule être employée en maçonnerie, parce que seule elle est susceptible de produire des mortiers solidifiables. Est-il besoin de faire remarquer que la chaux spontanément délitée à l'air est l'analogue de l'hydroxyde magnésique anglais, et que la chaux éteinte ordinaire est l'analogue de l'hydroxyde magnésique immédiatement préparé? Non, sans doute. Mais, dira-t-on peut-être, comment concevez-vous que la magnésie puisse s'hydrater à l'air, sans en absorber sensiblement l'acide carbonique? C'est qu'il n'est pas vrai que l'oxyde de magnésium ait pour cet acide autant d'affinité que les ouvrages de chimie le proclament; c'est que cet oxyde métallique

____

(1) Le véritable hydrate de magnésie contient 30 pour 100 d'eau.

est beaucoup plus avide d'eau que d'acide carbonique. Il a même si peu d'affinité pour cet acide, que de la magnésie calcinée, placée dans un endroit sec, a pu se conserver à peu près intacte pendant plusieurs années, ainsi que nous avons eu occasion de nous en assurer en 1829, à la Pharmacie centrale, de concert avec M. O. Henry. Nous dirons plus : ayant fait passer un courant d'acide carbonique sur de l'oxyde de magnésium sec, la proportion d'acide carbonique absorbée a été tout à fait inappréciable. Ainsi, il est certain que la magnésie calcinée a beaucoup plus d'affinité pour l'eau que pour l'acide carbonique; il est tout aussi certain que cette base n'absorbe l'acide carbonique qu'après avoir passé à l'état d'hydrate, et que, même alors, cette absorption est infiniment moindre qu'on ne l'avait pensé jusqu'à présent. Le même phénomène se présente avec la chaux; cette base a aussi plus d'affinité pour l'eau que pour l'acide carbonique. Cela nous explique comment il se fait que jamais on ne trouve la chaux des mortiers saturée d'acide carbonique, quelque anciens qu'ils soient, ainsi que d'Arcet l'a constaté.

Ainsi donc, il est incontestablement démontré pour nous qu'il existe entre la magnésie et la chaux une analogie de propriétés chimiques extrêmement grande; il y a une magnésie caustique, une magnésie vive, tout comme il y a une chaux caustique, une chaux vive, et il existe une magnésie éteinte tout comme il existe une chaux éteinte.

153. Magnésie calcinée de Henry (oxyde pyro-magnésique). — Cette troisième variété de magnésie jouit d'un grand nombre de propriétés physiques et chimiques spéciales ; toutefois nous croyons devoir ne rapporter ici que celles qui peuvent offrir quelque intérêt au point de vue médical.

La magnésie calcinée de Henry est plus mate et en grains plus séparés que les deux autres variétés d'oxyde de magnésium ; elle est aussi beaucoup plus lourde. Mais son trait le plus caractéristique, c'est que, mise en contact avec l'eau, en proportion quelconque, le mélange reste constamment liquide, il n'y a point d'eau de solidifiée ; en un mot, elle ne s'hydrate pas, comme le fait la magnésie du Codex..

La magnésie anglaise lourde est à peine soluble dans les acides faibles, et les acides même puissants la dissolvent plus difficilement que les deux autres variétés de magnésie, et sans donner lieu à un dégagement de chaleur à beaucoup près aussi marqué qu'avec elles.

Enfin cette magnésie ne solidifie que très lentement et très imparfaitement le baume de copahu.

Suivant Pereira, la magnésie dite de Henry s'obtient en calcinant au rouge blanc du carbonate de magnésie préparé par ébullition au moyen du sulfate de magnésie et du carbonate de soude. On peut également la préparer par la méthode suivante, qui est due à M. Collas : On fait avec du carbonate de magnésie et la plus petite quantité d'eau possible une pâte très ferme que l'on bat avec soin ; on fait sécher cette pâte à l'étuve, puis on en remplit des creusets où on la tasse, et on la calcine à la manière ordinaire, mais en ayant soin qu'elle atteigne la plus haute température possible.

154. — Les considérations chimiques dans lesquelles nous venons d'entrer, peu importantes au premier abord, acquièrent un tout autre intérêt quand on les examine au point de vue de la thérapeutique de la magnésie : c'est qu'en effet la magnésie caustique ou vive et la magnésie hydratée ou éteinte offrent des propriétés médicales bien différentes; il en est de même de la magnésie de Henry, ou magnésie lourde, comme nous le dirons plus loin.

La magnésie caustique, pas plus que la chaux caustique, ne devrait jamais être employée à haute dose en médecine; mais en revanche, elle est la seule convenable pour solidifier promptement et complétement le baume de copahu. Nous savons pertinemment que plusieurs échantillons de baume de copahu, considérés comme mauvais, repoussés comme tels par les acheteurs, l'ont été injustement, et cela parce que la magnésie employée pour en faire l'essai analytique était hydratée, et partant impropre à cet usage.

155. — Voici maintenant pourquoi nous pensons que la magnésie caustique ne devrait jamais être administrée à haute dose : d'abord parce qu'elle est moins promptement soluble dans les acides de l'estomac que la magnésie hydratée, mais surtout parce que, comme elle a la propriété de se combiner avec l'eau, d'en solidifier un poids plus de dix fois plus grand que le sien, il en résulte que lorsqu'on en introduit dans l'estomac une forte dose, 8 à 16 grammes, par exemple, elle s'approprie les liquides contenus dans cet organe, les rend solides, en dessèche la muqueuse, laquelle se trouve, en quelque sorte, mastiquée par l'hydrate de magnésie qui se produit en cette circonstance.

De là l'explication de la soif plus ou moins vive qui suit toujours l'administration d'une dose considérable de magnésie caustique; de là aussi l'explication de ce pincement, de cette espèce de ténesme gastrique que les malades ne manquent pas d'éprouver, quand ils négligent de boire à longs traits après son ingestion.

Cet état pathologique occasionné par l'emploi de la magnésie caustique est tellement marqué sur certaines personnes, qu'elles se voient forcées d'en suspendre l'usage. Ainsi, par exemple, nous tenons de M. le docteur Emery qu'il a été obligé de renoncer à la magnésie calcinée, par suite de l'indisposition que cet oxyde lui occasionnait, et de la remplacer par l'hydrocarbonate qui ne lui produisit pas le même effet.

De tout ce qui précède, il résulte incontestablement que les praticiens feront très bien de renoncer à l'usage de la magnésie récemment calcinée, c'est-à-dire à la magnésie caustique, et de lui substituer, non l'hydrocarbonate des pharmacies, mais bien la magnésie hydratée ou éteinte, préparée comme il sera dit un peu plus avant.

Un mot maintenant sur les propriétés médicales de la magnésie de Henry.

156. — La magnésie de Henry jouit d'une réputation, on peut le dire, universelle; cette réputation est-elle bien méritée?

Les remarques chimiques et thérapeutiques qui précèdent nous permettront, nous l'espérons du moins, de donner de cette question une solution satisfaisante. A poids égal, et dans un temps donné, la magnésie du Codex est certainement plus active que la magnésie anglaise lourde, et cela uniquement parce que, dans un temps limité, la magnésie du Codex se dissout en plus grande quantité dans les acides du suc gastrique. Nul doute donc que la magnésie officinale, donnée à faibles doses, comme absorbant, ne mérite la préférence sur la magnésie de Henry. Mais il n'en est plus de même, alors que ces deux substances sont administrées à doses purgatives ; en ce cas, l'avantage est tout entier du côté de la magnésie d'outre-mer, bien qu'elle soit un peu moins purgative que l'autre. La magnésie de Henry, prise à haute dose, fatigue bien moins l'estomac que la magnésie calcinée ordinaire. L'explication de ce fait est facile à donner, car il est dû à un phénomène tout chimique : c'est que cette magnésie ne dessèche pas la muqueuse gastrite, parce que, comme il a déjà été dit, elle n'a pas la propriété d'absorber l'eau, et de la solidifier en se combinant avec elle. Quelques praticiens pensent, en outre, contrairement à ce qui a été dit plus haut, que la magnésie de Henry est plus purgative que la magnésie calcinée ordinaire ; mais c'est là une erreur qui a sa source dans un défaut d'observation que nous allons indiquer ici. La magnésie calcinée est le plus ordinairement prise par cuillerées à bouche ; or, il résulte de nos recherches, qu'une cuillerée à bouche de magnésie anglaise lourde pèse au moins 6 grammes, tandis qu'une cuillerée de magnésie du Codex ne pèse guère au delà de 2 grammes. Ceci posé, est-il besoin de faire observer qu'il est impossible d'établir le moindre parallèle entre le mode d'action de deux substances administrées avec aussi peu de parité?

157. — En résumé, la magnésie lourde n'est certai-

nement pas plus active que la magnésie du Codex, elle l'est même moins, ainsi que nous nous en sommes convaincu par l'observation clinique ; ce que la théorie faisait du reste pressentir, puisque la magnésie lourde est moins accessible à l'action des acides. Mais elle a, nous le répétons, l'avantage d'être mieux supportée par l'estomac, de n'en pas *happer* la muqueuse. Heureusement que c'est là un avantage que l'on peut très aisément communiquer à l'oxyde de magnésium du Codex. Il suffit pour cela de le broyer avec quatre ou cinq fois son poids d'eau, et de porter ensuite ce mélange à l'ébullition en agitant sans discontinuer ; on obtient par ce moyen une magnésie entièrement hydratée, laquelle est très certainement préférable, à tous égards, à la magnésie anglaise lourde ou de Henry.

158. — La magnésie calcinée était naguère assez rarement employée en France comme purgatif, du moins à Paris ; mais l'usage de ce précieux agent thérapeutique a reçu depuis quelque temps une impulsion nouvelle à laquelle nous ne sommes pas tout à fait étranger ; qu'il nous soit donc permis de reproduire ici quelques considérations ayant rapport à son emploi médical, et que nous avons publiées ailleurs (1).

« Il nous paraît nécessaire d'insister un instant sur la nature des évacuations produites par la magnésie calcinée, disent MM. Trousseau et Pidoux (2) ; elles sont féculentes, pour nous servir d'une expression familière aux Anglais,

______

(1) *Journal des connaissances médicales pratiques.*
(2) *Traité de thérapeutique.*

c'est-à-dire qu'elles ont la consistance de purée liquide, différentes en cela de celles qui sont déterminées par les sels neutres, tels que le sulfate de soude et le sulfate de magnésie, à la suite desquels les évacuations sont séreuses. »

La différence de propriétés physiques qui existe entre les produits excrétés sous l'influence de la magnésie et des sels neutres purgatifs est facile à expliquer. Les sels neutres sont purgatifs par eux-mêmes, tandis que la magnésie ne devient véritablement purgative qu'après avoir éprouvé l'action *salifiante* des acides des premières voies ; et comme la proportion des acides contenus dans le suc gastrique est toujours bornée, il s'ensuit que la quantité de magnésie dissoute est, par conséquent, toujours bornée aussi, ce qui fait qu'une proportion très marquée de cet oxyde échappe à l'action chimique, et est rejetée en nature hors de l'économie. Or, c'est à la présence de cette magnésie inattaquée qu'il faut rapporter la différence de coloration que les évacuations présentent. Ce qui démontre qu'il en est réellement ainsi, c'est que, plus est grande la proportion de magnésie ingérée, plus la nuance des matières fécales approche du blanc, et que, moins la dose est forte et plus la quantité de sucre à laquelle on l'associe est considérable, plus les matières excrétées approchent de l'état séreux.

« Ce n'est que longtemps après l'ingestion de la magnésie que l'action purgative commence, continuent MM. Trousseau et Pidoux. — Il est fort rare que la magnésie agisse avant six heures ; il est, au contraire, fort ordinaire de la voir ne manifester son action qu'après seize, vingt, vingt-quatre, et même trente-six heures. Il est assez remarquable que l'effet purgatif se prolonge beaucoup plus longtemps que pour des évacuations en apparence beaucoup plus énergiques. »

Tout ce qui vient d'être rapporté sur les effets de la magnésie est parfaitement exact, alors que l'on administre cet oxyde sans addition de sucre; mais quand on la donne à l'état de médecine de magnésie, il est rare que l'action purgative se fasse attendre au delà de cinq ou six heures, et bien plus rare encore de la voir ne se manifester qu'après douze ou quinze heures d'ingestion.

Il n'est nullement étonnant que l'effet purgatif de la magnésie se prolonge plus longtemps que celui d'autres évacuants ; il est, au contraire, tout naturel qu'il en soit ainsi, et voici pourquoi. Un purgatif salin soluble n'a d'action que pendant que son absorption s'effectue , absorption qui est généralement assez prompte , tandis que la magnésie ne peut éprouver le phénomène de l'absorption qu'après avoir subi l'influence des acides ; et comme cette action est lente à se terminer, il s'ensuit que les résultats thérapeutiques qui en sont les conséquences doivent durer autant de temps que cette action chimique : or, c'est là précisément ce qui arrive. Aussi MM. Trousseau et Pidoux ont-ils noté, avec juste raison, que l'ingestion de la magnésie, longtemps continuée, détermine une véritable phlegmasie de la muqueuse gastro-intestinale, état pathologique qui provient, selon nous, de ce qu'alors cette membrane se trouve incessamment imprégnée par de la magnésie, laquelle, en sa qualité de corps insoluble, en détermine l'inflammation.

159. — A quelle dose faut-il administrer la magnésie comme purgatif ?

Les doses auxquelles il convient d'administrer l'oxyde magnésique comme purgatif, varient, suivant qu'on le prescrit seul ou avec du sucre : seul, il ne doit jamais être donné à une dose qui dépasse 4 grammes ; mais associé au sucre, dans les rapports de 1 partie de magnésie pour 5 ou 6 parties de sucre en poids, il peut être porté à la dose de 8 et même de 10 grammes, sans aucun inconvénient.

MM. Trousseau et Pidoux disent avoir fait des expériences cliniques qui leur ont péremptoirement démontré que, comme purgatif, le carbonate de magnésie vaut la magnésie calcinée. Cette assertion est certainement très vraie, quand on administre en une seule fois plus de magnésie carbonatée que les acides des premières voies ne peuvent en dissoudre. Mais elle cesse d'être l'expression de la vérité, quand on donne une dose un peu faible de chacun de ces deux composés, ou bien encore quand on les associe avec du sucre ; alors l'avantage est tout entier à la magnésie décarbonatée, c'est-à-dire que l'effet purgatif, dans ces deux derniers cas, est au moins double avec la magnésie calcinée.

Formules rationnelles.

MÉDECINE DE MAGNÉSIE, OU MÉDECINE BLANCHE.

Magnésie calcinée officinale	8 grammes.
Eau simple	40 —
Sucre grossièrement pulvérisé	50 —
Eau de fleur d'oranger	20 —

Broyez exactement dans un mortier de porcelaine la magnésie

calcinée avec l'eau ordinaire; introduisez ensuite ce lait magnésien dans un petit poêlon d'argent, et chauffez-le jusqu'à ébullition complète, en agitant sans cesse avec une spatule d'argent, afin d'éviter que l'oxyde magnésique ne se précipite en s'hydratant. Cela fait, retirez le poêlon du feu, ajoutez le sucre, et continuez d'agiter jusqu'à ce que ce dernier soit entièrement dissous; puis, enfin, ajoutez l'eau de fleur d'oranger, et passez au travers d'une étamine à loochs.

Les médecines de magnésie préparées suivant la formule nouvelle que nous venons de relater se présentent sous la forme d'un liquide blanc, très homogène, d'une consistance de sirop clair, et se conservent indéfiniment liquides.

La médecine de magnésie purge abondamment, sans faire éprouver ni fatigue ni colique; elle ne provoque que peu de selles, mais des selles copieuses et comme pulta‑cées. La présence du sucre ne nous paraît pas étrangère à l'action de ce précieux laxatif; nous avons tout lieu de croire, au contraire, que ce corps se transforme dans l'estomac, en partie, en acide lactique, lequel agit sur la magnésie de concert avec les acides contenus dans le suc gastrique, la rend soluble, et par conséquent absorbable.

Cette médecine doit être prise en une seule fois, le matin, à jeun, et immédiatement après son administration il faut boire un demi-verre d'eau fraîche, mais pas davantage, l'expérience nous ayant appris que l'ingestion d'une trop grande quantité de liquide affaiblit notablement l'action purgative de la médecine blanche, ce qui provient de ce qu'alors une partie de la magnésie franchit le pylore, et par conséquent échappe à l'action dissolvante du suc gastrique.

La médecine de magnésie préparée d'après notre for-

mule est plus active que celle que M. Gobley a proposé
de lui substituer, ainsi que nous nous en sommes convaincu par la voie de l'expérimentation clinique, ce qui
tient sans doute à ce que cette dernière contient une
proportion de sucre infiniment moindre.

Les effets de la médecine de magnésie sont constants;
ce n'est guère que chez quelques sujets affaiblis et incapables de supporter aucune alimentation que nous l'avons
vue quelquefois échouer : c'est la purgation des gens qui
digèrent. Ce purgatif n'agit ordinairement que cinq ou six
heures après son ingestion, rarement plus tard, très rarement plus tôt.

Comme l'action de la médecine blanche est lente à apparaître, il est bon de faire observer ici que rien n'oblige
à attendre que ses effets aient été produits, pour prendre
des aliments; on peut manger sans aucun inconvénient
trois heures après son administration, et au besoin même
avant que ce temps se soit écoulé.

LAIT DE MAGNÉSIE.

Magnésie calcinée officinale. . . .	100 grammes.
Eau pure	800 —
Eau de fleur d'oranger.	100 —

Broyez la magnésie avec l'eau, et portez ensuite le mélange à
l'ébullition, en opérant comme il a été dit pour la médecine de magnésie ; passez et ajoutez l'eau aromatique. Le lait magnésien contient 2 grammes de magnésie par chaque cuillerée à bouche.

C'est sous cette forme qu'il convient, selon nous, d'administrer la magnésie calcinée du Codex, parce que, ainsi
mixtionnée avec l'eau, elle est bien moins désagréable au

goût que lorsqu'elle est mélangée extemporanément avec ce véhicule, mais surtout parce que, en cet état, elle a perdu toute aptitude à se combiner avec l'eau.

Comme absorbant et antiacide, le lait de magnésie doit être pris à la dose d'une cuillerée à café, le matin, à jeun, et à la dose d'une cuillerée à bouche dans le traitement du diabète.

Pour remplir d'une manière tout à fait rationnelle les deux indications précédentes, il est indispensable de prendre le lait de magnésie au naturel, c'est-à-dire sans addition de sucre. Il n'en est pas de même quand on désire obtenir à son aide une action laxative égale à celle que produit la médecine de magnésie ; il faut, au contraire, prendre dans ce cas trois ou quatre grandes cuillerées à bouche de lait magnésien, et boire immédiatement après un bon demi-verre d'eau fortement sucrée.

Les deux compositions pharmaceutiques qui précèdent, peuvent être aussi préparées avec le carbonate magnésique, mais seulement à la condition expresse que, lors de l'emploi de la magnésie carbonatée, la dose du principe actif sera doublée, l'hydrocarbonate de magnésie ne contenant pas même la moitié de son poids d'oxyde magnésique. Mais, comme l'introduction du carbonate dans les premières voies donne lieu à un dégagement abondant d'acide carbonique, il est mieux de s'en tenir à l'usage de la magnésie hydratée, qui n'offre pas ce petit inconvénient.

160. Bicarbonate de magnésie. — C'est ici le lieu de dire un mot sur l'emploi du bicarbonate magnésique. La magnésie et son carbonate ayant tous deux une saveur un peu terreuse que l'addition du sucre ne dissimule pas complétement (1), on a songé à leur substituer la solution du carbonate magnésique dans un excès d'acide carbonique, c'est-à-dire le bicarbonate de magnésie ; en agissant ainsi, on s'est bien, il est vrai, débarrassé du goût terreux, mais on l'a remplacé par une saveur salino-amère plus désagréable encore. C'est donc à tort, selon nous, que quelques personnes ont écrit que la magnésie liquide, que l'eau magnésienne, préparations à base de bicarbonate de magnésie, pouvaient être prises sans répugnance par les enfants comme par les adultes. Nous posons en fait que, sur cent enfants, il y en aura quatre-vingt-dix-neuf qui s'accommoderont plus volontiers de la magnésie associée au sucre que des deux préparations magnésiennes précitées.

Chaux (oxyde de calcium) et ses composés.

161. — La chaux est assez peu soluble dans l'eau ; mais elle a la plus grande tendance à se combiner avec les acides, et à former des sels dont plusieurs sont solubles et quelques-uns même déliquescents : aussi cet oxyde métallique, introduit dans la cavité stomacale, serait-il en grande partie absorbé à la faveur des mêmes agents de dissolution qui concourent à l'absorption de la magnésie,

(1) Le sucre associé à la magnésie en masque le goût terreux qui est propre à cette dernière, mais il ne le détruit nullement. Il n'en est pas ainsi du suc d'orange qui, transformant cet oxyde en citrate acide, en change totalement la saveur. On peut mettre avantageusement cette propriété à profit en suçant une orange immédiatement après l'ingestion de la médecine ou du lait de magnésie. La saveur magnésienne disparaît en ce cas comme par enchantement.

avec laquelle la chaux a la plus grande analogie chimique, et, même jusqu'à un certain point, une grande analogie d'action médicale.

162. Phosphate de chaux basique (corne de cerf calcinée.) — Nous ne consacrerons point un article spécial au carbonate de chaux, ni aux autres sels calcaires insolubles, dont l'absorption s'effectue à l'aide des mêmes réactions que celle de l'oxyde qu'ils renferment ; mais nous faisons une exception pour le phosphate de chaux, parce que ce composé constitue la base d'une préparation pharmaceutique qui a traversé victorieusement tous les systèmes de médecine qui se sont succédé depuis qu'elle a été mise en vogue par son immortel auteur. Chacun devine que c'est à la décoction blanche de Sydenham que cette remarque s'adresse. C'est qu'en effet l'efficacité de cette préparation est bien réelle ; c'est que son action physiologique est très certainement spéciale ; c'est que l'on peut recourir à elle dans des circonstances où la plupart des astringents seraient contre-indiqués.

163. — Quand le phosphate de chaux, associé à la mie de pain et au sucre, est ingéré par la bouche, il éprouve l'action décomposante de la petite quantité d'acide que renferme le pain, ainsi que celle des acides contenus dans les liquides des premières voies, acides qui le transforment, en tout ou en partie, en phosphate acide soluble, et partant absorbable.

Le phosphate acide ainsi produit n'a cependant aucune action sur les matières albuminoïdes ; il n'appartient pas par conséquent à la classe des *coagulants* ou, si l'on aime mieux, des astringents. Mais il résulte de nos recherches que ce composé jouit d'un précieux avantage, celui d'être immédiatement transformé en un phosphate basique gélatineux, insoluble, par une très minime proportion d'une base alcaline quelconque, libre ou carbonatée. Or, c'est à cette propriété que son efficacité thérapeutique doit être rapportée, selon nous, ainsi que nous allons tâcher de le démontrer.

Au moment même où le phosphate calcaire acide pénètre les membranes intestinales, c'est-à-dire au moment où il est absorbé, il rencontre sur son passage des liquides alcalins; ces liquides lui enlèvent la faible proportion d'acide qui le rendait soluble, et donnent lieu à un dépôt gélatiniforme très abondant de sous-phosphate calcaire, qui imprègne la muqueuse digestive et la rend ainsi impropre à effectuer la déjection diarrhéique; et comme ce sous-phosphate est presque complétement insoluble dans les liquides animaux, la muqueuse intestinale en demeure incrustée un temps presque toujours suffisamment prolongé pour que la partie organique malade par où se produisait la sécrétion anormale ait le temps de reprendre son intégrité physiologique.

Formules rationnelles.

DÉCOCTION BLANCHE DE SYDENHAM (*Codex*).

Corne de cerf calcinée et porphyrisée . .	8	grammes.
Mie de pain de froment	25	—
Gomme arabique.	8	—
Sucre blanc.	32	—
Eau de fleur d'oranger.	16	—
Eau commune.	q. s.	

Pour obtenir 1 litre de décoction.

MIXTURE ANTIDIARRHÉIQUE.

Corne de cerf calcinée et porphyrisée . .   10 grammes.

Gomme arabique pulvérisée.   20   —

Sirop de sucre.   80   —

Eau de fleur d'oranger.   40   —

F. s. a. une mixture qui devra être agitée à chaque administration. Dose : une cuillerée à bouche de demi-heure en demi-heure, dans toutes les circonstances où la décoction blanche de Sydenham est indiquée.

Baryte (oxyde de baryum) et ses composés.

164. — La baryte pure n'est pas usitée en médecine ; mais, employée avec quelque prudence, elle pourrait entrer dans le domaine de la thérapeutique, car elle jouirait des mêmes propriétés que ses composés salins, et par suite de sa solubilité propre et de celle qui lui serait communiquée par les acides des premières voies, elle exercerait sur l'économie animale une action dynamique des plus marquées.

165. **Carbonate de baryte.** — Bien que le carbonate barytique soit insoluble dans l'eau, il agirait néanmoins à la manière des sels de baryte solubles, à la faveur des acides et des chlorures alcalins contenus dans le suc gastrique, qui en opérerait la dissolution. Ce qui prouve qu'il en serait réellement ainsi, c'est que ce composé est assez souvent employé pour détruire les rats, et que l'observation pratique démontre qu'il remplit parfaitement le rôle qui lui est assigné.

166. — Pour l'appréciation de l'action physiologique des sels de baryte, nous choisirons comme exemple le chlorure de baryum, attendu que c'est presque le seul composé barytique qui soit employé en médecine.

Comme tout composé médical actif, le chlorure de baryum introduit dans l'économie animale est absorbé et porté dans la grande circulation ; mais comme les liquides avec lesquels il se trouve alors en contact renferment des carbonates, des phosphates et des sulfates alcalins, il ne tarde pas à être entièrement décomposé et à être transformé en carbonate, phosphate et sulfate barytiques, composés qui sont tous à peu près totalement insolubles ; or, tout corps insoluble, introduit dans le sang, enraie plus ou moins la marche de la circulation en obstruant partiellement les vaisseaux capillaires ; l'ingestion d'un sel barytique à haute dose doit donc produire un phénomène analogue. C'est, en effet, ce qui paraît arriver. Lisfranc, après avoir parfaitement reconnu ce ralentissement de la circulation, a essayé, mais sans succès, d'utiliser cette propriété du chlorure de baryum dans le traitement de certaines affections organiques du cœur.

Ce qui précède permet de présumer que les sels de baryte, employés à doses thérapeutiques, doivent appartenir à la classe des agents médicamenteux dont il est très difficile de démontrer la présence dans l'urine ; c'est, en effet, ce qui a lieu au dire de M. Cramer, et son assertion est très certainement exacte.

Un mot maintenant sur l'emploi du chlorure de baryum dans le traitement des scrofules.

Comment agit ce composé salin dans cette affection ?

Ou plutôt, cet agent est-il doué d'une action antistrumeuse réelle?

Il ne nous est pas possible de donner la solution de ces deux intéressantes questions. Nous ferons seulement observer que s'il est vrai que l'emploi médical du chlorure de baryum modifie avantageusement la constitution scrofuleuse, cela ne peut être aux mêmes titres que les autres agents antistrumeux dont l'efficacité paraît le mieux établie, tels que le carbonate, acétate et iodure alcalins, etc.; attendu que tous ces derniers composés appartiennent, contrairement aux sels barytiques, à la classe des substances médicamenteuses qui accélèrent la circulation, c'est-à-dire à la classe des *fluidifiants* ou *désobstruants*.

C'est une remarque que nous soumettons à l'appréciation des thérapeutistes.

Fer et ses composés.

167. — « Les préparations ferrugineuses, disent
» MM. Trousseau et Pidoux, presque bannies de la théra-
» peutique, pendant que florissait l'école du Val-de-Grâce,
» ont, depuis quelques années, reçu une impulsion nou-
» velle, à laquelle nous ne sommes peut-être pas étrangers,
» et aujourd'hui elles ont repris la place importante
» qu'elles occupaient dans le siècle dernier. De nos jours,
» il est peu de médecins qui n'emploient souvent le fer,
» et qui ne le placent, dans l'ordre de son utilité, à côté du
» quinquina, du mercure et de l'opium. »

La manière dont MM. Trousseau et Pidoux apprécient la valeur thérapeutique des préparations martiales est très certainement l'expression de la vérité. Le fer doit indubitablement être placé en tête des agents modificateurs de l'économie animale; il est un de ceux sur lesquels il est le plus permis de compter. Nous dirons même plus : les ferrugineux sont, de toutes les préparations pharmaceutiques usitées en médecine, celles dont les effets sont les plus certains, les plus faciles à apprécier, celles dont l'efficacité est la plus durable.

Le fer, à proprement parler, n'est point un médicament, mais bien un aliment, et même un aliment de premier ordre, puisqu'il concourt à la production de l'élément organique par excellence, du *globule sanguin*. Cette vérité, déjà sentie par MM. Trousseau et Pidoux, les a conduits à placer les ferrugineux dans une classe spéciale, les *toniques analeptiques*

Toutefois, nous nous hâtons de déclarer que nous n'avons nullement l'intention de relater ici toute la série des phénomènes physiologiques qui apparaissent sous l'influence du fer; le seul point sur lequel nous désirons attirer toute l'attention des médecins et des physiologistes, c'est la cause immédiate de ces phénomènes.

168. — Dans la chlorose et dans les affections analogues, quand on administre une préparation martiale, à quel composé chimique du fer faut-il attribuer la régénération organique qui est l'heureuse conséquence du traitement mis en usage? Est-ce au fer métallique lui-même? Est-ce à l'un de ses oxydes? Ou bien encore est-ce à l'un de ses composés salins que ce bienfait doit être rapporté?

Dans l'état actuel de la science, disions-nous en 1845, il est impossible de répondre à cette question. Et cependant nul doute qu'à la solution de cet important problème ne se rattachent des questions de physiologie et de thérapeutique du plus haut intérêt. Pénétré de cette vérité, nous nous sommes livré à une longue suite de recherches expérimentales dont nous allons reproduire ici les principaux résultats.

169. — Etablissons d'abord les faits incontestablement acquis à la science.

« Les globules du sang renferment une combinaison » de fer ; aucune autre partie vivante ne renferme du fer.

» La combinaison de fer contenue dans les globules » sanguins se comporte comme une combinaison *oxygé-* » *née* de ce métal, car l'hydrogène sulfuré agit sur elle » d'une manière décomposante comme sur les oxydes de » fer et sur d'autres combinaisons ferrugineuses ana- » logues. A la température ordinaire, les acides minéraux » extraient l'oxyde de fer du sang récent ou desséché. » (Liebig.)

« L'altération fondamentale du sang, dans la chlorose, » c'est la diminution des globules, résultat déjà annoncé » par M. Lecanu. Mais ce que l'on avait cru générale- » ment jusqu'à ce jour, c'est qu'il y avait en même temps, » dans le sang, diminution de la fibrine : or, nos recher- » ches démontrent qu'il n'en est nullement ainsi ; le sang » des chlorotiques contient tout autant de fibrine que » le sang de l'individu le mieux portant. » (Andral et Ga- varret.)

De ce qui précède, découle une conséquence forcée : c'est que l'administration des ferrugineux dans la chlo- rose a pour but, a pour effet de concourir à la production

de *la seule partie vivante qui renferme du fer*, de la seule
qui soit en moins dans cette affection, c'est-à-dire des
globules sanguins.

Il convient dès lors de rechercher :

1° Si toutes les préparations martiales sont aptes à
concourir à la création des globules sanguins.

2° Quel est le phénomène chimico-organique qui préside à la production des globules.

3° Parmi les composés de fer susceptibles de donner
naissance à des globules, quels sont ceux auxquels on
doit donner la préférence.

170. — Les praticiens sont loin de s'accorder sur la
valeur thérapeutique comparative des différents composés
ferrugineux employés en médecine, et cela, sans aucun
doute, parce que, jusqu'ici, aucune saine théorie n'a présidé à leur choix. Quelques citations empruntées à nos
meilleurs auteurs mettront cette vérité hors de doute.

« De toutes les préparations ferrugineuses, celles qui
» sont employées le plus fréquemment et avec le plus de
» succès, ce sont l'oxyde noir (éthiops martial) et le sous-
» carbonate de fer (safran de Mars apéritif). » (Désormeaux
et Blache.)

« Il existe réellement, entre la plupart des ferrugineux,
» une analogie d'action qui, dans beaucoup de cas, peut,
» à la dose près, rendre indifférent le choix de tel ou tel
» de ces médicaments pour remplir une même indication
» thérapeutique. » (Mérat et Delens.)

« Les préparations insolubles doivent être employées,
» en général, au début du traitement. La limaille de fer
» tient le premier rang.

» Quand la limaille de fer n'est pas supportée de cette
» manière, on prescrit des pastilles de chocolat martial.

. » Si le malade, au contraire, supporte bien la limaille
» de fer, on pourra passer aux préparations solubles,
» telles que le lactate, le citrate, les chlorures de fer. »
(Trousseau et Pidoux.)

Comme on le voit, aucun principe rationnel ne diri-
geait les médecins dans le choix de telle ou telle préparation martiale, lorsque M. Bouchardat fit connaître (1) les résultats de ses recherches à ce sujet : Voici
les conclusions auxquelles il est arrivé : « 1° Il faut que
» le fer soit à l'état de protoxyde ou à l'état de métal, qui,
» dans l'estomac, se convertit en sel de protoxyde. 2° Il
» faut que le protoxyde soit uni, ou à l'acide carbonique,
» ou à un acide organique qui puisse être assimilé, tel
» que le citrique, le lactique. 3° Tous les sels de peroxyde
» de fer, toutes les combinaisons ferrugineuses à radical
» d'acide inorganique fort, tel que le sulfurique, le phos-
» phorique, ne sont point assimilés, et ne sont utiles que
» comme astringents. »

Or, en nous basant sur la théorie de l'action physiologique des ferrugineux que nous allons bientôt faire connaître, nous sommes porté à croire que notre savant
confrère a été trop exclusif; c'est ce que nous allons avant
tout tâcher de démontrer, en examinant une à une ses
trois propositions.

171. PREMIÈRE PROPOSITION. — *Il faut que le fer soit à
l'état de protoxyde ou à l'état de métal.*

(1) *Annuaire de thérapeutique*, année 1842, p. 211.

Il nous est impossible d'admettre, avec M. Bouchardat, que les préparations de fer à base de protoxyde soient les seules efficaces : plus d'un millier de praticiens sont là pour témoigner en faveur de l'action régénératrice ou reconstituante du sous-carbonate de protoxyde (hydrate de peroxyde), du citrate de peroxyde, du tartrate de peroxyde (tartrate ferrico-potassique).

Deuxième proposition. — *Il faut que le protoxyde de fer soit uni à l'acide carbonique ou à un acide organique qui puisse être assimilé.*

C'est également aller trop loin, selon nous, que d'avancer que le protoxyde doit être uni à l'acide carbonique ou à un acide organique, et non à un acide inorganique.

Les praticiens anglais ne font-ils pas un usage journalier des chlorures de fer dans le traitement de la chlorose ?

Qui ne sait aussi que, depuis Willis surtout, le sulfate de fer convenablement administré, est regardé comme une des bonnes préparations martiales ? C'est au point que quelques praticiens, au rapport de Mérat et Delens, pensent que ce composé peut, à lui seul, remplacer toutes les préparations ferrugineuses.

Troisième proposition. — *Toutes les préparations de peroxyde de fer, toutes les combinaisons ferrugineuses à radical d'acide inorganique fort, tel que le sulfurique, le phosphorique, ne sont pas assimilées, et ne sont utiles que comme astringents.*

C'est encore là une opinion que nous ne saurions partager ; la plupart des composés de fer dont parle M. Bouchardat, quand ils sont convenablement étendus d'eau, sont absorbables, et par conséquent susceptibles d'éprouver le phénomène de l'assimilation, ainsi que le prouvent les faits cliniques que nous venons de rapporter, et ainsi que nous en donnerons des preuves d'un autre ordre en exposant notre théorie de l'action des ferrugineux.

172. — Tel était l'état de la science à l'égard des préparations ferrugineuses, à l'époque où nous publiâmes le travail dont nous reproduisons ici la substance (1). Depuis ce jour nous n'avons pas un seul instant perdu ce sujet de vue. C'est ainsi qu'en 1850, à propos d'une publication de M. Leras (de Brest), relative à l'action du suc gastrique sur les préparations martiales employées en médecine, nous avons inséré dans le *Bulletin de thérapeutique* (2) un travail intitulé : *Nouvelles considérations chimiques et thérapeutiques sur le tartrate de potasse et de fer*, dont nous allons résumer ici les principaux résultats.

M. Leras a mis en présence d'une quantité suffisante de suc gastrique, extrait de la caillette d'un bœuf, les différentes dissolutions des sels de fer employés en médecine, et il a observé qu'à l'exception du tartrate ferrico-potassique et du pyrophosphate de fer et de soude, tous les composés de fer, sans en excepter le citrate et le lactate, fournissent un précipité instantané et abondant.

En répétant les expériences de M. Leras, nous avons constaté que toutes les dissolutions des sels de fer, y compris le tartrate ferrico-potassique et le pyrophosphate

(1) *Traité de l'art de formuler*, 1845.
(2) *Bulletin de thérapeutique*, 15 juin 1850.

de soude et de fer, précipitent en plus ou en moins grande quantité en présence des sucs gastriques, ainsi que l'avait, du reste, parfaitement bien reconnu, avant nous, M. le docteur C.-G. Mitscherlich.

Cette différence de résultats tient à ce que M. Leras a employé des sels basiques, c'est-à-dire un tartrate ferrico-potassique ammoniacal et un pyrophosphate ferrico-sodique avec excès de soude, tandis que nous nous sommes servi de sels chimiquement neutres.

Quant aux préparations martiales insolubles qui, introduites directement dans l'estomac, nécessitent, pour devenir solubles, l'intervention des acides gastriques, nous nous sommes assuré par des expériences multipliées, qu'à peine dissoutes dans l'acide du suc gastrique, elles forment également un précipité en présence de l'excès d'acide réagissant.

173. — Il est donc bien établi que toutes les dissolutions ferrugineuses précipitent, en totalité ou en partie, en présence des sucs gastriques, et forment, avec les matières animales de ces sucs, un composé insoluble qui franchit le pylore et passe dans l'intestin grêle.

Dans l'intestin grêle, en présence de sucs alcalins, le précipité subit une nouvelle décomposition; les acides s'unissent aux bases des sucs alcalins, et mettent l'oxyde de fer en liberté; celui-ci, restant insoluble, se mêle aux fèces, avec lesquelles il est expulsé sans aucun avantage pour l'économie.

Nous démontrerons, cependant, qu'il faut faire une exception à cette règle en faveur du tartrate ferrico-potassique, la seule préparation ferrugineuse susceptible de régénérer les globules sanguins qui ne soit pas détruite immédiatement par les alcalis.

174. — Enfin, tout récemment, M. Quevenne, pharmacien en chef de l'hôpital de la Charité, a inséré dans les *Archives de physiologie, de thérapeutique et d'hygiène* (1), un très long et très intéressant mémoire sur l'action physiologique et thérapeutique des ferrugineux, mémoire dans lequel se trouvent consignées une multitude de recherches et d'expériences exécutées avec le plus grand soin, dans le but de constater : 1° la proportion de fer que chaque composé introduit *à l'état de dissolution* dans le suc gastrique ; 2° les changements que le genre d'alimentation ou d'autres circonstances peuvent apporter dans les résultats. Enfin, M. Quevenne a été entraîné, en quelque sorte malgré lui, dit-il, et par la force des choses, à joindre à son travail des considérations théoriques relatives au mode de production des globules du sang et à la fonction physiologique du fer dans ceux-ci.

Les recherches et expériences consignées dans le beau travail de M. Quevenne confirment au fond les nôtres ; nous sommes heureux de le constater ici, bien que les conclusions et déductions que notre honorable confrère en a tirées s'éloignent quelquefois de celles que nous en aurions tirées nous-même.

En faisant l'histoire des principales préparations martiales usitées en médecine, nous aurons soin de montrer comme quoi les recherches de M. Quevenne confirment les nôtres, tout comme nous aurons le soin de constater

_____

(1) Octobre 1854.

les divers points de raison ou de fait sur lesquels nous nous trouvons en opposition plus ou moins complète avec notre confrère.

175. — Mais, avant tout, disons quelques mots sur la manière générale dont M. Quevenne envisage les ferrugineux.

M. Quevenne croit que nous avons combattu à tort les opinions émises par M. Bouchardat au sujet des qualités que doit réunir une bonne préparation de fer, et il est disposé, par conséquent, à se rallier aux trois propositions précédentes, dans lesquelles ce dernier a formulé les principales conditions que doivent offrir les préparations ferrugineuses pour être admises dans la pratique médicale ou en être expulsées. Seulement M. Quevenne est d'avis qu'il serait préférable de formuler ainsi la dernière partie de la troisième proposition (1) : « . . . tel que le sulfu » rique, le phosphorique, se prêtent mal à l'assimilation, » et sont plutôt utiles comme astringents. »

A ces trois propositions, M. Quevenne ajoute cette quatrième qui, dit-il, n'est qu'une déduction des deux premières :

« Moins une préparation de fer est astringente locale » ment, mieux elle vaut en général pour l'intérieur, » comme tonique et reconstituant. »

176. — En avançant que nous avons combattu à tort les opinions émises par M. Bouchardat, M. Quevenne nous paraît n'avoir pas parfaitement saisi le sens que nous avions voulu attacher à nos appréciations ; et, en effet, en

(1) *Mémoire sur les ferrugineux,* p. 230.

établissant en principe que les sels de fer à acides inorganiques peuvent être avantageusement employés dans le traitement des maladies qui réclament l'usage du fer, nous n'avons pas voulu prétendre pour cela qu'il fallût leur donner la préférence sur les sels de fer à acides faibles, ou à acides organiques, car dans plusieurs endroits de notre travail nous avons dit positivement le contraire. Ce que nous avons voulu dire, et ce que nous maintenons encore aujourd'hui, c'est qu'à défaut de sels ferrugineux à acides organiques non astringents, on pouvait employer les sels à radical d'acide inorganique fort, en ayant soin de les étendre dans une forte proportion d'eau, afin d'atténuer leur action locale; ce qui, pour nous, est l'équivalent de la restriction de M. Quevenne que nous avons déjà rapportée, laquelle ne dit pas que ces sels sont inassimilables, mais bien seulement *qu'ils se prêtent mal à l'assimilation*. Si nous avons insisté assez longuement sur la possibilité de l'assimilation de ce dernier genre de sels de fer, c'est, d'une part, que la théorie nouvelle que nous émettions nous portait à établir qu'il en devait être réellement ainsi; et, d'autre part, que les faits cliniques que nous avions à notre connaissance justifiaient cette proposition.

Quant à la question de savoir s'il convient de donner la préférence aux sels de protoxyde, nous n'y attachons pas une grande importance. Nous croyons, avec la majorité des praticiens, que les deux genres de sels sont également efficaces, et avec M. Quevenne en particulier, que » moins une préparation de fer est astringente localement, » mieux elle vaut en général pour l'intérieur, comme to-

» nique et reconstituant. » Or, c'est précisément parce que le tartrate ferrico-potassique réunit tous ces précieux avantages, que nous avons été conduit à lui donner la prééminence sur les autres préparations martiales usitées en médecine.

Nous allons actuellement essayer de donner la solution des trois questions chimico-physiologiques relatives à l'histoire des ferrugineux que nous nous sommes posées au commencement de cet article.

177. PREMIÈRE QUESTION. — *Toutes les préparations martiales sont-elles aptes à concourir à la création des globules sanguins ?*

Il résulte de nos recherches : 1° Que toutes les préparations martiales solubles ou pouvant le devenir sous l'influence des acides du suc gastrique, et précipitables ensuite, soit immédiatement, soit seulement médiatement (1), par les alcalis libres ou combinés avec l'acide carbonique, *peuvent être avantageusement employées dans le traitement des affections qui réclament l'usage du fer.*

2° Que toutes les préparations martiales solubles ou pouvant le devenir sous l'influence des acides du suc gastrique, non précipitables par les alcalis libres ou combinés

(1) Par composé de fer précipitable *médiatement*, nous voulons dire non décomposable par les alcalis au moment où ils sont ingérés dans l'économie, mais pouvant le devenir après leur ingestion : tel est, par exemple, le tartrate de potasse et de peroxyde de fer, lequel est indécomposable par les alcalis au moment où on l'administre, mais qui le devient après l'absorption ; puisqu'il résulte des belles recherches de Wœhler que les tartrates, citrates et autres sels à acides organiques sont transformés en carbonates pendant le temps de l'assimilation, leurs éléments combustibles étant brûlés par l'oxygène contenu dans le sang.

avec l'acide carbonique , *ne peuvent avoir aucune action avantageuse dans le traitement des affections qui réclament l'usage du fer.*

Dans la première classe, qui constitue la règle générale, se rangent la plupart des composés de fer connus : ainsi, le fer métallique et ses combinaisons avec l'oxygène, le chlore, le brome, l'iode, et, sans exception aucune, tous les oxysels de fer (ce sont, comme on le voit, tous les composés ferrugineux dont l'expérience clinique a sanctionné la valeur thérapeutique) ; plus, un certain nombre de composés non encore expérimentés, mais pouvant très certainement être avantageusement employés en médecine, comme le borate, le bromure, le quinate de fer, etc.

Dans la seconde classe, qui constitue l'exception à la règle, on ne trouve qu'un très petit nombre de composés, ayant presque tous pour radical le cyanogène et ses dérivés. Exemples : cyanure de potassium et de fer, sulfocyanure de potassium et de fer.

Veut-on savoir maintenant pourquoi les préparations ferrugineuses de la première classe doivent seules être employées à la reconstitution des globules sanguins? C'est que ces préparations seules sont susceptibles d'être chimiquement influencées par les alcalis, libres ou carbonatés, contenus dans le sang ; c'est que seules elles peuvent mettre en liberté, dans le torrent circulatoire, un composé oxygéné de fer, et par conséquent rendre aux éléments albumineux du sang *le composé de fer qui, d'après Liebig, se comporte avec les réactifs comme une combinaison oxygénée de ce métal.*

Veut-on également savoir pourquoi les préparations

martiales de la seconde classe ne peuvent pas être employées à la reconstitution des globules sanguins? C'est que ces préparations sont incapables de subir aucune action chimique de la part des bases alcalines libres, ou carbonatées, contenues dans le sang, et que, partant, elles ne peuvent redonner aux éléments albumineux de l'économie le *composé de fer* nécessaire à la formation des globules.

178. — Pour faire sentir toute la portée de nos recherches chimico-médicales, qu'il nous soit permis de faire remarquer qu'à l'aide des principes que nous venons d'établir, il devient très aisé de donner la solution d'un bon nombre de problèmes physiologiques qu'il eût été complétement impossible de résoudre avant notre publication. Ainsi, par exemple :

Pourquoi les cyanures de potassium et de fer passent-ils dans les urines, ainsi que Wœhler l'a incontestablement établi ?

Parce que ces composés cyaniques ne sont pas décomposés par les alcalis du sang.

Pourquoi les oxydes de fer et leurs analogues ne passent-ils pas dans l'urine, comme Wœhler l'a également démontré ?

Parce que, dans ces derniers composés, la base est mise en liberté par les éléments alcalins du sang.

Le fer, dans les combinaisons où il existe à l'état d'oxyde, ne passe pas dans les urines. [Berzelius (1).]

____

(1) Il paraît cependant, d'après Berzelius, qu'après l'emploi d'une grande quantité de préparations ferrugineuses, l'urine acquiert quelquefois une faible teinte verte ou bleuâtre ; mais cette observation

Proposition qui doit être traduite ainsi : Les combinaisons ferrugineuses susceptibles de mettre de l'oxyde de
fer en liberté sous l'influence des alcalis ne passent pas
dans les urines.

Demandez à un thérapeutiste si le chlorure double de
fer et d'ammonium peut être avantageusement employé
dans le traitement des pâles couleurs ; il s'empressera de
répondre par l'affirmative , car l'observation clinique a
depuis longtemps prononcé à cet égard. Adressez-lui
alors la même question relativement au cyanure jaune de
potassium et de fer, et, très probablement, il vous répon-
dra aussi que oui. Eh bien ! nous, nous affirmons qu'il
ne peut pas en être ainsi. Non, le cyanure de potassium
et de fer ne peut avoir d'action dans la chlorose, car,
n'étant pas susceptible d'être décomposé par les alcalis
du sang , il ne saurait régénérer les éléments de ce
liquide : aussi ne tarde-t-il pas à sortir de l'économie
par diverses voies, emportant avec lui tout le fer qui lui
est propre.

179. DEUXIÈME QUESTION. — *Quel est le phénomène
chimico-organique qui préside à la production ou à la
régénération des globules du sang ?*

Il est incontestable que toutes les préparations ferrugineuses capables de reproduire ou de régénérer les globules sanguins ont pour caractère commun de mettre en

curieuse, loin d'infirmer notre théorie, la confirme au contraire, puisqu'il
résulte des recherches de ce célèbre chimiste que le fer excrété est
combiné avec l'acide ferrocyanique, qui, lui-même, est produit par la
décomposition, dans le corps, de différentes matières animales. (Berzelius,
Traité de chimie, t. VII, p. 402.)

liberté, dans le torrent circulatoire, tout l'oxyde de fer qui entre dans leur composition. C'est donc à cet oxyde, et non au composé salino-ferrugineux lui-même, que leur action physiologique doit être rapportée. Or, nous croyons que c'est surtout au peroxyde de fer que cette régénération est due. Voici les arguments que nous invoquerons pour étayer notre opinion.

Puisqu'il est péremptoirement démontré, en thérapeutique, que les deux classes de sels de fer sont toutes deux aptes à régénérer les globules du sang, de deux choses l'une : ou bien chaque oxyde de fer agit réellement par lui-même, ou bien un des oxydes est seul actif, l'autre ne le devenant qu'après avoir été chimiquement transformé en ce dernier. Or, la seconde supposition étant la plus vraisemblable, toutes les probabilités sont donc du côté du peroxyde : il est inaltérable à l'air ; ses combinaisons salines sont, en général, stables ; elles offrent toutes une coloration rouge plus ou moins analogue à celles des globules sanguins eux-mêmes. Le protoxyde, au contraire, est altérable à l'air ; il en est de même de la plupart des combinaisons salines auxquelles il donne naissance, lesquelles n'offrent, en outre, aucune analogie de couleur avec le sang. N'est-il pas probable, d'après cela, que le protoxyde de fer ne devient réellement actif qu'après avoir passé à l'état de peroxyde ?

Rien, d'ailleurs, de plus aisé à concevoir que la transformation du protoxyde de fer en peroxyde ; il suffit, pour avoir la clef de ce phénomène, de savoir que l'ingestion des sels de fer a toujours lieu en présence de l'oxygène, et de se rappeler que le protoxyde de fer possède la propriété d'absorber l'oxygène libre, et même de l'enlever à certaines combinaisons oxygénées.

Quoi qu'il en soit de cette explication, voici comment nous concevons la formation des globules rouges.

180. — Le sel ferrugineux absorbé et l'albuminate alcalin existant dans le torrent circulatoire, se décomposent mutuellement ; il se produit un nouveau sel alcalin et de l'albuminate de fer, véritable base du cruor. Ce serait donc par un fait chimique des plus simples, par une double décomposition, que le globule sanguin, ou, pour mieux dire, la trame de ce globule prendrait naissance.

Cette décomposition chimique opérée, on ne retrouve jamais de fer dans les urines, car l'oxyde de fer participe alors aux propriétés de texture organique des éléments albumineux avec lesquels il vient de se combiner, et cette texture ne leur permet pas de sortir des vaisseaux qui les contiennent.

Mais certains sels de fer, après leur absorption, ne peuvent être décomposés par les substances alcalines du sang : tels sont les cyanures de fer et de potassium. Comme nous l'avons déjà dit, ils passent alors en entier dans les urines, et ne sont d'aucune utilité pour l'économie.

Comment le tartrate ferrico-potassique qui, lui aussi, a la propriété de résister à l'action des alcalis les plus énergiques, et, par conséquent, à l'action des alcalis du sang, ne se trouve-t-il jamais dans les urines, et est-il retenu dans l'économie, qui en fait son profit ?

C'est parce qu'au fur et à mesure que les éléments de l'acide tartrique sont transformés en d'autres produits par l'oxygène du sang, l'oxyde de fer, mis en liberté, se combine directement avec les éléments albumineux pour concourir à la reconstitution des globules sanguins (1).

181. — L'explication de l'action des ferrugineux que nous venons de reproduire a servi de base à celle que M. Quevenne en a donnée, ou, pour mieux dire, nos deux théories offrent une analogie presque complète, ainsi qu'il est aisé de s'en convaincre en lisant ce passage du mémoire de M. Quevenne :

« La manière de voir que j'ai exposée diffère de la
» théorie de M. Mialhe en ce que j'attribue surtout au suc
» gastrique, c'est-à-dire aux substances alibiles que celui-
» ci renferme, la matière organique qui doit s'unir au
» fer, sans nier cependant que celle du sérum puisse y
» entrer conjointement pour quelque chose (2). »

Nous ne ferons qu'une seule objection à la théorie de M. Quevenne, c'est que nous avons été témoin de la guérison d'un assez bon nombre de chlorotiques sous l'influence du tartrate ferrico-potassique administré à jeun, c'est-à-dire au moment où la combinaison ferroso-orga-

_____

(1) Toutefois, il n'est pas certain que le tartrate ferrico-potassique échappe complétement à l'influence des alcalis du sang, et soit entièrement brûlé pendant l'acte respiratoire ; car, bien que MM. Soubeiran et Capitaine aient parfaitement reconnu que, immédiatement, il résiste à l'action des alcalis les plus énergiques, nous nous sommes assuré qu'un contact prolongé d'alcali en excès arrive à le décomposer, de même que les autres préparations martiales, et à mettre son oxyde de fer en liberté. Alors l'oxyde de fer, au lieu de s'unir directement aux éléments albumineux, s'y combinerait par le phénomène de double décomposition que nous avons admis pour les sels de fer en général.

(2) *Mémoire sur les ferrugineux,* p. 140.

nique, invoquée par notre confrère comme point de départ des globules, ne pouvait évidemment pas prendre naissance.

Ainsi, pour nous résumer, dans la chlorose, il y a diminution des globules rouges, diminution de la combinaison martiale qui fait partie des globules. Il n'y a point de diminution de fibrine, comme l'avait prétendu Fœdisch : voilà pourquoi toutes les préparations ferrugineuses susceptibles de mettre en liberté de l'oxyde de fer lors de leur mélange avec la masse sanguine, peuvent concourir à la création des globules, et par suite rétablir la santé, ce qui ne saurait être si la donnée de Fœdisch était exacte.

182. — Mais, nous dira-t-on peut-être, comment expliquez-vous la formation des globules sanguins au moyen de votre composé ferrico-albuminique? A cela, nous répondrons que nos recherches sont inhabiles à expliquer les nombreux phénomènes qui président à l'organisation ; nos prétentions ne vont pas jusque-là.

Cependant nous ne saurions passer sous silence le fait suivant.

Quand on verse dans une dissolution albumineuse un sel de peroxyde de fer bien neutre, il n'y a point de précipitation. Mais vient-on à ajouter au mélange ferrico-albuminique une certaine quantité de chlorure de sodium, un précipité assez abondant ne tarde pas à se produire. Or, on enseigne en physiologie que les globules du sang sont solubles dans l'eau distillée et non dans une eau chargée de sel marin, comme l'est le sérum qui les renferme ; c'est-à-dire que les globules sanguins se comportent avec les dissolutions salines en tout point comme le composé ferrico-albuminique que nous venons de faire connaître.

Nous devons à la vérité de dire que la curieuse expérience que nous venons de relater ne réussit pas toujours. A quoi tient ce phénomène? Nous l'ignorons; mais nous sommes porté à penser qu'il dépend de la nature chimique de l'albumine employée, cette substance étant très certainement constituée par plusieurs variétés albuminoïdes, ainsi que le beau travail de Mulder l'a incontestablement établi.

Le fait que nous venons de rapporter aurait-il quelque relation avec la création des globules, lors de l'administration du fer dans la chlorose? Il se pourrait qu'il en fût ainsi.

183. Troisième question. — *Parmi les composés de fer susceptibles de donner naissance à des globules de sang après leur ingestion, quels sont ceux auxquels il faut donner la préférence?*

L'efficacité du fer est tellement incontestable, qu'il n'y a plus lieu maintenant qu'à rechercher la meilleure préparation à employer quand on veut administrer ce médicament. Tous les jours on recommande aux praticiens telle ou telle préparation ferrugineuse comme la plus commode et la plus efficace. Sans vouloir faire le procès à aucune d'elles, nous croyons qu'il est convenable de se rendre compte des phénomènes déterminés par l'ingestion des ferrugineux dans l'économie, et de fixer son choix sur ceux d'entre eux qui atteignent le mieux le but que l'on se propose, c'est-à-dire la régénération des globules sanguins. Tel est le problème que nous allons actuellement tâcher de résoudre.

Préparations de fer insolubles,
ou préparations ferrugineuses non immédiatement
absorbables.

184. — Les préparations martiales insolubles constituent des médicaments d'une efficacité réelle, mais lente
à apparaître ; ces préparations n'ayant d'activité qu'à la
faveur des acides de l'estomac, et le degré d'acidité du suc
gastrique étant toujours borné et variable chez la plupart
des malades, il s'ensuit que l'action thérapeutique de ces
composés est également bornée et pour ainsi dire individuelle.

Que ces préparations soient à base de protoxyde ou
à base de peroxyde de fer, leur efficacité finale est
toujours certaine, mais seulement à la condition, si l'on
fait usage d'un composé de peroxyde insoluble, que l'on
en prolongera plus longtemps l'administration, et cela
pour les raisons que nous allons faire connaître. Comme
l'efficacité des sels de fer est en raison directe de la proportion de ce métal qu'ils introduisent dans l'économie, il
en résulte que le fer métallique, le protoxyde de fer, le
protocarbonate, doivent être plus actifs que le sous-
carbonate de peroxyde ou safran de Mars, lorsque ce
dernier composé est totalement constitué par le peroxyde,
comme cela arrive le plus fréquemment ; attendu que,
pour dissoudre 2 équivalents de fer protoxydé, il ne
faut que 2 équivalents d'acide, tandis qu'il en faut 3 pour
dissoudre une égale quantité de fer combiné au maximum
d'oxygène, c'est-à-dire un tiers en sus.

Ce qui vient d'être dit étant applicable à tous les composés de fer insolubles, il en résulte incontestablement que les préparations *insolubles* à base de protoxyde méritent la préférence sur celles à base de peroxyde.

185. —— A cette remarque importante, nous en ajouterons une seconde, qui mérite de fixer l'attention des praticiens : c'est que, pour obtenir des préparations de fer insolubles leur maximum d'effet thérapeutique, il faut les administrer à doses réfractées, attendu que ces composés, de même que le calomel et autres composés insolubles, n'agissent pas en raison de la dose de matière ingérée en une seule fois, mais bien en raison du nombre de réactions chimiques qui ont lieu chaque fois qu'une nouvelle dose est administrée.

Dans notre travail sur les mercuriaux, nous avons longuement insisté sur cette explication, à propos de la méthode proposée par le docteur Law pour amener promptement la salivation avec un très faible poids de calomel administré à doses fractionnées.

Un inconvénient des préparations de fer insoluble que nous ne croyons pas devoir passer sous silence, c'est que les proportions auxquelles on les administre habituellement, étant infiniment plus fortes que celles que les acides des premières voies peuvent dissoudre, la majeure partie du composé ferrugineux ingéré reste insoluble et parcourt en cet état toute la longueur du canal alimentaire, ce qui détermine une irritation intestinale plus ou moins intense, qui force assez souvent à en suspendre l'emploi. M. Quevenne a eu plus d'une fois l'occasion de confirmer par l'expérience la valeur de cette observation. Dans quelques circonstances même, la proportion de matière restée non dissoute a été telle, que des concrétions lithoïdes intestinales en ont été la conséquence. C'est surtout avec le safran de Mars apéritif que les praticiens ont été appelés à constater ce fâcheux résultat.

186. — Nous allons actuellement passer en revue les préparations de fer insolubles qui jouissent de la plus grande faveur. Mais préalablement, nous croyons devoir reproduire ici textuellement les conclusions de M. Quevenne sur le même sujet, et cela sans aucun commentaire, laissant au lecteur le soin d'apprécier si ces conclusions confirment ou infirment la généralité de nos propositions.

« 1° Certaines préparations de fer insolubles par elles-» mêmes (le fer réduit par exemple, quelques espèces de » limaille) sont dissoutes en forte proportion par le suc » gastrique sécrété pendant la digestion.

» 2° D'autres préparations de fer également insolubles » par elles-mêmes (telles que le safran de Mars) sont très » peu attaquées dans la même circonstance.

» 3° Celles qui sont naturellement solubles, comme cer-» tains sels, administrées dans les mêmes circonstances » (pendant la digestion), occupent le milieu entre les deux » divisions précédentes, quant à la proportion de fer in-» troduite à l'état de dissolution dans le suc gastrique.

» 4° La préparation qui introduit le plus de fer en dis-» solution dans le suc gastrique pour un poids donné de » métal ingéré, est le fer réduit (1).

____

(1) « Les résultats de ces expériences ne sont pas contestables ; mais » les conséquences que M. Quevenne en a tirées ne peuvent pas être

» 5° C'est à tort qu'on a dit, d'une manière générale,
» qu'avec les préparations insolubles la quantité de ma-
» tière active introduite dans l'économie dépendait plutôt du
» degré d'acidité du suc gastrique que de la dose adminis-
» trée. Nous voyons, en réalité, que ces sortes de produits
» sont soumis à la même loi que les sels solubles, et que
» la quantité de fer dissoute ou restée en dissolution dans
» le liquide acide de l'estomac augmente avec la dose
» d'une manière qui, *sans être proportionnelle à celle-ci,*
» ni égale pour tous, n'en est pas moins réelle avec les
» deux ordres de préparation.

» 6° Il y a aussi une grande exagération à dire que la
» dissolution de ces mêmes préparations insolubles ne

» acceptées. Avec un homme de la valeur de M. Quevenne, il ne suffit
» pas de l'affirmer ; je vais vous en donner la preuve : je la prendrai
» dans les expériences mêmes de M. Quevenne. Je ne suis pas étonné
» que ceci ait échappé à M. Quevenne, ainsi qu'à M. Bouchardat, dans
» le rapport que celui-ci a fait à ce sujet à l'Académie de médecine,
» à bien d'autres encore. Il m'en serait arrivé tout autant si, pour
» extraire de ce travail important toutes les données nouvelles dont je
» voulais faire profiter mon enseignement, je n'avais pas été obligé, en
» quelque sorte, de le disséquer, pour en peser mûrement toutes les
» parties.
» Quand on administre des poids semblables de différents com-
» posés ferrugineux, on introduit dans l'estomac des quantités très
» différentes de fer, et ceux qui en contiennent moins ne peuvent pas
» en fournir autant en dissolution. Or, si M. Quevenne a vu, dans ses
» expériences, qu'à poids égal, le fer réduit fournissait plus de fer en
» dissolution que tous les autres composés solubles qu'il est permis de
» lui comparer, c'est que ces derniers, à poids égal, contiennent moins
» de fer. L'expérience, envisagée ainsi, met à néant la prééminence que
» l'habile observateur avait cru pouvoir attribuer au fer réduit par
» l'hydrogène. » (Soubeiran, *Fragments de leçons professées à la Fa-*
culté de médecine, Bulletin général de thérapeutique, avril 1855.)

» peut avoir lieu qu'au détriment du suc gastrique. Nous
» voyons en effet que lorsqu'il y a diminution, celle-ci
» n'est pas étendue (1). »

187. — Tout ce que vient de dire M. Quevenne
s'applique exclusivement aux préparations ferrugineuses
ingérées au moment de la digestion, ou en même temps
que les aliments. Mais il peut se trouver telle circonstance
où le médicament doive nécessairement être pris à jeun,
ou l'estomac étant vide d'aliments ; dans ce cas, il résulte
des expériences de M. Quevenne et des nôtres, que le
tartrate ferrico-potassique serait seul applicable.

« Le tartrate a été mieux supporté à jeun que le lactate.
» A la dose de 2 grammes, il n'y a pas eu de vomisse-
» ments ; seulement la respiration est devenue accélérée et
» bruyante, l'animal souffrait visiblement.

» Ce fait et d'autres analogues, qui ne sont pas rappor-
» tés ici, font voir que ce dernier composé (le tartrate) est
» sensiblement mieux toléré à jeun que les autres.

» Le degré de dilution élevé du liquide retiré de l'esto-
» mac, le peu de flocons qui s'y trouvaient, montrent
» aussi que, dans cette circonstance spéciale (alcalinité du
» liquide), ce sel est beaucoup moins précipité que les au-
» tres par les matières organiques.

» Le fer réduit, administré à jeun, n'ayant point été
» capable, à lui seul, de provoquer la sécrétion du suc
» gastrique, cela prouve que ce médicament ne peut que
» rester sans action efficace, tant que l'on n'ingère pas
» d'aliments.

____

(1) *Mémoire sur les ferrugineux*, p. 50 et 51.

» Il faut donc s'abstenir d'administrer cette préparation
» (et sans doute toutes les préparations de fer insolubles)
» dans de telles conditions (1). »

1° Fer métallique.

188. — Le fer à l'état de métal, récemment porphyrisé,
ou mieux encore réduit par l'hydrogène d'après la méthode de M. Quevenne, agit sur l'économie animale à la manière des composés de fer insolubles à base de protoxyde
les plus aisément attaquables par les acides, le protocarbonate, par exemple ; c'est-à-dire que les acides du suc
gastrique, en réagissant sur un excès de fer simplement
divisé, produisent une proportion de protosel exactement
pareille à celle qu'ils produisent en réagissant en présence d'un excès de carbonate ferreux : donc l'effet
thérapeutique de ces deux préparations ferrugineuses
doit être absolument le même. Aussi, malgré les éloges
pompeux que, dans ces derniers temps, on s'est plu à
prodiguer au protocarbonate de fer, un grand nombre de
praticiens, parmi lesquels nous citerons MM. Andral,
Chomel, Rayer, Trousseau, etc., n'en ont pas moins
persisté à professer la plus haute estime pour le fer métallique. Cette opinion mérite d'être respectée.

La grande efficacité médicale du fer à l'état de corps
simple n'est pas, du reste, un fait nouvellement acquis
à la science, ainsi que l'atteste la citation suivante :

« M. Lémery, le fils, a souvent éprouvé, et d'habiles

____

(1) *Mémoire sur les ferrugineux*, p. 59 et 60.

» praticiens le confirment, que le fer, pris en substance,
» vaut beaucoup mieux qu'en crocus (safran de Mars
» astringent). C'est grand dommage d'employer de l'art
» à gâter la nature (1). »

Si le jugement porté par Lémery sur la haute valeur
thérapeutique du fer pris en substance a été ratifié par
une expérience clinique plus que séculaire, il n'en est pas
de même des arguments sur lesquels on s'appuyait alors
pour faire triompher l'opinion de ce chimiste ; la science
moderne n'a pas craint de *gâter la nature*, en extrayant
les alcalis organiques des substances qui les renferment,
ni en créant, en quelque sorte de toutes pièces, le chloroforme et tant d'autres composés chimiques que l'art de
guérir a su si merveilleusement s'approprier.

189. — Un des arguments que les médecins font valoir en faveur de l'emploi thérapeutique du fer métallique
simplement divisé, et qui est loin d'avoir l'importance
qu'on lui attribue, est celui-ci : Cette préparation martiale,
disent-ils, comme du reste toutes les préparations ferrugineuses insolubles, ne colore jamais les dents et leurs
alvéoles en noir, ainsi que le font assez souvent les composés de fer solubles. Mais cette coloration constitue un inconvénient de peu d'importance, auquel on peut aisément
remédier, quand il se présente, et que l'on peut même
empêcher de se produire. Et, en effet, cette couleur noire
étant due à du tannate de fer insoluble, résultant de l'union
de l'oxyde ferrique avec le tannin contenu dans les matières alimentaires, il suffit, pour la faire disparaître, de se

____

(1) *Histoire de l'Académie des sciences*, année 1713, p. 26.

laver journellement la bouche avec une préparation *dentifrice tannifère*, afin de transformer ce tannate basique en un tannate acide soluble. Pour éviter que cette coloration ne se produise, la chose est tout aussi aisée; puisqu'il suffit de prescrire les préparations ferrugineuses solubles en pilules, afin d'empêcher que la réaction tannico-ferrique précitée ne s'effectue dans la bouche.

190. — Avant de quitter ce qui a trait à l'emploi thérapeutique du fer pris en nature, nous croyons devoir relater ici un petit inconvénient qui accompagne presque toujours son ingestion dans l'estomac : nous faisons allusion aux rapports nidoreux qu'il occasionne fréquemment et dont voici la cause. Pour chaque équivalent de fer attaqué par les acides du suc gastrique, un équivalent d'eau est décomposé; l'oxygène de cette eau s'unit au fer qui, alors seulement, acquiert la propriété de se dissoudre, et l'hydrogène se dégage sous forme gazeuse; mais comme il est à l'état naissant, il se combine avec la petite proportion de soufre et même de phosphore et d'arsenic que le fer contient habituellement, et acquiert une odeur puante : ce qui occasionne des éructations que les malades ne manquent pas de comparer, avec juste raison, à l'odeur des œufs pourris.

Toutefois il convient de faire remarquer que ce petit inconvénient ne se présente généralement pas avec le fer réduit par l'hydrogène de M. Quevenne; le gaz qui prend alors naissance est inodore, à moins qu'il n'enlève quelques particules de soufre aux matières alimentaires, ce qui n'arrive qu'exceptionnellement.

2° PILULES DE VALLET (*carbonate de protoxyde de fer*).

191. — Ces pilules, qui sont formées, comme chacun
sait, par l'union du miel et du protocarbonate de fer, jouissent d'une grande réputation, et cette réputation est méritée ; elles valent, sans contredit, le fer métallique le mieux
divisé, le plus facilement attaquable par les acides. Elles
sont même un peu plus actives, grâce à la petite proportion d'acide lactique qui se produit pendant la digestion de leur excipient sucré : aussi ne sont-elles pas toujours aussi aisément supportées que le fer par les malades
à qui on les administre ; mais cette différence est peu sensible : somme toute, nous le répétons, elles valent le fer
métallique le mieux divisé, leur résultat thérapeutique est
à peu près le même.

3° PILULES DE BLAUD (*carbonate ferroso-ferrique*).

192. — Les pilules de Blaud constituent une préparation ferrugineuse qui a subi des attaques injustes, mais à
laquelle aussi, en maintes circonstances, on a prodigué
des louanges outrées. Comme nous avons fait de cette
préparation une étude chimico-thérapeutique assez approfondie, nous allons tâcher de l'apprécier ici à sa juste
valeur.

Ces pilules, résultant de la décomposition mutuelle du
protosulfate de fer cristallisé et du carbonate de potasse
sec, contiennent, au moment de leur préparation, du
protocarbonate de fer, du sulfate de potasse, plus un

petit excès de carbonate alcalin. Mais elles ne tardent pas à subir l'influence de l'oxygène atmosphérique, lequel transforme peu à peu une partie du carbonate ferreux en peroxyde de fer. Or, c'est cette transformation chimique partielle qu'on leur a imputée à crime, les accusant de manquer du caractère essentiel d'un bon médicament, la stabilité. Mais cette décomposition, même après plusieurs mois de préparation est encore très bornée, et d'ailleurs nous croyons pouvoir affirmer que la proportion de proto-carbonate de fer qui demeure toujours indécomposée est en général suffisante pour épuiser l'action dissolvante des acides du suc gastrique.

Mais ce qu'il convient de faire remarquer, c'est que le petit excès de carbonate qui accompagne toujours le carbonate ferreux dans les pilules de Blaud sature, en pure perte pour l'effet médical, une petite quantité des acides de l'estomac, circonstance qui fait que ces pilules sont sensiblement moins actives que les deux préparations précédentes.

4° Éthiops martial (oxyde ferroso-ferrique).

193. — L'éthiops martial, préparé par voie humide, suivant la méthode de Cavezalis régularisée par M. Guibourt, pourrait rivaliser d'action médicale avec les préparations précédentes, attendu que, à la dose à laquelle il est généralement administré, il renferme plus de fer protoxydé que les acides des premières voies n'en peuvent dissoudre ; mais comme l'éthiops martial est rarement en bon état, nous pensons que c'est une pré-

paration que les praticiens feraient bien de rejeter entièrement.

5° SAFRAN DE MARS APÉRITIF.

194. — Le safran de Mars apéritif obtenu par double
décomposition, comme le Codex recommande de le préparer, mérite d'être mis au rang des composés de fer sur la
valeur desquels il est permis au médecin de compter ;
pourvu toutefois qu'on ait eu le soin de le laver et de le
dessécher avec une grande rapidité, car, en ce cas, il
renferme une proportion marquée de carbonate de protoxyde. Mais lorsqu'il est entièrement constitué par du
peroxyde de fer anhydre, comme il en existe dans le
commerce de la droguerie, c'est un fort mauvais médicament, presque aussi peu efficace que le peroxyde
obtenu par voie ignée, c'est-à-dire que le safran de Mars
astringent.

Les recherches récentes de M. Quevenne ont surabondamment démontré la justesse de nos remarques : elles
prouvent, en effet, que le safran de Mars apéritif *ordinaire* est, de toutes les préparations martiales insolubles
employées en médecine, la moins accessible à l'action
dissolvante des sucs gastriques.

6° CYANURE FERROSO-FERRIQUE (*bleu de Prusse*).

195. — Le bleu de Prusse a été tour à tour conseillé
contre les fièvres, la diarrhée chronique, la chorée
et l'épilepsie. Mais cet agent modificateur est loin d'être

doué d'une action médicale aussi énergique que quelques praticiens paraissent le supposer, à voir la faible dose à laquelle ils l'administrent. Et comment pourrait-il en être autrement, le bleu de Prusse n'étant nullement attaquable par les acides faibles, et par conséquent par les acides gastriques, et, en outre, les bases alcalines contenues dans le suc intestinal n'ayant la propriété de donner naissance, en le décomposant en partie, qu'à de l'hydrocyanate jaune de potasse et de fer, composé dont l'action sur l'économie animale est à peu près nulle ?

Mais si, à notre avis, l'emploi du bleu de Prusse pur est inapte à modifier heureusement l'organisation, il n'en est pas de même du cyanure ferroso-ferrique du commerce ; ce dernier, contenant une proportion marquée d'oxyde de fer que les acides de l'estomac peuvent lui enlever, doit, pour cette raison, pouvoir agir à la manière des ferrugineux insolubles dont l'expérience clinique a sanctionné la valeur. En résumé, le bleu de Prusse est un mauvais médicament ne possédant nullement les propriétés actives que lui supposent quelques praticiens.

Préparations de fer solubles, ou préparations ferrugineuses immédiatement absorbables.

196. — Les préparations martiales solubles sont, en général, plus actives que les préparations insolubles. Toutes celles qui sont immédiatement ou médiatement précipitables par les alcalis, peuvent être avantageusement employées dans le traitement de la chlorose et

autres affections qui réclament l'usage du fer ; mais il s'en faut de beaucoup qu'elles soient toutes également efficaces. Bon nombre de ces préparations empruntent aux acides qu'elles renferment des propriétés astringentes et mêmes styptiques, ce qui fait qu'à moins de les étendre dans une énorme proportion d'eau, elles sont difficilement supportées par nos organes, et partant difficilement absorbables.

Ce que nous venons de dire s'applique aux cas où les préparations solubles sont administrées à jeun ; mais quand elles sont données pendant ou après le repas, les recherches de M. Leras, nos propres recherches, et celles plus récentes et plus étendues de M. Quevenne, prouvent qu'elles sont soumises aux mêmes conditions d'absorption que les préparations insolubles ; c'est-à-dire qu'elles deviennent insolubles, en tout ou en partie, en présence des sucs gastriques, en formant avec la matière animale de ces sucs un composé plus ou moins stable et qui, *en général*, ne trouve de conditions d'absorption que dans l'estomac ou dans la première partie de l'intestin grêle.

Préparations de fer solubles à base de protoxyde.

1° CITRATE DE PROTOXYDE DE FER.

197. — Bien que le protocitrate de fer ne soit que très peu usité en médecine, il constitue, sans aucun doute, une bonne préparation martiale, pouvant remplacer avantageusement les médicaments ferrugineux insolubles les mieux accrédités, et rivaliser d'action médicale avec

les composés solubles dont l'efficacité est le plus incontestablement établie.

2° Tartrate de protoxyde de fer.

198. — Le prototartrate de fer n'a, pour ainsi dire, jamais été prescrit seul, mais il fait partie des médicaments connus sous les noms de *tartre chalybé*, de *tartre martial soluble*, de *boules de Nancy*, etc. On en a cependant proposé l'emploi à l'Académie de médecine en 1844. Nous ignorons quel a été le jugement de la Commission nommée à ce sujet : nous sommes porté à croire que les rapporteurs auront dû en constater l'efficacité dans le traitement des maladies où les ferrugineux sont indiqués; mais lui auront-ils reconnu une supériorité quelconque sur les autres protosels de fer actuellement employés en médecine? Nos recherches nous conduisent à penser que cette supériorité n'existe pas.

3° Lactate de protoxyde de fer.

199. — Le lactate de fer, introduit dans la thérapeutique par MM. Gelis et Conté, est l'un des protosels de fer solubles dont la saveur atramentaire est la plus supportable, l'un de ceux qui précipitent le moins abondamment par les sucs gastriques, pendant l'acte de la digestion, et par conséquent c'est l'un des sels ferreux qui présentent les conditions d'absorption et d'assimilation les plus favorables. L'expérience clinique a confirmé ce que notre théorie permettait de pressentir; le lactate de fer est aujourd'hui

généralement considéré comme une des bonnes préparations ferrugineuses à base de protoxyde ayant cours
dans le domaine de la thérapeutique.

Ajoutons cependant, pour être juste, que c'est bien à
tort que, pour rehausser la valeur du lactate de fer, on
a prétendu que ce qui en constitue la supériorité, c'est que
toutes les préparations ferrugineuses usitées en médecine
n'éprouvent le phénomène de l'absorption qu'après avoir
été transformées en lactate par l'acide lactique contenu
dans le suc gastrique ; car c'est là une opinion erronée
reposant sur une hypothèse purement gratuite.

4° SULFATE DE PROTOXYDE DE FER.

200. — Le sulfate de fer, d'après M. Bouchardat, ne
saurait être avantageusement employé comme agent
reconstituant, n'étant point assimilable ; il ne saurait
être utile que comme astringent.

Cependant l'expérience clinique est là pour témoigner
en faveur de ses vertus régénératrices. Qui ne sait que
les praticiens de l'Italie l'emploient journellement, et
avec le plus grand succès, dans le traitement de la chlorose et autres affections analogues? Qui ne sait aussi
qu'un grand nombre d'eaux minérales justement célèbres,
celles de Passy, par exemple, lui doivent leurs propriétés reconstituantes ?

201. — Que l'on ne pense pas, toutefois, que nous
voulions établir que le sulfate de protoxyde de fer mérite
la préférence sur toutes les autres préparations de fer
solubles ; car notre avis est que la plupart des sels de fer

à acide organique doivent lui être préférés : étant moins astringents que lui, ils sont plus aisément et plus complétement absorbés. D'un autre côté, les acides organiques étant décomposés par l'oxygène contenu dans le sang, l'oxyde de fer qui leur est uni est plus promptement mis en liberté que lorsqu'il est combiné avec les acides inorganiques, lesquels n'abandonnent ce composé qu'au fur et à mesure qu'ils rencontrent dans le sang une base plus puissante que lui.

Mais, fort de nos expériences et des théories qui en découlent, nous ne craignons pas de soutenir, avec un grand nombre de praticiens, que le *protosulfate de fer convenablement étendu d'eau pourrait, au besoin, tenir lieu de toutes les préparations ferrugineuses.*

5° Proto-iodure de fer.

202. — L'iodure ferreux est la préparation ferrugineuse dont on a annoncé le plus de merveilles. On a préconisé ce composé comme souverain dans la chlorose, l'aménorrhée, la scrofule, les exostoses, la phthisie pulmonaire même.

Quan à nous, nous sommes loin d'avoir pour cet agent thérapeutique une aussi haute estime ; c'est un médicament actif, nous en convenons volontiers, mais un médicament dont les effets ne sont pas toujours identiques, à cause de son extrême altérabilité. Voici, du reste, quelques remarques critiques que nous avons publiées ailleurs, en faisant connaître un procédé à l'aide duquel on obtient l'iodure ferreux solide chimiquement pur (1), procédé qui est aujourd'hui généralement adopté.

On sait que c'est Dupasquier (de Lyon) qui a surtout attiré l'attention des praticiens sur les inconvénients que présente l'iodure de fer solide des pharmacies (à cause de la proportion plus ou moins forte d'iode libre qu'il renferme), et sur les avantages qu'il y a à lui substituer un iodure neutre, entièrement exempt d'iode non combiné. Et d'abord, est-il bien certain que les préparations de Dupasquier, ayant pour base l'iodure ferreux pur, puissent éprouver le phénomène de l'absorption sans qu'aucune trace d'iode soit mise en liberté? Nous le nions formellement, attendu qu'il est d'observation pratique que ces préparations sont accessibles à l'action décomposante de l'oxygène atmosphérique, et que l'absorption se fait toujours en présence d'une proportion plus ou moins grande de ce fluide élastique (2). Et puis, est-il bien avéré que l'iodure ferreux soit l'agent curatif de la phthisie pulmonaire, ainsi que Dupasquier l'a proclamé à haute voix? Il ne nous appartient pas d'examiner ici la valeur de cette assertion ; nous nous contenterons de faire observer que cette médication ne saurait être également efficace à toutes les époques de la maladie tuberculeuse, qu'il est même très probable qu'on ne doit en obtenir de bons résultats qu'au début de la maladie, époque à laquelle les préparations ferrugineuses , asso-

---

(1) *Bulletin de thérapeutique*, année 1843.

(2) De tous les moyens présentés jusqu'à ce jour pour administrer l'iodure ferreux à l'état de pureté, le meilleur, selon nous, est celui qui a été indiqué par M. Blancard.

ciées à l'iodure de potassium, auraient le même effet.
Toujours est-il que l'iodure ferreux n'agit pas longtemps comme tel dans l'économie, attendu qu'il ne tarde
pas à être décomposé par les carbonates alcalins de
nos humeurs, et à être transformé en carbonate de
fer insoluble, lequel séjourne dans l'économie, et en
iodure alcalin soluble, lequel en sort par diverses voies,
et notamment par la sécrétion rénale. Donc, puisque
l'iodure de fer est si altérable, et que les iodures de
potassium et de sodium le sont si peu, pourquoi ne pas
préférer ces derniers composés iodurés, secondés par
l'emploi des préparations martiales, quand on désire obtenir à la fois l'action de l'iode et du fer? C'est un point
de vue que nous soumettons aux thérapeutistes qui ne
partagent pas pour l'iodure de fer l'engouement de l'honorable praticien de Lyon.

M. Quevenne, qui a confirmé par des expériences
cliniques l'explication que nous avions donnée en 1845
des phénomènes chimiques produits pendant l'ingestion
du proto-iodure de fer, s'exprime ainsi à ce sujet :

« Ainsi, résultat curieux au point de vue physiolo-
» gique, intéressant pour la thérapeutique : L'iodure fer-
» reux n'est pas plutôt introduit dans l'économie, que
» celle-ci commence, dans *son laboratoire mystérieux*,
» son travail à sa guise, elle s'approprie le fer du com-
» posé, et rejette l'iode au plus vite. »

Nous sommes certainement heureux d'apprendre que
notre confrère a sanctionné par l'expérience la théorie
que nous avons fait connaître sur l'absorption et l'excrétion du proto-iodure de fer ; mais nous ne saurions parta-

ger son étonnement à cet égard ; et, en effet, en opérant
le départ de l'iode et du fer, l'économie ne nous paraît
pas avoir eu besoin de recourir à son *laboratoire mystérieux*, car nous n'avons jamais eu la prétention de connaître ce laboratoire (en ce qu'il a de mystérieux), et
cependant, en nous basant sur un fait purement chimique, nous avions annoncé que les choses devaient se
passer comme elles se passent réellement, c'est-à-dire
comme M. Quevenne l'a constaté.

Préparations de fer solubles à base de peroxyde.

203. — Il existe, entre les préparations ferrugineuses
solubles à base de peroxyde et les mêmes préparations
insolubles, une différence capitale que nous ne devons
pas omettre de signaler aux praticiens, car elle est de
nature à éclairer l'action thérapeutique de ces deux
genres de composés de fer : c'est que, puisque l'absorption des sels ferriques administrés à jeun peut avoir lieu
sans l'intervention des acides des sucs gastriques, il s'ensuit que les préparations solubles à base de peroxyde,
contrairement aux compositions insolubles correspondantes, peuvent avoir autant et même plus d'activité que
les préparations martiales à base de protoxyde (en supposant, bien entendu, que leur absorption soit également
complète dans les deux cas). Il suffit, pour cela, que le
composé de fer peroxydé contienne autant de fer que le
composé de fer protoxydé auquel on le compare. Ainsi,
par exemple, à poids égaux, le tartrate ferrico-potassique
renferme plus de fer que le sulfate, le lactate et l'iodure

terreux ; donc, à poids égaux et à *absorption égale*, le tartrate ferrico-potassique doit être plus actif que les trois composés de fer que nous venons de mentionner. Il ne saurait même en être autrement, l'action des ferrugineux étant due au fer oxydé seul, et non au principe électro-négatif, acide ou non, qui l'accompagne, et qui borne son rôle à lui servir de véhicule d'absorption.

1° Citrate de peroxyde de fer.

204.— Le citrate ferrique a été mis en vogue par M. Béral. Suivant M. Guibourt, ce composé est, de tous les sels de fer, celui qui offre la saveur la moins désagréable et qui se prend le plus facilement à l'intérieur. Le citrate de peroxyde de fer est, sans aucun doute, une bonne préparation ferrugineuse ; mais elle est loin d'être douée d'une saveur aussi peu marquée que le dit M. Guibourt. Toutefois il suffit, comme nous l'avons démontré (1), de l'associer à une faible proportion de soude ou d'ammoniaque pour lui faire perdre la majeure partie de sa sapidité, sans nuire en aucune manière à ses propriétés médicales. Ce fait a été confirmé par M. Depaire, qui a donné au citrate ferrique, dulcifié avec l'ammoniaque, le nom de citrate de peroxyde de fer *modifié*, en reconnaissant avec nous que ce citrate ammoniacal, comme le désigne M. Soubeiran, est extrêmement soluble, et que sa saveur est à peu près nulle, ce qui le rend de beaucoup préférable au citrate ferrique ordinaire.

(1) *Bulletin de thérapeutique*, année 1842.

2° TANNATE DE PEROXYDE DE FER.

205. — C'est encore M. Béral qui a proposé l'emplo
médical du tannate ferrique, composé insoluble, mais
pouvant aisément se dissoudre sous l'influence d'un
excès d'acide. M. Trousseau, de son côté, a donné la
formule d'un sirop ayant pour base le tannate ferroso-
ferrique : préparation pharmaceutique que cet habile
praticien administre toutes les fois que l'association des
astringents et des ferrugineux lui paraît utile.

Le tannate de fer constitue-t-il une bonne préparation
ferrugineuse ? Il est démontré que les divers chocolats
ferrugineux usités en médecine sont plus ou moins actiifs,
et qu'une partie de leur fer pénètre dans l'économie à
l'état de tannate, à l'état d'encre soluble ; c'est aussi ce
qui arrive quand on prescrit à la fois un composé de fer
et du quinquina, car, dans ces deux circonstances, il se
produit un tannate de fer avec excès d'acide soluble,
lequel est absorbé (1), et un tannate de fer basique
insoluble, qui est rejeté au dehors avec les fèces, auxquelles il communique une teinte noire plus ou moins
intense.

(1) Le sang menstruel offre quelquefois, pendant l'administration du
fer, une couleur noirâtre. Voici comment nous expliquons ce phénomène. Quand du tannate acide de fer pénètre dans le sang, il est d'abord
transformé en tannate basique insoluble par les alcalis que ce liquide
renferme, et plus tard il est entièrement décomposé en tannate alcalin
et oxyde de fer ; or, la coloration noire que présente alors le sang des
règles tient, sans aucun doute, à la présence d'une certaine proportion
de tannate de fer basique encore indécomposé, c'est-à-dire que ce sang
ainsi coloré contient de l'encre insoluble.

L'association du tannin avec les sels ferrugineux ne nous semble pas heureuse, parce qu'il résulte de nos recherches qu'une solution de tannin, très astringente au goût, versée dans une dissolution ferrugineuse également très astringente, donne naissance à un composé beaucoup moins astringent que l'un ou l'autre des deux composants, contrairement à l'idée qui a présidé à l'association de ces deux agents.

3° TARTRATE DE PEROXYDE DE FER.

206. — Le tartrate ferrique, ainsi que le fait observer M. Soubeiran, n'est pas plus indiqué dans les pharmacopées que le tartrate ferreux, mais, comme lui, il fait partie de quelques préparations.

Ce composé jouit très certainement des mêmes propriétés médicales que le citrate correspondant, et pourrait lui être substitué, mais sans aucun avantage. Il n'en est pas de même de la combinaison remarquable qu'il forme avec le tartrate neutre de potasse, et qui doit être désignée sous le nom de *tartrate ferrico-potassique*, ou *tartrate de peroxyde de fer et de protoxyde de potassium;* celle-ci mérite à tous égards d'attirer l'attention des praticiens, ainsi que nous allons le démontrer.

4° TARTRATE DE PEROXYDE DE FER ET DE PROTOXYDE DE POTASSIUM
(*tartrate ferrico-potassique*).

207. — Le tartrate de potasse neutre peut se combiner avec le tartrate de peroxyde de fer, et former un sel

double basique ayant la même composition que l'émétique chauffé à 100 degrés; c'est l'émétique du fer, dans
lequel le protoxyde d'antimoine est remplacé par l'oxyde
de fer qui lui correspond par la composition atomique,
c'est-à-dire par le peroxyde ou sesqui-oxyde.

Les propriétés du tartrate ferrico-potassique ont été
étudiées avec beaucoup de soin par MM. Soubeiran et
Capitaine. M. Soubeiran a fait, en outre, une étude
toute particulière des diverses préparations pharmaceutiques dont ce sel fait partie. Il a examiné également cette
importante préparation au point de vue thérapeutique. Le
jugement qu'il en a porté, et qui avait d'abord passé
inaperçu, a reçu depuis la meilleure de toutes les sanc-
tions, celle de l'expérience; sanction à laquelle nous ne
sommes peut-être pas tout à fait étranger. En effet, dans
un travail spécial sur le fer et ses composés usités en
médecine, imprimé en 1845 (1), nous avons tiré des
recherches auxquelles nous nous sommes livré, cette
conclusion :

Que parmi les préparations martiales solubles, celles
qui sont à la fois les moins sapides, les plus riches en fer,
les plus complétement absorbables, doivent être toujours
préférées, et à ces titres, aucune préparation de fer ne
peut être mise en ligne avec le tartrate de potasse et de
peroxyde de fer (tartrate ferrico-potassique). C'est pourquoi
nous pensons avec M. Soubeiran que ce composé peut
présenter dans l'emploi médical des avantages que l'on
ne retrouverait *peut-être* pas dans les autres préparations
ferrugineuses.

(1) *Traité de l'art de formuler.*

208. — Actuellement, nous sommes en mesure de démontrer d'une manière positive que ce qu'alors nous n'avancions qu'avec réserve touchant l'efficacité particulière du tartrate ferrico-potassique est devenu une certitude absolue.

Nous sommes arrivé à ce résultat en répétant les expériences de M. Leras, de Brest, relatives à l'action du suc gastrique sur les préparations martiales employées en thérapeutique, expériences que nous avons rapportées plus haut, qui ont été confirmées et considérablement étendues par M. Quevenne.

Nous avons en effet établi alors, que les préparations martiales introduites dans les voies digestives ne trouvent de conditions d'absorption que dans l'estomac, qu'une petite quantité échappe à l'action précipitante du suc gastrique et s'absorbe directement, et qu'une infime portion seulement du précipité peut se redissoudre sous l'influence du suc gastrique en excès ; car, dans les intestins, où elles sont rapidement chassées, elles perdent immédiatement toute efficacité par la décomposition de leurs principes et par l'absence de l'élément acide, qui est indispensable à leur solubilité et conséquemment à leur absorption.

En est-il de même du tartrate ferrico-potassique ?

Considéré seulement dans l'estomac, ce sel n'offre aucun avantage sur les autres sels de fer ; comme eux, il est soumis à la loi générale, à la précipitation, par le suc gastrique et aux conditions d'absorption que nous avons indiquées. Mais ce qui constitue sa prééminence sur tous les autres, c'est qu'arrivé dans l'intestin, et en présence des sucs alcalins, il n'est pas décomposé ; et comme l'acide qui

avait donné lieu à sa précipitation s'unit aux bases alcalines, il reprend la solubilité qu'il avait momentanément
perdue et redevient absorbable dans toute la longueur du
tube intestinal, de telle sorte qu'il pourrait être administré
avec un égal succès par la bouche ou par le rectum.

Par conséquent, si le tartrate ferrico-potassique n'est
absorbé qu'en plus ou moins grande quantité dans l'estomac, il le sera certainement en totalité dans les intestins, et son action sera en rapport direct avec la dose
ingérée; elle pourra être sûrement augmentée ou diminuée, ce qui est d'un avantage·thérapeutique inappréciable.

Pour toutes les autres préparations martiales, soit solubles, soit insolubles, il faut tenir compte surtout de la
portion rendue active pendant le trajet à travers le canal
digestif, et beaucoup moins de la quantité primitive ingérée. C'est ainsi que l'absorption dépendra de la quantité et
de l'acidité du suc gastrique existant au moment de l'ingestion du médicament : or, rien de plus variable que le suc
gastrique chez différents individus, et même chez un seul
individu dans des instants différents; cette absorption sera
donc nécessairement variable, limitée, lente dans ses effets, et devra être longtemps prolongée. D'où il suit que
dans quelques cas graves et pressants, ces médicaments
ne peuvent présenter les avantages qu'on obtient de l'emploi du tartrate ferrico-potassique, qui peut être immédiatement absorbé, et en telle quantité qu'il sera nécessaire.

209. — Après avoir examiné les diverses réactions
chimiques auxquelles sont soumises les préparations martiales, après avoir démontré que, théoriquement, le tar-

trate ferrico-potassique est, de tous les sels ferrugineux, celui qui, par sa facile absorption et sa fixité particulière, semble le plus propre à rendre au sang les éléments nécessaires, il reste à vérifier si les avantages chimiques sont en rapport avec la valeur thérapeutique.

D'abord, rappelons que les préparations ferrugineuses employées en médecine ont été reconnues comme ayant toutes une action plus ou moins efficace, suivant la solubilité et la composition chimique de chacune d'elles. Pourquoi le tartrate ferrico-potassique ne jouirait-il pas de ces propriétés vivifiantes communes à tous les sels ferrugineux ?

Le doute n'est pas permis sur son efficacité, si l'on se rappelle les succès des anciennes préparations martiales, *tartre chalybé*, *tartre martial soluble*, *teinture de Mars tartarisée*, *extrait de Mars*, *boules de Mars* ou *de Nancy*, dont il constitue la base dans des proportions différentes.

« C'est pourquoi, dit M. Soubeiran (1), le tartrate de
» potasse et de fer paraît être un bon médicament : l'ex-
» trême solubilité du fer dans cette combinaison, l'espèce
» de fixité qu'il y acquiert, ne peuvent être des circonstan-
» ces indifférentes pour l'emploi médical ; mais on devrait
» abandonner ces vieilles formules nées à une époque où
» la science ne permettait pas de mieux faire, et recourir
» directement à la combinaison bien définie du tartrate de
» potasse avec le tartrate de peroxyde de fer, qui réunit
» tous les avantages des anciennes formules, sans en avoir
» les inconvénients. »

____

(1) *Traité de pharmacie.*

210. — Le premier, nous avons répondu à cet appel de notre savant et excellent maître; nous avons publié en 1845 (1) plusieurs formules pharmaceutiques ayant pour base le tartrate ferrico-potassique, dans lesquelles nous avons cherché à régulariser le mode d'administration de ce médicament.

Depuis ce temps, il est entré dans le domaine de la pratique médicale; son usage est sanctionné par l'expérience clinique et l'autorité de MM. Trousseau, Pidoux, Ricord, Puche, Blache, Monod, Coste et d'un si grand nombre de praticiens, qu'il n'est plus possible d'en méconnaître les heureux résultats.

Sa saveur ferrugineuse, à peine sensible, lui permet d'être supporté par les estomacs les plus réfractaires aux sels de fer, et comme par sa nature chimique il ne produit pas la moindre astriction, il ne saurait, même ingéré à haute dose et chaque jour, donner lieu soit aux constipations opiniâtres, soit aux irritations douloureuses du tube digestif, qui entravent fréquemment l'emploi des autres préparations ferrugineuses.

Si, dans quelques cas, le tartrate ferrico-potassique a pu déterminer de la diarrhée, c'est qu'il était administré à trop haute dose, ou qu'il était impur, et tel qu'on le délivre souvent dans le commerce de la droguerie; il contient alors une très grande quantité de crème de tartre, et constitue une préparation purgative plutôt que réellement ferrugineuse.

Pour obvier à ce grave inconvénient du tartrate de

____

(1) *Traité de l'art de formuler.*

potasse et de fer du commerce, il est indispensable que chaque pharmacien prépare lui-même ce médicament en faisant réagir au bain-marie un excès d'hydrate de peroxyde de fer sur de la crème de tartre délayée dans six à sept fois son poids d'eau. Aussitôt que la saturation est complète, ce que l'on reconnaît à la fois à la coloration rouge foncée qu'acquiert la liqueur et à la saveur douceâtre qu'elle manifeste, on filtre au papier, on met la dissolution saline dans des assiettes, et l'on en opère la dessiccation à l'étuve. C'est dans cet état de pureté que le tartrate ferrico-potassique doit être employé.

Le tartrate ferrico-potassique nous paraît donc, par ses propriétés chimiques et thérapeutiques, celui de tous les composés ferrugineux qui atteint le mieux le but qu'on se propose en introduisant le fer dans l'économie, c'est-à-dire la régénération des globules sanguins.

Tel est le rang élevé que nos recherches chimiques, physiologiques et thérapeutiques, nous ont conduit, à deux époques différentes (1845 et 1850), à assigner au tartrate ferrico-potassique; et le jugement que nous en avons porté alors, nous le maintenons encore aujourd'hui avec une conviction qui n'a pas été ébranlée un seul instant... Ce jugement a-t-il été ratifié? Nous le pensons très fermement. Il est cependant de notre devoir de relater quelques restrictions sur l'emploi du tartrate ferrico-potassique que M. Quevenne a fait découler de ses recherches, et qu'il a d'ailleurs présentées avec une convenance tellement parfaite, que nous ne saurions mieux faire que de les reproduire ici tout simplement, laissant au lecteur lui-même le soin de juger en dernier ressort qui de nous deux approche le plus près de la vérité.

211. — Après avoir fait observer que les composés de fer rendus solubles à la faveur du suc gastrique, et qui n'ont point été absorbés dans l'estomac, peuvent l'être encore dans le premier tiers de l'intestin, parce que, là encore, les sucs digestifs ne semblent pas avoir subi de grands changements, n'ayant point encore perdu leur condition fondamentale d'acidité, M. Quevenne ajoute, à propos du tartrate ferrico-potassique : « Mais bientôt les » nouveaux liquides venus du foie, du pancréas, et d'autres » circonstances peut-être, le rendent d'abord neutre, puis » plus tard alcalin, et placent dès lors la partie non encore » absorbée du composé ferrugineux dans des conditions » tout à fait inconnues pour nous jusqu'à ce moment.

» Quant à ce qui concerne le tartrate de potasse et de » fer, pour lequel on a invoqué comme une circonstance » très propre à l'absorption l'alcalinité du suc intestinal, » il faut se rappeler d'abord que ce sel est un de ceux qui » précipitent le plus abondamment par le suc gastrique, » que ce précipité ne se redissout qu'à la faveur d'un excès » marqué de cet alcali, et que, par conséquent, la condi- » tion de neutralité ne suffit pas (1).

» Il semble donc, d'après cela, qu'une seule partie du » canal digestif ici examinée eût été apte à produire ce

(1) Relativement à ce sel (le tartrate ferrico-potassique), on trouve que si la proportion de fer qui se dissout dans le liquide de l'estomac va en augmentant avec les quantités de sel ferrico-potassique qui a été ingéré, l'accroissement se fait pour lui d'une manière lente ; mais il prend sa revanche dans la partie du conduit alimentaire où les sub-

» résultat (la redissolution), la troisième portion de l'intes-
» tin grêle où l'on a constaté une *réaction alcaline très*
» *prononcée.*

» Du reste, aucune expérience physiologique *exacte*
» n'ayant été faite, il serait fort difficile de dire ce qui se
» passe dans les intestins après l'ingestion de ce composé,
» comme d'ailleurs après celle de toutes les autres prépa-
» rations martiales (1). »

Et un peu plus loin, M. Quevenne s'exprime ainsi sur
le tartrate de potasse et de fer :

« Comme avec le lactate, l'acide tartrique de ce composé
» est facilement détruit dans l'économie, et le fer, mis en
» liberté, peut entrer d'autant plus facilement dans les
» combinaisons nouvelles auxquelles il est destiné.

» Les avantages du tartrate ferrico-potassique envisagé
» comme médicament, paraissent consister en ce que,
» malgré sa grande aptitude à précipiter les matières pro-
» téiques dans l'état d'acidité, il n'exerce pas sur les tis-
» sus vivants cette forte action constrictive des composés
» à acide minéral, et peut, sans doute, les traverser sans
» les irriter, ni s'y combiner sensiblement. Il a pour lui
» l'absence de saveur désagréable. Il est plus facilement
» supporté à jeun ou avec les aliments que les autres sels
» de fer, moins sujet à produire de la constipation, et

stances alcalines abondent ; car le précipité que forme ce sel dans les
matières albumineuses solubles ou devenues solubles *se redissout avec*
une merveilleuse facilité dans une petite quantité d'alcali, ou même
de sel marin (Soubeiran, Fragments de leçons professées à la Faculté
de médecine, *Bulletin de thérapeutique*, avril 1855).

(1) *Recherches sur les ferrugineux*, p. 73 et 79.

» offrira plutôt de la tendance à relâcher, propriété dont
» on peut tirer un parti utile dans bien des cas (1). »

Enfin, plus loin encore, M. Quevenne parle en ces termes du tartrate ferrico-potassique :

« Des considérations relatives à la nutrition, qui vont
» être exposées plus loin, tendent d'ailleurs à faire penser
» que toutes les préparations de fer, qu'elles soient
» solubles ou insolubles, doivent être administrées au
» moment du repas.

» Dans le cas, cependant, où l'on aurait des raisons
» pour vouloir *introduire promptement dans l'économie*
» *beaucoup de fer à l'état de dissolution*, et avec le moins
» de chances possibles de précipitation dans l'estomac,
» les expériences précédemment rapportées nous per-
» mettent de dire qu'il faudrait, pour atteindre ce but,
» administrer du tartrate ferrico-potassique à une distance
» assez éloignée du repas pour que l'estomac fût com-
» plétement vide d'aliment, et ne renfermât que des
» traces de liquide neutre ou alcalin (2). »

212. *Doses auxquelles il convient d'administrer le
tartrate ferrico-potassique.* — Les doses auxquelles il convient d'administrer le tartrate de potasse et de peroxyde
de fer varient suivant les indications thérapeutiques que
ce composé est appelé à remplir. Comme tonique général, il
doit être prescrit à la dose de 1/2 gramme à 1 gramme 1/2
par jour; mais lorsqu'il est usité comme agent reconstituant, la dose en doit être portée à 2, 3 et 4 grammes
dans les vingt-quatre heures, et peut-être même, dans

(1) Ouvrage cité, p. 201.
(2) Ouvrage cité, p. 275.

quelques cas de chlorose bien confirmée, conviendrait-il d'en porter encore plus loin la dose, et cela en raison de la facilité avec laquelle ce composé est supporté par les malades. Toutefois, en agissant de la sorte, il ne faudrait pas perdre de vue ce fait, qu'il ne suffit pas d'introduire du fer dans l'économie animale pour en régénérer immédiatement les éléments organiques, cette régénération ne pouvant s'effectuer que lentement, et, pour ainsi dire, molécule à molécule.

Il est cependant des cas pathologiques dans lesquels l'administration du tartrate ferrico-potassique à haute dose peut être suivie des résultats les plus heureux, ainsi que le montre le fait suivant, dont nous devons la relation à l'amitié de M. Cahen, et dont nous avons été nous-même témoin.

OBSERVATION (1). — « Chez un malade affecté d'ulcères phagédéniques qui avaient résisté à un traitement mercuriel prolongé, la cachexie syphilitique avait fait de tels progrès, qu'il y avait urgence à administrer des martiaux pour réparer les forces épuisées. Le tartrate ferrico-potassique fut conseillé à des doses progressivement croissantes, jusqu'à concurrence de 20 grammes par jour. En même temps le malade prenait à Enghien des bains sulfureux. Sous l'influence de ces moyens, et pendant leur emploi, la constitution du malade changea complétement, l'état général s'améliora, les forces revinrent, la cachexie syphilitique disparut, et le tempérament même se modifia d'une manière très notable. Ainsi, ce malade qui, pri-

____

(1) *Union médicale,* 4 janvier 1844.

mitivement, présentait tous les attributs d'un tempérament lymphatique extrêmement prononcé, vit successivement sa peau changer de couleur, ou plutôt prendre une
teinte brune en place de la pâleur qu'elle présentait
auparavant. Les cheveux, qui étaient blonds, presque
blancs, prirent une teinte brunâtre qu'ils ont conservés.
La barbe, qui se dessinait à peine sur le fond blanc de la
peau, est à présent d'un blond châtain très prononcé.
Des changements analogues se manifestèrent d'ailleurs
dans l'intérieur de l'économie, et permirent au traitement
antisyphilitique d'amener un résultat satisfaisant ; mais il
fallut, pendant plusieurs mois, persister dans l'emploi du
tartrate de potasse et de fer, et le malade prit, en somme,
environ 4 kilogrammes de ce médicament. »

213. — De cette observation, il résulte : 1° Que le tartrate
ferrico-potassique est doué, au plus haut degré, des vertus
régénératrices des ferrugineux ; 2° qu'il peut être administré pendant longtemps à une dose énorme sans occasionner aucun dérangement dans les fonctions digestives ; 3° que son ingestion, longtemps continuée, a pour
effet de modifier la couleur du système pileux. Or, ce
dernier point est surtout digne de fixer l'attention des
physiologistes et des médecins ; car il démontre que, lors
de l'administration du fer, c'est par les poils que l'excès
de ce métal est excrété, ainsi que M. Dumas l'avait déjà
supposé : en effet, c'est bien certainement à du sulfure de
fer que la coloration précitée doit être rapportée.

On a dit que les Chinois, par l'administration de certaines drogues, changent à volonté la couleur des cheveux et de la barbe. Les physiologistes n'ont ajouté que

peu de foi à cette assertion ; cependant le fait qui précède permet de concevoir qu'il peut en être ainsi, et ce n'est pas le seul, car nous avons eu, depuis lors, plus d'une fois l'occasion d'en constater de semblables.

214. Voies d'élimination du fer. — On vient de voir que nous admettons, avec M. Dumas, que l'excès de fer dans l'économie est excrété par les poils. M. Quevenne, qui s'est beaucoup occupé de cette question, et qui a constaté que cette voie d'excrétion est réelle, arrive cependant à cette conclusion (1) :

« La notion la moins incertaine qui ressort de ce que » nous venons d'exposer, c'est que le foie paraît être la » *principale* voie par où l'économie rejette le fer dont » elle n'a plus besoin. »

M. Quevenne ajoute, il est vrai :

« Un fait de l'ordre nosologique viendrait à l'appui de » l'idée qui accorde une grande influence aux poils comme » voie de déperdition du fer.

» Ce fait curieux observé par M. Gros, et rapporté par » M. Cazin (de Boulogne), est relatif à une jeune fille » chez laquelle la chlorose apparaissait lorsqu'on laissait » pousser les cheveux, et disparaissait quand ils étaient » coupés. »

215. — Il semble donc établi incontestablement : 1° Que tout ou partie de l'excès de fer introduit dans l'économie est excrétée par les poils ; 2° que cette excrétion peut être quelquefois assez active pour que la coloration de tout le système pileux en soit notablement

____

(1) *Mémoire sur les ferrugineux*, p. 182.

modifiée. Or, c'est là un fait considérable, car il peut nous donner la mesure de cette excrétion; et comme l'excrétion doit être en rapport direct avec l'absorption, il en résulte que, en s'en rapportant uniquement à ce *criterium*, c'est le tartrate ferrico-potassique qui doit être la préparation martiale qui, dans un temps donné, introduit le plus de fer dans l'organisme, puisque c'est la seule préparation ferrugineuse, à notre connaissance, qui donne lieu à la coloration des cheveux et des poils.

Bien que, comme nous l'avons dit, nous soyons loin de penser qu'il suffira d'introduire promptement du fer dans le sang pour en régénérer promptement les éléments, nous insistons cependant sur le fait précité, et nous le livrons à la méditation des physiologistes et des médecins.

216. **Doses extra-thérapeutiques.** — En s'en rapportant aux expériences de M. Quevenne lui-même, on trouve que (1) : « Le maximum auquel chacune des » préparations suivantes mêlées aux aliments a produit » des effets nuisibles, ou, en d'autres termes, la dose » extra-thérapeutique est, pour :

» Le fer réduit. . . . . . . 1 à 2 grammes.
» Le protocarbonate . . .   2   —
» Le sulfate.   2   —
» Le lactacte.   3   —
» Le tartrate double. . . . 3 à 7 grammes. »

C'est donc le tartrate ferrico-potassique qui est supporté par l'économie à la dose la plus considérable.

(1) *Recherches sur les ferrugineux.* p. 64.

Formules rationnelles.

PILULES FERRUGINEUSES AU TARTRATE FERRICO-POTASSIQUE.

Tartrate ferrico-potassique. . . . . 25 grammes.
Sirop de gomme, q. s., environ.. . 5 —

F. s. a. 100 pilules argentées, lesquelles pèseront environ 30 centigrammes chacune, et contiendront 25 centigrammes de tartrate de potasse et de fer, c'est-à-dire plus de deux fois autant de principe actif que les pilules de Blaud et celles de Vallet.

PASTILLES FERRUGINEUSES AU TARTRATE FERRICO-POTASSIQUE.

Sucre pulvérisé. . . . . 1000 grammes.
Tartrate ferrico-potassique. . . . . 50 —
Gomme adragante pulvérisée. . . . 10 —
Sucre vanillé au huitième . . . . . 30 —
Eau . . . . 100 —

F. s. a. une pâte homogène à diviser en 1000 pastilles, dont chacune contiendra 5 centigrammes de tartrate ferrico-potassique.

SIROP FERRUGINEUX AU TARTRATE FERRICO-POTASSIQUE.

Sirop de sucre blanc . . . . 500 grammes.
Tartrate ferrico-potassique, eau de cannelle, de chaque . . . . 16 —

Faites dissoudre le tartrate de potasse et de fer dans l'eau de cannelle, filtrez la solution ; ajoutez-la au sirop simple, et agitez convenablement le tout, afin d'obtenir un mélange parfait.

Bien que ce sirop soit très chargé de fer, puisqu'il contient 1 gramme de sel ferrique par 30 grammes, il n'a pas un goût désagréable, et il est pris par les enfants avec la plus grande facilité.

EAU FERRÉE GAZEUSE AU TARTRATE FERRICO-POTASSIQUE.

Eau, une bouteille	650 grammes.
Bicarbonate de soude	5 —
Tartrate ferrico-potassique. .	1 —
Acide citrique transparent. .	4 —

Faites dissoudre le bicarbonate de soude et le sel ferrique dans l'eau, et filtrez ; cela fait, introduisez la solution salino-ferrée dans une bouteille à eau gazeuse, ajoutez l'acide citrique entier, puis agitez un instant la bouteille pour rendre plus prompte la dissolution de l'acide citrique.

L'eau ferrée gazeuse est très limpide, d'une faible couleur jaune rougeâtre au moment où on la prépare, mais elle ne tarde pas à prendre une légère teinte jaune verdâtre, qu'elle conserve toujours.

Cette eau ferrugineuse est très certainement plus chargée de fer que ne le sont la plupart des eaux ferrées habituellement employées en médecine, et pourtant elle n'a qu'une saveur martiale à peine sensible ; aussi tous les malades la prennent-ils sans la moindre répugnance, soit seule, soit coupée avec du vin, dont elle ne trouble pas sensiblement la transparence.

SOLUTION FERRUGINEUSE POUR EAU FERRÉE AU TARTRATE FERRICO-

POTASSIQUE.

Eau	500 grammes.
Tartrate ferrico-potassique. . .	30 —

Dissolvez et filtrez.

Cette solution est destinée à remplacer l'eau ferrée gazeuse chez les personnes qui trouvent trop onéreux l'usage de cette dernière préparation. A cet effet, on en verse une cuillerée à bouche dans une bouteille d'eau, et l'on obtient immédiatement une eau ferrée aussi active que celle qu'elle est destinée à remplacer, mais d'un goût moins agréable.

SIROP DE TARTRATE FERRICO-POTASSIQUE ET D'IODURE DE POTASSIUM,
OU SIROP IODO-FERRÉ.

Sirop de sucre.	500 grammes.
Tartrate ferrico-potassique. . . .	8 —
Iodure de potassium.	8 —
Eau distillée de cannelle	8 —

Faites dissoudre les deux composés salins dans l'eau distillée de cannelle, filtrez la solution, et opérez du reste comme pour le sirop ferrugineux précédemment décrit.

Ce sirop contient : tartrate ferrico-potassique, iodure de potassium, de chaque, 50 centigr. par 30 grammes

EAU IODO-FERRÉE.

Eau, demi-bouteille.	325 grammes.
Bicarbonate de soude.	5 —
Tartrate ferrico-potassique . . .	50 centigram.
Iodure de potassium	50 —
Acide citrique transparent	4 grammes.

Faites dissoudre le bicarbonate de soude, le tartrate et l'iodure dans l'eau, filtrez et opérez ensuite comme pour l'eau ferrée gazeuse simple. L'eau iodo-ferrée est bien plus gazeuse que l'eau ferrée, et il était nécessaire qu'il en fût ainsi, afin de masquer, autant que possible, la saveur saline âcre qui est propre à l'iodure de potassium.

Ces deux préparations se prescrivent, le sirop à la dose d'une ou deux cuillerées par jour pour les adultes, et l'eau à la dose d'une à deux demi-bouteilles pour le même laps de temps.

C'est à ces deux nouvelles préparations que nous faisons allusion à l'article Iodure de fer. Ce sont elles que nous proposons avec une entière confiance, comme pouvant remplacer avec un avantage marqué tous les médicaments qui empruntent leurs propriétés à ce composé ioduré. C'est, sans aucun doute, à ces deux préparations qu'il convient de donner la préférence toutes les fois que l'on a à traiter une affection organique qui réclame à la fois l'usage de l'iode et du fer, c'est-à-dire dans tous les cas où l'on voudra faire concourir vers un but commun l'action *fluidifiante* ou *désobstruante* des composés iodurés, et l'action *plastifiante* ou reconstituante des médicaments ayant le fer pour base.

217. **Conclusions**. — Il résulte de nos recherches chimiques, physiologiques, thérapeutiques, et de leurs inductions :

1° Que toutes les préparations martiales (solubles ou pouvant le devenir sous l'influence des acides du suc gastrique) susceptibles d'être décomposées par les substances alcalines contenues dans le sang *peuvent être avantageusement employées dans le traitement des affections organiques qui réclament l'usage du fer;*

2° Que toutes les préparations martiales (solubles ou pouvant le devenir sous l'influence des acides du suc gastrique) non susceptibles d'être décomposées par les substances alcalines contenues dans le sang *ne peuvent avoir aucune action avantageuse dans le traitement des affections organiques qui réclament l'usage du fer ;*

3° Que les composés de fer à base de peroxyde, tout comme ceux à base de protoxyde, peuvent être employés avec succès à la régénération des globules sanguins, contrairement à l'opinion professée par M. Bouchardat;

4° Que les oxydes de fer, qui produisent l'action physiologique des ferrugineux, n'ont pas besoin d'être unis à l'acide carbonique ou à un acide organique pour devenir assimilables, contrairement aussi à l'opinion émise par M. Bouchardat;

5° Que les préparations de fer à base de peroxyde ou à base de protoxyde ont la même efficacité finale; mais seulement à la condition que, si l'on fait usage d'un composé de peroxyde *insoluble*, on en prolongera plus longtemps l'administration, et cela pour des raisons chimiques incontestables, consignées dans notre travail;

6° Que les préparations martiales insolubles constituent des médicaments d'une action thérapeutique réelle; mais lente à apparaître, ces préparations n'ayant d'activité qu'à la faveur des acides de l'estomac; le degré d'acidité du suc gastrique, toujours borné et variable chez la plupart des malades, fait que l'action médicale de ces composés est également bornée et variable, et leur effet thérapeutique, pour ainsi dire, individuel;

7° Que les préparations de fer insolubles n'acquièrent, en un temps donné, leur maximum d'effet thérapeutique qu'administrées à doses réfractées;

8° Que, parmi les composés insolubles de fer usités en médecine, le fer simplement divisé et le carbonate de protoxyde tiennent le premier rang pour l'activité, puis viennent l'éthiops martial préparé par voie humide, le safran de Mars obtenu à l'aide des carbonates, le bleu de Prusse ;

9° Que les préparations martiales solubles sont, en général, plus actives que les préparations martiales insolubles ;

10° Que, cependant, toutes les préparations ferrugineuses solubles ne sont pas également efficaces, plusieurs d'entre elles empruntant aux acides qu'elles renferment des propriétés astringentes et même styptiques : ce qui fait qu'à moins de les étendre dans une énorme proportion d'eau, leur absorption est toujours incomplète, circonstance fâcheuse, qui a fait croire à tort, à quelques auteurs, et notamment à M. Bouchardat, que de telles préparations étaient inhabiles à régénérer le cruor ;

11° Que les sels de fer solubles pouvant être absorbés sans l'intervention des acides des premières voies, les préparations ferrugineuses à base de peroxyde peuvent, contrairement aux composés de fer insolubles correspondants, avoir, à poids égaux, autant et même plus d'activité que les préparations martiales également neutres et appartenant à la classe des ferrugineux susceptibles d'être décomposés par les alcalis du sang. Il suffit de jeter un coup d'œil sur leur composition en centièmes pour savoir immédiatement celle qui est la plus active : à absorption égale, c'est celle qui, sur cent parties, contient plus de fer, l'action des ferrugineux étant due au fer oxydé seul, et non au principe électro-négatif, acide ou non, qui l'accompagne.

12° Que, parmi les préparations martiales solubles,

celles qui sont à la fois les moins sapides, les plus riches
en fer, les plus complétement absorbables, doivent être
toujours préférées ; et à ces titres, aucune préparation
ferrugineuse ne peut être mise en ligne avec le tartrate
de potasse et de peroxyde de fer ;

13° Enfin, que le tartrate ferrico-potassique, associé à
l'iodure de potassium, constitue une médication iodo-
ferrée plus rationnelle que celle qui a pour base l'iodure
de fer, et pouvant lui être substituée avec le plus grand
avantage dans le traitement des maladies qui réclament
à la fois l'usage de l'iode et du fer.

Zinc et ses composés.

218. — Par la triple influence de l'air, de l'eau
et des chlorures alcalins, le zinc est assez promptement
attaqué et dissous, et comme il est accessible à l'action
dissolvante des acides, même les plus faibles, nul doute que
ce métal, introduit dans l'estomac, ne puisse donner lieu
à des symptômes manifestes d'irritation, et même au vomissement, s'il séjourne dans ce viscère un temps suffisamment prolongé.

219. **Oxyde de zinc (fleurs de zinc).** — L'oxyde de zinc
ne se dissout pas dans l'eau ; mais il est très soluble
dans les acides des premières voies, et comme il est
aussi sensiblement soluble dans les liquides alcalins,
il en résulte que c'est un des oxydes insolubles qui entrent
assez aisément dans le torrent de la circulation, et qui
arrivent assez promptement dans l'urine.

220. Sulfate de zinc. — Le sulfate de zinc constitue un coagulant énergique; mais pour obtenir de ce composé toute l'astriction qu'il est capable de produire, il faut l'étendre dans une énorme proportion d'eau, attendu qu'il résulte de nos recherches que le coagulum zinco-albuminique qu'il forme avec les liqueurs albumineuses est très soluble dans un excès de sulfate de zinc. Ce phénomène est tellement marqué, que nous ne craignons pas d'avancer que l'exaspération sécrétante que cet agent détermine assez fréquemment, alors qu'on l'emploie comme astringent dans le traitement des écoulements muqueux, tient uniquement à un vice d'administration : c'est qu'en ce cas, au lieu d'être prescrit à dose *coagulante*, c'est-à-dire à faible dose, il est donné à dose *fluidifiante*, c'est-à-dire à dose trop élevée.

Formules rationnelles.

COLLYRE ASTRINGENT.

Sulfate de zinc . . . .   30 centigram.
Eau distillée . . . . .   100 grammes.

Mêlez. Quelques gouttes, quatre ou cinq fois par jour, instillées entre les paupières, dans les conjonctivites, avec augmentation de sécrétion.

La proportion d'eau et de sulfate de zinc qui précède, est celle que l'expérience nous a permis de considérer comme celle qui produit le maximum d'astriction qu'il soit possible d'obtenir à l'aide de ce composé zincique.

COLLYRE CONTRE LES CONJONCTIVITES (Sichel).

Sulfate de zinc.	5 à 10 centigram.
Eau distillée	15 à 30 grammes.
Laudanum de Sydenham	6 à 12 gouttes.

Mêlez. Mêmes doses et mêmes indications que pour la formule précédente.

On remarquera que, ici, comme dans la plupart des exemples pris dans une clinique convenablement raisonnée, la théorie et la pratique se trouvent dans un accord parfait.

COLLYRE DÉTERSIF.

Sulfate de zinc.	1 gramme.
Eau distillée.	10 —

Mêlez.

Cette composition est très active, et les praticiens peuvent, sans le moindre doute, en tirer un bon parti dans le traitement de quelques ophthalmies chroniques, pour lesquelles il y a évidemment avantage à activer un peu la sécrétion oculaire, et aussi dans le traitement de certaines taies de la cornée.

INJECTION ASTRINGENTE.

Eau distillée	200 grammes.
Sulfate de zinc	60 centigram.

Mêlez.

Cette injection peut être employée contre la blennorrhagie et la leucorrhée chroniques, à la dose de quatre ou cinq injections par jour, en ayant bien soin de ne faire qu'une seule injection à chaque administration.

Plomb et ses composés (1).

PREMIÈRE PARTIE.

221. — *Tous les composés de plomb sont-ils également vénéneux ? agissent-ils tous de la même manière sur l'économie animale ?*

Il résulte de nos recherches chimiques que toutes les préparations de plomb et le plomb lui-même, mais ce dernier seulement avec le concours de l'air, en réagissant avec les chlorures alcalins que renferment nos humeurs, se transforment en tout ou en partie en chlorure de plomb et en un nouveau composé alcalin (2) ; que le chlorure de plomb, une fois formé, se combine avec l'excès de chlorure basique, pour constituer un chlorure double tout aussi remarquable que celui que forme, dans les mêmes circonstances, le sublimé corrosif, chlorure en lequel résident les propriétés médicales et toxiques de tous les composés chimiques dont le plomb est la base.

Le chloroplombate alcalin dont il vient d'être question jouit de plusieurs propriétés très importantes à signaler au point de vue de l'action physiologique, thérapeutique et toxicologique des préparations saturnines.

(1) Presque tout ce que nous allons dire ici sur le plomb et ses composés est extrait d'un petit mémoire que nous avons lu à l'Académie de médecine en décembre 1842.

(2) La décomposition mutuelle qui a lieu entre la litharge et le sel marin est connue depuis longtemps : pour le prouver, il nous suffira de rappeler ici que, pendant le blocus continental, MM. Chaptal et Bérard proposèrent de mettre cette réaction à profit pour obtenir de la soude artificielle.

Ainsi, il est plus soluble que le chlorure simple, il demande un grand excès d'iodure de potassium pour être décomposé, et enfin il n'est *nullement précipité par l'eau albumineuse*. Bien plus, le précipité blanc que forme l'albumine dans les sels de plomb est *instantanément redissous par la dissolution des chlorures alcalins* (1).

La propriété que possède le chloroplombate alcalin de ne pas être précipité par l'albumine, donne la clef de la présence du plomb dans toutes les humeurs de l'économie animale, après l'ingestion d'une préparation plombique quelconque, comme cela a constamment lieu en ce cas, ainsi qu'Orfila, entre autres expérimentateurs habiles, l'a irrévocablement établi.

Une conséquence pratique découle de nos recherches : c'est que si elles sont exactes, s'il est constant que tous les sels de plomb, et le *sulfate lui-même*, sont transformés, en tout ou en partie, en chlorure par les chlorures alcalins contenus dans les liquides de l'écono-

---

(1) Depuis la lecture de ce mémoire, M. le professeur A. Cozzi, chargé d'analyser une certaine quantité de sang tiré de la veine d'un sujet atteint de colique saturnine, a recherché si ce liquide contenait des sels ou des oxydes de plomb, et si ces substances se trouvaient combinées avec tous les principes immédiats du sang, ou seulement avec quelques-uns d'entre eux.

Il a constaté la présence d'un sel ou d'un oxyde de ce métal, et il a reconnu, de plus, qu'au lieu d'être uni à l'hématosine, au périglobule, à la fibrine, il était en combinaison avec l'albumine. (*Gazette des hôpitaux.*)

Le composé plombique auquel a eu affaire M. Cozzi était certainement le chloroplombate, sur lequel nous désirons attirer l'attention des chimistes et des médecins.

mie animale, la spécificité de l'acide sulfurique contre la colique saturnine est, pour le moins, très douteuse.

222. — Ces données une fois admises, il devient facile de répondre à la question de savoir s'il est vrai que toutes les préparations de plomb sont également vénéneuses. Non, sans doute, elles ne sont pas toutes également vénéneuses ; elles le sont, au contraire, à des degrés très divers et tout à fait en rapport avec la proportion de chlorure double auquel leur décomposition donne naissance : ainsi, les composés solubles sont, en général, plus énergiques que les composés insolubles, et parmi ces derniers, les plus actifs sont précisément ceux qui sont les plus attaquables par les acides, car ce sont également ceux qui sont les plus aptes à être transformés en chloroplombates alcalins.

Il n'est donc pas exact d'admettre, avec quelques auteurs, que toutes les préparations saturnines sont également vénéneuses ; ni avec certains autres, que le minium est plus actif que la céruse, qu'il a des effets plus prompts et qui se traduisent plutôt par des accidents cérébraux que par des coliques, comme cela a lieu, dit-on, pour le carbonate.

La vérité est que les diverses préparations de plomb sont inégalement actives : ainsi, par exemple, la céruse est notablement plus active que le minium, contrairement à ce qui a été dit ; mais leur action dynamique lente est complétement la même.

Qu'il nous soit permis de constater ici un fait chimique qui intéresse les médecins à un haut degré : c'est que l'on considère à tort la céruse comme étant insoluble dans l'eau. Elle y est, au contraire, très sensiblement soluble ; il en est de même de la litharge et du minium. Mais cette propriété n'est pas inhérente à leur nature intime, ils la doivent à la faible proportion de carbonate plombique qui les accompagne toujours. De là l'explication du danger qu'il y a à faire usage d'une eau qui a séjourné dans un réservoir de plomb alternativement vide et plein, c'est-à-dire pouvant être recouvert d'une couche de carbonate plus ou moins considérable.

C'est ainsi que nous nous rendons compte des accidents survenus dans le château de Claremont, où l'eau arrivait d'une citerne naturelle par des tuyaux de plomb, pour se déverser dans la citerne du palais, également de plomb.

Ce qui précède va nous permettre d'aborder la question suivante.

223. — On s'est efforcé, disent MM. Chomel et Blache, de déterminer de quelle manière le plomb pénètre dans l'économie pour produire la colique saturnine, et quelles circonstances favorisent ou contrarient son action dans la production de cette maladie. « C'est, en effet, chose fort » remarquable, continuent ces auteurs, que sur cent ou- » vriers placés dans des conditions en apparence les » mêmes, un ou deux seulement soient pris d'une affec- » tion dont les autres sont actuellement exempts, et dont » ils ne seront pris qu'à des intervalles de plusieurs mois » ou de quelques années. »

Eh bien ! une réponse des plus satisfaisantes découle de nos expériences. Toutes choses étant égales d'ailleurs, les grands mangeurs de sel marin doivent être plus sujets aux accidents causés par l'ingestion des préparations saturnines , tout comme ils sont le plus promptement affectés de ptyalisme par l'ingestion d'une préparation mercurielle insoluble quelconque.

Des faits et remarques qui précèdent, il résulte incontestablement que, puisque l'effet physiologique auquel donnent lieu les composés plombiques est toujours dû à un même composé chimique, le chlorure, il s'ensuit que l'ingestion dans l'économie d'une préparation de plomb quelconque doit se traduire par des symptômes identiquement semblables , à l'intensité près : or , c'est précisément ce qui arrive.

Comment se peut-il donc que quelques praticiens doutent encore que la colique saturnine puisse être produite par l'ingestion des préparations de plomb à doses thérapeutiques, malgré les exemples publiés par MM. Chomel, Tanquerel, Carrière, etc.?

224. — Lorsqu'un composé plombique insoluble pénètre dans l'économie animale, il est transformé en chlorure à la faveur des chlorures alcalins seuls, ou avec le concours de l'oxygène ; mais le chlorure plombique n'est pas plutôt formé qu'il contracte, avec l'excès de chlorure alcalin réagissant , une combinaison bien plus soluble que le chlorure simple. Or, comme nous l'avons déjà dit, c'est à ce chloroplombate alcalin que l'action dynamique du plomb doit être rapportée. Mais comme la réaction chimique en laquelle réside la cause de l'absorption du plomb est lente à s'effectuer, il en résulte que l'effet toxique des préparations de plomb insolubles est moins prompt à se manifester que celui des préparations mer-

curielles correspondantes pour la composition et l'insolubilité, c'est-à-dire que les préparations insolubles à base de bioxyde de mercure.

Pour démontrer que l'absorption des sels de plomb a bien réellement lieu comme nous l'annonçons, il nous suffira de rappeler ici un travail d'Orfila (1) ayant pour objet de faire connaître la manière dont les sels de plomb se comportent lorsqu'ils sont introduits dans l'estomac, et duquel il résulte que l'acétate et l'azotate de plomb donnés aux chiens laissent dans l'estomac des *traînées de points blancs* ou d'une substance blanche plus ou moins adhérente à la surface de l'estomac (2) : or, ces points blancs ne sont, selon nous, que du chlorure et du carbonate plombiques, lesquels disparaissent peu à peu à la faveur des chlorures alcalins qui les changent en chloroplombates alcalins solubles. Les sels de plomb ne sont pas, du reste, les seuls composés salins qui puissent donner lieu à des *traînées de points blancs :* les protosels de mercure solubles agiraient de même, et les sels d'argent aussi ; seulement, la nuance produite par ces derniers ne serait pas stable.

Quant aux préparations solubles, elles commencent, en général, par contracter, avec les éléments albumineux des tissus vivants, une combinaison insoluble ; car elles font presque toutes partie des coagulants. Aussi les a-t-on,

(1) Mémoire lu à l'Académie de médecine, année 1849.

(2) C'est à ces points blancs, signalés par Orfila, qu'il faut rapporter la production de certains cas d'albugo survenus après l'usage intempestif de collyres à base d'acétate ou de sous-acétate de plomb, et sur lesquels Florent Cugnier a appelé l'attention des ophthalmologistes.

de tout temps, comprises dans la classe des astringents. Ainsi donc, la plupart des composés plombiques solubles ne sont pas immédiatement absorbables ; néanmoins leur absorption a lieu plutôt que celle des composés insolubles, attendu que le coagulum qu'ils produisent d'abord est peu à peu dissous par les chlorures alcalins, et emporté par eux dans le torrent de la circulation.

Au total, l'absorption des préparations saturnines est peu active à cause du peu de solubilité du chlorure plombique. Ces préparations se rapprochent en cela, jusqu'à un certain point, des préparations salines à base de protoxyde de mercure et à base de protoxyde d'argent : aussi peuvent-elles, comme ces dernières, donner lieu à des *accumulations* de matière active dans l'économie, accumulations dont les effets fâcheux peuvent quelquefois ne se manifester que plusieurs jours après l'ingestion du composé qui leur a donné naissance. Ainsi, par exemple, dans le cas de colique saturnine cité par M. Carrière (1), ce n'est que huit jours après avoir discontinué l'usage de l'acétate de plomb que les accidents apparurent. Nous avons été nous-même témoin d'un cas de colique de plomb survenue longtemps après la cessation de la cause qui lui avait donné naissance, et qui n'était autre qu'une introduction immodérée d'acétate de plomb dans l'urètre, et très probablement aussi dans la vessie.

225. — La théorie de l'absorption du plomb et de ses composés que nous venons de reproduire va nous per-

____

(1) *Bulletin de thérapeutique*, février 1843.

mettre de donner l'explication d'un fait assez curieux observé pour la première fois par M. Legroux : c'est que lorsqu'un cérusier, atteint de colique de plomb, entre dans un hôpital pour y être traité de la colique saturnine, et qu'on lui fait prendre immédiatement un bain sulfureux, puis un bain savonneux, la peau, d'abord noircie par le sulfure de plomb, est complétement nettoyée par l'eau savonneuse ; et cependant elle peut ensuite (quelques jours après) noircir de nouveau dans un bain sulfureux, et cela à plusieurs reprises.

Voici l'explication de ce phénomène.

Dans la colique de plomb, du plomb existe dans les humeurs de celui qui en est atteint ; il y existe en combinaison avec les chlorures alcalins. Or, la sueur contient des chlorures alcalins ; donc, la sueur des malades atteints de coliques saturnines doit contenir du plomb, non-seulement à leur arrivée à l'hôpital, mais même plusieurs jours après, puisqu'il est parfaitement démontré aujourd'hui que l'élimination des composés plombiques demande un temps considérable avant que d'être entièrement effectuée.

Au moment même où nous faisions connaître l'explication de la présence du plomb dans l'humeur de la transpiration des malades atteints de la colique saturnine, M. le docteur Chatin constatait le même fait de son côté, et établissait, de plus, que ce métal existe aussi dans leurs excrétions alvines, ainsi que notre théorie permettait de le pressentir.

226. Iodure de plomb. — L'iodure de plomb est considéré, par certains praticiens, comme un agent médicamenteux héroïque, jouissant à un haut degré des propriétés fondantes de l'iode ; il en est même qui le croient doué de propriétés antiscrofuleuses et anticancéreuses incontestables. D'autres praticiens, au contraire, le regardent comme un des composés iodiques les plus infidèles et les moins efficaces.

La vérité est que l'iodure plombique est une préparation active, assez active même, et dont les propriétés participent à la fois, et de celles des iodures alcalins, et de celles des sels de plomb, et cela parce que l'iodure de plomb, en réagissant sur les chlorures alcalins de nos humeurs, donne toujours naissance à une certaine quantité de chlorure de plomb et à une proportion correspondante d'iodure alcalin. C'est néanmoins avec raison que l'iodure de plomb est considéré comme un médicament infidèle, ou du moins comme un médicament peu constant dans ses effets.

A quoi tient ce phénomène ? Il est dû à deux causes : la première réside dans la différence de composition chimique des liquides vivants avec lesquels l'iodure de plomb est mis en contact, son action ayant lieu en raison directe de la proportion de chlorure contenue dans ces mêmes liquides ; et la seconde tient à la différence de composition chimique de l'iodure de plomb lui-même.

C'est qu'en effet, ce composé est rarement pur, et contient presque toujours une proportion d'oxyde de plomb plus ou moins grande. Il ne saurait en être autrement quand on le prépare à l'aide de l'iodure de potassium et de l'acétate de plomb ; c'es ce que les recherches de MM. Denot, Depaire et F. Boudet prouvent sans réplique.

Nous ajouterons même qu'en remplaçant l'acétate plombique par le nitrate, ainsi que notre confrère et ami, le docteur Denot l'a proposé depuis longtemps (1), on n'atteint pas toujours le but que l'on se propose, et cela parce que l'iodure de potassium n'est presque jamais complétement neutre; aussi l'iodure plombique auquel il donne naissance renferme-t-il souvent, pour ne pas dire toujours, une proportion plus ou moins marquée d'oxydoiodure.

Toutefois, la proportion d'oxyde plombique existant dans l'iodure préparé comme il vient d'être dit n'est jamais très considérable. Mais on rencontre assez fréquemment dans le commerce de la droguerie une variété d'iodure plombique d'un jaune blanchâtre, qui en contient une proportion énorme. C'est par la réaction de l'iodure de potassium sur le sous-acétate de plomb que l'on obtient un tel iodure. Est-il besoin d'ajouter que cet iodure est bien moins actif que l'iodure pur, et qu'il doit être rejeté par les pharmaciens ?

Nous ne saurions donc trop engager nos confrères à préparer eux-mêmes l'iodure plombique, et, à cet effet, nous leur rappellerons qu'on évite tous les inconvénients qui s'attachent à l'emploi de l'iodure de potassium, en le remplaçant par l'iodure de fer, ainsi que M. Soubeiran le recommande, et en lavant le dépôt plombique par de l'eau légèrement acidulée avec l'acide acétique, qui le débarrasse de la petite quantité de fer qu'il a pu entraîner.

227. — Avant de nous occuper de l'étude des émana-

(1) *Journal de pharmacie*, année 1834.

tions de plomb, nous croyons devoir nous arrêter un instant sur une question qui a beaucoup occupé l'attention des thérapeutistes dans ces dernières années : c'est celle de savoir si la peau est apte ou non à absorber les molécules plombiques.

Bon nombre de praticiens, parmi lesquels nous citerons M. Legroux (1), contestent l'absorption cutanée, en tant que cause d'intoxication saturnine; pour eux, ce n'est que par les voies digestives que le plomb peut pénétrer dans l'économie. D'autres médecins, au contraire, parmi lesquels nous placerons M. Gendrin, affirment que l'absorption des sels de plomb par la peau est tout aussi positive que celle du mercure, de l'arsenic, de la belladone, etc. M. Gendrin cite à l'appui de cette dernière opinion (2), entre autres exemples, le fait rapporté par Desault, d'un homme qui eut tous les symptômes de la colique de plomb pour avoir conservé pendant plusieurs jours, sur la peau des membres inférieurs, des compresses trempées dans l'eau de Goulard. Il cite encore celui d'un ouvrier à qui il a lui-même donné des soins, et qui fut pris des mêmes accidents pour être tombé jusqu'à la ceinture dans une cuve contenant une solution d'acétate de plomb destinée à la fabrication du blanc de céruse.

M. Gendrin assure, en outre, que parmi les nombreux ouvriers qu'il a soignés depuis vingt ans qu'il s'occupe de cette maladie, il s'en est trouvé plusieurs qui l'ont con-

<hr>

(1) *Union médicale*, 3 décembre 1850.
(2) *Ibid.*

tractée par les membres supérieurs, en lavant la litharge.

Aux observations rapportées par M. Gendrin, on pourrait en joindre un grand nombre d'autres qui démontreraient toutes, comme les précédentes, que l'absorption du plomb par l'enveloppe cutanée peut être considérée comme un fait hors de toute contestation. Nous nous bornerons à l'observation suivante :

M. le docteur Duchenne (de Boulogne) a été appelé à constater un cas de paralysie saturnine chez une personne dont aucune partie du corps n'avait été en contact avec le plomb métallique, si ce n'est la paume de la main et la pulpe des doigts, cette personne étant uniquement occupée à faire des petits paquets de thé enveloppés de feuilles de plomb.

Nous le répétons, les faits qui précèdent prouvent jusqu'à la plus complète évidence, que la peau est susceptible d'absorber les molécules plombiques. Et pour corroborer cette proposition fondamentale, nous ajouterons que nos recherches montrent qu'il ne saurait en être autrement. En effet, l'humeur sécrétée par l'enveloppe cutanée est acide ; elle doit donc agir sur les préparations de plomb à titre de dissolvant, tout comme elle agit sur un grand nombre de composés métalliques; et comme, en outre, cette humeur excrémentitielle est riche en chlorures alcalins, elle doit attaquer et dissoudre toutes les préparations saturnines, puisque nous avons démontré que toutes les préparations de plomb, et le plomb lui-même, en réagissant sur ces chlorures, donnent naissance à un chloroplombate alcalin soluble, et, par conséquent, absorbable.

DEUXIÈME PARTIE.

228. — *Le plomb est-il susceptible de donner lieu à des émanations gazeuses?*

Si aujourd'hui tous les praticiens sont à peu près d'accord sur les effets pernicieux que le plomb, ou, pour mieux dire, les préparations saturnines exercent sur l'économie animale, il n'en était pas de même en 1842 (époque à laquelle nous avons publié ce travail), relativement aux émanations gazeuses qui se produisent pendant la dessiccation des peintures à base de carbonate ou d'oxydes de plomb (1).

En effet, selon M. Gendrin (2), les peintres qui emploient les sels de plomb et les huiles fixes, ne contractent presque jamais la maladie ; au contraire, elle est contractée très facilement par ceux qui peignent à la céruse avec les vernis ou l'essence de térébenthine, par les ouvriers qui font usage des oxydes de plomb en très faible quantité, mais mélangés à des substances volatiles, et surtout par ceux qui usent des vernis à l'éther dans lesquels entre la litharge. M. Gendrin va plus loin encore : il pense que la *condition nécessaire* pour déterminer la colique de plomb est que les molécules métalliques soient

____

(1) Nous désignerons sous le nom d'*émanations gazeuses plombiques*, les émanations produites par les peintures saturnines, sans rien préjuger d'ailleurs de leur composition ; et, sous le nom de *poussières plombiques*, les émanations saturnines qui ont lieu chez les broyeurs de couleurs, chez les potiers de terre, et plus spécialement encore chez les cérusiers.

(2) *Trans. médic.*, 1835, t. VII.

dispersées dans l'atmosphère par l'air lui-même ou par un véhicule volatil. MM. Chomel et Blache (1) ne croient pas cette dernière condition nécessaire, mais ils la regardent comme très favorable au développement de la maladie.

Quelque respect que nous professions pour de tels maîtres, nous ne saurions partager leur opinion à cet égard, et pour nous, *la seule condition indispensable pour qu'une substance puisse manifester toute son action sur l'être vivant, c'est qu'elle soit portée dans la circulation générale, n'importe par quelle voie.*

Toutefois nous reconnaissons qu'à dose égale, une substance toxique non volatile, du minium ou de la céruse, par exemple, introduite dans l'économie animale par les voies respiratoires, pourra avoir une action plus énergique que si elle avait été introduite par toute autre voie, et cela parce que, une fois arrivée dans la trame pulmonaire, elle sera tôt ou tard absorbée, et absorbée en totalité (2), tandis qu'un agent modificateur qui pénètre dans l'organisme par les voies digestives ou par la méthode endermique, peut assez souvent n'être absorbé que très imparfaitement.

229. — Quoi qu'il en soit, les questions qui précèdent ne pouvaient être résolues que par l'expérience, et c'est ce

----

(1) *Dictionnaire de médecine,* t. VIII.

(2) Ce fait théorique est, du reste, confirmé par l'expérience clinique. Il résulte d'un rapport fait au Conseil de salubrité par le docteur Baude, que, parmi les ouvriers cérusiers, les plus sujets à contracter la colique de plomb sont précisément ceux qui sont le plus exposés à respirer les *poussières plombiques.*

que nous nous sommes efforcé de faire à l'occasion de
l'installation d'une vaste machine pneumatique que nous
avons fait construire dans le but d'étudier l'action de certains extraits végétaux très altérables, et notamment des
extraits vireux.

Voici, en quelques mots, les détails et les résultats
de nos expériences.

Nous avons fait peindre à plusieurs reprises toute la
partie intérieure de la caisse de bois faisant fonction de
cloche pneumatique, tantôt avec du blanc de céruse
broyé et délayé avec de l'huile fixe siccative, tantôt avec
de la céruse broyée à l'huile fixe, mais délayée au moyen
d'une forte proportion d'essence de térébenthine. Cela
fait, nous avons introduit dans la caisse, après chaque
opération, un appareil de verre communiquant, d'une
part, avec la pompe, et, d'autre part, avec la caisse
pneumatique. Cet appareil était construit de telle sorte
qu'à chaque coup de piston un litre de l'air supposé
vicié allait se laver dans une petite quantité d'eau distillée
additionnée d'un peu d'acide azotique et contenue dans le
petit appareil de verre dont il vient d'être question.

Ayant fait un millier, au moins, d'aspirations à chaque
expérience, nous avons pu réunir sous un très petit
volume toutes les particules métalliques contenues dans
un millier, au moins, de litres d'air vicié par l'enduit en
question. Les résultats ont été les suivants. L'air altéré
par la peinture à l'huile siccative offrait une forte odeur
rance. Mais nous doutons fort que ce mélange gazeux
mérite réellement le nom d'air vicié, car nous avons
pu le respirer assez longtemps sans en éprouver la

moindre indisposition : l'eau de lavage ne contenait pas *la moindre trace de plomb.*

L'air vicié pendant la dessiccation de la peinture à l'huile de térébenthine offrait des caractères bien différents, et le nom d'air vicié lui convenait à juste titre ; il avait une odeur térébenthinée insupportable, et il suffisait d'en respirer quelques litres pour être immédiatement atteint d'un violent mal de tête, qui ne se dissipait souvent qu'après plusieurs heures.

L'eau acidulée saturée de ce mélange gazeux, comme il a été dit, nous a d'abord donné à l'analyse une trace insignifiante de plomb, *moins d'un milligramme pour plus de mille litres d'air vicié.* Mais cette infime proportion de plomb ne saurait être rapportée au gaz en question ; elle provenait, sans aucun doute, de l'un des tubes conducteurs, car ayant répété plusieurs fois cette expérience, les résultats ont été toujours complétement négatifs.

230. — Nous nous croyons donc autorisé à conclure qu'il n'existe réellement pas d'émanations gazeuses plombiques, et nous pensons que la remarque de M. Gendrin, relative à la différence d'action des peintures saturnines préparées avec les huiles fixes et avec les huiles volatiles, *est très probablement fondée ;* mais nous sommes très éloigné de croire que les peintures aux essences empruntent leur action délétère aux particules métalliques qu'elles emportent avec elles en se répandant dans l'espace. Nous pensons, au contraire, avec beaucoup d'auteurs, et notamment avec MM. Adelon et Chevallier, « que les » accidents que l'on observe chez certains ouvriers sont

» dus à l'absorption d'une certaine quantité d'essence,
» absorption qui est nuisible à la santé, et qui, portée à
» un certain degré, détermine l'asphyxie complète (1). »

Telle est, très certainement, la manière d'agir des
peintures elles-mêmes (2), que ces peintures soient ou
non à base d'un composé plombique.

L'affection qui se développe alors que l'on en respire
les vapeurs méphitiques, n'a rien de commun avec la
véritable colique saturnine. De pareilles émanations peuvent, il est vrai, constituer une des causes efficientes de
cette dernière maladie ; mais voilà tout.

De ce qui précède, on peut hardiment conclure que
H. Royer-Collard a eu raison de professer que les effets
physiologiques du plomb sont on ne peut plus mal connus ; que l'on a confondu avec les intoxications saturnines
beaucoup de cas dans lesquels le plomb n'agissait pas
seul, ou même n'était pas la cause du mal, et que les
accidents attribués au plomb étaient dus tout simplement,
chez certains malades, aux vapeurs d'essence de térébenthine.

(1) Adelon et Chevallier, *Rapport au Conseil de salubrité*.

MM. Adelon et Chevallier ont cité, à l'appui de leur opinion, la mort
du docteur Corsin, de la Villette, et les annales de la science possèdent
un grand nombre d'exemples d'asphyxies causées par l'odeur de certaines fleurs, et qui doivent être rapportées à la même origine.

(2) L'air vicié par les deux genres de peintures renfermait une proportion d'acide carbonique plus grande que l'air atmosphérique ordinaire, fait que les belles expériences de de Saussure permettaient, du
reste, de prévoir ; mais, dans les deux cas, la quantité de cet acide
était certainement trop faible pour qu'il pût être permis de rapporter
uniquement à lui les effets délétères observés.

M. Lassaigne, au dire de M. Chevallier, qui partage complétement notre manière de voir, était arrivé absolument au même résultat que nous. M. Chevreul a été conduit aussi, par ses recherches, à formuler une opinion identique, de sorte que nous pouvons considérer la solution que nous avons donnée à cette question comme irrévocablement acquise à la science.

231. — Quels sont les principes qui doivent servir de guide aux praticiens dans l'emploi thérapeutique des préparations de plomb ?

Ces principes doivent être totalement différents, suivant que ces préparations sont destinées à l'usage interne ou à l'usage externe, ou, pour parler avec plus de précision, suivant que le médecin veut qu'elles soient immédiatement absorbées, et produisent l'effet général ou dynamique du plomb, ou bien qu'elles ne le soient que peu ou point, afin de n'avoir affaire qu'à une action locale mécanico-chimique.

Formules rationnelles.

PILULES CHLOROPLOMBIQUES.

Acétate neutre de plomb.	1 gramme.
Chlorure de sodium	4 —
Racine de guimauve pulvérisée. .	4 —
Sirop de gomme.	q. s.

Pour 100 pilules.

Ces pilules contiennent chacune 1 centigramme d'acétate plombique et 4 centigrammes de sel marin, ou, pour mieux dire, elles renferment chacune une quantité de chloroplombate alcalin, correspondant à 1 centigramme d'acétate de plomb.

POMMADE CHLOROPLOMBIQUE.

Acétate neutre de plomb . . .	1 gramme.
Chlorure de sodium.	4 —
Axonge	30 —

Mêlez.

C'est à ces deux formules, ou à des formules analogues, que les médecins doivent s'adresser, quand ils désirent introduire le plomb dans l'économie animale, ou, en d'autres termes, quand ils cherchent à obtenir l'effet général ou dynamique des préparations saturnines ; au contraire, lorsqu'ils ont en vue d'obtenir seulement une action locale, c'est toujours au sous-acétate de plomb qu'ils doivent avoir recours. Nos expériences nous ont appris, en effet, que l'extrait de Saturne est moins apte à être transformé en chloroplombate alcalin soluble, et, partant, qu'il est moins absorbable, et qu'en outre, il est incomparablement plus *coagulant* ou astringent. Ces deux propriétés sont dignes d'être signalées aux thérapeutistes, puisque leur connaissance nous apprend que, tout étant égal d'ailleurs, l'usage médical de l'acétate neutre de plomb expose bien plus souvent les malades à contracter la colique saturnine que l'usage de l'acétate basique.

232. — *Traitement de l'empoisonnement par les sels de plomb.* — Le meilleur de tous les contre-poisons des sels plombiques est le protosulfure de fer hydraté que nous

avons le premier proposé pour cet usage, attendu qu'il transforme immédiatement tous les sels de plomb en sulfure plombique, composé insoluble et inactif. Nous ajouterons que, dans un cas d'empoisonnement par les sels de plomb, nous avons eu occasion de constater pratiquement la valeur de cet antidote : aussi n'hésitons-nous pas à le placer au-dessus des sulfates de soude et de magnésie, indiqués par Orfila comme devant produire le même résultat ; et cela surtout, parce que nos recherches nous ont appris que le sulfate de plomb n'est pas aussi inoffensif qu'on le suppose, puisqu'il peut être partiellement décomposé par les chlorures alcalins contenus dans nos humeurs. Nous ne prétendons pas dire pour cela que les sulfates alcalins doivent être toujours proscrits ; nous nous hâtons d'ajouter, au contraire, qu'à défaut de sulfure de fer, c'est à l'un de ces deux composés salins qu'il convient d'avoir recours. Et comment pourrions-nous arriver à une autre conclusion, puisque, si nous sommes intimement convaincu que le sulfate de plomb est apte à produire l'empoisonnement saturnin lent (colique saturnine), nous sommes tout autant persuadé que ce composé est inhabile à donner lieu à un empoisonnement aigu, qui est le seul accident que l'on ait à redouter en cette circonstance.

Bien que nous n'ayons pas l'intention de nous occuper ici du traitement de l'intoxication saturnine lente, c'est-à-dire de la colique de plomb ou colique saturnine, nous dirons cependant qu'il découle de nos recherches, que la base de ce traitement doit être constituée par l'emploi simultané des sudorifiques, des diurétiques, et surtout des purgatifs, tous agents médicaux ayant pour but de hâter l'élimination des molécules saturnines, qui existent dans l'organisme ; et, parmi les purgatifs, le sel marin tient incontestablement le premier rang, attendu que, outre son action éliminatrice à titre d'évacuant, il jouit de la propriété (de même que l'iodure de potassium, proposé par MM. Guillot et Melsens) de dissoudre les composés de plomb localisés dans l'économie, en formant avec eux un chloroplombate alcalin, tout à fait analogue à l'iodoplombate, invoqué par MM. Guillot et Melsens comme devant entrer dans le traitement général de l'intoxication saturnine lente. Ce traitement devrait être précédé par l'ingestion d'une mixture à base d'hydrate de sulfure de fer (traitement général de M. Sandras), et par l'administration de deux bains, le premier sulfureux et le second savonneux, afin d'enlever à l'économie toute condition d'absorption saturnine nouvelle.

Quant au traitement prophylactique de la colique de plomb, nous croyons devoir le formuler ainsi :

1° Alimentation peu salée, le chlorure de sodium étant la principale cause de l'absorption des molécules saturnines.

2° Bains et lotions souvent répétées, dans le but de soustraire à l'absorption cutanée, le plus promptement possible, toute la poussière plombique déposée à la surface du corps.

3° Ingestion fréquente d'hydrate de sulfure de fer, afin de transformer à l'état de sulfure les composés plombiques introduits par la cavité buccale, au fur et à mesure de leur arrivée dans le tube digestif.

Étain et ses composés.

233. — L'étain est-il vénéneux?

Non, dit Orfila, l'étain n'est point vénéneux, comme on peut s'en convaincre en consultant les mémoires publiés par Bayen et Charlard, et par Proust. Non, sans doute, dirons-nous à notre tour, l'étain n'est pas vénéneux en sa qualité de corps simple, aucun métal n'ayant d'action à l'état métallique. Mais comme des observations nombreuses, et notamment celles d'Orfila lui-même, établissent que le chlorure d'étain constitue un poison assez énergique, il s'ensuit que l'étain, ingéré dans l'économie animale, *et y séjournant un temps suffisamment prolongé*, peut en ce cas donner lieu à la production d'une certaine quantité de chlorure, et doit, par cette raison, être rangé dans la classe des métaux toxiques, au même titre que l'arsenic, le plomb, le mercure, par exemple. Et comment pourrait-il en être autrement? l'étain n'est-il pas tout aussi avide de combinaisons que les trois autres métaux précités?

L'intoxication par l'étain métallique est donc, non-seulement possible, mais même indubitable, si ce métal vient à séjourner un certain temps dans l'estomac, car alors il éprouvera forcément l'action chimique de l'oxygène, des acides et des chlorures contenus dans le suc gastrique. Ce n'est ici qu'*une question de temps.* Ce dernier point nous explique comment il se fait que ce métal, administré comme anthelminthique, n'a jamais produit aucun accident fâcheux : c'est qu'en cette cir-

constance il ne séjourne pas assez longtemps dans l'économie ; le plus souvent, au contraire, il en est assez
promptement chassé à l'aide d'un purgatif. Mais si,
par une cause quelconque, par le fait d'un *volvulus*,
par exemple, ce métal était longtemps retenu dans les
voies digestives, nul doute qu'alors la proportion de
chlorure produite ne fût bientôt assez marquée pour donner lieu à tous les accidents morbides qui résultent de
l'ingestion de ce composé stannique.

Orfila ne pense pas, comme nous l'avons déjà dit, que
l'étain puisse donner lieu à un empoisonnement dans les
circonstances qui précèdent ; il va même plus loin, puisqu'il croit que, « si l'étain qui sert à fabriquer les usten-
» siles de cuisine a quelquefois occasionné des accidents,
» cela tenait probablement à une certaine quantité de
» plomb avec laquelle il est presque toujours allié. On
» conçoit en effet, dit-il, que, dans ce cas, les boissons
» acides, les aliments gras et salés qui avaient séjourné
» dans de pareils vases aient attaqué le plomb (1). »

Malgré la haute estime que nous professons pour le
savant toxicologiste dont nous venons de rapporter les
paroles, nous ne saurions partager sa manière de voir
sur l'innocuité de l'étain, et voici surtout sur quels motifs
nous nous fondons.

Pourquoi l'étain, rendu soluble par les boissons acides,
les aliments gras et salés, ne pourrait-il pas expliquer les
accidents qu'Orfila croit devoir rapporter au plomb, puisque cet habile observateur a établi lui-même en principe

(1) *Toxicologie*, t. II, p. 1.

que le protochlorure d'étain ingéré dans l'estomac agit comme un violent poison *donne lieu à des symptômes effrayants qui se terminent presque toujours par la mort?*

234. *Traitement de l'empoisonnement par le protochlorure d'étain.* — Deux substances peuvent être employées, presque avec un égal succès, comme contrepoison des sels d'étain : l'une est le lait, proposé par Orfila ; l'autre, indiquée par nous, est le protosulfure de fer hydraté. Le lait offre l'avantage de se trouver presque partout ; mais il a l'inconvénient de ne pas précipiter ce genre de sels d'une manière aussi absolue que l'hydrate de sulfure ferreux.

Ce dernier antidote a, de plus, l'avantage d'agir très efficacement sur d'autres poisons minéraux qui pourraient exister à l'état de mélange avec le sel d'étain, ou qui auraient pu être confondus avec lui : sels de plomb, de mercure, d'argent, acide arsénieux, etc., composés sur lesquels le lait n'a, comme on sait, que peu ou point d'action décomposante, et partant, d'effet thérapeutique.

Cuivre et ses composés.

235. — Le cuivre est-il vénéneux?

Le cuivre est ou n'est pas vénéneux, suivant les circonstances. Quand il ne séjourne dans l'économie animale qu'un temps très circonscrit, l'observation clinique démontre que son ingestion ne donne jamais lieu à de fâcheux résultats. Mais nul doute que si, étant d'ailleurs divisé, il y séjournait un temps suffisamment prolongé, il ne pût devenir apte à produire tous les symptômes de l'empoisonnement par les sels de cuivre. Le fait suivant prouve jusqu'à l'évidence la vérité de notre assertion (1).

« Obs. — Des étudiants en médecine s'étaient avisés de traiter une hydropisie ascite avec de la limaille de cuivre incorporée dans de la mie de pain. Ils en administrèrent d'abord 3 centigrammes, qui ne produisirent point d'effet sensible ; ils augmentèrent la dose par degrés, et allèrent jusqu'à 20 centigrammes par jour. Les urines devinrent très abondantes, l'enflure était sensiblement diminuée, et tout annonçait une convalescence prochaine, lorsque le malade se plaignit de ténesmes ; des vomissements survinrent ; il éprouva des coliques atroces ; son pouls était petit, concentré, lorsque je fus appelé. Je lui fis boire beaucoup de lait ; je prescrivis la saignée, et le maintins plusieurs heures dans un bain à diverses reprises. Les symptômes se calmèrent, et par le moyen du lait d'ânesse, qui fut pris pendant longtemps, le malade recouvra sa santé et son embonpoint. »

Orfila ne pense pas que ce fait soit suffisant pour détruire ce qu'il a précédemment établi relativement à l'innocuité du cuivre métallique ; il considère comme probable que la limaille de cuivre, enveloppée dans la mie de pain, avait été préparée quelque temps avant son administration, et s'était oxydée.

En professant une semblable opinion, Orfila se trouve en contradiction avec lui-même, car il a précédemment admis, en se basant sur nos recherches, « que le mer-

(1) *Observation sur les effets des vapeurs méphitiques chez l'homme*, par Portal, 6ᵉ édition, p. 437.

» cure métallique agit évidemment comme poison toutes
» les fois qu'il séjourne assez longtemps dans le canal
» digestif pour s'y oxyder et pour se transformer en
» bichlorure de mercure (1). »

Or, le cuivre étant plus électro-positif que le mercure,
il s'ensuit nécessairement qu'à circonstances égales, le
cuivre doit être plus promptement attaqué que lui ; et
qu'Orfila aurait dû admettre pour l'un ce qu'il admet pour
l'autre, d'autant plus que, dans des expériences sur le
bouillon de bœuf préparé dans des vases de cuivre
décapé, avec 2500 grammes d'eau et 130 grammes de
sel commun, il a pu constater que le bouillon, et même
la viande, contenaient une notable proportion de cuivre.

Quant à nous, nous croyons pouvoir conclure des faits
et remarques qui précèdent, que, contrairement à l'opinion de ce savant toxicologiste, le cuivre métallique, simplement divisé, mais non oxydé, étant introduit dans la
cavité stomacale de l'homme, peut donner lieu à des accidents graves et même mortels, au même titre que
l'étain, le plomb et le mercure, c'est-à-dire, après avoir
subi pendant un temps suffisamment prolongé l'influence multiple de l'oxygène, des acides et des chlorures
alcalins, contenus dans le suc gastrique.

236. Oxydes et carbonates de cuivre. — Bien que les
oxydes de cuivre, libres ou carbonatés, soient insolubles
dans l'eau, ils n'en constituent pas moins des composés
très délétères, à cause de la facilité avec laquelle les
agents chimiques contenus dans les liquides des premières voies en opèrent la dissolution.

(1) *Toxicologie*, t. I, p. 600 et 605.

237. Coup d'œil général sur l'absorption des sels de cuivre. — L'absorption des sels de cuivre mérite une attention toute spéciale de la part des praticiens, ainsi que nous allons le démontrer.

Il résulte en effet de nos recherches, que tous les sels de cuivre sont loin d'être absorbables avec la même facilité. La différence qu'ils présentent est même assez marquée pour qu'ils puissent être, sous ce rapport, divisés en deux grandes séries.

Première série. — Sels de cuivre immédiatement absorbables. Ce groupe comprend tous les sels de cuivre à acides organiques. Exemple : acétate de cuivre.

Deuxième série. —Sels de cuivre non immédiatement absorbables. Ce groupe contient tous les sels cuivriques à acides inorganiques. Exemple : sulfate de cuivre.

Pour se convaincre de l'importance de la distinction que nous établissons, dissolvez, d'une part, 10 grammes d'acétate neutre de cuivre dans 150 grammes d'eau distillée, et, d'autre part, 10 grammes de sulfate cuivrique également dans 150 grammes d'eau pure ; mettez ensuite dans deux verres à expérience la même dose de blanc d'œuf battu et filtré, soit, par exemple, 1 gramme, et ajoutez-y, d'un côté, de l'acétate, et de l'autre du sulfate cuivrique en proportion suffisante pour coaguler l'albumine et redissoudre le coagulum ; et vous verrez qu'il faut plus de vingt fois plus de sulfate que d'acétate pour arriver au même résultat. Or, il est incontestable que les phénomènes que nous venons de rapporter ont lieu également dans l'économie animale, quand des sels de cuivre y sont introduits. De là résulte qu'à poids égaux et dans un temps donné, l'ingestion des sels de cuivre à acides organiques est incomparablement plus redoutable que celle des mêmes composés salins à acides inorganiques.

Et que l'on ne pense pas que es choses se passent dans l'organisme autrement que nous ne venons de le dire : ici encore les faits pratiques parlent hautement en faveur de nos théories.

Nous ferons observer tout d'abord qu'aucun physiologiste, qu'aucun toxicologiste n'a jamais douté que l'acétate de cuivre ne soit absorbe, ainsi que notre théorie indique que cela doit être; mais il n'en a pas été de même du sulfate, que notre théorie indique comme devant être absorbé également.

C'est ainsi, par exemple, que M. Campbell conclut d'une expérience rapportée dans l'ouvrage d'Orfila (1), que le sulfate de cuivre agit en altérant la texture des parties sur lesquelles il est appliqué, et que M. Smith, à son tour, s'exprime en ces termes en parlant de ce poison : « Appliqué à l'extérieur à des doses beaucoup plus fortes que celles que l'on est dans le cas d'employer, le sulfate de cuivre borne son action à la partie qu'il cautérise. Il paraît que la force astringente dont il est doué s'oppose à son absorption. »

Comme on le voit, ces deux auteurs s'accordent à regarder le sulfate cuivrique comme un poison irritant, qui borne son action aux parties qu'il touche.

Mais empressons-nous de faire remarquer que ces deux physiologistes ont été trop loin dans leurs conclu-

(1) *Toxicologie*, t. I, p. 648.

sions, et que, s'il est parfaitement vrai que le sulfate de cuivre est contrarié dans ses effets généraux par son action coagulante, il n'est pas moins certain que cette propriété retarde, mais n'empêche pas l'absorption. Aussi Orfila a-t-il été porté, avec juste raison, à conclure de ses recherches que le *sulfate de cuivre est absorbé.* Mais ce qui prouve que la première action de ce sel est d'abord locale ou coagulante, contrairement à celle de l'acétate, dont l'action est presque immédiatement dynamique, c'est que cet habile toxicologiste a conclu, en outre, que *le sulfate de cuivre porte son action, d'abord sur la membrane muqueuse de l'estomac, puis sur celle du gros intestin.*

En résumé, l'action des sels de cuivre est primitivement locale ; elle consiste en une combinaison de ces sels avec les éléments protéiques des tissus vivants. Mais, tandis que le coagulum produit par les composés à acides organiques est immédiatement redissous par un petit excès de ces sels, le coagulum auquel donnent lieu les sels cuivriques à acides inorganiques, n'est rendu soluble qu'à la faveur d'une énorme proportion du sel réagissant. D'où il est naturellement permis d'inférer que les sels de cuivre, administrés à petites doses, ceux surtout à acides inorganiques, doivent agir à la manière des coagulants ou astringents les plus énergiques ; tandis que ces mêmes composés, administrés à hautes doses, surtout ceux à acides organiques, doivent traduire leurs effets thérapeutiques par une action fluidifiante ou désobstruante des plus marquées.

Formules rationnelles.

238. — Les sels de cuivre employés à dose fluidifiante, c'est-à-dire à haute dose, constituent des agents modificateurs redoutables, dont les médecins ont eu rarement à se louer; c'est pourquoi nous nous abstiendrons de consigner ici aucune formule ayant pour but de donner lieu aux effets généraux ou dynamiques des composés à base d'oxyde de cuivre. Mais, en revanche, nous nous étendrons assez longuement sur le mode d'emploi du sulfate de cuivre administré à dose coagulante, c'est-à-dire à faible dose.

COLLYRE ASTRINGENT.

Eau distillée. . . . . . .   150 grammes.
Sulfate de cuivre. . . . .   5 à   10 centigrammes.
Mêlez.

Ce collyre convient dans toutes les circonstances où les astringents, et notamment le sulfate de zinc, sont indiqués.

La dose du sulfate cuivrique peut certainement être doublée, sans que l'on ait à craindre encore l'action fluidifiante de ce précieux agent modificateur; mais alors la coagulation ou l'astriction s'effectue un peu plus avant dans les tissus, ce qui doit être rarement avantageux. Cette remarque n'avait pas échappé à Scarpa. Nous tenons de notre ami, le docteur Maroncelli, que ce célèbre praticien recommandait sans cesse de n'employer les astringents, en collyres, qu'à de très faibles doses, le sulfate cuivrique surtout : c'était ordinairement à la dose de 5 centigrammes pour 125 grammes de véhicule qu'il le prescrivait.

INJECTION ASTRINGENTE.

Eau distillée. . . . . . 150 grammes.
Sulfate de cuivre. . . . 15 à 30 centigrammes.

Mêlez.

Cette injection peut être employée avec avantage dans le traitement de la blennorrhagie et de la leucorrhée chroniques, à la dose de trois ou quatre injections par jour ; une seule injection à chaque fois.

PATE CAUSTIQUE (Payan).

Sulfate de cuivre pulvérisé. . . . . q. v.
Jaune d'œuf . . . . q. s.

Pour faire une pâte molle.

Suivant M. Payan, qui préconise beaucoup cette pâte, l'effet de ce caustique est le suivant. Convenablement étendue et appliquée, elle produit bientôt une excitation très vive des parties qu'elle recouvre ; tout autour la peau rougit et se fluxionne ; les surfaces en contact avec le caustique deviennent le siége d'une douleur assez vive, qui cesse au bout de trois à quatre heures. L'effet du caustique est alors produit ; il s'est formé une eschare grisâtre, moins profonde qu'avec la plupart des autres caustiques. Lorsqu'elle s'est desséchée, il n'en résulte jamais de ces cicatrices vicieuses que l'on remarque souvent après les autres cautérisations ; la trace du caustique est imperceptible. Cette précieuse propriété doit faire attacher un grand prix à ce caustique.

M. Payan a traité et guéri une pustule maligne à la figure avec cette pâte, *sans cicatrice*.

Le sulfate cuivrique, allié à la vitelline du jaune d'œuf, est encore apte à manifester son action coagulante ou astringente, mais il ne saurait produire son action fluidifiante ; aussi nous croyons-nous autorisé à engager les chirurgiens à soumettre au creuset de l'expérience clinique les données du praticien distingué d'Aix : la théorie est tout en sa faveur.

239. *Traitement de l'empoisonnement par les sels de cuivre.* — De tous les contre-poisons indiqués jusqu'à ce jour pour annuler les effets délétères des sels cuivriques, sucre, albumine, fer métallique divisé, etc., aucun n'agit aussi efficacement que celui que nous avons proposé à cet effet, savoir : le protosulfure de fer hydraté, composé qui a, en outre, l'avantage inappréciable d'exercer une action décomposante analogue sur plusieurs autres poisons avec lesquels les sels de cuivre peuvent être confondus dans la pratique médicale : tels sont les sels d'étain, de bismuth, de plomb, de mercure, d'argent, d'or, l'acide arsénieux, etc.

Bismuth et ses composés.

240. — Bien que le bismuth soit moins avide de combinaisons que les métaux précédents, il est néanmoins transformé, comme eux, en composés absorbables par les agents de dissolution que nos humeurs renferment, et

dès lors son action sur l'économie ne saurait être douteuse, puisque l'action thérapeutique des sels de bismuth
est incontestable.

**241. Sous-nitrate de bismuth (magistère de bismuth ou
blanc de fard).** — Le sous-nitrate bismuthique est fort
peu soluble dans l'eau, mais il est très aisément dissous par les liqueurs acidules; aussi son ingestion dans
l'estomac est-elle bientôt suivie d'un effet dynamique
réel.

Toutefois l'absorption de cet agent médicamenteux ne
s'effectue pas avec la même promptitude que celle de
certains autres composés métalliques analogues, et voici
pourquoi : une fois que ce sous-sel bismuthique a
éprouvé l'action décomposante des acides du suc gastrique, et que, en sa qualité de corps dissous, il tend à
éprouver le phénomène de l'absorption, il rencontre sur
sa route des humeurs alcalines qui le transforment de
nouveau en un sous-sel insoluble, et, par suite, inabsorbable. Or, ce sous-sel bismuthique est très difficilement
redissous par un excès de base alcaline; c'est ce qui
explique pourquoi, après l'ingestion d'un sel de bismuth
dans l'estomac d'un animal, ce métal n'apparaît dans
l'urine qu'après un temps bien plus long que celui qu'exigent le zinc, l'étain, l'antimoine, métaux dont les oxydes
sont plus solubles dans les liqueurs alcalines que celui de
bismuth, ou bien le plomb, l'argent, et surtout le mercure, l'or et le platine, métaux susceptibles de donner
naissance à des chlorures doubles solubles et indécomposables par aucun des éléments du fluide sanguin.

Telle est, d'après nos recherches, la manière dont il

faut envisager l'action immédiate ou prochaine du sous-nitrate de bismuth.

Voici maintenant quelques faits pratiques empruntés à la clinique de MM. Trousseau et Pidoux, et qui viennent à l'appui de notre manière de voir :

« Quand on cherche à se rendre compte, disent » MM. Trousseau et Pidoux, du mode d'action thérapeu- » tique du sous-nitrate de bismuth, on est vraiment em- » barrassé ; on ne saisit, en effet, aucun effet intermé- » diaire entre l'emploi du médicament et son résultat » curatif. Malgré l'attention que nous y avons mise, nous » n'avons pu apercevoir la moindre influence sur les » fonctions générales. Quand un individu en bonne santé » prend du sous-nitrate de bismuth, le seul phénomène » que l'on remarque, c'est la *constipation;* mais les fonc- » tions nerveuses, la chaleur animale, les mouvements » du cœur, les sécrétions urinaires et cutanées, ne sont » pas influencées d'une manière appréciable.

» Ensuite, quand on étudie les effets thérapeutiques de » ce sel dans les maladies externes, et ceux qu'il produit » dans les affections internes, on est tenté de ranger le » sous-nitrate de bismuth parmi les substances légère- » ment *astringentes ;* mais, en même temps, on ne peut » lui refuser des propriétés sédatives qui nous ont dé- » terminés à le placer dans la classe où nous l'avons » rangé.

» Avant de terminer ce qui est relatif à l'action thé- » rapeutique du sous-nitrate de bismuth, nous devons » prévenir les praticiens que les garderobes, pendant » l'administration de ce sel, et encore quelques jours

» après, ont une teinte gris noirâtre très prononcée, et
» qui inquiètent souvent les familles et le médecin. »

Veut-on, maintenant, savoir pourquoi l'on ne peut saisir aucune influence appréciable sur les fonctions générales, lors de l'administration du magistère de bismuth?

C'est que ce composé, comme il a déjà été dit, ne pénètre qu'en très minime proportion dans la grande circulation, et ne saurait produire, par conséquent, qu'un effet presque purement local.

Veut-on savoir également pourquoi la constipation succède toujours à une ingestion quotidienne de sous-nitrate bismuthique? C'est parce que tout agent médical, susceptible de donner naissance à un composé insoluble non irritant pour la muqueuse intestinale, détermine la constipation, ainsi que le démontre l'observation des faits : c'est de cette manière qu'agissent les alumineux, les ferrugineux, le sous-phosphate calcaire, etc.

Veut-on enfin avoir l'explication de la coloration anormale des fèces produite par l'ingestion du blanc de fard?

C'est que ce composé n'étant que très incomplétement absorbé, une partie de celui qui passe dans les garderobes se transforme en sulfure de bismuth à la faveur des gaz sulfurés contenus dans la partie inférieure du canal alimentaire. Ce que l'on vient de lire prouve que le sous-nitrate de bismuth, de même que la plupart des substances médicamenteuses non immédiatement absorbables, ne pénètre pas en entier dans nos humeurs, mais que toujours une proportion notable en est rejetée au dehors, soit que cette partie ait échappé à l'action dissolvante du fluide gastrique, soit que, après avoir franchi le

pylore, elle soit redevenue insoluble par une décompo
sition subséquente.

De la connaissance de ces faits découle une conséquence pratique, qu'il importe de signaler à l'attention
des thérapeutistes : c'est que l'administration du sous-
nitrate bismuthique ne doit pas être également fructueuse
pour tous les malades; aussi MM. Trousseau et Pidoux
ont-ils noté que le sous-nitrate de bismuth convient aux
personnes dont les digestions sont habituellement labo-
rieuses, et s'accompagnent souvent d'éructations nido-
reuses avec tendance à la diarrhée, tandis qu'il échoue
presque toujours lorsque les éructations sont *acides*.

242. *Traitement de l'empoisonnement par les sels de
bismuth*. — Aujourd'hui que le sous-nitrate de bismuth
est employé à des doses illimitées, pour ainsi dire, sans
jamais produire le moindre accident, on est étonné de lire
dans le *Traité de toxicologie* d'Orfila : « L'azotate et le
» sous-azotate de bismuth irritent et enflamment vive-
» ment les tissus avec lesquels ils sont mis en contact :
» ils sont absorbés et portent particulièrement leur action
» sur le système nerveux. » Ce qui a induit Orfila en
erreur, c'est qu'il a expérimenté le plus souvent avec le
nitrate neutre de bismuth ; or, ce sel, en contact avec les
liquides de l'économie, se décompose en sous-nitrate
insoluble et inoffensif, et en nitrate acide très soluble et
très actif. Mais ce dernier sel n'est pas usité en médecine
et ne saurait être choisi pour type quand on étudie les
effets des sels de bismuth.

Orfila rapporte, il est vrai, les détails d'une observation relative à l'administration de 8 grammes de blanc de

fard (sous-nitrate de bismuth) en suspension dans l'eau, avec de la crème de tartre. L'ingestion de ce mélange fut suivie immédiatement d'ardeur à la gorge, puis survinrent des vomissements, des déjections alvines, et enfin la mort (huit jours après).

Cette observation prouve que le sous-nitrate de bismuth, rendu soluble par une substance acidule, telle que la crème de tartre, peut donner lieu à des accidents d'intoxication non équivoques. Mais en est-il de même alors qu'il est ingéré tout seul? Les faits nombreux et irrévocables publiés par MM. Trousseau et Pidoux, et surtout par M. Monneret, prouvent évidemment le contraire.

Mais il n'en est pas moins vrai qu'un empoisonnement peut être produit par les sels de bismuth, soit par le nitrate neutre, soit par le sous-nitrate rendu soluble par un acide. A quel antidote devrait-on recourir dans ce cas? Il est certain que l'hydrate de protosulfure de fer serait d'une efficacité très grande pour neutraliser la portion du poison qui n'aurait pas encore passé dans le torrent circulatoire, et partant, que c'est à ce contre-poison qu'il conviendrait d'avoir recours.

Antimoine et ses composés.

243. — L'antimoine appartient à la classe des métaux peu avides d'oxygène. Cependant, exposé à l'air humide, il se transforme en partie, et assez rapidement, en protoxyde, et cette oxydation est notamment accélérée par la présence des acides faibles, des chlorures alcalins, éléments constitutifs de nos dissolvants gastriques. C'est à

la production de cet oxyde qu'est dû l'effet émeto-cathar-
tique de l'antimoine métallique porphyrisé, et aussi
l'action purgative des globules d'antimoine, usités jadis
sous le nom de *pilules perpétuelles*.

244. Sulfure d'antimoine naturel. — Le sulfure d'antimoine naturel est insoluble dans l'eau ; nos recherches
expérimentales nous ont démontré de plus qu'il est très
peu accessible à l'action dissolvante des divers réactifs contenus dans les liquides organiques, lorsqu'il
est exempt de sulfure d'arsenic. On peut inférer de là
qu'il doit constituer un agent médical peu efficace, ce
qui est confirmé par l'observation clinique. Mais il n'en
est pas complétement ainsi, lorsque ce composé est soumis à l'ébullition dans de l'eau aérée, plus ou moins chargée de matières salines, comme cela a lieu lors de la
préparation de la tisane de Feltz : les expériences de
M. Grassi ont montré qu'il se dissout, dans ce cas, une
certaine proportion de matière antimoniale.

**245. Oxyde d'antimoine, acide antimonieux, acide anti-
monique, kermès.** — Les trois combinaisons que l'antimoine forme avec l'oxygène sont toutes trois *sensiblement*
solubles dans l'eau, quand elles sont hydratées, ainsi qu'il
résulte des expériences de M. H. Capitaine ; expériences
dont nous avons été maintes fois à même de vérifier la
justesse. Toutefois les oxydes et acides antimoniques
n'auraient qu'une bien faible action sur l'économie animale, s'ils ne trouvaient moyen de pénétrer dans la
circulation générale autrement qu'à la faveur de leur
propre solubilité dans l'eau ; mais la majeure partie de
leur effet thérapeutique leur est communiquée par les

acides gastriques et par les alcalis intestinaux, attendu
que ces combinaisons oxygénées de l'antimoine sont du
petit nombre de médicaments à la fois solubles dans les
acides et dans les alcalis. De plus, il est nécessaire que
ces combinaisons oxyantimoniques soient à l'état d'hy-
drates pour être aisément solubles dans l'eau faiblement
acidulée ou alcalisée. Nous insistons sur ce fait, qui nous
semble avoir une grande importance thérapeutique,
puisque nous lui devons l'explication de certaines anomalies d'action médicale relatives aux antimoniaux.

Le kermès préparé par le procédé de Clusel est, d'après
nos investigations, le composé antimonial insoluble le
plus apte à éprouver l'action dissolvante des solutions
aqueuses, acides et alcalines faibles. Mais, lorsque le
kermès a été obtenu à l'aide des alcalis caustiques ou au
moyen des carbonates alcalins, à une haute température
(par la voie sèche), il se trouve dans des conditions bien
différentes, ainsi que nous l'avons constaté par l'expérience, tant chimique que clinique.

D'après ces remarques, il est permis de conclure que
les composés stibiés, dont les propriétés actives sont
incontestables, et qui sont considérés comme insolubles,
ne peuvent exercer leur action qu'en raison de la solubilité qu'ils acquièrent dans certaines circonstances ; de
plus, il est possible de donner une solution satisfaisante
de phénomènes qui, jusqu'à présent, ont paru inexplicables à la plupart des thérapeutistes.

M. Trousseau dit, dans son excellent ouvrage, que
« l'action irritante locale des antimoniaux est en raison
» directe de leur solubilité. Cette formule nous semblait

» vraie ; mais nous n'avons pas été médiocrement étonné,
» dans le cours de nos expériences, en voyant que l'an-
» timoine métallique , parfaitement pur et porphyrisé,
» avait une action presque aussi énergique que le tartre
» émétique. Il était, nous l'avouons, bien difficile d'expli-
» quer une pareille anomalie ; car, en admettant qu'il
» s'oxydât promptement dans les voies digestives pour
» passer à l'état de sel , encore ne pouvait-on con-
» cevoir comment des oxydes d'antimoine avaient une
» action si différente de celle du métal. »

Eh bien ! nous allons démontrer que la thèse générale
formulée par M. Trousseau est parfaitement juste, et que
l'anomalie signalée par cet habile thérapeutiste n'est
qu'apparente. Nous nous sommes en effet convaincu
que l'antimoine, exposé à l'air humide, ne tarde pas à se
transformer, en partie, en protoxyde, et que cet oxyde
est à l'état d'hydrate, c'est-à-dire à l'état le plus convenable pour être aisément attaqué par les agents de
dissolution contenus dans les liquides gastriques et intestinaux.

Ayant traité parties égales, en poids , d'antimoine
simplement divisé et de protoxyde d'antimoine officinal par de l'eau à peine acidulée , comme l'est celle
qui existe dans le suc gastrique , nous nous sommes
assuré que la proportion du sel antimonique produit
avec le métal est incomparablement plus grande qu'avec
l'oxyde.

On peut donc établir en principe que l'action des préparations antimoniales est en raison directe de leur
solubilité, ou de leur aptitude à acquérir de la solubilité

à la faveur des agents dissolvants que nos humeurs renferment.

D'après M. Trousseau, « le tartre stibié est, de tous les
» antimoniaux , celui qui provoque le plus activement
» les vomissements et la diarrhée. Ces effets sont pro-
» duits par une dose qui varie depuis 1 centigramme jus-
» qu'à 20 centigrammes. Vient ensuite l'antimoine métal-
» lique, dont la dose ne doit pas être plus que quadruple
» de celle du tartre stibié ; puis les combinaisons des
» oxydes d'antimoine avec un excès de potasse , le
» kermès , la poudre d'Algaroth , et enfin les oxydes
» d'antimoine purgés de l'excès de potasse qu'ils pou-
» vaient contenir ; enfin, l'oxyde pur, l'acide antimonieux
» et l'acide antimonique. »

Nos recherches nous autorisent à changer un peu cet
ordre, qui est certainement vrai dans son ensemble. Ce
changement consiste à placer le kermès obtenu par la
méthode de Clusel immédiatement après l'émétique, le
kermès ainsi préparé étant, selon nous, infiniment plus
actif que l'antimoine métallique simplement divisé, même
alors que ce dernier corps a été porphyrisé par un temps
chaud et humide , c'est-à-dire dans les circonstances les
plus favorables à l'oxydation.

Mais nous devons ajouter que c'est seulement au kermès préparé de la sorte que nous accordons ces propriétés actives : en effet, le kermès minéral obtenu par
tout autre procédé a une action médicale bien inférieure,
ainsi que nous nous en sommes assuré par une double
série de recherches chimiques et thérapeutiques que nous
allons relater sommairement.

Connaissant l'inégale énergie d'action des diverses espèces de kermès que l'on trouve dans les pharmacies, nous dûmes d'abord rechercher quelle pouvait être la cause de cette anomalie, et l'analyse chimique nous révéla bientôt que la proportion d'hydrate de protoxyde d'antimoine est bien différente dans ces divers composés antimoniaux. Restait à savoir si, comme tout nous le faisait pressentir, les kermès qui cédaient le plus de protoxyde d'antimoine à de l'eau faiblement acidulée, étaient réellement les plus actifs.

A cet effet, nous désignâmes par les quatre premières lettres de l'alphabet quatre échantillons de kermès, dont la constitution chimique nous était connue, appelant A le kermès que nous considérions comme devant être le plus actif, puisque c'était celui qui renfermait la plus forte proportion de protoxyde d'antimoine hydraté, B celui que nous placions immédiatement après, et ainsi de suite pour les deux autres, et nous remîmes ces quatre sortes de kermès à M. Trousseau avec prière d'en examiner l'action thérapeutique. Voici quelle a été la réponse de cet habile observateur : Le kermès A fait horriblement vomir ; le kermès B est vomitif, mais à un degré moindre ; le kermès C est presque sans action, et le kermès D est totalement inerte. Or, le kermès A avait été préparé par la méthode de Clusel, le kermès B par le procédé de Joseph Pessina, le kermès C par le procédé de Thierry, et le kermès D était un kermès commercial de qualité inférieure.

246. — Il suit de ces faits que les kermès les plus actifs sont ceux qui sont préparés par la voie humide,

parce qu'ils contiennent le plus de protoxyde d'antimoine hydraté, et qu'ainsi constitués, ils sont plus facilement attaquables par les acides gastriques et les alcalis intestinaux.

Le kermès de Clusel, ou kermès officinal du Codex, est, par conséquent, la meilleure préparation antimoniale de ce genre; tandis que les kermès préparés par la voie sèche constituent des agents médicamenteux infidèles, parfois inactifs, qui devraient être sévèrement proscrits des officines.

C'est, sans aucun doute, au kermès de Clusel qu'il convient de rapporter cet excellent jugement porté par M. Trousseau : « De toute évidence, le kermès, dans le » traitement de la pneumonie, ne le cède en rien à l'émé- » tique; il a même sur lui cet avantage, qu'il est beaucoup » moins irritant, et qu'il cause bien plus rarement ces » phlegmasies de la bouche et de la gorge, et ces inflam- » mations gastro-intestinales, qui ne permettent pas tou- » jours de continuer l'emploi de l'émétique aussi longtemps » qu'il serait convenable de le faire pour amener à bien une » pneumonie, et surtout pour s'opposer à toute récidive. »

Et c'est très probablement l'emploi du kermès obtenu par la voie ignée qui a conduit M. Bonjean (de Chambéry) à cette erreur, « que le kermès minéral administré » à l'intérieur, même à haute dose, n'est pas absorbé » comme les sels solubles d'antimoine, et qu'il en est » probablement de même pour tous les composés inso- » lubles de ce métal. »

247. — Les préparations antimoniales ont deux effets thérapeutiques incontestables :

1° Elles donnent lieu à des nausées, à des vomissements, et à la diarrhée.

2° Elles occasionnent une. série de phénomènes qui
consistent surtout dans un sentiment de défaillance, dans
le ralentissement du pouls, la lenteur de la circulation, etc.

Le premier effet, selon nous, est tout à fait local; il
est dû à l'action topique du chlorhydrate de chlorure
d'antimoine, composé très acerbe et très irritant, résultant de la transformation de la préparation antimoniale
ingérée par l'action réunie des acides et des chlorures
contenus dans le suc gastrique.

Le second effet est consécutif à l'absorption du composé stibié ; il reconnaît pour cause la présence dans le
sang d'un composé antimonial, le plus ordinairement du
protoxyde , ayant pour effet d'entraver les phénomènes
d'oxydation qui ont normalement lieu dans la circulation
générale ; et, pour admettre qu'il en est ainsi, nous nous
basons sur les expériences déjà relatées de M. Millon
(page 31), qui a constaté que l'oxydation du fer par l'acide
sulfurique au douzième est considérablement ralentie par
la présence d'une très faible proportion d'émétique.

Nous allons exposer les arguments qui militent en
faveur de ces opinions.

Toute préparation stibiée agissant comme vomitif doit
pouvoir donner naissance au chlorure antimonial que
nous venons de signaler, et dès lors il est permis de rapporter le vomissement à ce composé. L'émétique, à la
dose de quelques centigrammes, doit certainement le produire ; donc, à petite dose, il doit agir comme vomitif :

c'est ce qui a lieu, en effet. Mais, ingéré à dose élevée, il ne doit pas produire de chlorhydrate de chlorure d'antimoine, car les acides et les chlorures contenus dans le suc gastrique ne sont plus suffisants, en ce cas, pour déplacer l'acide tartrique : or, on sait que, pour empêcher l'effet vomitif, il faut précisément administrer le tartre stibié à dose élevée.

On objectera peut-être que l'émétique injecté dans les veines provoque le vomissement tout aussi sûrement que lorsqu'il est pris par la bouche; mais nous répondrons que le vomissement n'a lieu que lorsque les membranes gastriques ont laissé transsuder dans l'estomac une certaine proportion d'oxyde d'antimoine hydraté, susceptible d'être réactionné par les acides et les chlorures gastriques, ainsi que nous l'avons indiqué. Et comment expliquer que « l'action générale de l'antimoine sur l'économie ani-
» male est d'autant plus puissante que la diète est plus
» sévère; et, au contraire, que l'action irritante locale est
» d'autant plus vive que la quantité des aliments est plus
» considérable (Trousseau), » si l'on n'admet point notre opinion à ce sujet?

En effet, pendant l'alimentation, le suc stomacal est toujours très acide ; pendant l'abstinence, au contraire, il l'est très peu, et même, assez souvent, il ne l'est pas du tout. Est-il besoin d'ajouter que, dans le premier cas, le chlorure antimonial vomitif doit se produire en quantité marquée, et que, dans le second cas, il ne doit s'en former que peu ou point?

Pour étayer convenablement notre opinion sur la présence dans le sang d'un composé antimonial susceptible d'entraver les phénomènes d'oxydation, nous ne saurions mieux faire que de relater quelques-uns des arguments qui ont servi à M. Trousseau pour établir, en principe, que l'antimoine agit comme toxique ; nous démontrerons ensuite en quoi notre théorie diffère de celle de cet habile professeur.

« Pourquoi donc ne pas admettre, dit M. Trousseau,
» que l'antimoine agit comme toxique, et que son in-
» fluence se fait sentir spécialement sur le cœur et sur
» les organes respiratoires ; que cette action, d'ailleurs,
» s'exerce directement ou par l'intermédiaire du système
» nerveux? En quoi, nous le demandons, cette explica-
» tion, si conforme aux résultats cliniques, est-elle en
» dissonance avec les considérations dans lesquelles
» nous entrions tout à l'heure, relativement à l'influence
» des différents poisons? Si donc nos expériences prou-
» vent que l'antimoine, indépendamment de toute action
» irritante locale, produit le ralentissement des phéno-
» mènes de la respiration, avec quelle facilité ne com-
» prendrons-nous pas comment il amène si facilement la
» guérison de la péripneumonie ! En effet, supposons un
» péripneumonique dont le pouls batte 120 fois par
» minute, avec une force que nous représenterons par
» 10, et qui respire 40 fois par minute, avec des efforts
» que nous représenterons par 4 ; supposons mainte-
» nant que, par l'administration des antimoniaux, le
» pouls ne batte plus que 70 fois par minute, et avec
» une force moitié moindre : il en résulte que, d'une part,
» le ventricule droit et les artères bronchiques se déchar-
» gent moitié moins souvent dans le poumon, et que,

» d'autre part, l'impulsion du cœur étant moins forte,
» la masse de sang envoyée dans l'espace d'une minute
» est diminuée d'autant. Le poumon enflammé reçoit
» donc d'abord beaucoup moins de sang par les artères
» bronchiques, en tant qu'organe parenchymateux ; en-
» suite, en tant qu'instrument d'hématose , il a bien
» moins de sang à élaborer. »

La théorie de M. Trousseau diffère de la nôtre en ce
que M. Trousseau rapporte tout l'effet médical de l'antimoine à l'intoxication qu'il occasionne ; tandis que nous,
tout en admettant aussi que l'oxyde antimonial, mis en
liberté par les alcalis du sang, peut contracter avec les
éléments protéiques de l'économie vivante une combinaison chimique propre à entraver les mutations organiques, sans lesquelles la vie ne saurait être possible, nous
cherchons à établir que le ralentissement circulatoire,
après l'ingestion des antimoniaux, est principalement dû
à un phénomène catalytique , ayant pour résultat de
ralentir l'oxydation vitale ; phénomène qu'il faut attribuer
à la présence d'un composé antimonial dans le sang.

248. — Quoi qu'il en soit des théories, le ralentissement du pouls et la diminution de fréquence de la respiration, si bien observés par M. Trousseau, démontrent
suffisamment l'action bienfaisante de l'antimoine sur la
pneumonie. Et cette action vient de recevoir une sanction
nouvelle par les intéressantes recherches de Mulder ,
desquelles il résulte que la couenne inflammatoire, considérée jusqu'ici comme constituée par de la fibrine, n'est,
au contraire, qu'un produit d'oxydation des éléments
protéiques du sang. Si donc ces recherches sont exactes

(et nous les considérons comme telles), on conçoit quel immense avantage la thérapeutique peut retirer, dans le traitement des maladies inflammatoires, de l'administration des agents modificateurs qui ont pour effet de produire le ralentissement des phénomènes de la respiration, et, par suite, de rendre l'oxydation protéique moindre. or, c'est ainsi qu'agissent les antimoniaux lors de leur passage dans la circulation générale.

Formules rationnelles.

249. — Si MM. Rasori, Giacomini, Trousseau et leurs disciples, se sont proposé, comme problème à résoudre, » de faire absorber au malade autant d'antimoine qu'on » le peut, et déterminer le moins possible d'accidents » locaux, » un grand nombre de thérapeutistes ne recherchent encore dans l'administration de ce médicament que l'effet vomitif ou purgatif, et ne lui accordent aucune action modificatrice générale, alors qu'il est parfaitement toléré par les voies digestives. Or, pour déterminer l'absorption générale, et empêcher, autant que possible, les accidents locaux, il est nécessaire, d'après les considérations dans lesquelles nous sommes entré précédemment, de tenir le malade à une diète sévère pendant l'ingestion de l'émétique administré à haute dose, ou du kermès à doses fractionnées. Si, au contraire, on ne veut obtenir que l'effet local de ces deux médicaments, on ne doit les administrer qu'en une fois, et à la dose minime de quelques centigrammes.

Poix de Bourgogne.	40 grammes.
Colophane.	20 —
Cire jaune.	20 —
Térébenthine..	5 —
Huile d'olive	5 —
Émétique.	10 —

Faites fondre ensemble au bain-marie la poix de Bourgogne, la colophane, la cire et la térébenthine, et ajoutez ensuite, en agitant sans cesse, l'émétique divisé dans l'huile. Étendez cette masse emplastique en couche assez épaisse sur de la toile de coton, dite calicot-cretone, à l'aide du sparadrapier ordinaire, ou mieux encore, à l'aide du petit appareil servant à préparer le papier à cautères.

Le sparadrap stibié adhère très bien à la peau, et peut cependant en être détaché avec la plus grande facilité, même alors qu'il a produit tout l'effet qu'il est apte à produire. Son action est prompte et uniforme. Pendant la première journée de son application, il ne donne lieu qu'à une sensation de cuisson assez faible ; la peau est à peine rougie ; mais pendant la seconde journée, il produit une douleur beaucoup plus vive, quoique très supportable, et la place qu'il recouvre devient le siége d'une éruption pustuleuse des plus manifestes. Passé ce temps, la douleur reste stationnaire, et les boutons pustuleux parcourent leur évolution comme après l'application d'un emplâtre ordinaire saupoudré d'émétique ; la seule différence à noter, c'est qu'avec le sparadrap stibié les boutons sont beaucoup plus nombreux, mais ordinairement un peu moins gros : ce qui tient à ce que, dans ce der-nier cas, l'émétique est réparti d'une manière bien plus ·

uniforme dans la masse emplastique. Le sparadrap stibié
nous paraît constituer une bonne préparation ; nous en
avons constaté les effets, et sur nous-même, et sur
d'autres personnes ; nous croyons, en conséquence,
devoir le recommander d'une manière toute spéciale à
l'attention des praticiens.

Mercure et ses composés.

PREMIÈRE PARTIE.

RECHERCHES CHIMIQUES ET THÉRAPEUTIQUES.

250. — Les recherches chimiques, thérapeutiques et
toxicologiques sur les mercuriaux, que nous allons consigner dans ce travail, ont eu principalement pour but
d'apprécier sous quelle forme chimique les divers composés fournis par le mercure, étant introduits dans l'économie animale, éprouvent le phénomène de l'absorption,
et de préciser le rôle inattendu que les chlorures alcalins
existant dans nos liquides jouent dans l'accomplissement
de cet acte chimico-physiologique (1).

L'importance qu'a acquise en thérapeutique la médication mercurielle, et le grand nombre de préparations dont
elle se compose, nous paraissent suffisamment motiver la
longueur des détails dans lesquels nous allons entrer.

Les résultats que nous résumons ici ont été vérifiés

(1) Les recherches consignées dans ce travail ont fait l'objet de deux
Mémoires que nous avons eu l'honneur de soumettre au jugement des
Académies des sciences et de médecine dans le courant de l'année 1843.

un grand nombre de fois ; la plupart ont été obtenus sous les yeux de M. Soubeiran, à la bienveillance duquel nous avons dû la plus grande partie des composés mercuriels sur lesquels nous avons opéré.

251. — 1° Le cuivre bien décapé est le meilleur de tous les réactifs du mercure ; il est même préférable à la pile aurifère de Smithson.

2° Le cuivre se comporte d'une manière différente avec le sublimé et avec les nitrates de mercure, ainsi que l'avait déjà observé M. Vogel, qui avait établi :

« Que, dans les combinaisons du mercure avec le » chlore, le mercure est aussi séparé par le cuivre, mais » qu'il se forme une grande quantité d'oxyde de cuivre » qui s'attache avec force à la surface du cuivre, de sorte » que l'on ne peut apercevoir le mercure que lorsque » l'on vient à dissoudre l'oxyde de cuivre par l'acide » chlorhydrique. »

La remarque de M. Vogel est très importante et bien plus générale que ce chimiste ne l'avait pensé, l'expérience nous ayant appris que tous les sels de mercure à peu près neutres se comportent avec le cuivre de la même manière que le sublimé corrosif.

3° Tous les composés mercuriels qui, comme le deutochlorure de mercure, produisent sur le cuivre une tache d'oxyde cuivrique diversement colorée, peuvent donner directement une tache blanche de mercure métallique ; il suffit, pour cela, d'ajouter à la dissolution mercurielle quelques centigrammes de l'un des quatre chlorures désignés ci-après : chlorures ammonique, sodique, potassique et barytique.

4° L'acide sulfhydrique et les sulfhydrates alcalins peuvent servir à signaler les plus faibles proportions d'un sel de mercure; mais seulement à la condition expresse de ne pas en ajouter un excès, le bisulfure de mercure étant soluble dans un excès de sulfhydrate alcalin; le sulfure mercurique est donc susceptible de se combiner avec les sulfobases, contrairement à l'opinion commune.

5° L'acide sulfhydrique et les sulfhydrates alcalins se comportent d'une manière différente avec les protosels et avec les deutosels de mercure. Avec les sels mercuriques, ces réactifs donnent un précipité noir qu'un excès de liqueur sulfureuse redissout complétement; tandis qu'avec les sels mercureux, la dissolution n'est que partielle par un excès de réactif; il reste du mercure métallique très divisé. Cette différence d'action des liqueurs sulfureuses sur les protosels et les deutosels de mercure est si tranchée, que l'on pourrait, au besoin, s'en servir pour caractériser ces deux classes de sels.

6° Enfin, nous avons dosé la quantité de sublimé corrosif produite dans chaque réaction, au moyen d'une dissolution titrée de sulfhydrate sodique, défalquant l'excès de solution sulfureuse à l'aide d'une dissolution alcoolique d'iode également titrée. Ce procédé, calqué sur celui de Gay-Lussac, est d'une exactitude parfaite (1).

252. Calomel. — Capelle a reconnu le premier, en 1763, que l'union du mercure doux avec le sel ammoniac donne lieu à un composé dangereux. Proust, quelques

____

(1) Ce procédé a servi de base à celui que M. Pelouze a introduit à la Monnaie de Paris pour le dosage du cuivre.

années plus tard, indiqua la transformation du calomel en sublimé corrosif, qui s'opère sous l'influence des chlorures alcalins. Cette observation de Proust, si intéressante au point de vue médical, reproduite d'ailleurs dans plusieurs ouvrages, et notamment dans ceux de MM. Dumas et Taddei, avait à peine fixé l'attention des médecins dans ces derniers temps. Un empoisonnement survenu en Allemagne, par suite de l'administration de quelques grains de calomel associés à du sel ammoniac, conduisit Peten-Koffer à confirmer de nouveau, par des expériences directes, la production du sublimé corrosif dans cette circonstance. Ce fut quelque temps après que nous publiâmes dans le *Journal de pharmacie*, le 8 février 1840, une note contenant le précis de quelques expériences qui nous avaient démontré : 1° que le chlorure mercureux, sous l'influence des chlorures alcalins, donne toujours une quantité plus ou moins grande de sublimé corrosif ; 2° que c'est à cette transformation partielle que le calomel doit ses propriétés médicales. Les expériences chimiques et les observations cliniques publiées depuis par MM. Régimbeau, Abbène, Selmi, Vicat, Teichmayer, Maire, etc., sont venues confirmer nos assertions.

253. — Nous allons faire connaître quelques expériences nouvelles exécutées, non pour confirmer la transformation du calomel en sublimé par le contact des chlorures alcalins dissous, fait acquis à la science, mais bien pour déterminer la proportion absolue de chlorure mercurique qui résulte de cette réaction dans des circonstances données.

Première expérience. — 10 grammes d'eau distillée

avec addition de 60 centigrammes de sel marin et 60 centigrammes de sel ammoniac [liqueur d'essai (1)], en réagissant vingt-quatre heures à la température de 20 à 25 degrés centigrades sur 60 centigrammes de calomel à la vapeur parfaitement lavé, ont produit 6 milligrammes de sublimé corrosif.

Pareilles expériences ont été faites avec le protochlorure mercuriel obtenu par précipitation, et ont donné des résultats entièrement semblables.

Deuxième expérience. — Faite à la température de 40 à 50 degrés centigrades. Liqueur d'essai, 10 grammes ; calomel à la vapeur, 60 centigrammes : sublimé produit après vingt-quatre heures de contact, 15 milligrammes.

Les expériences précédentes, répétées avec le précipité blanc, ont fourni à l'analyse une moyenne de 17 milligrammes de bichlorure de mercure. Ce résultat chimique confirme l'observation des thérapeutistes, qui ont toujours considéré le protochlorure de mercure obtenu par voie de précipitation comme sensiblement plus actif que le chlorure préparé par la voie sèche.

254. — Nous avons ensuite examiné la question suivante : *La quantité de sublimé produite est-elle en rapport avec la quantité de calomel employée, ou bien est-elle plutôt en rapport avec la proportion du chlorure alcalin réagissant ?*

(1) Pour éviter des répétitions fréquentes, nous désignerons dans le cours de ce travail, sous le nom de *liqueur d'essai*, la dissolution saline ci-après formulée : Eau distillée, 10 grammes ; sel marin et sel ammoniac, de chaque, 60 centigrammes.

Première expérience. — Liqueur d'essai, 10 grammes ; calomel, 10 centigrammes ; vingt-quatre heures de réaction à la température de 40 à 50 degrés centigrades : chlorure mercurique trouvé par l'analyse, 14 milligrammes.

Deuxième expérience. — Calomel, 20 centigrammes : sublimé produit, 15 milligrammes.

Troisième expérience. — Calomel, 40 centigrammes : bichlorure de mercure obtenu, 15 milligrammes.

Quatrième expérience. — Calomel, 60 centigrammes : sublimé fourni à l'analyse, 15 milligrammes.

Les expériences qui précèdent, répétées une seconde fois, mais en remplaçant le calomel par du chlorure obtenu par précipitation, ont donné :

Première expérience. — Précipité blanc, 10 centigrammes ; liqueur d'essai, 10 grammes : sublimé produit, 14 milligrammes.

Deuxième expérience. — Précipité blanc, 20 centigrammes : sublimé produit, 14 milligrammes.

Troisième expérience. — Précipité blanc, 40 centigrammes : sublimé produit, 15 milligrammes.

Quatrième expérience. — Précipité blanc, 60 centigrammes : sublimé produit, 17 milligrammes.

255. — Toutes ces expériences démontrent que la quantité de bichlorure de mercure produite n'est nullement en rapport avec la proportion de calomel employée. Les expériences que nous allons rapporter mettront hors de doute que la quantité de sublimé formée est toujours en rapport avec la proportion de chlorure alcalin.

Première expérience. — (Vingt-quatre heures de contact à la température de 40 à 50 degrés centigrades.) Calomel, 20 centigrammes; sel marin et sel ammoniac, de chaque, 60 centigrammes ; eau distillée, 10 grammes: sublimé produit, 16 milligrammes.

Deuxième expérience. — Calomel, 2 grammes 40 centigrammes; sel marin et sel ammoniac, de chaque, 10 centigrammes : sublimé produit, 5 milligrammes.

Ces deux expériences, reproduites avec le précipité de Scheele, ont donné les résultats suivants :

Première expérience. — Sublimé produit, 18 milligrammes.

Deuxième expérience. — Sublimé produit, 6 milligrammes.

256. — Nous avons examiné ensuite cette autre question : *Le degré de dilution des chlorures alcalins mis en contact avec le calomel influe-t-il d'une manière marquée sur la quantité de sublimé produite?*

La théorie indiquait d'avance qu'il ne pouvait en être autrement, et l'expérience nous avait depuis longtemps appris qu'il en est réellement ainsi. M. Selmi, par des recherches variées, est arrivé aux mêmes conclusions. Il est donc certain, toutes choses étant égales, d'ailleurs, que la proportion de chlorure mercurique produite dans cette circonstance est toujours en raison directe de la concentration de la liqueur chlorurée. Voici, du reste, quelques expériences à l'appui de nos assertions.

Première expérience. — (Vingt-quatre heures de contact à la température de 40 à 50 degrés centigrades.) Calomel, 60 centigrammes; sel marin et sel ammoniac, de chaque, 60 centigrammes ; eau distillée, 5 grammes : sublimé produit, 24 milligrammes.

Deuxième expérience. — La même dose de chacun des trois chlorures précités ; eau distillée, 10 grammes : sublimé produit, 19 milligrammes.

Troisième expérience. — Les mêmes sels aux mêmes doses ; eau distillée, 20 grammes : sublimé produit, 12 milligrammes.

Quatrième expérience. — Mêmes composés salins ; eau distillée, 40 grammes : sublimé produit, 9 milligrammes.

257. — Enfin, nous avons soumis à l'examen la question suivante : *La proportion de calomel transformée en sublimé sous l'influence des chlorures alcalins est-elle augmentée ou diminuée par la présence des matières organisées ?*

Cette question nous ayant paru offrir quelque intérêt, surtout sous le rapport thérapeutique, nous avons cru devoir nous livrer, dans le but de l'éclaircir, aux expériences que nous allons rapporter.

Première expérience. — Liqueur d'essai, 10 grammes ; calomel, 60 centigrammes ; dextrine du commerce, 2 grammes 40 centigrammes : sublimé produit après vingt-quatre heures de réaction à la température de 40 à 50 degrés centigrades, 21 milligrammes.

Deuxième expérience. — Liqueur d'essai, 10 grammes ; calomel, 60 centigrammes ; sucre candi, 2 grammes 40 centigrammes : sublimé produit, 15 milligrammes.

Troisième expérience. — Liqueur d'essai, 10 grammes ; calomel, 60 centigrammes ; albumine animale,

2 grammes 40 centigrammes : sublimé produit, 15 milligrammes (1).

Quatrième expérience. — Liqueur d'essai, 10 grammes ; calomel, 60 centigrammes ; graisse de porc, 2 grammes 40 centigrammes : sublimé produit, 7 milligrammes.

De ce qui précède, il résulte incontestablement que la présence des matières organiques neutres n'empêche pas la conversion du calomel en sublimé ; que la dextrine la favorise au contraire ; que le sucre, et probablement l'albumine, ne la modifient pas (2), et enfin que la graisse y apporte un retard très marqué.

258. — Nous avions admis dans notre premier travail que la conversion du calomel en sublimé avait lieu par la transformation de 1 équivalent de calomel en 1 équivalent de sublimé et 1 équivalent de mercure métallique, ainsi que le représente la formule suivante :

$$Hg^2Cl^2 = HgCl^2 + Hg,$$

et cela par le seul fait de l'affinité du chlorure mercurique pour les chlorures alcalins. Cette explication a été adoptée généralement, et notamment par MM. Regim-

(1) Le chlorure hydrargyrico-alcalin qui se forme en présence de l'albumine n'est pas précipitable par les sulfures alcalins, et partant notre procédé de dosage ne saurait être appliqué, en cette circonstance du moins, d'une manière rigoureuse.

(2) M. Selmi, ayant depuis repris cette question, a conclu de ses recherches que l'albumine favorisait notablement la décomposition du calomel par les chlorures alcalins, phénomène qu'il attribue à juste titre à la propriété que ce corps possède d'emprisonner de l'air.

beau, Abbène et Selmi ; ce dernier chimiste l'a même appuyée de raisonnements qui sont loin d'être sans valeur. Cette théorie n'est cependant vraie que dans certaines conditions dont personne avant nous n'avait tenu compte, c'est-à-dire dans le cas où l'expérience est faite hors du contact de l'air, et alors la quantité de sublimé produite est moindre.

Première expérience. — (Hors du contact de l'air.) Précipité blanc, 60 centigrammes ; sel marin et sel ammoniac, de chaque, 1 gramme 20 centigrammes mis en digestion dans un flacon bouché à l'émeri renfermant 20 grammes d'eau distillée privée d'air. Après vingt-quatre heures de contact, le produit de la réaction a été de 3 milligrammes de sublimé.

Deuxième expérience. — Les mêmes substances, en réagissant en présence de l'air, ont donné 11 milligrammes de sublimé.

Les chlorures alcalins, en présence du calomel et de l'air atmosphérique, produisent donc trois fois plus de sublimé que lorsqu'ils agissent hors du contact de ce fluide élastique. L'explication de ce fait se tire de ce qu'à la température ordinaire le chlorure mercureux peut absorber une certaine quantité d'oxygène, ainsi que M. Guibourt l'a constaté ; à une température plus élevée, cette quantité est plus grande ; et enfin, dans le cas que nous signalons, l'absorption est accélérée par la présence des chlorures alcalins. Or, il n'est pas étonnant qu'en présence de l'air la portion de sublimé soit plus forte, puisque, pour chaque équivalent d'oxygène absorbé, 1 équivalent de chlorure mercurique prend naissance ; de plus, chaque équivalent d'oxyde mercurique formé donne, par double décomposition avec le chlorure alcalin, 1 équivalent de sublimé et 1 équivalent d'oxyde alcalin.

Pour contrôler les recherches que l'on vient de lire, nous avons fait encore les deux expériences que voici :

Première expérience. — (Vingt-quatre heures de contact à la température de 40 à 50 degrés centigrades.) Calomel et acide chlorhydrique, de chaque, 60 centigrammes ; eau distillée pure, 10 grammes : sublimé produit hors du contact de l'air, 4 milligrammes.

Deuxième expérience. — Les mêmes substances, en réagissant en présence de l'oxygène atmosphérique, ont donné à l'analyse 14 milligrammes de deutochlorure de mercure.

De ce qui précède, on peut donc conclure que les deux tiers environ du sublimé formé sont produits sous l'influence de l'oxygène, et qu'un tiers seulement est dû à la transformation pure et simple du calomel en bichlorure de mercure et en mercure métallique.

259.— Nous allons démontrer maintenant que *le proto-chlorure de mercure peut se changer, en partie, en bichlorure de mercure sous la seule influence de l'eau distillée bouillante privée d'air.*

1 gramme 20 centigrammes de calomel ont été placés dans un flacon bouché à l'émeri renfermant 20 grammes d'eau distillée bouillante, et maintenue à cette température pendant l'espace d'une heure.

Analysée après complet refroidissement, cette eau contenait 2 milligrammes de chlorure mercurique.

Il est donc bien certain que le chlorure mercureux chauffé avec de l'eau distillée pure, hors du contact de l'air, peut produire du sublimé; mais la quantité produite est infiniment moindre que lorsqu'il réagit en présence de l'oxygène : seulement, en ce cas, il convient de faire remarquer que ce n'est pas un simple bichlorure de mercure qui se forme, mais bien un oxychlorure, ainsi que M. Guibourt l'a très bien démontré.

260. — Les expériences nombreuses et concluantes que nous venons de rapporter nous permettent d'affirmer *que c'est uniquement à sa transformation partielle en sublimé que le calomel doit toutes ses propriétés médicales.*

Mais, nous demandera-t-on peut-être, puisque le protochlorure de mercure n'a d'action sur l'économie que par le bichlorure qu'il forme, pourriez-vous indiquer la dose qu'il peut en produire dans une circonstance donnée?

La quantité de chlorure alcalin étant variable, d'une manière absolue, suivant l'âge et le sexe, et, d'une manière relative, suivant chaque individu en particulier, on conçoit qu'il doive être fort difficile, pour ne pas dire impossible, de donner même des indications approximatives à cet égard. Fort heureusement que la proportion de chlorure contenue dans nos organes est rarement assez grande pour pouvoir produire une dose de bichlorure de mercure susceptible d'amener des ravages inattendus; fait qu'il est de la plus haute importance de signaler, nos expériences nous ayant, en effet, surabondamment démontré que la quantité de sublimé corrosif produite n'est nullement en rapport avec la proportion de calomel ingérée en une fois. Quelle que fût la dose de chlorure mercureux que nous avions mise en digestion avec une dose invariable de chlorure alcalin, et à une température supérieure de quelques degrés à la température du corps de l'homme, la quantité de bichlorure produite a peu varié ; dans un grand nombre d'expériences elle a été, en moyenne, de 15 milligrammes. S'en produit-il une proportion plus forte quand le calomel est ingéré dans l'économie humaine ? C'est un problème qu'il nous est impossible de résoudre. Nous croyons pourtant qu'il en est ainsi, attendu que l'observation nous a démontré que plus le calomel mis en expérimentation offre de surface à l'air, plus est grande la quantité de sublimé produite ; aussi est-ce uniquement à cause de ce fait que nous pensons qu'il est bon de prescrire le chlorure mercureux à une dose assez élevée (60 centigrammes à 1 gramme 20 centigrammes, par exemple), lorsque l'on veut obtenir de ce médicament le maximum d'énergie médicale qu'il peut produire en *une seule administration*.

Toutefois, nous le répétons, la proportion du sublimé produite après une seule ingestion ne peut jamais être très considérable, quelle que soit, d'ailleurs, la dose de calomel ingérée, sauf le cas exceptionnel d'une tolérance trop longtemps continuée, où une forte dose de calomel ne saurait résider longtemps dans l'économie sans produire tous les symptômes de l'infection mercurielle, ainsi que nous en avons eu dernièrement un exemple frappant. La proposition que nous venons d'énoncer explique parfaitement le fait suivant, dont la connaissance est due à Lémery, fait que Mérat et Delens croient pouvoir rapporter à un effet de l'*habitude*.

« L'habitude est un puissant correctif des mercuriaux,
» disent-ils ; elle en émousse l'action et peut rendre inno-
» centes les préparations les plus dangereuses. Desbois (de
» Rochefort) assure que c'était la mode, en Russie, de mettre
» de la dissolution de sublimé dans la première cuillerée
» de soupe, et Lémery parle d'un alchimiste qui mangeait
» du calomel comme du pain, et à qui il en vit avaler
» quatre onces en une fois pour se purger doucement et
» purifier le sang. »

Qu'un alchimiste ait pris sans danger quatre onces de
calomel simplement pulvérisé, comme on le faisait alors,
et parfaitement lavé, c'est ce que nos expériences nous
permettent de croire volontiers ; mais que l'on puisse
s'habituer à prendre impunément du sublimé ou tout
autre poison minéral énergique, c'est une assertion qu'il
nous est totalement impossible d'admettre.

Une observation bien-ancienne, qui prouve mieux
que tous les raisonnements possibles que l'action médicale du calomel est subordonnée à la quantité de chlorure alcalin contenue dans l'économie, c'est que les
deux classes de malades les plus faibles, les enfants et
les femmes, c'est-à-dire ceux qui usent des aliments
les moins salés, sont ceux qui supportent le mieux le
calomel.

« Relativement aux circonstances individuelles, on
» observe, en général, que les femmes, les enfants sup-
» portent plus difficilement les mercuriaux, le calomel
» excepté, que les hommes. » (Mérat et Delens.)

Cette remarque est de la plus grande justesse, et trouve
son explication dans la différence d'alimentation que nous

avons signalée. Seulement, il convient de l'appliquer à tous les composés mercuriels qui demandent la participation des chlorures pour acquérir de l'énergie, et spécialement à tous les protosels de mercure neutres et non décomposables par l'eau (1).

Voici un autre fait bien constaté qui prouve à la fois, et que l'action du chlorure mercureux est en rapport avec le sublimé produit, et que la quantité de ce dernier est en proportion directe avec la dose des chlorures alcalins réagissants : c'est que le mode d'administration du calomel influe beaucoup sur la rapidité avec laquelle se développe le ptyalisme.

« Un fait principal ressort d'un travail publié récem-

---

(1) Depuis la lecture de ce Mémoire nous avons apporté une preuve de plus en faveur de notre opinion dans le tome XXIII du *Bulletin de thérapeutique*, la voici :

« Je terminerai cet article par une remarque importante que je si-
» gnale à l'attention des praticiens pour qu'ils la vérifient ; puisqu'il est
» démontré que les protosels de mercure agissent en raison directe de la
» quantité de chlorures alcalins que nos humeurs renferment, il est
» évident que les malades depuis longtemps soumis à la diète doivent
» plus aisément supporter l'usage des protosels de mercure que les gens
» en santé.

» Cette remarque est du reste applicable à l'action d'un grand nombre
» de composés métalliques, ainsi que je le démontrerai dans un travail
» ultérieur. »

Nous avons eu, depuis cette époque, mainte occasion de nous assurer par l'observation clinique de la justesse de nos prévisions théoriques. Nous en avons vérifié l'exactitude pour le calomel, le proto-iodure de mercure et le mercure métallique, au point que nous croyons pouvoir affirmer ici, sans craindre d'être démenti un jour, que l'assertion émise par nous *à priori*, à ce sujet, doit être considérée comme une vérité avérée.

» ment par le docteur Law, médecin de l'hôpital de
» sir Patrick Dunn, c'est qu'il suffit d'une très petite
» quantité de mercure (1), administré à petite dose et à
» de courts intervalles, pour obtenir la salivation ou l'ac-
» tion du médicament sur l'économie.

» Le docteur Law fait faire, avec 5 centigrammes de
» calomel et une certaine quantité de gentiane, douze
» pilules que le malade prend à une heure seulement
» d'intervalle; souvent la salivation a déjà commencé à
» se montrer avant que le malade ait pris vingt-quatre
» pilules. » (Trousseau et Pidoux.)

Or, le plus simple raisonnement amène à conclure que
cette manière d'introduire le protochlorure de mercure
dans l'économie favorise on ne peut mieux, d'une part, le
contact de l'air, d'autre part, l'action des humeurs chlorurées, et partant, que la proportion de sublimé formée
doit être la plus forte possible. De là tous les phénomènes
de l'intoxication mercurielle au premier degré observés
par le docteur Law.

261. Action du nitrate de potasse sur le calomel. — Le
nitrate de potasse a été récemment vanté par Burdach
comme favorisant et adoucissant l'action purgative du
calomel, comme prévenant la salivation, et rendant ce
sel propre à être employé dans les maladies sthéniques;
il « trouve ce mélange si utile, que sans lui, dit-il, il ne
» voudrait pas être médecin. » (Mérat et Delens.)

Que l'azotate de potasse favorise et adoucisse l'action

(1) Cette proposition présentée ainsi est évidemment erronée; elle
ne doit être rapportée qu'aux seuls composés mercuriels qui ont besoin
de l'intervention des chlorures de l'économie pour acquérir de l'énergie.

du calomel, qu'il prévienne la salivation, ainsi que le proclame un observateur distingué, c'est ce qu'il ne nous appartient pas de décider ici : nous ferons observer seulement que le nitre, favorisant, par son action diurétique, l'élimination de la substance toxique, pourrait bien avoir quelques-uns des avantages signalés avec tant d'enthousiasme par Burdach. Quoi qu'il en soit, le nitrate potassique, ajouté au mélange aqueux de calomel et de chlorures alcalins, ne change nullement la proportion de sublimé produite, ainsi que nous nous en sommes assuré par quatre expériences analytiques comparatives.

262. — *La magnésie, mélangée au calomel, peut-elle empêcher la formation du sublimé corrosif dans le sein de nos organes ?*

Au lieu de se réjouir de pouvoir enfin expliquer l'action énergique d'un médicament insoluble et supposé inattaquable par les fluides de notre économie, bon nombre de praticiens ont nié l'exactitude de nos assertions au point de vue chimique. D'autres, ajoutant foi à nos expériences de laboratoire, n'ont pas partagé notre manière de voir relativement aux déductions thérapeutiques que nous en avions tirées, et ont cherché à empêcher la production de la substance héroïque en laquelle résident les propriétés médicales du calomel. Ainsi, M. Fauré (de Bordeaux), « frappé, dit-il, des accidents qui pourraient quelquefois » suivre la médication calomélique, a proposé à ce sujet » la magnésie pour les éviter. » D'un autre côté, M. Borchard dit avoir vu les médecins anglais n'employer à l'intérieur que le calomel mélangé à la magnésie calcinée, dans la crainte de voir l'inflammation augmentée par la transformation du protochlorure en deutochlorure. Heureusement pour les malades à qui l'on a administré un tel mélange, que l'on avait fort mal choisi la substance préservatrice, sans quoi l'on eût réduit à zéro les précieuses propriétés d'un des remèdes sur lesquels il est le plus permis de compter. La magnésie, en effet, ne décompose pas le bichlorure de mercure alors qu'il est combiné avec les chlorures alcalins; comme cela a toujours lieu dans les liquides du corps de l'homme. Bien plus, du chlorure mercurique décomposé par la magnésie, mis en contact avec ces mêmes chlorures, ne tarde pas à repasser à son état primitif.

Encore une réflexion à ce sujet : Comment se peut-il que les médecins anglais, qui font un fréquent usage du calomel comme agent de la médication substitutive, aient pu songer à lui ôter ses propriétés inflammatoires ? Est-ce que ces praticiens croient qu'il existe des agents thérapeutiques faisant partie de la médication substitutive, qui appartiennent aux classes des médicaments peu énergiques, aux émollients, par exemple ?

263. — Pour terminer tout ce qui reste à dire sur la réaction *chloro-calomélique* envisagée au point de vue médical, nous ajouterons que, pour répondre à la curiosité de quelques praticiens et à l'incrédulité de quelques autres, nous nous sommes assuré par la voie de l'expérimentation que, dans toutes les circonstances où le protochlorure de mercure est appelé à jouer le rôle d'un agent médicamenteux, il emprunte ses propriétés au sublimé corrosif. Ainsi, ayant ingéré 60 centigrammes de calomel, nous avons constaté de la manière la plus évidente la présence

d'un sel de mercure dans l'urine que nous avons rendue douze heures après l'ingestion de ce remède. Or, le sel mercuriel excrété par nos urines était certainement du sublimé corrosif ; car, le calomel étant insoluble, on ne saurait attribuer à sa présence les réactions mercurielles qu'ont présentées les urines soumises, au préalable, à la filtration. Ces urines ont produit une tache blanche sur le cuivre décapé ; or, on se rappelle que nous avons établi, au commencement de ce travail, que les sels mercuriels acides, ou le bichlorure associé à un chlorure alcalin, étaient seuls aptes à produire une tache blanche sur le cuivre. Donc, la tache mercurielle que produisait notre urine était due à la présence du sublimé, et non à celle du calomel.

Du calomel mis à digérer à la température de 40 degrés centigrades avec du sérum de sang humain a offert, après quelques heures de contact, des traces non équivoques de bichlorure de mercure.

De même, du chlorure mercureux mis en présence d'une humeur *puriforme*, et placé dans les circonstances précédentes, a présenté une transformation tout à fait semblable.

Enfin, des larmes, en réagissant sur du mercure doux, ont également donné lieu à la formation d'une certaine quantité de chlorure mercurique. Cela posé, ne nous est-il pas permis de conclure affirmativement que *le sublimé corrosif est l'unique agent de la médication calomélique ?*

264. — Avant de continuer l'histoire de l'influence qu'exercent les chlorures alcalins sur les préparations mercurielles, nous croyons devoir relater ici l'action que

l'acide cyanhydrique ou prussique fait éprouver aux proto-sels de mercure en général, et au protochlorure en particulier.

Action de l'acide cyanhydrique sur le protochlorure de mercure. — Il résulte de nos recherches que, lorsque l'on fait réagir un excès d'acide prussique sur du mercure doux, et que l'on a soin d'aider la réaction par une agitation convenable, le calomel ne tarde pas à être entièrement décomposé. Il se produit d'abord de l'acide chlorhydrique, du bicyanure de mercure et du mercure métallique, ainsi que le démontre la réaction suivante :

$$Cl^2Hg^2 + Cy^2H^2 = Cl^2H^2 + Cy^2Hg + Hg;$$

c'est-à-dire que 1 équivalent de calomel, en réagissant sur 1 équivalent d'acide prussique, donne naissance à 1 équivalent d'acide chlorhydrique et à 1 équivalent de cyanure mercurique, tandis que 1 équivalent de mercure métallique est mis en liberté, attendu qu'il n'existe pas de cyanure de mercure correspondant au protochlorure.

A cette réaction si simple en succède une autre qui, bien que très simple aussi, n'en a pas moins contribué à cacher celle que nous venons d'énoncer. C'est qu'une fois que cette réaction primordiale est terminée, et même avant, l'acide chlorhydrique et le cyanure mercurique réagissent mutuellement de manière à produire du bichlorure de mercure, et de nouveau de l'acide cyanhydrique ; mais cette décomposition n'est jamais que partielle, l'action décomposante de l'acide chlorhydrique ne tardant pas à être contre-balancée par l'affinité bien connue du cyanogène pour le mercure.

L'action chimique que l'acide prussique fait éprouver au calomel est des plus remarquables, examinée au point de vue de l'application médicale ; elle est telle que nous ne craignons pas d'avancer ici que les produits qui en résultent doivent avoir sur l'économie animale une puissance au moins double de celle de la proportion d'acide cyanhydrique qui leur a donné naissance. Pour démontrer la vérité de notre assertion, il nous suffira de faire observer que 100 parties d'acide cyanhydrique renferment 90,36 de cyanogène, tandis que 100 parties de bicyanure de mercure n'en contiennent que 28,67, c'est-à-dire près de cinq fois moins. D'où l'on voit que 100 parties d'acide prussique contiennent assez de cyanogène pour qu'en agissant sur un excès de calomel, il puisse se produire près de 500 parties de cyanure mercurique, lequel, décomposé par de l'acide chlorhydrique, peut reproduire 100 parties d'acide prussique et près de 400 parties de sublimé corrosif : or, c'est précisément là le fait de la réaction qui nous occupe.

Le cyanure provenant du calomel décomposé reproduit immédiatement, comme il a été établi plus haut, une partie de l'hydracide qui lui a donné naissance, et la reproduction est très probablement totale après son ingestion dans l'économie, grâce aux acides et aux chlorures alcalins existant dans le suc gastrique.

Qu'il nous soit donc permis, en terminant cet article, d'engager les praticiens à ne plus associer, à l'avenir, les protosels de mercure, et notamment le calomel, à quelque dose que ce soit, avec l'acide prussique ni avec aucune préparation qui en renferme; l'expérience nous ayant appris qu'une très faible proportion de mercure doux est suffisante pour épuiser totalement l'action décomposante de la plus forte dose d'acide cyanhydrique qu'il soit raisonnablement permis d'administrer à l'homme.

Le produit définitif de la réaction précitée est donc du bichlorure de mercure, de l'acide chlorhydrique et de l'acide cyanhydrique ; plus, du mercure métallique. Enfin ce mélange renferme, en outre, des traces d'ammoniaque et d'acide formique, provenant l'un et l'autre de l'action réciproque de l'acide cyanhydrique et de l'eau.

265. — L'acide cyanhydrique agit, du reste, d'une manière analogue sur tous les protosels de mercure, ainsi que nous nous en sommes assuré par l'expérience. Avec le protobromure, il donne du bicyanure et du bibromure, de l'acide bromhydrique et du mercure métallique. Avec le proto-iodure il se comporte de même, à cette différence près, que la proportion de cyanure est moindre et la proportion d'iodure plus considérable, et cela à cause du peu de solubilité de l'iodure mercurique.

Les oxysels de protoxyde de mercure sont aussi totalement décomposés par l'acide cyanhydrique et transformés en entier en bicyanure et en mercure métallique ; l'oxacide mis en liberté n'ayant pas, en général, comme les hydracides précités, la propriété de décomposer en partie le bicyanure de mercure.

Les cyanures alcalins se comportent avec les sels de

mercure d'une manière absolument pareille à celle de l'acide *cyanhydrique*.

Dans toutes les expériences qui vont suivre, et qui ont trait aux combinaisons mercurielles autres que le calomel, nous avons toujours fait réagir sur 60 centigrammes du composé mercuriel 10 grammes de la liqueur chloro-alcaline, *liqueur d'essai* dont la formule a été donnée précédemment.

Nous avons opéré : **1°** à la température ordinaire, qui était alors de 15 à 20 degrés centigrades ; **2°** à la température de l'étuve, qui était de 30 à 50 degrés centigrades. Chaque fois la réaction a duré vingt-quatre heures.

Ceci posé, nous allons faire connaître, pour chaque composé mercuriel, la quantité de sublimé produit, soit à la température ordinaire , soit à la température de l'étuve.

266. **Protobromure de mercure**. — Les chlorures alcalins se comportent avec le bromure mercureux comme avec le calomel, à cela près que, hors du contact de l'air, la faible proportion de sel mercurique qui prend naissance est, au moins momentanément, du bibromure de mercure et non du bichlorure ; tandis que si la réaction se fait en présence de ce fluide, la plus grande quantité de bisel mercuriel formée est du chlorure mercurique.

Première expérience. — (A la température ordinaire.) Sublimé produit, 6 milligrammes.

Deuxième expérience. — (A la température de l'étuve.) Sublimé produit, 15 milligrammes.

Tous les raisonnements relatifs à l'action thérapeutique du protochlorure de mercure peuvent être appliqués, presque sans restriction, au bromure mercureux; ce dernier jouit des mêmes propriétés médicales aux mêmes doses, et rien, à nos yeux, ne justifie la préférence que quelques praticiens, amis de la nouveauté, se sont plu à lui accorder.

267. **Proto-iodure de mercure**. — L'iodure mercureux est un des composés de mercure sur lesquels les dissolutions chloro-alcalines réagissent avec le moins d'intensité.

Première expérience. — (A la température ordinaire.) Sublimé produit, 5 milligrammes.

Deuxième expérience. — (A la température de l'étuve.) Sublimé produit, 6 milligrammes.

« A l'imitation de Biett, dans mon service à l'hôpital » de Lourcine, j'ai substitué le *proto-iodure* de mercure » aux autres sels mercuriels. Beaucoup plus actif que le » protochlorure ou calomel, et bien moins apte à provo- » quer la salivation, ce médicament est moins vénéneux » que le sublimé corrosif, et son administration sous la » forme pilulaire le rend plus agréable aux malades que » la liqueur de Van-Swiéten.

» Toutefois, si ce remède paraît moins irritant pour » l'estomac que le sublimé corrosif, en revanche il agit » davantage sur l'intestin, occasionne assez souvent des » coliques et du dévoiement ; il paraît même plus faci- » lement provoquer la salivation que la liqueur de Van- » Swiéten. » (Gibert.)

« Depuis quelques années, dans la vérole constitution- » nelle, on a substitué au sublimé et aux frictions avec » l'onguent napolitain l'usage interne du proto-iodure de

» mercure, médicament puissant, très puissant même, et
» qui est appelé à dominer toute la thérapeutique des
» maladies syphilitiques, concurremment avec l'iodure de
» potassium. » (Trousseau et Pidoux.)

L'iodure mercureux est-il réellement plus actif que le
chlorure auquel il correspond, c'est-à-dire le calomel,
ainsi que le professent hautement les trois auteurs précités ?

Si nous n'eussions consulté que l'action décomposante
des chlorures alcalins sur ce nouvel agent médicamenteux, nous nous serions prononcé hardiment pour la
négative ; mais comme, dans l'économie humaine, à l'action de ces chlorures se joint peut-être celle de l'acide
chlorhydrique, nous avons dû nous enquérir de l'action
de ces deux agents de décomposition sur l'iodure mercureux et sur le calomel. A cet effet, nous avons fait les
quatre expériences suivantes :

Première expérience. —Liqueur d'essai, 10 grammes ;
calomel, 30 centigrammes.

La quantité de sublimé produite après une demi-heure
de contact à la température de 80 à 90 degrés centigrades, a été de 28 milligrammes.

Deuxième expérience. — Liqueur d'essai, 10 grammes ; proto-iodure de mercure, 30 centigrammes.

Ce mélange, placé dans les mêmes circonstances que
le précédent, a donné à l'analyse 11 milligrammes de
chlorure mercurique, quantité de plus de moitié moindre
que celle fournie par le protochlorure de mercure.

Ces deux expériences, faites dans des circonstances
différentes de celles dans lesquelles ont eu lieu les ex-

périences précédentes, n'avaient d'autre but que de les confirmer.

Troisième expérience. — Liqueur d'essai, 10 grammes ; calomel et acide chlorhydrique, de chaque, 60 centigrammes.

Le produit de la réaction, opérée à la température de 80 à 85 degrés centigrades, et continuée seulement un quart d'heure, a été de 18 milligrammes.

Quatrième expérience. — Liqueur d'essai, 10 grammes ; proto-iodure de mercure et acide chlorhydrique, de chaque, 60 centigrammes : bichlorure de mercure obtenu après une digestion de même durée que la précédente, 17 milligrammes.

Ces deux expériences démontrent que l'acide chlorhydrique agit bien plus vivement sur l'iodure mercureux que sur le chlorure correspondant. Néanmoins, bien que la proportion d'acide chlorhydrique associée aux chlorures alcalins ait été plus grande qu'elle ne l'est dans l'économie animale, la quantité de sublimé produite par le composé mercuriel ioduré n'a pas été aussi forte que pour le composé mercuriel chloruré qui lui correspond pour la composition chimique, c'est-à-dire pour le calomel.

Nous serait-il permis d'arguer de ces résultats chimiques, que l'action médicale du proto-iodure de mercure est moindre que celle du protochlorure ?

Non, dira-t-on, car vos expériences de laboratoire ne sauraient contredire nos observations cliniques. Mais, en comparant les faits avec ce que les auteurs ont écrit sur l'action médicale du proto-iodure, nous avons acquis la conviction que cette action a été exagérée.

Ne répète-t-on pas sans cesse que le proto-iodure cause moins souvent la diarrhée et la salivation que le proto-chlorure? Or, le ptyalisme n'a-t-il pas toujours été regardé comme la preuve la plus évidente de l'infection mercurielle? et l'infection mercurielle ne donne-t-elle pas la clef de l'énergie de chacun des composés de cette classe de médicaments? Mais, objectera-t-on, l'iodure mercureux est administré à des doses 10, 20, 30 et 40 fois moindres que le calomel, et dès lors leur mode d'action ne saurait être comparé comme vous le faites. Voilà précisément ce qui abuse certaines personnes ; on pourrait diminuer infiniment la dose du protochlorure de mercure, sans pour cela en amoindrir sensiblement les effets; et, d'un autre côté, on pourrait, sans le moindre danger, augmenter de beaucoup la proportion de proto-iodure. Le fait suivant démontre que l'on peut impunément porter plus haut qu'on ne le fait d'ordinaire la dose du proto-iodure de mercure. Plein de confiance en des expériences dont il avait été l'actif auxiliaire, M. Claude, en 1842, a pris intérieurement 60 centigrammes d'iodure mercureux, c'est-à-dire au moins douze fois la dose habituelle; il n'a obtenu pour tout résultat clinique qu'une seule évacuation par le bas, et cela après plus de vingt-quatre heures de séjour du médicament dans le canal alimentaire.

Ces considérations, soumises aux praticiens, les ont rendus plus hardis dans l'administration du proto-iodure de mercure ; c'est ainsi que M. Ricord n'a pas craint de porter la dose à 40 et 50 centigrammes par jour.

268. — Il est cependant une circonstance que nous

devons signaler, car elle nous donnera l'explication de quelques anomalies d'action observées pendant l'administration du proto-iodure de mercure : nous voulons parler du degré de pureté de la préparation employée. Il est certain aujourd'hui que le proto-iodure de mercure préparé par le procédé de Berthemot, adopté par les rédacteurs du nouveau Codex, renferme constamment une proportion plus ou moins marquée de bi-iodure; qu'il en contient même quelquefois jusqu'à 8 et 10 pour 100 de son poids.

Depuis que nous avons signalé ce fait, M. Soubeiran a fait soumettre à un lavage alcoolique convenable tout le proto-iodure de mercure qui se prépare dans le vaste établissement qu'il dirige; et M. Dominé, son interne, nous a fait voir un jour 90 grammes de bi-iodure de mercure cristallisé, provenant du lavage alcoolique de 1000 grammes de proto-iodure. Comme le deuto-iodure jouit d'une activité presque égale à celle du sublimé corrosif, chacun comprendra aisément combien il est important de n'administrer que du proto-iodure de mercure parfaitement lavé à l'alcool bouillant, sans quoi il serait impossible de faire la part de chacun des deux sels dans les effets produits.

Une autre recommandation très importante, c'est de ne jamais prescrire le proto-iodure de mercure concurremment avec l'iodure de potassium ; car, sans cela, ce n'est plus le proto-iodure, mais bien le deuto-iodure produit qui exerce son action sur l'économie animale.

Tout le monde sait, en effet, qu'en présence des iodures alcalins, le proto-iodure de mercure se transforme immédiatement en bi-iodure et en mercure métallique.

Voici, du reste, la relation d'une observation clinique qui démontre jusqu'à l'évidence toute la portée de nos assertions théoriques :

« M. Laner (de Berlin) a eu occasion de vérifier la jus-
» tesse de l'intéressante remarque faite par Fricke, que le
» calomel appliqué sur un œil sain ou malade ne déter-
» mine qu'une sensation désagréable, mais passagère,
» tandis qu'il irrite et enflamme la conjonctive jusqu'à
» donner lieu à un véritable chémosis, et cela dans l'es-
» pace de peu de temps, lorsqu'on le met en contact avec
» l'œil d'un malade qui fait usage d'une préparation
» d'iode à l'intérieur (1). »

269. **Bisulfure de mercure**. — Contrairement à l'opinion de M. Smith, nos expériences nous ont conduit à adopter la manière de voir de Cartheuser sur l'innocuité du sulfure rouge de mercure. Les chlorures alcalins et l'acide chlorhydrique ont une action si faible sur ce composé, qu'il doit être permis de le considérer comme devant être à peu près inactif, pourvu, toutefois, qu'il ne contienne aucune parcelle de bioxyde, ce qui n'a pas toujours lieu.

270. **Sulfure noir de mercure**. — Le prétendu protosulfure de mercure bien préparé est, d'après nos essais, aussi inerte que le précédent, mais il n'en est pas absolument de même du sulfure noir au moment où il vient d'être obtenu par le broyage de ses deux composants. Celui-ci éprouve une réaction un peu sensible de la part

____

(1) *Giornale per servire ai progressi*, etc.

des agents précités. Parmi les diverses préparations mercurielles que l'on emploie en médecine, les moins énergiques de toutes sont, sans contredit, les deux précédentes.

271. Oxyde rouge de mercure. — Le bioxyde de mercure n'est qu'à peine soluble dans l'eau, et cependant il produit, avec les chlorures alcalins, une proportion considérable de chlorure mercurique.

Première expérience. — (A la température ordinaire.) Sublimé produit, 47 milligrammes.

Deuxième expérience. — (A la température de l'étuve.) Sublimé produit, 154 milligrammes.

La quantité de bichlorure de mercure obtenue dans cette dernière réaction est certes bien considérable, et néanmoins elle eût été à peu près la même avec une dose d'oxyde mercurique bien moindre, attendu que la plus grande partie de l'oxyde est restée inattaquée.

La réaction opérée entre le bioxyde de mercure et les chlorures alcalins est, sans contredit, remarquable ; elle est cependant bien facile à expliquer : l'oxyde mercurique se comporte avec les chlorures alcalins absolument de la même manière que les oxydes plombique et argentique, c'est-à-dire que, par simple substitution entre le chlore et l'oxygène, il se produit du bichlorure de mercure et un oxyde alcalin. Ce dont il est plus difficile de se rendre compte, au premier abord, c'est qu'il soit possible qu'une fois l'oxyde alcalin produit, le chlorure mercurique ne soit pas décomposé par lui. Nous expliquons ce phénomène par l'affinité bien réelle qui existe entre le bichlorure de mercure et les chlorures alcalins. Il est, du moins, certain que la magnésie, qui précipite aisément le sublimé, n'a aucune action sur ce corps alors, qu'on le combine avec un excès de chlorure alcalin.

Administré à l'intérieur, le bioxyde de mercure ne tarde pas à être transformé en sublimé corrosif par l'action réunie des chlorures alcalins et de l'acide chlorhydrique contenus dans les liquides du tube digestif. De là l'explication simple et vraie de son énergie puissante.

Mérat et Delens, tout en considérant l'oxyde mercurique comme une substance très active, ne le croient pas aussi délétère qu'il l'est réellement, et ils pensent que l'empoisonnement par cet oxyde observé par M. Brachet, de Lyon (1), doit être attribué à un vice dans la préparation de l'oxyde employé.

Bien que la quantité de sublimé produite après l'ingestion d'une certaine dose de bioxyde de mercure ne dépende que de la proportion des chlorures que renferment nos humeurs, nous pensons que cette quantité n'est jamais assez faible pour qu'il soit permis de considérer le précipité rouge comme tenant *le milieu, pour l'activité médicale, entre le protochlorure précipité et le proto-iodure de mercure,* ainsi que le professent deux hommes d'un mérite incontesté, MM. Trousseau et Pidoux.

Ce qui vient d'être dit démontre suffisamment que l'oxyde rouge de mercure constitue un agent médical énergique, mais incertain ; aussi convient-il de le reléguer dans la classe des médicaments destinés à l'usage

____

(1) *De l'emploi de l'opium,* 1828, p. 184.

externe, ce que l'on fait, du reste, généralement aujourd'hui. A l'extérieur, le degré d'action de cet oxyde est encore fort remarquable , quoique bien moindre qu'à l'intérieur ; l'absence de l'acide chlorhydrique et la proportion plus faible de chlorures alcalins à l'extérieur qu'à l'intérieur du corps donne de ces phénomènes une explication satisfaisante.

Nous terminerons cet article en faisant observer que l'on favorise parfois l'action de l'oxyde rouge à l'aide d'un liquide chloruré ; on sait qu'il est assez fréquemment usité en frictions après avoir été délayé dans la salive. Ici, comme on voit, le hasard ou l'observation avaient devancé nos recherches.

272. **Oxyde noir de mercure**. — Les expériences de M. Guibourt ont parfaitement bien démontré que ce composé n'est point un véritable protoxyde, mais bien un mélange, en proportions définies, de bioxyde de mercure et de mercure métallique. Cependant les réactions qu'il donne avec les chlorures alcalins sont bien plus en rapport avec celles que ces corps produisent avec les composés qui contiennent l'oxyde mercureux , qu'avec ceux qui renferment l'oxyde mercurique, fait qui n'offre, du reste, rien d'étrange , puisque l'on sait que l'oxyde noir de mercure donne, avec la plupart des acides, des sels qui contiennent réellement le premier degré d'oxydation du mercure ; c'est même ce dernier fait qui avait porté les chimistes à admettre l'existence d'un protoxyde de mercure.

Première expérience. — (A la température ordinaire.) Sublimé produit, 11 milligrammes.

Deuxième expérience.—(A la température de l'étuve.) Sublimé produit, 19 milligrammes.

L'oxyde noir de mercure n'est que rarement usité en médecine, où il porte les noms assez bizarres de *mercure soluble de Moscati*, de *mercure soluble de Moretti*. Récemment préparé, il pourrait être prescrit à des doses au moins cinq à six fois plus fortes que l'oxyde rouge, ainsi que nos expériences relatives au mode d'action des chlorures alcalins et de l'acide chlorhydrique sur ce composé nous l'ont montré d'une manière certaine. Comment se peut-il donc que cet oxyde soit administré à des doses à peu près aussi minimes que l'oxyde rouge ? La réponse à cette question est que l'oxyde noir de mercure est un produit peu stable, dont l'activité peut varier à l'infini, puisqu'il résulte d'une observation de M. Guibourt, observation dont nous avons eu occasion de vérifier toute la justesse, que ce corps complexe peut spontanément changer de nature chimique, et passer, en tout ou en partie, à l'état de bioxyde ; or, nos expériences ont démontré que ce dernier composé est incomparablement plus énergique que le précédent. Cette remarque est digne de fixer l'attention des médecins; elle prouve que l'oxyde noir de mercure constitue un agent médical infidèle, que l'on ferait bien de bannir à jamais de l'arsenal thérapeutique.

273. Protosels de mercure. — L'action des chlorures alcalins sur les protosels de mercure est toujours la même; il se forme d'abord du protochlorure de mercure, qui se comporte, en présence des chlorures alcalins en excès, ainsi que nous l'avons précédemment indiqué.

Voici, du reste, la quantité de sublimé produite par chacun des protosels examinés.

	Température ordinaire.	Température à l'étuve.
Protonitrate. . . .	4 milligr.	13 milligr.
Protosulfate. . . .	7 —	14 —
Proto-acétate . . .	8 —	11 —
Prototartrate . . .	4 —	8 —

274. Protonitrate de mercure. — Il résulte de nos expériences que les chlorures alcalins en excès, en réagissant sur une solution aqueuse de nitrate de protoxyde de mercure, donnent constamment lieu à la production d'une certaine quantité de sublimé corrosif, provenant de l'action réunie de l'oxygène de l'air et de l'excès des chlorures alcalins sur le précipité blanc primitivement produit. Ces faits chimiques nous apprennent que le nitrate mercureux administré à l'intérieur doit éprouver, de la part des chlorures que contiennent nos humeurs, une transformation chimique pareille. Or, comme l'expérience nous a appris que la proportion du bichlorure formé est très minime, il s'ensuit que ce composé mercuriel doit avoir sur l'organisme une action médicale moindre qu'on ne l'eût pensé *à priori*.

275. Protosulfate de mercure. — Le sulfate mercureux n'est pas usité en médecine ; mais il résulte de nos expériences qu'il agirait à la manière du protochlorure précipité, par suite de sa facile transformation en ce dernier corps, sous l'influence des chlorures alcalins contenus dans les fluides de l'économie.

276. Proto-acétate de mercure. — Les dragées ou

pilules de Keyser, autrefois si célèbres, avaient acquis à l'acétate de protoxyde de mercure une valeur thérapeutique qu'il est bien loin de mériter. Ce sel, de même que tous les protosels de mercure en général, est d'abord transformé en chlorure mercureux par les chlorures alcalins renfermés dans nos viscères, et puis, en partie, en sublimé corrosif : aussi l'action médicale de ce composé doit-elle être entièrement rapportée à celle du mercure doux de Scheele provenant de sa décomposition ; assertion qui est, du reste, confirmée par l'expérience.

277. Prototartrate de mercure. — « La dose, comme » antisyphilitique, est de 5 à 10 centigrammes ; mais il est » vénéneux, et aujourd'hui peu usité. » (Mérat et Delens.)

En réfléchissant sur le peu d'action chimique que les chlorures alcalins exercent sur le tartrate mercureux, nous avons été naturellement conduit à nous demander sur quelles observations cliniques ces deux thérapeutistes distingués ont pu asseoir l'opinion qu'ils professent relativement à l'action médicale de ce composé mercuriel. Il nous était d'autant plus permis de nous adresser cette question, que nous avons eu, en général, la satisfaction de voir nos expériences chimiques confirmer l'ensemble des observations cliniques ayant rapport aux préparations dont le mercure est la base. Voici ce qu'il est résulté de nos recherches à ce sujet : des deux tartrates de mercure, le prototartrate, comme il a été dit, donne une très faible proportion de sublimé sous l'influence de liqueurs chlorurées, tandis que le deutotartrate, au contraire, est entièrement transformé en bichlorure de mercure. Or, le prototartrate existant dans les officines est rarement exempt de bitartrate ; c’est à la présence de ce dernier qu’il emprunte la plus grande partie de son énergie toxique, et la liqueur de Pressavin, que l’on supposait être constituée par un tartrate double de protoxyde de mercure et de potasse, renfermait réellement une proportion énorme de tartrate de deutoxyde : aussi éprouvait-elle une réaction puissante de la part des chlorures alcalins contenus dans les liquides de l’économie, ainsi que le témoignent les remarques suivantes :

« Il faut éviter, pendant tout le traitement, de manger
» des aliments salés, parce que le muriate de soude opé-
» rerait la dissolution de ce sel en liqueur. Les acides des
» premières voies suffisent pour le décomposer : aussi
» est-il sujet à exciter de violents efforts pour le vomis-
» sement, et le vomissement lui-même. Souvent il occa-
» sionne des tranchées et des flux du ventre. » (Morelot.)

Ces remarques étaient, sans doute, bien dignes de fixer l’attention des praticiens ; mais comme tant d’autres observations importantes, elles ont eu le malheur de passer inaperçues.

278. **Turbith nitreux.** — D’après M. R. Kane, le turbith nitreux est un sel mercureux basique formé de 2 proportions de protoxyde, 1 proportion d’acide et 1 proportion d’eau ; mais suivant M. H. Rose, sa constitution chimique serait totalement différente : ce serait un double sel formé d’azotate de protoxyde et d’azotate de deutoxyde de mercure.

N’ayant fait aucune expérience pour tâcher de nous assurer de la valeur de chacune de ces assertions, nous ne saurions émettre à ce sujet que des conjectures. Si, cependant, nous osions nous fier à la seule action des chlorures alcalins sur ce composé, nous nous rangerions volontiers du côté de l'opinion du chimiste de Berlin, les proportions de sublimé obtenues ayant été plutôt celles d'un composé de deutoxyde que celles d'un composé de protoxyde. Mais, ce qui est plus probable encore, c'est que ce sous-sel mercuriel, comme tant d'autres sels basiques, n'offre pas toujours une composition identique.

Première expérience. — (A la température ordinaire.) Sublimé produit, 112 milligrammes.

Deuxième expérience.—(A la température de l'étuve.) Sublimé produit, 148 milligrammes.

Le turbith nitreux s'est donc comporté plutôt comme un sous-sel de deutoxyde que comme un sous-sel mercureux basique, résultat inattendu qui nous porte à voir en ce composé un médicament remarquablement énergique.

279. Mercure soluble d'Hahnemann. — Ce composé mercuriel est, d'après M. R. Kane, du turbith nitreux dans lequel 1 proportion d'eau est remplacée par 1 proportion d'ammoniaque. Nos expériences nous portent à soupçonner qu'il existe entre ces deux sels une différence plus grande que celle que signale ce chimiste distingué. Nous croyons que c'est à l'absence de bioxyde dans le mercure d'Hahnemann, bien plus qu'à la présence de l'ammoniaque, qu'il convient d'attribuer l'action moindre que les chlorures alcalins exercent sur ce composé remarquable.

Première expérience.— (A la température ordinaire.) Sublimé produit, 14 milligrammes.

Deuxième expérience.—(A la température de l'étuve.) Sublimé produit, 22 milligrammes.

Assez en vogue autrefois, mais aujourd'hui abandonné généralement, le mercure soluble d'Hahnemann est un produit dont la constitution chimique est très sujette à varier, et dont les propriétés médicales changent avec la constitution.

Nos expériences nous ont démontré que le véritable mercure d'Hahnemann, c'est-à-dire celui qui est d'un beau noir velouté, est un médicament peu accessible à l'action des chlorures alcalins, et, partant, peu actif; mais il n'en est pas de même de celui qui est plutôt gris que noir, et qui renferme une proportion marquée de sous-nitrate de deutoxyde; celui-ci constitue, au contraire, une préparation douée d'une grande énergie, à cause de la facilité avec laquelle ce sous-sel mercurique est transformé en sublimé corrosif.

Le mercure soluble d'Hahnemann est encore une de ces préparations infidèles qu'il est bon de laisser tomber dans l'oubli.

280. **Oxychlorure de mercure.** — L'oxychlorure de mercure est fort peu soluble dans l'eau, mais il acquiert la propriété de s'y dissoudre en proportion considérable sous l'influence des chlorures alcalins, lesquels, en réagissant sur le bioxyde, donnent naissance à une certaine quantité de bichlorure de mercure, et, par le même fait, occasionnent la mise en liberté de celui qui lui était chimiquement uni.

Première expérience. — (A la température ordinaire.) Sublimé produit, 151 milligrammes.

Deuxième expérience.—(A la température de l'étuve.) Sublimé produit, **192** milligrammes.

L'oxychlorure de mercure n'a jamais été employé à l'intérieur sous son véritable nom ; mais il l'a été assez souvent sous les noms de biborate de mercure, de bicarbonate de mercure, composés mercuriels inconnus des chimistes.

Ce sel est donc, d'après nos expériences, un composé des plus énergiques.

281. Oxydamidure de mercure (ammoniure de mercure, Guibourt). — La combinaison de bioxyde de mercure et d'ammoniaque, étudiée par M. Guibourt, éprouve une réaction assez puissante de la part des chlorures alcalins, fait qui nous paraît assez remarquable, en admettant que la composition de ce corps soit réellement celle qu'indique ce chimiste distingué :

$$Hg^3O^3Az^2H^6,$$

tandis qu'en admettant que ce composé est un oxydamidure correspondant au chloramidure analysé par MM. Dumas et Kane, une pareille action chimique est alors tellement en rapport avec les lois de la chimie ordinaire, qu'il eût été facile de la prévoir. On observera de plus que cette dernière manière de voir rend, d'une part, compte de l'ammoniaque obtenue par M. Guibourt en décomposant ce produit par le feu ; et, d'autre part, explique pourquoi Gay-Lussac avait pu conjecturer avant lui que ce composé pourrait bien n'être qu'un simple azoture. On sait que les amidures métalliques, soumis à

l'action de la chaleur, donnent pour produit de l'ammoniaque et de l'azote.

Première expérience.—(A la température ordinaire.)
Sublimé produit, 30 milligrammes.

Deuxième expérience.—(A la température de l'étuve.)
Sublimé produit, 76 milligrammes.

Ce composé n'est pas, que nous sachions, entré encore
dans le domaine de la thérapeutique, et il est à désirer
qu'il n'y entre jamais. Si, cependant, quelques praticiens
désiraient essayer son action sur le vivant, ils devraient
le prescrire à de très faibles doses, car nous venons
de voir qu'il agirait à la manière du bioxyde employé
seul.

**282. Chloramidure de mercure (muriate ammoniaco-
mercuriel insoluble).** — Le chloramidure de mercure est
le précipité blanc des anciens chimistes, qu'il faut bien se
garder de confondre avec le protochlorure obtenu par
voie de précipitation, ou mercure doux de Scheele, ainsi
que M. Guibourt, surtout, l'a fait très judicieusement
observer.

Ce composé remarquable est insoluble dans l'eau
froide, et pourtant il est facilement influencé par les
chlorures alcalins, et la proportion de chlorure mercurique qui en résulte est même considérable.

Première expérience.—(A la température ordinaire.)
Sublimé produit, 82 milligrammes.

Deuxième expérience.—(A la température de l'étuve.)
Sublimé produit, 180 milligrammes.

283. Deuto-iodure de mercure. — Le chlore peut-il,
dans quelques circonstances, déplacer l'iode de ses

combinaisons avec le mercure? Les chlorures alcalins, en réagissant sur l'iodure mercurique, produisent-ils du sublimé corrosif?

Première expérience. — (A la température ordinaire.) Sel mercurique dissous, 110 milligrammes.

Deuxième expérience. —(A la température de l'étuve.) Sel mercurique dissous, 193 milligrammes.

Si l'on se rappelle combien le deuto-iodure de mercure est peu soluble dans l'eau, et si l'on fait attention à l'énorme proportion de bisel mercuriel que l'analyse a démontré exister dans les dissolutions chloro-alcalines, il est bien difficile de ne pas admettre qu'au moins une portion du sel mercurique s'y trouve à l'état de sublimé corrosif.

284. — Suivant MM. Trousseau et Pidoux, le bi-iodure de mercure serait infiniment plus actif que le sublime corrosif. Nous ignorons sur quelles données ces praticiens distingués ont basé leur opinion, mais nous sommes forcé de déclarer ici que nous ne la partageons nullement. Oui, le bi-iodure de mercure est une substance active, puisqu'il est plus que probable qu'il agit à l'état de chlorure mercurique; mais comme 3 parties de bi-iodure ne peuvent donner naissance qu'à un peu moins de 2 parties de bichlorure mercuriel, il est difficile de croire qu'il puisse être plus actif que ce dernier, rationnellement administré. C'est, du reste, à des observations cliniques bien dirigées qu'il appartient de décider en dernier ressort lequel de nous a tort ou raison.

285. **Cyanure de mercure.** — Le bicyanure de mercure est décomposé par les chlorures alcalins, et trans-

formé en sublimé corrosif ; mais, chose digne de remarque, la potasse, la soude, l'acide sulfhydrique libre ou combiné, la lame de cuivre et la pile de Smithson sont à peu près les seuls réactifs du mercure qui décèlent la présence de ce métal dans les dissolutions chloro-alcalines.

On peut toutefois démontrer aisément que le mercure y existe à l'état de chlorure ; il suffit, pour cela, d'évaporer la dissolution, et de traiter ensuite le résidu salin par l'alcool rectifié : l'alcool se charge d'un sel mercurique qui n'est plus du bicyanure, mais bien du bichlorure, ainsi que nous nous en sommes assuré par l'analyse.

Il résulte de nos expériences que le bicyanure de mercure ingéré dans la cavité stomacale est peu à peu décomposé par les agents chimiques du suc gastrique, et transformé en deux des produits les plus énergiques que les chimistes connaissent, le sublimé et l'acide prussique ; réaction des plus intéressantes à signaler au point de vue qui nous occupe, et qui permet de mettre en doute que le bicyanure de mercure soit préférable au bichlorure, qu'il soit moins sujet que ce dernier à produire des douleurs épigastriques, comme on l'a pompeusement proclamé dans ces derniers temps.

Voici deux faits insérés dans l'appendice du Codex français de M. Cazenave qui démontrent la vérité de nos assertions :

« Ce sel, après avoir été extrêmement vanté, il y a » quelques années, n'est presque plus employé aujour- » d'hui.

» Dans deux cas, j'ai vu son administration suivie de

» symptômes de dyspnée très remarquables qui ont obligé
» d'en interrompre l'usage. »

286. **Deutonitrate de mercure.** — De même que tous
les autres sels mercuriques, le binitrate de mercure est
transformé en sublimé corrosif par les chlorures alcalins;
ce qui le prouve incontestablement, c'est que l'on ne
trouve aucune trace de sous-nitrate de mercure dans une
dissolution bouillante de chlorure de sodium, ainsi que cela
aurait lieu inévitablement si cette réaction curieuse ne s'effectuait pas. De plus, lorsque l'on traite la dissolution
mixte par de l'éther sulfurique pur, celui-ci dissout et isole
un composé mercuriel qui possède les réactions du chlore
et celles des bisels de mercure. Or, comme le nitrate
mercurique est instantanément décomposé par l'éther, il
s'ensuit que les réactions précitées appartiennent certainement au sublimé corrosif.

Ce sel, uniquement employé à l'extérieur, constitue, à
l'état de dissolution acide, un caustique des plus énergiques, à cause de sa facile décomposition en un sous-sel
insoluble et un sel acide soluble, lequel, en se combinant
avec les éléments albumineux du sang, escharifie instantanément la partie touchée.

L'expérience nous ayant fait voir que le nitrate de
deutoxyde de mercure est immédiatement changé en
sublimé par les chlorures alcalins, il convient de ne
jamais opérer de cautérisation avec ce caustique sur une
surface un peu étendue; ou, si l'on y a recours, il ne
faut pas négliger de laver immédiatement toutes les
parties soumises à son action, sans quoi ce sel peut
être absorbé, transformé en bichlorure, et, par suite,

amener tous les symptômes de l'infection mercurielle.

Le fait suivant, que nous choisissons entre plusieurs, vient à l'appui de notre manière de voir à ce sujet :

« En 1839, M. le professeur Breschet a vu la salivation » mercurielle se déclarer le lendemain du jour qu'il avait » cautérisé pour la première fois le col de l'utérus avec » le nitrate acide de mercure. » (Trousseau et Pidoux.)

Si, comme il est probable, le nitrate acide de protoxyde de mercure est aussi caustique que le précédent, il devrait lui être préféré, attendu qu'en présence des chlorures contenus dans les humeurs animales, il produirait du calomel et non du sublimé corrosif, et, partant, serait à l'abri de l'inconvénient précité (1).

287. Deutosulfate de mercure. — Tous les chimistes savent qu'un mélange à parties égales de bisulfate de mercure et de chlorure de sodium soumis à la sublimation donne du sulfate de soude et du bichlorure

---

(1) Ce que nous avions conseillé théoriquement ayant été confirmé par la pratique, nous avons publié depuis lors la formule d'un nitrate de mercure liquide, dont l'emploi, même longuement continué, ne saurait amener le ptyalisme. La voici :

Protonitrate de mercure liquide pour cautérisations.

Protonitrate de mercure basique. . . . . 30 grammes.
Acide nitrique. 20   —
Eau distillée. 100   —

Broyez d'abord le nitrate mercureux avec l'acide nitrique dans un mortier de verre ou de porcelaine ; ajoutez ensuite l'eau distillée, en continuant toujours de broyer, et conservez ensuite la liqueur mercurielle sur le dépôt salin qui refuse de se dissoudre.

de mercure : or, il en est de même lorsque l'on dissout dans l'eau parties égales de sel marin et de sulfate mercurique, car, après évaporation et traitement du résidu par l'alcool absolu, ce dernier dissout un composé mercuriel qui réagit abondamment, comme le fait la dissolution de sublimé corrosif ; phénomène que l'on ne saurait attribuer à un mélange de chlorure de sodium et de sulfate mercurique, nos expériences nous ayant appris que le deutosulfate de mercure est complétement insoluble dans l'alcool rectifié.

« A l'intérieur, on le donne, comme antisyphilitique, à la dose de 15 à 20 centigrammes par jour. » (Trousseau et Pidoux.)

Administré aux doses indiquées par MM. Trousseau et Pidoux, le sulfate mercurique constituerait un médicament dangereux. Heureusement que ce composé salin n'est presque jamais usité en médecine.

288. **Turbith minéral**. — Le sulfate trimercurique est puissamment attaqué par les chlorures alcalins, ainsi que le démontrent les expériences suivantes :

Première expérience. — (A la température ordinaire.) Sublimé produit, 112 milligrammes.

Deuxième expérience.—(A la température de l'étuve.) Sublimé produit, 228 milligrammes.

Ce composé mercuriel, signalé déjà par Basile Valentin, a joui plus tard d'une grande célébrité, grâce au charlatanisme de Crollius, qui fit un secret de sa préparation, et le préconisa sous le nom de précipité jaune, de turbith minéral dans le traitement des maladies véné-riennes rebelles. Boerhaave et Sydenham l'employèrent dans les mêmes circonstances. On l'a également vanté contre la variole, et enfin comme purgatif à la dose énorme de 5 à 30 centigrammes.

Nos expériences de laboratoire nous ont porté à voir dans cette préparation un agent thérapeutique énergique, mais incertain dans ses effets; résultat qui confirme la manière de voir des praticiens de nos jours, qui ont relégué le turbith minéral dans la classe des médicaments destinés à l'usage externe.

289. Deutotartrate de mercure. — Le tartrate mercurique n'est guère plus soluble dans l'eau que le tartrate mercureux, et cependant la proportion de sublimé qu'il produit par son contact avec les dissolutions des chlorures alcalins est véritablement surprenante. Cette réaction constitue un des meilleurs exemples que nous puissions citer en faveur de la différence d'action qui existe dans la manière dont se comportent les chlorures alcalins avec les deux classes de sels de mercure.

Première expérience.—(A la température ordinaire.) Sublimé produit, 312 milligrammes.

Deuxième expérience.—(A la température de l'étuve.) Sublimé produit, 362 milligrammes.

La combinaison du bioxyde de mercure avec l'acide tartrique est censée n'avoir pas été usitée en médecine ; elle l'a été cependant, ainsi que nous l'avons annoncé à propos du tartrate mercureux : outre la liqueur de Pressavin, dont nous avons déjà parlé, elle faisait partie très probablement de la liqueur fondante de Diener.

L'action des chlorures alcalins sur le tartrate mercurique est telle que nous ne craignons pas de ranger ce composé dans la classe des préparations mercurielles les plus redoutables.

290. Mercure métallique. — Nous avions presque terminé nos recherches relatives à l'action des chlorures alcalins sur les préparations mercurielles, lorsqu'il nous vint dans la pensée de nous assurer si le mercure lui-même ne serait pas influencé par ces chlorures.

L'expérience confirma nos prévisions, et maintenant nous pouvons assurer, sans crainte d'être démenti, que les solutions des chlorures des métaux alcaligènes, *aérées*, mises en contact avec du mercure, produisent constamment une certaine quantité de bichlorure de mercure; quantité d'autant plus grande que la solution chloro-alcaline est plus concentrée, et que le métal est dans un état de division plus parfait.

La chloruration du mercure, dans les circonstances que l'on vient de lire, a lieu presque aussi facilement à la température ordinaire qu'à une température un peu plus élevée. La seule condition indispensable à la production de ce phénomène est la présence de l'oxygène atmosphérique, le mercure n'étant nullement attaqué hors du contact de l'air.

Ce fait vérifie l'assertion de Boerhaave, déjà confirmée par M. Guibourt, savoir : que le mercure s'oxyde légèrement dans une atmosphère humide; seulement nous ferons observer que, sous l'influence des chlorures alcalins, l'oxydation de ce métal est notablement accélérée.

Première expérience. — (A la température de l'étuve, avec du mercure coulant.) Sublimé produit, 4 milligrammes.

Deuxième expérience. — (A la température de l'étuve, avec du mercure divisé dans un mucilage.) Sublimé pro - duit, 7 milligrammes.

Les recherches que nous venons de reproduire ont suffisamment prouvé combien est grande l'action des chlorures alcalins ; mais elle ne nous ont rien appris sur leur énergie relative. Les expériences que nous allons rapporter combleront cette lacune :

Chlorure ammonique. — 1 gramme 20 centigrammes de chlorhydrate d'ammoniaque et 30 centigrammes de calomel ont été placés dans un flacon ouvert, contenant 10 grammes d'eau distillée, laquelle a été graduellement portée à la température de 50 degrés centigrades et main- tenue ensuite à ce degré de chaleur l'espace d'une demi- heure : sublimé produit, 9 milligrammes.

Chlorure sodique, 1 gramme 20 centigrammes ; calo- mel, 30 centigrammes : sublimé produit, 4 milligrammes.

Chlorure barytique, 1 gramme 20 centigrammes ; calo- mel, 30 centigrammes : sublimé produit, 4 milligrammes.

Chlorure potassique, 1 gramme 20 centigrammes ; calo- mel, 30 centigrammes : sublimé produit, 3 milligrammes.

De ce qui précède, il résulte que le plus énergique d'entre eux est le chlorure ammonique.

Que l'on ne pense pas, du reste, que ces résultats soient le fruit du hasard ; nous en avons plusieurs fois vérifié l'exactitude, et il est parfaitement établi pour nous que le sel ammoniac est beaucoup plus électro-négatif, par rapport aux composés mercuriels, que les autres chlorures alcalins. Nous pouvons même affirmer que son action est à peu près double.

A quoi tient ce phénomène ? Est-ce à la solubilité plus grande de l'oxyde mercurique dans l'ammoniaque que dans les autres bases alcalines ? Ou bien est-ce à la composition complexe du chlorure ammonique ? Ce composé est-il réellement un chloramidure d'hydrogène , ainsi que les expériences de M. R. Kane paraissent l'avoir convenablement établi ? C'est un problème qu'il ne nous est pas donné de résoudre en ce moment.

291. — Quoi qu'il en soit, la décomposition des sels ·par les chlorures alcalins est à nos yeux un fait des plus intéressants, et qui n'a pas suffisamment attiré l'attention des chimistes. La dissolubilité d'un sel dans un chlorure alcalin annonce, le plus souvent, qu'une double décomposition vient de s'effectuer, quoique aucune action apparente n'ait eu lieu, ainsi que le démontrent les réactions curieuses que nous avons signalées entre les chlorures alcalins et les cyanure, sulfate et nitrate mercuriques.

L'opinion que nous professons est, du reste, en parfait accord avec celle qu'un chimiste justement estimé a émise à propos de la dissolution des carbonates terreux dans le chlorhydrate d'ammoniaque.

« La dissolubilité des carbones terreux, dans le sel » ammoniac, dit Vogel, doit, en partie, être attribuée à » leur décomposition, en ce qu'il se forme du carbonate » d'ammoniaque et des hydrochlorates terreux. »

L'action chimique qui résulte du contact des chlorures alcalins dissous et des cyanure, sulfate et nitrate mercuriques, confirme-t-elle la loi de Berthollet relative au phénomène des doubles décompositions ? Nous ne le pensons pas ; ces faits nous semblent, au contraire, plus en rapport avec les opinions émises à ce sujet par Gay-Lussac.

292. — La réaction *absolue* que le chlore uni à l'ammonium fait éprouver au chlorure mercureux est-elle aussi forte que celle que le chlore uni à l'hydrogène fait éprouver à ce même chlorure? *A priori*, le plus grand nombre des chimistes auraient répondu que non, cependant c'est le contraire qui a lieu.

Première expérience. — 30 centigrammes de calomel, 1 gramme 20 centigrammes de chlorhydrate d'ammoniaque, et 10 grammes d'eau distillée, après vingt-quatre heures de réaction à l'étuve, ont donné à l'analyse 19 milligrammes de chlorure mercurique.

Deuxième expérience. — 30 centigrammes de calomel, 673 milligrammes d'acide chlorhydrique (équivalent, en chlore, à 1 gramme 20 centigrammes de sel ammoniac), et 10 grammes d'eau distillée, placés dans les mêmes circonstances, ont donné pour résultat analytique 8 milligrammes de sublimé corrosif.

Ces résultats ne laissent aucun doute relativement à l'assertion qui vient d'être énoncée. Mais il ne faudrait pas croire que les chlorures alcalins ont, sur tous les composés de mercure, une énergie relative aussi remarquable, car il n'en est rien, et l'iodure mercureux, entre autres composés haloïdes, éprouve une réaction plus puissante de la part du chlorure d'hydrogène. Il en est de même, comme on le pense bien, de tous les sous-sels de deutoxyde de mercure ; une multitude d'expériences, que nous croyons inutile de rapporter ici, nous ont confirmé ce que la théorie faisait pressentir, c'est-à-dire *qu'ils donnent une proportion de sublimé plus considérable avec l'acide chlorhydrique qu'avec les dissolutions des chlorures alcalins.*

Examen rapide de l'action thérapeutique des principales préparations pharmaceutiques dont le mercure métallique est la base.

A. Préparations mercurielles renfermant le mercure métallique simplement divisé :

1° Mercure saccharin (1);

2° Mercure gommeux de Plenck ;

3° Pilules simples ou bleues ;

4° Pommade mercurielle récente, et préparée avec de la graisse fraîche.

Les compositions pharmaceutiques de la nature de celles qui précèdent, récemment préparées, ont une action thérapeutique douce; sagement administrées, elles ne causent jamais, ou presque jamais, aucun des accidents reprochés à la plupart des préparations mercurielles. C'est à elles seulement qu'il convient d'appliquer les propositions suivantes :

« Ainsi la préparation la plus simple, celle du mer-
» cure divisé ou éteint, est en même temps la plus douce
» et la plus sûre. Elle ne cause ordinairement ni vomis-
» sement, ni diarrhée, ni colique. » (Mérat et Delens.)

Les expériences chimiques auxquelles nous avons sou-mis ce genre de médication ont confirmé de la manière la plus satisfaisante les données thérapeutiques précédem-

(1) Consultez les ouvrages de pharmacologie, pour connaître la for-mulé de chacune de ces préparations.

ment exprimées; elles nous ont appris que le mercure ainsi divisé, sous l'influence réunie de l'oxygène de l'air, d'une part, et des chlorures alcalins seuls ou accompagnés d'acide chlorhydrique, d'autre part, donne constamment naissance à une très faible proportion de sublimé corrosif, dans lequel résident les propriétés médicales des préparations pharmaceutiques précitées.

Or, comme les règles que nous avons tracées relativement à la dose de calomel qu'il convient d'administrer pour qu'il atteigne son maximum d'énergie médicale, sont en tout applicables aux préparations dont le mercure métallique est la base, c'est-à-dire que la quantité de sublimé produite par l'ingestion du mercure métallique n'est nullement en rapport avec la dose du métal ingéré, mais bien avec la proportion des corps chlorurés réagissant, il s'ensuit que les compositions médicinales qui précèdent, administrées aux doses habituelles, ont toutes une action médicatrice à peu près égale et directement en rapport avec la quantité plus ou moins forte de chlorure contenue dans les humeurs de l'économie, lors de leur ingestion.

C'est à cette classe de médicaments mercuriels qu'il convient de rapporter la *décoction de mercure*, préparation presque inerte, ne renfermant d'ordinaire que des traces de mercure à l'état de fluide élastique. Nous disons *d'ordinaire*, car lorsque, pour composer cette boisson anthelminthique, on fait usage d'eau commune, laquelle renferme des chlorures, et de mercure plus ou moins mélangé d'oxyde, on obtient une eau véritablement active, contenant des traces manifestes de bichlorure de mercure.

B. Préparations mercurielles renfermant le mercure à l'état métallique, mais plus ou moins oxydé :

1° Pilules de Belloste ;

2° Emplâtre de Vigo ;

3° Pommade mercurielle déjà un peu ancienne, ou nouvelle, mais préparée avec de la graisse rance ;

4° Pilules de Sédillot, etc.

Les deux premières préparations ne contiennent qu'une fort petite quantité d'oxyde de mercure (1) ; mais les dernières en renferment ordinairement une proportion très marquée.

Les pilules de Belloste récentes ne nous ont pas présenté de différences bien grandes avec les compositions du groupe précédent, relativement à la quantité de bichlorure qu'elles produisent sous l'influence de chlorures alcalins.

L'emplâtre de Vigo nous a offert un peu plus de sublimé dans les mêmes circonstances.

Enfin, l'onguent napolitain un peu ancien a donné à l'analyse des quantités variables de sublimé, mais toujours plus considérables que celles fournies par les compositions précédentes : ainsi, de la pommade mercurielle récente, mais préparée avec de la graisse rance, a produit 11 milligrammes de chlorure mercurique.

La même pommade, ayant six mois de préparation, a donné 14^{milligr},5 de sublimé corrosif.

(1) Notre assertion relative à la faible quantité d'oxyde mercuriel dans l'emplâtre de Vigo ne se rapporte qu'à l'emplâtre préparé avec le mercure métallique, et non avec l'emplâtre préparé avec l'onguent mercuriel, comme le font à tort quelques pharmaciens.

La même composition, préparée depuis au moins un an, a donné à l'analyse 17 $^{milligr.}$,5 de bichlorure mercuriel. Enfin, un échantillon d'onguent napolitain très ancien a donné pour résultat analytique 22 milligrammes de deutochlorure de mercure (1).

Ces expériences montrent que la pommade mercurielle est une préparation dont la constitution chimique est sujette à varier, et qu'elle peut contenir des quantités d'oxyde de mercure bien différentes, et partant avoir sur l'économie animale une puissance d'action bien différente aussi. De là l'explication des anomalies fréquentes signalées par tous les auteurs qui ont écrit sur l'action thérapeutique de cette préparation pharmaceutique célèbre.

Tout ce qui a rapport à la pommade mercurielle s'applique aussi aux pilules de Sédillot, dont, comme on sait, elle constitue la base.

293. — De ce qui précède, il résulte incontestablement, à notre avis, que le mercure administré à l'état métallique ne produit d'effet sur l'organisme que par la proportion variable, mais constante, de chlorure mercurique auquel, par une réaction remarquable, il donne naissance.

Mais, dira-t-on, s'il est vrai que le mercure à l'état de corps simple soit sans action, et que, de même que le calomel, il n'agisse que par le sublimé qu'il forme, comment se fait-il que son introduction dans le canal intestinal n'amène ordinairement pas le dévoiement, comme

(1) Ces quatre expériences ont été faites avec 10 grammes de liqueur d'essai et 1 gramme 20 centigrammes de pommade, c'est-à-dire 60 centigrammes de mercure, comme pour les autres expériences.

cela arrive presque toujours avec le chlorure mer
cureux ?

Les préparations dont le mercure métallique est la
base ne produisent pas aussi fréquemment la colique et la
diarrhée que le calomel : 1° parce que l'expérience
démontre qu'à poids égal, le mercure métallique simplement divisé donne naissance à une moindre dose de
sublimé ; 2° parce que le mercure métallique est administré ordinairement à plus faible dose ; 3° enfin, parce
que le sublimé produit par l'action réunie du mercure,
de l'air et des chlorures alcalins, se change très probablement, en partie, en protochlorure, par l'effet de
l'excès du mercure métallique réagissant : on sait que le
bichlorure de mercure transforme le mercure métallique
en protochlorure de mercure, en passant lui-même à ce
premier degré de chloruration.

294. Mercure en vapeur. — Les faits chimiques précédemment exposés nous semblent appelés à jeter le plus
grand jour sur cette triste série de phénomènes morbides
auxquels sont assujetties les personnes que leur profes-
sion condamne à vivre dans une atmosphère *mercuri-
fère,* telles que les doreurs, les miroitiers, les fabricants de
baromètres, etc.

N'est-il pas évident que le mercure introduit dans le
sein de l'organisme à l'état de vapeur mélangée d'air se
trouve dans les circonstances les plus favorables pour être
impressionné chimiquement par les chlorures alcalins de
nos humeurs ?

N'est-il pas évident que c'est à la production incessante de sublimé dans les organes des ouvriers précités

qu'il convient de rapporter cette intoxication lente qui amène chez eux des suites déplorables ?

Cette explication de l'action toxique du mercure en vapeur est certainement bien plus en rapport avec l'état actuel de la science que celle dans laquelle « on suppose » que l'action *décomposante* des tissus vivants entraîne » dans l'économie des molécules mercurielles dans un » état de composition chimique *spéciale* et tout à fait » inconnue. » (Trousseau et Pidoux.)

Notre manière d'envisager l'action thérapeutique du mercure métallique confirme on ne peut mieux les expériences à l'aide desquelles Gaspard est arrivé à conclure que le mercure ne saurait circuler dans les vaisseaux capillaires sans les enflammer. Cette dernière opinion a été professée également par M. Cruveilhier : aussi ce praticien distingué suppose-t-il que, dans le traitement de la syphilis par les frictions, le mercure n'est pas absorbé.

Mais, comme on le pense bien, nous ne saurions partager l'avis de M. Cruveilhier relativement à la non-absorption du mercure dans le traitement par les frictions. Selon nous, dans ce traitement, comme dans tous ceux où ce métal est administré à l'état de corps simple, il pénètre très certainement dans l'économie : mais, qu'il soit absorbé ou non à l'état métallique, il n'entre en circulation réelle qu'après avoir subi la double influence de l'oxygène et des chlorures alcalins, c'est-à-dire qu'il ne se mêle au sang qu'à l'état de sublimé corrosif.

295. *Traitement prophylactique de l'intoxication mercurielle lente.* — Le traitement prophylactique de l'intoxication mercurielle lente doit être exactement le même

que celui que nous avons indiqué contre la colique de plomb, et que nous allons reproduire ici.

1° Alimentation aussi peu salée que possible, le chlorure de sodium étant le principal agent de la transformation des molécules mercurielles.

2° Bains et lotions souvent répétées, dans le but de soustraire à l'absorption cutanée, le plus promptement possible, les molécules hydrargyriques déposées à la surface du corps.

3° Ingestion fréquente d'hydrate de sulfure de fer, afin de transformer en sulfure les composés mercuriels introduits par la cavité buccale au fur et à mesure de leur arrivée dans le tube digestif.

DEUXIÈME PARTIE.

RECHERCHES TOXICOLOGIQUES ET MÉDICO-LÉGALES.

296. — Dans la première partie de ce travail, nous avons établi par des expériences précises que toutes les préparations mercurielles, en réagissant sur les chlorures alcalins contenus dans les liquides organiques, donnent naissance à une certaine quantité de sublimé corrosif ; nous allons démontrer que c'est uniquement à ce composé qu'elles doivent leurs effets toxiques aussi bien que leurs propriétés physiologiques et thérapeutiques.

Toutes les fois qu'une préparation mercurielle à base de deutoxyde est mise en contact avec les tissus vivants, elle se combine avec l'élément fibrino-albumineux qui les constitue (1). Mais le composé qui se produit en cette circonstance ne saurait avoir une longue durée, attendu que les chlorures alcalins qui baignent l'eschare mercurielle ne tardent pas à se combiner avec le mercure qu'elle renferme, et à l'emporter dans le torrent de la circulation à l'état de chlorure double hydrargyrico-alcalin. Lorsque, au contraire, le sel mercuriel mis en contact avec la trame organique est à base de protoxyde, l'absorption est d'abord inappréciable ; mais bientôt ce sel est transformé en protochlorure, puis en partie en sublimé corrosif, et ce dernier, enfin, est absorbé à la faveur de l'excès des chlorures alcalins réagissants. De là l'explication, ignorée jusqu'ici, de l'absorption des sels de mercure insolubles et du mercure métallique lui-même.

297. — Toutefois il convient de faire observer que, pour que certains composés mercuriels insolubles puissent devenir toxiques, il faut qu'ils soient répandus sur une assez grande surface et pendant un temps assez long ; autrement leur transformation chimique serait tellement lente, que leur action sur l'économie animale passerait inaperçue. C'est, en effet, ce qui arrive assez fréquemment : ainsi quand on ingère du mercure coulant par la bouche, ce métal est presque toujours expulsé par les garderobes ; mais si, pour une cause quelconque, il est longtemps retenu dans les cavités splanchniques, il s'y divise, s'y oxyde, s'y transforme en bichlorure de mercure, et, finalement, il infecte les humeurs de l'éco-

---

(1) A moins que le composé hydrargyrique n'appartienne pas aux *coagulants*, tel est, par exemple, le bicyanure, auquel cas l'absorption s'est effectuée immédiatement.

nomie absolument comme le sublimé introduit directement. A l'appui de cette opinion déjà partagée par
un grand nombre de chimistes et de toxicologistes, et
notamment par Berzelius, Orfila, Dumas, Soubeiran, etc.,
nous allons relater deux cas d'empoisonnement *chloromercurique*, l'un ayant rapport au sublimé, et l'autre
au mercure métallique.

PREMIÈRE OBSERVATION. — *Empoisonnement par le sublimé.* — Cette observation a été insérée dans un grand
nombre de journaux ; la voici telle qu'elle a paru en janvier 1844, dans le *Journal des connaissances médicales
pratiques et de pharmacologie.*

Un enfant de deux ans, jouissant de la meilleure santé,
portait, dans la profondeur des sillons graisseux que forme
la peau des cuisses, de petites excoriations du derme, que
l'on nomme gerçures. Sa mère avait l'habitude de laver les
parties et de les saupoudrer avec du lycopode. Cette mal
heureuse mère se trompe ; elle prend, dans le lieu qui
renfermait le lycopode, une poudre à peu près semblable, jaunâtre comme elle (c'était du sublimé corrosif
impur) ; elle saupoudre le pli de l'aine droite, la face
interne du scrotum, et la partie supérieure de la cuisse
de ce côté avec du sublimé. L'enfant s'agite et pousse des
cris. En vingt minutes une eschare brune de 4 centimètres carrés se forme dans le pli de l'aine ; les bourses
deviennent volumineuses et comme demi-transparentes.
M. le docteur Bouchut fit administrer trois bains émollients d'une heure chacun, dans l'espace de douze heures,
pour calmer les premières souffrances de l'enfant, et
favoriser la dissolution des molécules de sublimé dont la

combinaison n'avait pas encore eu lieu. Mais le cas paraissait très grave. Le petit malade fut apporté à l'hôpital des Enfants, dans le service de M. Trousseau, trente-six heures après l'accident.

L'état local ne paraissait pas devoir donner d'abord de trop vives inquiétudes ; mais, vers le soir du second jour après l'application du sublimé, les gencives devinrent douloureuses, rouges, se gonflèrent et se revêtirent, ainsi que la langue, d'une couche blanchâtre ; l'haleine devint fétide et les glandes sous-maxillaires douloureuses. Toute la muqueuse buccale participa bientôt à ces désordres ; au sixième jour elle était envahie de toutes parts ; le gonflement s'était propagé des gencives à la muqueuse de la voûte palatine et à celle qui recouvre la face interne de la joue. Des eschares grisâtres se formèrent, l'une sur la lèvre inférieure, les autres de chaque côté du bord alvéolaire supérieur, au niveau des dents molaires ; d'autres, enfin, sur les côtés de la langue. Au-dessous de la couche blanchâtre des eschares, les chairs étaient fongueuses et saignantes.

Bientôt s'accomplit le sphacèle des gencives, la dénudation du rebord des os maxillaires, et la chute de plusieurs dents incisives inférieures. L'haleine était d'une fétidité repoussante ; la salivation était peu considérable, et difficile à constater chez un enfant qui avalait sans cesse le produit de cette sécrétion. M. Trousseau cautérisa d'abord la muqueuse avec la poudre d'alun, puis avec de l'acide chlorhydrique affaibli ; il porta enfin sur les eschares un pinceau chargé d'acide nitrique. Aucun de ces moyens ne put modérer la marche des accidents.

A plusieurs reprises il s'effectua, par la surface ulcérée ou les eschares, des hémorrhagies considérables. Une partie du sang était avalée, l'autre rejetée au dehors avec quelques débris de muqueuse sphacélée. Enfin, ce malheureux enfant mourut le quinzième jour de l'accident. Pendant toute la durée de la maladie il n'y eut pas de désordres gastriques, pas de diarrhée ni de vomissements autres que ceux déterminés par la quantité de sang avalée au moment de l'hémorrhagie buccale.

« Cette observation, dit E. Boudet (1), est intéressante sous plusieurs rapports : la salivation mercurielle, très rare chez l'enfant, et bien caractérisée chez celui-ci, qui avait à peine deux ans, est un fait remarquable (2). Mais la particularité la plus frappante dans l'empoisonnement que nous venons de rapporter, c'est la persistance et l'activité de l'absorption, malgré le sphacèle des tissus touchés par le sublimé. Il semble, d'après la marche graduelle des accidents qui ne se sont développés qu'au bout de quelques jours, et qui, à dater du moment de leur apparition, n'ont pas cessé de croître d'intensité, que le sublimé, combiné avec les parties molles de la cuisse, sous forme d'eschare, fût une source intarissable d'infection où puisaient les absorbants pour aller ensuite empoisonner l'économie. »

(1) *Journal de pharmacie.*
(2) La rareté de la salivation chez les enfants auxquels habituellement on ne donne que du calomel nous semble tenir à ce que, chez eux, les humeurs renferment beaucoup moins de chlorures que chez les adultes. Mais, qu'en place du calomel, on administre du sublimé, on verra la salivation survenir comme chez les grandes personnes ; c'est ce qui a eu lieu dans le cas qui nous occupe.

Nous sommes loin de partager l'étonnement général des praticiens relativement à la persistance et à l'activité de l'absorption qui s'est manifestée, malgré le sphacèle des tissus touchés par le sublimé, ce fait étant pour nous des plus faciles à expliquer. Bien plus, nous pouvons affirmer avoir professé plus d'une fois que telle doit toujours être l'action du bichlorure de mercure, alors qu'il est administré par la méthode endermique. Il suffit de rappeler que le sublimé contracte, avec le sérum du sang, une combinaison insoluble dans l'eau distillée, mais soluble dans de l'eau chargée d'un chlorure alcalin quelconque, et notamment de chlorure de sodium ou sel marin : or, le premier effet du sublimé agissant sur la peau dénudée consiste en une coagulation des éléments albumineux avec lesquels il se trouve en contact immédiat. De là la production de l'eschare, véritable combinaison de sublimé, de fibrine et d'albumine, combinaison chimique étudiée avec beaucoup de soin par MM. Lassaigne, Selmi et autres. Ce premier effet du sublimé est purement local, le composé formé est insoluble, et, par conséquent, incapable de produire l'infection mercurielle, puisqu'il est inabsorbable. Mais cet état de choses est de courte durée, attendu que le composé chimique qui constitue l'eschare peut être rendu soluble par les chlorures alcalins de nos humeurs, et, par suite, éprouver le phénomène de l'absorption : c'est, en effet, ce qui a lieu, et voilà comment *l'eschare a pu être une source intarissable d'infection où puisaient les absorbants pour aller ensuite empoisonner l'économie.*

Que fallait-il faire dans cette circonstance? Enlever la

source de l'infection ou la tarir sur place. La région où se trouvait l'eschare rendait très périlleuse l'ablation avec le bistouri ; le meilleur moyen d'arriver à quelque résultat satisfaisant, eût été de décomposer lentement le sublimé, en frottant l'eschare avec une éponge imprégnée de sel marin et de protosulfure de fer. Le premier de ces agents aurait rendu le sublimé soluble, et le second l'aurait transformé en bisulfure de mercure, composé insoluble et inactif, ainsi que l'ont positivement démontré nos recherches, confirmées par celles d'Orfila et de MM. Bouchardat et Sandras.

Outre ce traitement externe, il eût été convenable d'administrer à l'intérieur quelques verres d'eau hydrosulfurée artificielle ou naturelle, mais récente.

298. Seconde observation. — *Empoisonnement par le mercure métallique.* — « La femme Nanta, âgée de quarante-deux ans, demeurant dans la commune d'Outre-Furens (banlieue de Saint-Étienne), douée d'une forte constitution, fit le 23 janvier dernier un violent effort pour soulever son lit. Aussitôt après elle ressentit une douleur vive dans le bas-ventre ; elle s'en occupa peu d'abord, mais cette douleur ayant augmenté, et d'autres symptômes étant survenus, elle me fit appeler le 3 février, onze jours après l'accident. Je la trouvai dans un état d'anxiété vive. La douleur, d'abord limitée, s'était étendue à tout le ventre ; celui-ci était distendu, sonore à la percussion. L'estomac rejetait toutes les boissons ; aucun aliment n'avait été pris depuis plusieurs jours. La langue était humide et légèrement blanche, la soif nulle, les urines

rares, la constipation opiniâtre ; les lavements ne pouvaient être reçus qu'en petite quantité et ne ramenaient
aucune matière alvine. Le pouls était petit, serré et fréquent ; la peau froide et visqueuse.

» Je pratiquai le cathétérisme, et n'obtins que quelques
gouttes d'urine épaisse, huileuse ; la vessie était fortement
refoulée vers le vagin. Mon doigt, introduit dans le rectum, sentit une tuméfaction considérable, pesante et dou-
loureuse au toucher. Aucun symptôme ne permettant de
croire à une hernie, je diagnostiquai un *volvulus* avec
inflammation vive, et je prescrivis les antiphlogistiques et
des laxatifs légers. Le lendemain, l'état était le même, les
boissons avaient été rejetées. J'informai les parents de
l'issue probable de la maladie, et d'autres médecins furent
successivement appelés. Leur diagnostic fut semblable à
celui que j'avais porté ; le traitement conseillé par l'un
d'eux seulement fut différent, il employa le mercure métallique : 750 grammes furent ordonnés, à prendre en
trois fois, matin et soir ; 500 grammes seulement purent
être ingérés en deux fois. Aucun autre moyen actif ne
fut employé ; je remarquai particulièrement que ni les
bains sulfureux, ni aucune autre préparation de cette
nature ne furent prescrits ni mis en usage.

» Le 11 février, sept jours après ma dernière visite,
on me pria de retourner auprès de cette femme. Les
douleurs étaient alors si vives, qu'elle voulait à tout prix
que je lui ouvrisse le ventre pour extraire le mercure,
qu'elle croyait être l'unique cause de ses souffrances ;
elle le sentait peser fortement, me disait-elle. L'abdomen
était tellement distendu, que je ne l'ai jamais vu, chez

aucun hydropique, atteindre un développement aussi considérable. Elle ne prenait plus que quelques gouttes d'eau ; aucun vomissement n'avait eu lieu depuis qu'elle avait avalé du mercure ; la constipation s'était maintenue ; le pouls était presque imperceptible, la peau froide et pâle, l'anxiété excessive, la face amaigrie et douloureusement contractée. La peau, surtout à la face, autour du nez et des yeux, avait acquis une couleur grise, rappelant, à ne pas s'y méprendre, celle du mercure métallique. Je m'assurai attentivement de cette circonstance, et la notai avec soin. Les yeux étaient caves, les membres supérieurs et la mâchoire inférieure affectés d'un tremblement léger, mais continuel. Les gencives, spécialement les inférieures, violacées et saignantes, tombaient en lambeaux ; les dents incisives inférieures avaient toutes disparu depuis deux jours ; une seule des supérieures restait encore, mais si chancelante, que le plus léger effort aurait suffi pour l'extraire. L'os maxillaire inférieur était à nu dans plusieurs points, au niveau des alvéoles ; la bouche exhalait une odeur fétide. Il n'y avait pas, et il n'y avait pas eu, m'a-t-on dit, de salivation manifestement plus abondante que dans l'état naturel. Peu de temps après mon arrivée, elle mourut presque subitement. L'intelligence et la parole se conservèrent intactes jusqu'au dernier moment. Il fut impossible de faire l'ouverture du cadavre (1). »

Cette relation d'intoxication hydrargyrique concorde si bien avec la précédente, les symptômes morbides ont

______

(1) Cette observation a été transmise à Orfila le 10 avril 1842, par M. le docteur Pinjon, médecin de Saint-Étienne.

été tellement semblables dans les deux cas, que toute réflexion à ce sujet nous paraît hors de propos; et, en effet, il nous semble impossible que du parallèle de ces deux observations on puisse tirer une conclusion différente de la nôtre, savoir, que *le mercure métallique ingéré dans l'économie animale peut, quand il y a séjourné, agir comme poison au même titre que le sublimé corrosif, contrairement à l'opinion de quelques toxicologistes.*

Ce que nous venons de dire sur les effets délétères du mercure métallique s'applique sans restriction à tous les composés binaires fournis par ce métal; *tous peuvent, dans le même cas, donner naissance à du bichlorure de mercure, en quantité suffisante pour produire la mort.*

Nous pourrions accumuler ici un bien grand nombre d'empoisonnements dus à des préparations mercurielles de toute espèce (1), qui tous confirmeraient notre manière de voir.

299. *Traitement de l'empoisonnement chloromercurique.* — Nous avons dit que le protosulfure de fer hydraté (2), corps tout à fait inerte, décompose instantané-

---

(1) Entre autres faits, il en est trois qui ont rapport à la pommade citrine employée en frictions contre la gale, frictions qui ont été suivies de mort après quinze ou vingt jours d'infection hydrargyrique. (Ces observations nous ont été communiquées par M. le docteur Bourgeois, médecin de l'hôpital d'Étampes.)

(2) Pour préparer l'hydrate de protosulfure de fer, on fait dissoudre une quantité quelconque de protosulfate de fer pur dans vingt fois son poids d'eau distillée privée d'air par l'ébullition, et l'on opère la précipitation du sel ferreux au moyen d'une quantité suffisante de sulfhydrate de soude ou d'ammoniaque également dissous dans l'eau distillée non aérée. On lave ensuite avec de l'eau pure, bouillie, le protosulfure

ment le sublimé corrosif, en donnant lieu à du proto-chlorure de fer et du bisulfure de mercure, c'est-à-dire à deux substances tout à fait inoffensives, propriété précieuse qui nous a porté en 1842 (1) à présenter le sulfure ferreux à l'état d'hydrate comme l'antidote par excellence de ce terrible poison.

Voici un fait qui démontre combien est prompte l'action décomposante du contre-poison. Lorsqu'on introduit dans la bouche quelques centigrammes de bichlorure de mercure, on ne tarde pas à avoir cet organe infecté par la saveur métallique insupportable qui caractérise le sublimé. Eh bien ! il suffit de se gargariser avec de l'hydrate de sulfure de fer à l'état de bouillie claire, c'est-à-dire tel qu'il doit toujours être employé, pour voir disparaître comme par enchantement la saveur mercurielle.

Le contre-poison que nous avons proposé ne borne pas son effet aux sels fournis par le mercure (2); il peut

obtenu, et on le conserve dans un flacon bouché à l'émeri, plein d'eau distillée. La recommandation de conserver ce sulfure hors du contact de l'air doit être exécutée à la lettre, ce composé ayant la plus grande tendance à passer à l'état de sulfate, et non à l'état de persulfure, comme on l'a indiqué dans quelques écrits où il en a été question à propos de notre publication.

(1) Note présentée à l'Académie de médecine, août 1842.

(2) Un seul composé mercuriel échappe à l'action annihilante du sulfure de fer hydraté, c'est le cyanure, contre lequel l'albumine est également complétement inefficace. En effet, lorsqu'on traite le cyanure mercurique par le sulfure ferreux, il se forme du bisulfure de mercure et du protocyanure de fer. Ce dernier est en *partie* décomposé par l'eau avec production d'oxyde ferreux et d'acide cyanhydrique; mais si l'on ajoute

également annihiler l'action malfaisante de plusieurs autres composés métalliques, tels que : l'acide arsénieux, les sels d'étain, de plomb, de bismuth, d'antimoine, de cuivre, d'argent, d'or, etc.

L'efficacité de l'hydrate de protosulfure de fer a été constatée par un grand nombre d'autorités scientifiques, et notamment par Orfila, MM. Bouchardat et Sandras, Duflos, etc. Nous croyons devoir rappeler ici que les effets attribués par MM. Bouchardat et Sandras au persulfure de fer sont dus, en réalité, au protosulfure que nous avons démontré exister en proportion variable, et mélangé avec du soufre, dans le composé préconisé par ces auteurs (1).

300. — Nos expériences chimiques sur les mercuriaux nous ont fourni l'occasion de constater deux circonstances dignes d'être signalées au point-de vue de la médecine légale, puisque les experts qui les ignoreraient seraient infailliblement conduits à tirer une fausse conclusion des résultats chimiques qu'ils auraient obtenus.

Dans la première, ils pourraient attribuer l'empoisonnement à un autre composé mercuriel que le sublimé, et dans la seconde, attribuer au sublimé les effets déterminés par un autre sel mercuriel.

On sait que c'est ordinairement par l'éther que les chimistes enlèvent à une solution aqueuse le sublimé qu'elle renferme.

à l'hydrate de sulfure de fer environ le quart de son poids de magnésie calcinée, ce sulfure acquiert la propriété de transformer immédiatement le bicyanure de mercure en deux composés salins des plus inoffensifs, le bisulfure de mercure et le protocyanure de fer et de magnésium.

(1) Voyez *Traité de l'art de formuler*, p. 118 et suivantes.

Or, nous avons reconnu que le chlorure mercurique, quand il est accompagné d'une quantité marquée de bioxyde de mercure et d'un chlorure alcalin, ne se dissout pas dans l'éther : tel est le sublimé qui se produit par l'action réunie des chlorures alcalins et de l'air; tel est aussi le composé qui prend naissance quand on ajoute quelques gouttes d'un alcali fixe à un chloro-hydrargyrate alcalin, c'est-à-dire à une dissolution renfermant à la fois et du sublimé et un chlorure alcalin.

Voilà pour le premier cas. Voici maintenant pour le second.

Nous avons démontré que tous les deutosels de mercure, en présence des chlorures alcalins, donnent immédiatement lieu, par double décomposition, à du sublimé corrosif et à un nouveau sel alcalin. De la connaissance de ces faits il découle que, dans l'état actuel de la science, il n'est pas toujours possible de dévoiler la présence du sublimé dans toutes les liqueurs qui en contiennent, et que, dans d'autres circonstances, il n'est pas possible d'assigner la source de celui qui existe dans les liquides où le découvre l'analyse.

On voit donc que l'éther sulfurique ne constitue pas, pour le deutochlorure de mercure, un réactif aussi précieux que quelques toxicologistes le pensent. A ce sujet nous ne saurions partager l'opinion du savant auteur du *Traité classique de toxicologie générale.*

« Rien n'est si simple, dit Orfila, que de retirer par » l'éther une partie du sublimé *en nature* de certaines » dissolutions aqueuses ou de quelques liquides élémen-» taires colorés. Dira-t-on qu'il n'est pas nécessaire

» d'extraire le sublimé pour affirmer que l'empoisonne-
» ment a eu lieu par ce corps, et qu'il suffit de prouver
» que la liqueur contient du chlore par l'azotate d'argent,
» et du mercure par la lame de cuivre ? Ce serait mé-
» connaître les principes les plus élémentaires de la
» science. En effet, que l'on fasse dissoudre 5 centi-
» grammes d'azotate de bioxyde de mercure et autant de
» chlorure de sodium dans 60 grammes d'eau distillée,
» l'azotate d'argent donnera un précipité de chlorure
» d'argent, et la lame de cuivre décèlera le mercure dans
» l'azotate de bioxyde. Conclura-t-on qu'il y a du sublimé
» en dissolution ? Ce serait une erreur grave.

   » On voit donc combien il pourra être utile de recourir
» à l'éther pour déterminer si une matière suspecte ren-
» ferme du sublimé dans les cas nombreux où une prépa-
» ration mercurielle aurait été dissoute dans l'eau *impure*
» ou dans des liquides colorés contenant des chlorures
» solubles (1). »

   Est-il besoin de faire observer que dans ces cas l'emploi de l'éther conduirait infailliblement à une conclusion
erronée ? D'ailleurs, en publiant l'article précédent, Orfila
s'est mis en contradiction avec lui-même, puisque, dans
ses conclusions générales, page 573 du même ouvrage,
il établit en principe :

   « Qu'il ne suffit pas, pour *affirmer* qu'un individu est
» mort empoisonné par le sublimé corrosif, d'avoir obtenu
» du mercure métallique ou du chlorure de mercure des
» matières cadavériques, parce que ce poison est jour-
» nellement administré à des malades atteints de syphilis ;

(1) Orfila, *Toxicologie*, t. I, p. 559.

» parce que l'on emploie aussi d'autres composés mer-
» curiels qui, d'après M. Mialhe, semblent se transformer
» en sublimé aussitôt qu'ils sont en contact avec des chlo-
» rures alcalins et avec l'air, et que, dans tous ces cas,
» l'expert pourrait constater, soit dans le canal digestif,
» soit dans le foie, soit dans l'urine, la présence du mer-
» cure métallique ou du sublimé, en proportion, à la vé-
» rité, excessivement minime. »

301. — De ce qui précède, il résulte : 1° Que dans l'empoisonnement par un composé mercuriel, il n'est pas toujours possible de constater la présence du toxique ; 2° que le sublimé corrosif trouvé dans les organes de la victime n'autorise pas à affirmer que l'intoxication a été produite à l'aide de ce poison.

TROISIÈME PARTIE.

ÉTUDES PHARMACOLOGIQUES.

302. — Puisque l'action générale ou dynamique de toutes les préparations mercurielles usitées en médecine est due à une seule et même substance, au sublimé cor-rosif, ou, pour mieux dire, au chloro-hydrargyrate alcalin auquel leur ingestion dans l'économie donne naissance, il conviendrait, dans la grande majorité des cas, d'avoir recours à l'emploi du sublimé corrosif lui-même.

Toutefois, avant de mettre cette conclusion en pratique, nous croyons devoir nous arrêter un instant sur un fait chimique relatif à la décomposition du sublimé, fait qui a beaucoup nui à la généralisation de l'emploi de ce sel en thérapeutique.

On n'a cessé de professer et d'écrire, jusqu'en ces derniers temps, qu'un grand nombre de matières organiques, extractives et autres, exercent sur le bichlorure de mercure une action décomposante des plus complètes, puisqu'elles le transforment, a-t-on dit, en protochlorure de mercure, et souvent même en mercure métallique. C'est là une opinion erronée qui doit être combattue. En effet, les pilules de Dupuytren ou des pilules contenant la même dose de chlorure mercurique, et ayant pour excipient, soit le sucre pur, soit la gomme, soit l'amidon, soit l'albumine, soit enfin l'extrait de ményanthe, peuvent se conserver un mois au moins sans éprouver aucune décomposition chimique appréciable à l'analyse, ainsi que nous nous en sommes assuré.

Ces résultats démontrent que M. Soubeiran a eu raison d'avancer, dès l'année 1840, contrairement aux idées reçues alors :

« Qu'il y a avantage à allier le sublimé corrosif, dans son emploi thérapeutique, avec certaines matières organiques : l'action est plus douce, et en même temps plus sûre. On conçoit parfaitement comment le bichlorure de mercure, mitigé par sa combinaison avec la matière animale, et rendu soluble, sans causticité, dans les liqueurs albumineuses, offre plus de chances d'absorption, sans présenter les mêmes dangers. Ainsi le lait, les émulsions, le lait de poule, le blanc d'œuf ou la farine, par la matière caséeuse qui s'y trouve, réalisent cette édulcoration du sublimé. »

Mais si nos études générales sur les mercuriaux nous autorisent à donner un complet assentiment à ces sages préceptes thérapeutiques, elles nous conduisent, par contre, à apporter quelques restrictions à ceux qui suivent : « Il ne faudrait pas croire, toutefois, dit M. Soubeiran, que toutes les matières d'origine organique ont une même action sur le deutochlorure de mercure. Il en est plusieurs qui le décomposent lentement, en le transformant successivement en protochlorure de mercure, puis en mercure métallique. Telle est la manière d'agir des liqueurs chargées de la partie extractive des plantes, des sirops composés et des extraits. Le médecin doit tenir compte de ces effets, et ne prescrire de semblables mélanges qu'au moment où ils doivent être employés. Le sirop sudorifique composé ou de Cuisinier, dans lequel on administre souvent le sublimé corrosif, est l'une des préparations qui produisent le plus promptement cet effet de réduction. »

Nous pensons : 1° que les matières extractives proprement dites, tout comme les substances albuminoïdes, n'exercent *ordinairement* aucune action réductrice sur le bichlorure de mercure ; 2° que lorsque ces matières possèdent cette action décomposante, elle leur est communiquée par les acides glucique, mélassique, ulmique, formique, etc., tous composés doués d'une action réductrice plus ou moins énergique, et qui résultent de la réaction mutuelle d'une base alcaline et d'une substance glycosique existant simultanément dans ces matières. Ce qui prouve d'une manière péremptoire que c'est bien aux dérivés glycosiques que la transformation du chlorure mercurique en chlorure mercureux doit être rapportée, c'est que les matières organiques qui ne renferment ni glycose ni substances pouvant être changées en glycose ou en sucre interverti, ne font éprouver au bichlorure de mercure aucun effet de réduction ; tandis que parmi les préparations pharmaceutiques sucrées, celles qui, par le fait de l'ébullition ou de toute autre cause, ont éprouvé un commencement de transformation glycosique, sont précisément celles qui offrent le pouvoir réducteur au plus haut degré. C'est ainsi que du sirop de sucre candi fait à froid n'a aucune action sur le sublimé, tandis que du sirop de sucre préparé par coction et clarification avec des blancs d'œufs, qui, comme l'on sait, sont alcalins, exerce sur ce composé mercuriel une action décomposante manifeste. L'observation démontre que le sublimé introduit dans du sirop de salsepareille simple, préparé avec l'extrait et le sirop de sucre, se conserve pendant un assez long espace de temps sans éprouver de réduction bien préjudiciable à son action ; tandis que le sirop de salsepareille composé, qui est préparé par coction et clarification, et qui, outre le sucre, contient du sucre de miel ou glycose, transforme presque immédiatement le deutochlorure de mercure en mercure doux ; au point que nous croyons pouvoir affirmer que, lorsque l'on prescrit le sublimé dans du sirop de Cuisinier, c'est tout au plus si, dans chaque bouteille de sirop, les deux premières doses contiennent le médicament héroïque à l'action duquel le médecin avait jugé convenable de soumettre le malade.

Il suit de là que le sublimé corrosif ne doit jamais être associé à des matières qui renferment à la fois, et du sucre, et, à plus forte raison, de la glycose ou des substances pouvant en produire, et des alcalis ; mais qu'il peut être prescrit avantageusement avec du lait, de l'albumine, du gluten, et même avec certaines matières extractives ; médication dont l'utilité a été constatée par la pratique médicale bien avant que la théorie eût montré qu'elle était rationnelle.

Toutefois il n'est pas nécessaire d'associer le chlorure mercurique avec ces matières organiques dans le but de le dulcifier, afin d'empêcher son action sur les membranes du canal digestif; il suffit de le combiner avec un chlorure alcalin quelconque, chlorure sodique, chlorure ammonique, etc., pour annuler son action *coagulante*, action qui explique ce pincement douloureux, cette sorte de ténesme gastrique que son ingestion détermine quand il est administré seul, mais qui, nous le répétons, est complétement anéantie lorsqu'on le prescrit, *même à doses extra-thérapeutiques*, associé aux chlorures alcalins.

303. — *A quelles doses le sublimé corrosif doit-il être administré ?*

S'il est parfaitement établi que le bichlorure de mercure est l'agent unique de la médication mercurielle, il n'est pas moins certain pour tout le monde que c'est un composé toxique des plus énergiques que la médecine ait en son pouvoir : aussi convient-il de ne l'administrer qu'avec la plus grande prudence, suivant le sage précepte du célèbre Boerhaave : *At prudenter, a prudente medico.*

Le sublimé étant à la plupart des préparations mercurielles ce que la morphine est à l'opium, il convient de ne le prescrire qu'à de très faibles doses, 5 à 25 milligrammes par jour, et souvent même une proportion moindre est suffisante pour obtenir de ce précieux agent thérapeutique tous les avantages qu'il est susceptible de produire. Ce qui a le plus contribué à enlever au bichlorure de mercure la suprématie thérapeutique qui, depuis Boerhaave et Sydenham, lui était justement acquise, et qu'il reprendra tôt ou tard, nous en avons l'intime conviction, c'est qu'il a été souvent administré à trop haute dose.

Le mercure simplement divisé, non mélangé d'oxyde, et le proto-iodure pur ne doivent la préférence qu'on leur accorde qu'à la difficulté avec laquelle ils produisent du sublimé corrosif en présence des chlorures alcalins contenus dans l'organisme : ils placent le praticien inexpérimenté dans l'impossibilité absolue d'outre-passer la dose rationnelle d'un agent aussi terrible que le sublimé corrosif intempestivement administré.

Selon nous, la méthode curative qui consiste à administrer le mercure aux nourrissons par l'intermédiaire du lait de leur mère, n'est vraiment avantageuse que parce qu'elle ne permet pas d'introduire dans l'économie du jeune enfant une trop forte dose de sublimé ; la plus grande partie du composé mercuriel prescrit à la nourrice étant éliminée par les urines.

304. — Tout ce qui vient d'être dit sur l'administration du deutochlorure de mercure, se rapporte à la médication antisyphilitique. Mais les mercuriaux ne sont pas, comme chacun le sait, uniquement consacrés au traitement des maladies vénériennes ; ils font également partie des médications altérante, substitutive et antiphlogistique. Or, comme toutes les préparations mercurielles empruntent leurs propriétés médicales au sublimé corrosif (chlo-

rure mercurique), qui, en se combinant avec l'albumine, modifie d'une manière salutaire le travail de l'organisation, il nous semble à la fois convenable et rationnel de désigner sous le nom générique de *médication chloromercurique*, toute médication ayant un composé mercuriel pour base.

305. — *Quelles sont les règles à suivre relativement à l'emploi général de la médication chloromercurique?*

Usitées comme agents de la médication chloromercurique, les diverses préparations mercurielles sont employées à des doses si différentes, qu'il est impossible de répondre catégoriquement à cette question importante. Le seul précepte général que l'on puisse donner à ce sujet, c'est que les doses de toutes les préparations mercurielles autres que le sublimé corrosif doivent être d'autant plus faibles que la personne à qui on les administre fait un plus grand usage de sel marin ou chlorure de sodium.

Quant aux doses de chaque composé mercuriel qu'il convient de prescrire, elles doivent être en rapport avec la proportion de bichlorure de mercure que chacun de ces composés peut produire après son ingestion dans l'économie vivante.

Voici, du reste, le rang que nous assignons à chacune des préparations mercurielles :

Au bas de l'échelle, le mercure métallique non mélangé d'oxyde ; puis le proto-iodure pur, le protochlorure sublimé, le protochlorure précipité, l'oxyde rouge, le deuto-iodure, et enfin le sublimé corrosif.

Pour faire ressortir la différence qui sépare notre

classification de celle qui avait cours dans la science à l'époque où nous publiâmes nos travaux à ce sujet (1845), qu'il nous soit permis de rappeler la classification qui était donnée alors dans l'excellent ouvrage de MM. Trousseau et Pidoux :

« Au bas de l'échelle, le protochlorure de mercure » sublimé, puis le mercure cru, le protochlorure préci- » pité, l'oxyde rouge, le proto-iodure, le sublimé corro- » sif, le deuto-iodure. »

Mais si toutes les préparations hydrargyriques, employées aux doses habituelles, agissent en raison directe de la quantité de sublimé qu'elles produisent, on nous demandera sans doute si nous pensons que l'on puisse les remplacer toutes par une dose convenable de bichlorure de mercure.

Voici notre réponse : le mercure métallique, le proto-iodure, le protochlorure, l'oxyde rouge, le bi-iodure, peuvent être remplacés avantageusement par le sublimé, quand on les destine à l'usage externe ; et si nos assertions sont exactes, il est évident que les préparations faites avec le deutochlorure de mercure doivent être souvent préférables parce qu'elles permettent d'augmenter ou de diminuer à volonté la dose de leur principe actif. Mais bien que nous considérions le bichlorure comme la cause unique des vertus médicales de toute la classe des mercuriaux, nous ne pensons pas qu'il puisse leur être exclusivement substitué. Le deutochlorure de mercure, administré intérieurement, est absorbé rapidement dans les premières portions du canal alimentaire, tandis que tous les composés mercuriels insolubles ont la propriété de parcourir toute la longueur du tube digestif, en produisant sans cesse du sublimé, ce qui doit nécessairement établir une différence d'action bien marquée : ainsi le calomel, administré comme altérant ou comme antiphlogistique dans le traitement des phlegmasies abdominales, ne saurait être remplacé par le deutochlorure de mercure.

306. *Doses auxquelles il convient d'administrer les préparations mercurielles les plus ordinairement usitées en médecine.* — Afin que l'on puisse juger d'un coup d'œil les changements posologiques que nos recherches chimiques nous ont conduit à proposer, nous allons placer en regard les doses que nous conseillons et celles qui sont indiquées dans le *Traité de thérapeutique et de matière médicale* de MM. Trousseau et Pidoux, ouvrage le plus récent et le plus au courant de la science que nous ayons actuellement (1845).

<table>
<tr><td>(TROUSSEAU ET PIDOUX.)</td><td>(MIALHE.)</td></tr>
</table>

Mercure cru.

Comme antisyphilitique, il se donne à l'intérieur, éteint dans le miel, les extraits, les électuaires, à la dose de 5, 10, 20 centigrammes par jour.

A l'extérieur, on l'emploie habituellement éteint dans les graisses, le cérat, etc., et la dose en est indéterminée.

Mercure cru.

On peut le prescrire, à des doses plus de *dix fois plus fortes*, pourvu qu'il soit pur de tout mélange d'oxyde.

A l'extérieur, la pommade mercurielle ancienne doit être employée avec plus de ménagement que la pommade récente, car elle est au moins le *double plus active*. Cette remarque doit surtout être prise en considération alors que l'on administre cette préparation en *pilules*.

(TROUSSEAU ET PIDOUX.)

Deutoxyde de mercure.

Il est peu usité à l'intérieur ; à l'extérieur, c'est la préparation mercurielle le plus souvent employée. Il est fort irritant : aussi ne doit-on, quand on l'incorpore aux graisses, au cérat, ne le combiner qu'en faible proportion : un vingt-quatrième, un vingtième, un dixième tout au plus, à moins que l'on ne veuille produire un effet caustique.

Bisulfure.

Le cinabre s'emploie, incorporé aux pommades, contre les maladies cutanées, dans des proportions qui varient d'un dixième à un vingtième.

Bisulfure.

A l'intérieur, il s'associe à l'opium, aux extraits ; il se donne de 1 à 10 centigrammes par jour.

Iodures.

Les iodures se donnent surtout à l'intérieur : le *proto-iodure*, à la dose de 5 à 15 centigrammes par jour ; extérieurement, incorporé à l'axonge ou au cérat dans la proportion de 20 à 50 centigr. pour 1 gram. Le deuto-iodure se prescrit à des doses moitié moindres.

(MIALHE.)

Deutoxyde de mercure.

A l'intérieur, il doit être employé à des doses *au moins aussi faibles que le sublimé;* à l'extérieur, il est très actif et très irritant. Mais son *degré d'activité n'augmente pas en raison de l'augmentation de la dose de l'oxyde ajouté au corps gras :* ainsi, une pommade renfermant *un dixième d'oxyde est sensiblement aussi énergique qu'une pommade contenant le quart de son poids.*

Bisulfure.

On peut en ajouter aux pommades, *ad libitum, car c'est, de tous les composés mercuriels, le moins actif.*

Bisulfure.

A l'intérieur, on peut l'administrer à des doses plus *de vingt fois plus fortes,* sans le moindre inconvénient, *pourvu qu'il soit parfaitement exempt d'oxyde.*

Iodures.

Le deuto-iodure doit être prescrit intérieurement à la dose de *5 milligrammes à 5 centigrammes* par jour, au plus, tandis que le proto-iodure pur peut être prescrit à des doses plus de *dix fois plus fortes.*

(TROUSSEAU ET PIDOUX.)

Calomel.

A l'intérieur, comme altérant, il se donne à la dose de 5 à 20 centigrammes par jour, et quelquefois même de 4 grammes; comme purgatif, à la dose de 30 centigrammes à 1 gramme.

Précipité blanc.

Il s'emploie, dans la thérapeutique externe, à la dose de 30 centigrammes à 1 gramme par 4 grammes de cérat ou d'axonge.

Deutochlorure de mercure.

Le sublimé se donne, à l'intérieur, de 5 milligrammes à 5 centigrammes, ordinairement associé à l'opium par parties égales. En bain, à la dose de 10 à 30 grammes. En pommade, le sublimé s'unit aux graisses ou au cérat dans la proportion d'un dixième, et même d'un cinquième.

Dans le but de porter directement les vapeurs hydrargyriques sur la membrane muqueuse du larynx et des bronches, dans les affections chroniques de la membrane muqueuse et des voies aériennes, nous avons imaginé des cigarettes mercurielles que M. Thierry propose de préparer de la manière suivante :

On étend sur du papier, avec

(MIALHE.)

Calomel.

A l'intérieur, on peut en porter la dose à *plusieurs grammes*, et, pourvu que cette quantité soit prise en *une seule administration*, l'effet médical ne sera pas plus marqué que si l'on en avait administré seulement un demi-gramme.

Précipité blanc.

Pour l'usage externe, on peut en élever *la dose à volonté*.

Deutochlorure de mercure.

Nous avons déjà dit quelle est notre manière de voir relativement au mode d'administration du bichlorure employé intérieurement.

Pourvu que le tissu dermoïde soit parfaitement sain (1), le sublimé peut être employé extérieurement à des doses assez élevées, ce qui ne pourrait certainement pas être si l'absorption cutanée était aussi active que le supposent quelques physiologistes.

Quant à l'idée de prescrire le

(1) Cette remarque mérite toute l'attention des praticiens, ainsi que le prouve, sans réplique, la relation d'empoisonnement par le sublimé appliqué à l'extérieur, que nous avons rapportée à la page 453.

(TROUSSEAU ET PIDOUX.)

(MIALHE.)

un pinceau, une solution *titrée* de bichlorure de mercure qu'on laisse sécher, puis on étale par-dessus cette première solution une solution de potasse également titrée. Il se forme alors du bioxyde de mercure et du chlorure de potassium qui reste sur le papier.

Lorsque l'on fume ces cigarettes mercurielles, le bioxyde se trouve réduit par le carbone du papier, et le mercure métallique se vaporise.

mercure à l'état de vapeur à l'aide des cigarettes imaginées par M. Trousseau, elle est bonne, sans doute; mais il ne faut pas perdre de vue que ce corps simple, administré sous cette forme, est dans les circonstances les plus favorables pour être transformé en bichlorure de mercure.

Oxychlorure de mercure ammoniacal.

À l'intérieur et à l'extérieur, on le donne aux mêmes doses que le deuto-iodure.

Oxychlorure de mercure ammoniacal.

Idem.

Proto-acétate de mercure.

On le donne aux mêmes doses que le proto-iodure et que le sublimé.

Proto-acétate de mercure.

On peut l'administrer aux mêmes doses que le proto-iodure, et à des doses au moins *dix fois plus élevées* que le bichlorure de mercure.

Deutonitrate de mercure liquide.

Il n'est guère employé que comme remède externe, mêlé à son poids d'acide nitrique, pour cautériser les ulcères syphilitiques, les excoriations du col utérin, les boutons chancreux et dartreux, etc. Cependant il peut se donner aussi à l'intérieur aux mêmes doses que le sublimé.

Deutonitrate de mercure liquide.

Usité comme caustique, le deutonitrate doit être soigneusement enlevé par le lavage après chaque cautérisation, sans quoi son usage peut facilement amener la salivation. — Le protonitrate acide, comme il a été déjà dit, n'aurait pas cet inconvénient.

À l'intérieur, idem.

(TROUSSEAU ET PIDOUX.) (MIALHE.)

Sous-protonitrate ammoniaco-mer-curiel, ou mercure soluble d'Hah-nemann.

On le donne à la dose de 1 à 5 centigrammes.

Sous-protonitrate ammoniaco-mer-curiel, ou mercure soluble d'Hah-nemann.

Lorsque ce composé est d'un beau noir, c'est-à-dire lorsqu'il est pur, on peut le prescrire à une dose *au moins cinq ou six fois plus élevée.*

Deutosulfate de mercure.

On le conseillait jadis en fric-tions, associé à dix fois son poids d'axonge, contre les maladies chroniques de la peau. A l'inté-rieur, on le donne comme anti-syphilitique à la dose de 15 à 20 centigrammes par jour.

Deutosulfate de mercure.

A l'intérieur, on ne doit jamais en porter la dose au delà de 5 *cen-tigrammes* par jour, attendu que ce sel est plus actif que le deuto-nitrate.

Prototartrate de mercure.

Ce sel, qu'il ne faut pas con-fondre avec le mercure tartarisé, était employé jadis comme anti-syphilitique à la dose de 5 à 10 cen-tigrammes. Il faisait la base de la liqueur fondante de Diener et de l'eau végéto-mercurielle de Pres-savin.

Prototartrate de mercure.

Lorsque le tartrate de protoxyde de mercure est employé exempt de tartrate de deutoxyde, on peut le prescrire à la même dose *que le calomel.*

Il résulte de nos recherches que la véritable base des liqueurs de Diener et de Pressavin était le *deutotartrate* et non le proto : or, le deutotartrate est incomparable-ment plus actif que le proto : il est *presque aussi énergique que le sublimé.*

Telles sont les doses auxquelles nous croyons qu'il convient d'administrer les préparations hydrargyriques ;

et nous nous hâtons d'ajouter que, loin de prétendre que
les praticiens doivent les accepter comme des *vérités
absolues*, nous désirons, au contraire, qu'ils ne les considèrent que comme de *simples indications*.

Formules rationnelles.

LIQUEUR MERCURIELLE NORMALE.

Eau distillée . . . . 500 grammes.
Sel marin. . . . . 1 —
Sel ammoniac. . . . . 1 —
Blanc d'œuf. . . . . n° 1.
Sublimé corrosif. . . . . . . 30 centigram.

On bat le blanc d'œuf dans l'eau distillée, on filtre, puis on fait
dissoudre les trois composés salins dans l'eau albumineuse, et l'on
filtre de nouveau.

La liqueur mercurielle normale contient 2 centigrammes de sublimé par 30 grammes, ou 1 centigramme par
cuillerée.

Nous avons donné à cette préparation le nom de
liqueur mercurielle normale, non pas que nous la considérions comme constituant une préparation hydrargyrique
sui generis, plus efficace ou plus douce que certaines
autres, et notamment celle dont nous allons reproduire la
formule, mais bien uniquement pour rappeler qu'elle
renferme le sublimé dans cet état de combinaison que
toutes les préparations mercurielles revêtent au moment
où elles exercent sur l'économie leur action générale ou
dynamique.

LIQUEUR DE VAN-SWIÉTEN RÉFORMÉE.

Eau distillée. . . . .   500 grammes.
Chlorhydrate d'ammoniaque. .   1   —
Chlorure de sodium   1   —
Bichlorure de mercure . . . .   40 centigram.

Mêlez.

Cette préparation contient exactement la même proportion de principe actif que la véritable liqueur de Van-Swiéten, et cependant elle n'a pas, comme elle, l'inconvénient de causer des douleurs épigastriques, ce qui tient à ce que le sublimé, en s'unissant avec les chlorures alcalins, a perdu ses propriétés coagulantes.

Les deux liqueurs mercurielles qui précèdent, se prescrivent l'une et l'autre à la dose d'une cuillerée à bouche, matin et soir ; mais la liqueur de Van-Swiéten réformée contient un quart de sublimé en plus que la liqueur normale.

PILULES ANTISYPHILITIQUES (Dupuytren).

Sublimé corrosif . . . . . .   40 centigram.
Extrait d'opium   50   —
Extrait de gaïac . . . .   6 grammes.

Faites 40 pilules, à prendre 1 à 3 par jour.

Ces pilules sont très fréquemment usitées pour combattre les affections syphilitiques constitutionnelles, et elles méritent de l'être ; le sublimé s'y conserve intact, et nous nous sommes assuré, en outre, que la présence de l'extrait d'opium paralyse l'action coagulante de ce composé mercuriel à l'instar des chlorures alcalins : aussi ces pilules sont-elles aisément supportées par presque tous les malades.

Toutefois, comme l'opium peut, au moins en quelques circonstances, être contre-indiqué, voici une autre formule exempte d'extrait thébaïque, et contenant la même dose de sublimé corrosif :

PILULES CHLORO-MERCURIQUES.

Bichlorure de mercure.	50 centigram.
Chlorure de sodium	2 grammes.
Amidon.	3 —
Gomme arabique pulvérisée . . .	1 —
Eau distillée.	q. s.

F. s. a. 50 pilules, à prendre aux mêmes doses et dans le même cas que les pilules de Dupuytren.

POMMADE CHLOROMERCURIQUE.

Bichlorure de mercure.	4 grammes.
Chlorhydrate d'ammoniaque. . . .	8 —
Axonge	30 —

Broyez exactement le sublimé et le sel ammoniac, ajoutez peu à peu l'axonge, et continuez de broyer jusqu'à ce que le mélange soit d'une homogénéité parfaite.

Cette pommade doit être employée en frictions dans les mêmes cas et aux mêmes doses que la pommade de Cyrillo, qu'elle est destinée à remplacer, c'est-à-dire à la dose de 1 à 4 grammes. C'est une préparation très active, plus active même que la pommade de Cyrillo, bien qu'elle contienne un quart de moins de chlorure mercurique ; mais la présence du sel ammoniac en rend l'absorption plus prompte. Cette pommade, employée *avec circonspec-*

tion, pourrait, selon nous, être avantageusement substituée à la pommade napolitaine dans le traitement abortif de certaines affections inflammatoires locales.

POMMADE CONTRE L'ECZÉMA CHRONIQUE.

Onguent rosat.	120 grammes.
Turbith nitreux	3 —
Acétate de morphine	80 centigram.

Dissolvez l'acétate de morphine dans quelques gouttes d'eau, ajoutez le turbith, puis l'onguent rosat, et broyez le tout dans un mortier de porcelaine, jusqu'à ce que le mélange soit parfaitement homogène.

Cette pommade s'emploie en onctions légères, matin et soir. Elle est généralement très efficace. Elle a été imaginée pour remplacer les pommades faites avec l'onguent citrin, attendu que ces dernières préparations sont d'un effet thérapeutique inconstant, ce qui tient à ce que la composition chimique de la pommade citrine n'est jamais la même.

Il paraît qu'en Angleterre on emploie avec succès, contre les blépharites chroniques, une pommade ayant pour base l'onguent citrin ; nous croyons que l'on pourrait, dans ces cas et quelques autres analogues, lui substituer avec avantage la préparation dont nous venons de donner la formule.

EMPLATRE CHLOROMERCURIQUE.

Chlorure mercurique	1 gramme.
Chlorhydrate d'ammoniaque. . .	2 —
Cire blanche.	15 —
Résine élémi purifiée.	30 —

Faites fondre ensemble la cire et la résine élémi, retirez du feu, et, quand le mélange sera en grande partie refroidi, ajoutez les deux composés salins préalablement broyés, en ayant soin d'agiter sans discontinuer jusqu'à refroidissement complet.

Cet emplâtre pourrait, à notre avis, remplacer avec grand avantage l'emplâtre de Vigo dans presque toutes les circonstances où celui-ci est indiqué.

307. Conclusions générales. — Nous avons formulé dans les propositions suivantes les principaux résultats auxquels nous ont conduit nos recherches sur les mercuriaux :

1° Toutes les préparations mercurielles employées en médecine donnent naissance, durant leur séjour dans l'économie animale, à une certaine quantité de sublimé corrosif, qui seul produit tous leurs effets thérapeutiques et toxiques.

2° Cette transformation des diverses préparations mercurielles en sublimé a lieu sous l'influence des chlorures alcalins contenus dans les humeurs vitales.

3° La quantité de sublimé qui prend ainsi naissance est en rapport, d'une part, avec le degré de chloruration générale de l'économie, et, d'autre part, avec la nature chimique du composé mercuriel ingéré. Ainsi, tous les deutosels solubles ou insolubles, étant transformés, en totalité ou en partie, en sublimé corrosif, constituent des agents énergiques, tandis que les protosels, étant d'abord changés en calomel, ont une action qui est toujours incomparablement plus faible.

4° A doses égales, le bi-iodure de mercure est moins actif que le bichlorure.

5° Le proto-iodure de mercure est moins actif que le calomel. Si le proto-iodure produit quelquefois des effets plus considérables, c'est qu'il contient alors du bi-iodure; aussi doit-il être toujours purifié par l'alcool bouillant.

6° Le calomel, corps insoluble, et partant inabsorbable, ne doit ses propriétés médicales qu'à sa transformation partielle en sublimé corrosif. La quantité de bichlorure produite n'est pas en rapport avec la proportion de calomel employée ; elle dépend de la quantité de chlorures que renferment nos humeurs : c'est ce qui explique l'action si variable de ce médicament, action puissante chez les grands mangeurs de sel, les marins, et faible, au contraire, chez les enfants, les convalescents, dont les humeurs sont déchlorurées par l'ingestion prolongée de boissons aqueuses.

A doses réfractées (5 à 6 milligrammes toutes les heures), le calomel est presque entièrement transformé en sublimé, et constitue un médicament très énergique.

Par la seule influence de l'eau distillée bouillante et privée d'air, le calomel peut, en partie, se convertir en sublimé.

7° Le mercure métallique ingéré dans l'économie animale peut, quand il y séjourne, agir comme poison, en donnant naissance à une certaine quantité de sublimé. En vapeur, il est bien plus dangereux, car son extrême division favorise sa conversion en bichlorure.

8° On doit combattre l'empoisonnement chloromercurique au moyen du protosulfure de fer hydraté, lequel donne lieu à du bisulfure de mercure insoluble. Ce contrepoison est préférable au persulfure de fer hydraté, attendu que ce dernier sulfure, considéré par Berzelius comme correspondant aux sels de peroxyde de fer, n'est qu'un simple mélange de soufre et d'hydrate de protosulfure de fer, et par conséquent il est moins efficace, à poids égal, que le protosulfure pur.

9° Pour atténuer l'action malfaisante du mercure, les miroitiers, les doreurs, etc., doivent :

a. Éviter, autant que possible, l'usage du sel marin, qui favoriserait la production du sublimé ;

b. Se lotionner et se baigner souvent, dans le but de soustraire à l'absorption cutanée les molécules mercurielles déposées à la surface du corps ;

c. Ingérer fréquemment une certaine dose d'hydrate de sulfure de fer, afin de transformer à l'état de bisulfure les composés mercuriels introduits par la bouche, au fur et à mesure de leur arrivée dans le tube digestif; le bisulfure de mercure étant le plus inoffensif des composés mercuriels.

10° Le sublimé est l'unique agent véritable de toute médication mercurielle. L'observation clinique démontre que l'ingestion de la plupart des composés fournis par le mercure donne lieu à une série de phénomènes physiologiques, toujours les mêmes, et différant seulement par leur degré d'intensité. Or, cette action physiologique et thérapeutique des mercuriaux est due à la propriété que possède le deutochlorure de mercure de se combiner avec la partie albumineuse de nos tissus et avec les chlorures alcalins qui l'accompagnent ; c'est en s'unissant à la partie du sang, que l'on peut, à bon droit, désigner sous le nom de chair coulante, que le sublimé apporte dans l'organisation, ou un trouble modificateur bienfaisant, ou une perturbation violente et même mortelle, suivant la dose à laquelle il est ingéré.

Argent et ses composés.

308. —L'argent métallique n'étant attaquable, ni par les acides étendus, ni par les dissolutions des chlorures alcalins, seules ou avec le concours de l'oxygène de l'air, ne peut, introduit dans les voies digestives, exercer sur l'économie vivante qu'une action toute physique ou de contact, qui n'a aucune importance thérapeutique; c'est pourquoi l'usage journalier des feuilles d'argent pour recouvrir les pilules est complétement inoffensif.

309. Chlorure d'argent. — Jadis le chlorure argentique était assez fréquemment usité en médecine; il ne l'était plus depuis longtemps, lorsque M. Trousseau appela de nouveau l'attention sur cette préparation. Cependant, à vrai dire, le chlorure d'argent n'a jamais cessé de faire partie du domaine de la therapeutique, puisque c'est uniquement à ce composé que l'action générale ou dynamique du nitrate d'argent doit toujours être rapportée, ainsi que nous l'avons depuis longtemps démontré.

« Quelques chimistes, disent MM. Trousseau et Pi-
» doux, sont bien convaincus qu'il est parfaitement indif-
» férent de donner à l'intérieur, soit du nitrate, soit du
» chlorure d'argent, attendu, disent-ils, que le nitrate
» administré, même à doses élevées, est converti en
» chlorure à l'instant même où il arrive dans l'estomac.
» Nous n'avons rien à dire à des assertions aussi positives,

» sinon que, en donnant à un malade 5 pilules de
» 10 centigrammes chacune de nitrate d'argent, on peut
» produire des symptômes d'une vive irritation de l'esto-
» mac, tandis qu'en faisant prendre en une fois 1 gramme
» de chlorure, le même malade n'aurait probablement
» rien d'appréciable. »

Nous répondons à MM. Trousseau et Pidoux qu'en
posant en principe que l'action générale ou dynamique du
nitrate d'argent est due uniquement au chloro-argentate
alcalin auquel il donne naissance dans l'économie sous
l'influence des chlorures des métaux alcaligènes qu'il rencontre, nous n'avons pas entendu dire pour cela que cette
transformation fût immédiate ; car il faudrait supposer
que les humeurs animales fussent toujours, en quelque
sorte, saturées de chlorure, ce qui est loin d'être la vérité. Nous avons seulement voulu dire qu'après l'ingestion d'une certaine quantité de nitrate d'argent, la majeure partie se combine d'abord avec les tissus albuminoïdes de nos membranes, et que ce n'est que secondairement, et peu à peu, que cette combinaison est détruite
au fur et à mesure que la circulation amène de nouvelles
quantités de chlorures alcalins. La preuve que nous n'a-
vons pas considéré comme étant de tout point identiques
dans leurs effets l'administration du nitrate et celle du
chlorure d'argent, et que même nous avons été loin d'admettre cette sorte d'équivalence thérapeutique, c'est que
de toutes les formules relatives à l'administration des composés argentifères proposées par nous, aucune n'a pour
base le nitrate d'argent, puisque nous avons toujours eu
le soin d'associer ce sel avec un excès, soit de chlorure,

soit d'iodure alcalins, pour en assurer la transformation complète en chlorure ou en iodure avant son entrée dans l'économie.

Un fait clinique qui démontre jusqu'à la dernière évidence que c'est bien au chloro-argentate alcalin, que le nitrate d'argent, administré contre l'épilepsie, doit son action dynamique, c'est que l'ingestion de ce composé salin, longuement continuée, donne peu à peu à la peau une teinte brune ardoisée presque indélébile : couleur qui est précisément celle que prennent les membranes organiques imprégnées de chlorure argentique, quand elles ont été exposées à la lumière solaire.

310. — Cette explication de l'action *coloratrice* de l'azotate argentique n'est pourtant pas admise par tous les praticiens. Quelques-uns même d'entre eux la repoussent, à l'aide d'un raisonnement très captieux : Si, disent-ils, la teinte olivâtre de la peau, après l'administration du nitrate d'argent, était réellement produite par le chlorure résultant de sa décomposition par les chlorures de l'économie animale, le chlorure d'argent pris en substance devrait, à plus forte raison, déterminer cette même coloration : or, c'est ce qui n'arrive pas. Ce fait prouverait donc, à la fois, et que ce changement de couleur ne saurait être rapporté à la décomposition du chlorure, et que le nitrate d'argent est bien l'agent curatif des névroses qu'il est appelé à combattre.

Rien de plus aisé que de répondre victorieusement à cette double objection. Si le nitrate d'argent produit une action médicale plus marquée et une coloration dermique plus prompte, c'est parce que le chlorure provenant de sa décomposition par les liquides de nos humeurs, est dans des circonstances moléculaires bien autrement favorables à sa combinaison avec les chlorures alcalins que le chlorure argentique sec, ainsi que nous nous en sommes expérimentalement convaincu. Donc, lorsqu'on introduit du nitrate d'argent dans l'économie, la proportion d'argent absorbable est plus grande que lorsqu'on administre du chlorure. De là l'explication de tous les phénomènes physiologiques consécutifs à l'absorption.

311. — Examinons maintenant si les moyens proposés jusqu'ici pour empêcher le chlorure d'argent de produire la coloration noire de la peau offrent le degré de valeur qu'on leur a supposé.

Le plus irrationnel de tous est celui qu'a proposé le docteur Thomson, et qui consiste à administrer, en même temps que le nitrate d'argent, de l'acide nitrique, *afin d'empêcher la transformation du nitrate en chlorure;* car, qui ne sait que le chlore précipite l'argent, même alors que ce métal est en dissolution dans l'acide nitrique concentré?

Patterson, qui a facilement fait justice de cette idée, et démontré, par la chimie et par la physiologie, l'impuissance du moyen conseillé par Thomson, a proposé, pour détruire la *coloration* ardoisée de la peau, l'usage interne et externe longtemps continué de l'iodure de potassium. La méthode imaginée par Patterson est-elle réellement efficace? MM. Trousseau et Pidoux ne le pensent pas. Nous ne saurions être aussi explicite à cet égard; l'analogie parle en sa faveur. On sait, en effet, que du papier imprégné de chlorure d'argent, et noirci par les rayons lumineux, ne tarde pas à blanchir quand on le plonge dans une dissolution d'iodure de potassium. Il est enfin un troisième moyen qui n'est, à vrai dire, qu'une variante de celui de Patterson, et que nous avons proposé nous-même, sous toute réserve : il consiste à se servir de l'iodure de potassium en lotions faites chaque jour sur toutes les parties du corps exposées à la lumière, et cela, non pas lorsque la peau aura déjà contracté une teinte grise, mais au moment même de l'ingestion de la première dose de nitrate d'argent.

312. Iodure d'argent. — Patterson a proposé de substituer au nitrate d'argent l'iodure argentique, qui n'a pas, comme le chlorure, l'inconvénient de se décomposer à la lumière ni au contact de la plupart des substances animales et végétales. Patterson assure, d'ailleurs, que les propriétés de l'iodure sont en tout semblables à celles du nitrate.

Mais les faits sur lesquels s'appuie le docteur Patterson pour conseiller l'emploi de l'iodure sont loin d'être concluants ; il suffit, pour le prouver, de faire observer que ce praticien n'a jamais porté la dose de l'iodure au delà de 6 à 12 milligrammes. Et puis est-il bien avéré que l'iodure d'argent, administré à cette faible dose, ne se change pas en chloro-argentate avant d'arriver à la périphérie du corps? Il est bien certain qu'à poids égal, c'est l'iode qui a le plus d'affinité pour l'argent ; mais en est-il de même alors que des atomes d'iode se trouvent en présence d'une masse imposante de chlore? C'est ce que nous ne croyons pas. Toujours est-il que l'iodure d'argent est incomparablement plus soluble dans l'eau chargée de sel marin ou de sel ammoniac que dans l'eau pure, et que, de plus, sa dissolution dans l'iodure de potassium précipite par un excès de chlorure de sodium.

313. **Oxyde d'argent.** — Dans ces derniers temps, l'oxyde d'argent a été considéré aussi comme jouissant de toutes les propriétés thérapeutiques du nitrate, sans avoir l'inconvénient de colorer la peau en brun.

Pour l'oxyde d'argent il ne saurait y avoir le même doute que pour l'iodure ; très certainement ce composé ne pénètre dans la grande circulation qu'après avoir été préalablement transformé en chlorure, tant par l'acide chlorhydrique que par les chlorures qu'il rencontre dans l'économie humaine ; et s'il produit moins promptement la coloration de la peau que le nitrate, c'est uniquement parce qu'il donne naissance à une moindre proportion de chlorure, et que, de plus, il est ordinairement administré à de plus faibles doses, ce qui, pour juger la question qui nous occupe, ne devrait pas être.

Formules rationnelles.

PILULES CHLORO-ARGENTIQUES.

Nitrate d'argent cristallisé	1	gramme.
Chlorure de sodium	4	—
Amidon.	3	—
Gomme arabique pulvérisée . . .	1	—
Eau.	q. s.	

Pour 100 pilules argentées. Broyez d'abord le nitrate d'argent dans un mortier de porcelaine ; ajoutez ensuite l'eau, puis le sel marin, puis enfin l'amidon et la gomme.

Chacune de ces pilules renferme une quantité de chlorure d'argent correspondant à 1 centigramme de nitrate d'argent.

C'est, selon nous, à cette préparation qu'il conviendrait de recourir pour obtenir les plus grands effets dynamiques. Si cependant quelques praticiens désiraient soumettre à l'expérience clinique les assertions du docteur Patterson, voici comment ils devraient administrer l'iodure d'argent :

PILULES IODO-ARGENTIQUES.

Nitrate d'argent cristallisé	1 gramme.
Iodure de potassium.	2 —
Amidon.	3 —
Gomme arabique pulvérisée . . .	1 —
Eau.	q. s.

Pour 100 pilules argentées.

Nous ne croyons pas devoir parler ici de la dose à laquelle il convient d'administrer ces deux espèces de pilules argentiques, c'est aux praticiens eux-mêmes à la déterminer. Nous dirons seulement que le chlorure et l'iodure argentiques peuvent être prescrits à la dose de 30, 40, 50 centigrammes, et même plus, par jour; mais que, pour obtenir de ces deux composés toute l'action dont ils sont susceptibles, il faut les administrer à doses fractionnées.

314. *Traitement de l'empoisonnement par le nitrate d'argent.* — Nous considérons le sulfure de fer hydraté comme le meilleur antidote du nitrate argentique; en effet, le sulfure ferreux jouit du précieux avantage de transformer immédiatement ce poison en deux composés

salins à peu près aussi inactifs l'un que l'autre, le nitrate ferreux et le sulfure argentique.

Nous nous croyons donc autorisé à placer le sulfure de fer hydraté au-dessus du chlorure de sodium proposé par Orfila, attendu que le chlorure d'argent est rendu très sensiblement soluble, et, par conséquent, absorbable à la faveur des chlorures alcalins. Toutefois nous nous hâtons d'ajouter qu'à défaut de sulfure ferreux, c'est, sans aucun doute, au chlorure sodique qu'il conviendrait d'avoir recours.

Or et ses composés.

315. — Comme l'or métallique ne peut être dissous par aucun des agents chimiques que renferment nos humeurs, il s'ensuit qu'il ne saurait être doué des propriétés médicales qu'on a cru lui reconnaître ; car les observations cliniques de deux observateurs dont personne ne conteste l'exactitude, démontrent que, contrairement aux idées médicales reçues, et, conformément à nos recherches, les effets dynamiques de ce métal sont, pour le moins, problématiques.

« L'or en poudre est la préparation d'or employée par
» Chrestien contre la syphilis. Il agirait à la manière des
» toniques, sans avoir les inconvénients du mercure. Les
» expériences que nous avons faites, Biett et moi, à
» l'hôpital Saint-Louis, n'ont pas confirmé ce résultat, et
» nous avons toujours trouvé l'or métallique à peu près
» inerte sous le rapport physiologique et thérapeu-
» tique (1). »

(1) Cazenave, *App. thérap. du Codex*, p. 5.

316. Oxyde, cyanure et iodure d'or. — Comme ces trois composés ne produisent leur action dynamique qu'après avoir été transformés en chlorure, ou, pour mieux dire, en chloro-aurates alcalins, nous ne croyons pas devoir leur consacrer un article spécial.

Formules rationnelles.

SIROP DE CHLORURE D'OR ET DE SODIUM (Chrestien)

Chlorure d'or et de sodium . .   5 centigram.
Sirop de sucre . . . .   180 grammes.

F. s. a.

TABLETTES DE CHLORURE D'OR ET DE SODIUM (Chrestien).

Chlorure d'or et de sodium . .   25 centigram.
Sucre blanc pulvérisé . . . .   30 grammes.
Mucilage de gomme adragante.   q. s.

F. s. a. 60 pastilles.

PILULES DE CHLORURE D'OR ET DE SODIUM (Chrestien).

Chlorure d'or et de sodium . . .   50 centigram.
Fécule de pomme de terre. . .   20   —
Gomme arabique pulvérisée . .   4 grammes.
Eau distillée . . . .   q. s.

F. s. a. 120 pilules.

POMMADE DE CHLORURE D'OR ET DE SODIUM (Magendie).

Chlorure d'or et de sodium. . .   10 centigram.
Axonge. . . . .   30 grammes.

Mêlez.

POMMADE DE CHLORURE D'OR ET DE SODIUM (Niel).

Chlorure d'or et de sodium. . .   1 gramme.
Axonge   30   —

Mêlez.

Toutes ces préparations ne doivent être faites qu'au moment du besoin, à cause de la décomposition qu'éprouve le chlorure d'or en présence des matières organiques. On retarderait très certainement cette décomposition en ajoutant au chloro-aurate alcalin une plus forte proportion de chlorure de sodium; ce qui en rendrait aussi l'absorption plus facile. Néanmoins, comme encore ici la pratique médicale avait devancé nos recherches, nous n'avons pas cru devoir modifier les formules sanctionnées par l'usage.

317. *Traitement de l'empoisonnement par le chlorure d'or.* — Le chlorure d'or constitue un poison énergique contre lequel personne n'a indiqué de traitement spécial. L'hydrate de protosulfure de fer, que nous avons proposé, comble heureusement cette lacune; en effet, le chlorure aurique est décomposé comme par enchantement par le sulfure ferreux. Il se produit d'abord du sulfure aurique et du chlorure ferreux, et comme les protosels de fer ont la propriété de décomposer eux-mêmes le chlorure d'or, il en résulte que la décomposition de ce dernier est, pour ainsi dire, instantanée.

Platine et ses composés.

318. — De même que l'or, l'argent et tous les métaux nobles, c'est-à-dire non immédiatement oxydables, le platine n'exerce aucune action sur les êtres vivants. Nous dirons plus : tout composé platinique non susceptible d'être transformé en chlorure par son contact avec les liqueurs chlorurées de l'économie animale est également incapable de modifier l'organisme autrement que par un effet de contact, attendu que l'action physiologique et dynamique du platine est toujours due au perchlorure de platine, ou, pour mieux dire, aux chloroplatinates alcalins.

Ces vérités ne pouvaient échapper, du moins en entier, à M. Hoefer, médecin aussi instruit que chimiste habile : aussi, dans ses *Recherches sur les propriétés physiologiques et thérapeutiques des préparations de platine*, ce praticien n'a-t-il fait connaître que des formules ayant pour base, soit le chlorure de platine simple, soit le chlorure platinico-sodique, c'est-à-dire le chlorure double de platine et de sodium.

Formules rationnelles.

M. Hoefer, qui considère le perchlorure de platine comme un remède très efficace dans le traitement des maladies syphilitiques, de celles surtout qui sont anciennes et invétérées (constitutionnelles), emploie cet agent modificateur sous les formes et aux doses suivantes :

POTION CHLOROPLATINIQUE.

Perchlorure de platine . . . . 70 centigram.
Potion gommeuse du Codex . . . . 180 grammes.

F. s. a. une potion à prendre par cuillerées dans les vingt-quatre heures.

PILULES CHLOROPLATINIQUES.

Perchlorure de platine . . . . 5 centigram.
Extrait de gaïac . . . . 4 grammes.
Poudre de réglisse . . . . . . q. s.

F. s. a. 24 pilules, qui devront être administrées à la dose de 1, 2, 3, et même 4, matin et soir.

POMMADE CHLOROPLATINIQUE.

Axonge . . . . 30 grammes.
Perchlorure de platine. . . 1 —
Extrait de belladone. . . . 2 —

Mélez. En frictions sur les ulcères indolents.

POTION DE CHLOROPLATINATE DE SODIUM.

Perchlorure de platine . . . . 30 centigram.
Chlorure de sodium pur . . . 50 —
Potion gommeuse du Codex. . 200 grammes.

A prendre par cuillerées dans les vingt-quatre heures.

INJECTION DE CHLOROPLATINATE DE SODIUM.

Chloroplatinate de sodium . . . 2 grammes.
Décoction de têtes de pavot. . 250 —

Mélez.

Nous avons rapporté ces formules bien que, à notre avis, elles ne soient pas toutes également rationnelles ; selon nous, toute préparation platinique destinée à agir dynamiquement devrait avoir pour base, non le chlorure simple, mais bien un chloroplatinate alcalin; attendu que le perchlorure de platine est doué d'une action irritante (coagulante) locale, dont les chlorures doubles sont dépourvus, ainsi que l'attestent, du reste, les remarques suivantes, qui sont dues à M. Hoefer lui-même :

« Le perchlorure de platine en dissolution concentrée » produit sur la peau de vives démangeaisons, suivies » d'une légère éruption à l'endroit où la dissolution a été » appliquée.

» Le chloroplatinate de sodium ne produit pas d'irritation
» locale sur la peau. »

319. *Traitement de l'empoisonnement par le perchlo-rure de platine.* — C'est encore au sulfure de fer hydraté qu'il convient d'avoir recours dans le cas d'un empoison-nement par le chlorure platinique. Administré en temps opportun, il donnerait certainement lieu à d'excellents résultats.

Résines. — Baumes. — Huiles.

320. Résines. — Les résines sont des substances insolu-bles dans l'eau ; mais un grand nombre d'entre elles peu-vent être dissoutes, en tout ou en partie, par les alcalis libres ou carbonatés avec lesquels elles forment de véri-tables combinaisons salines : or, c'est à cette propriété que leur absorption et, par suite, leur action thérapeutique doivent être rapportées.

En effet, l'expérience démontre que les seules résines actives sont celles susceptibles de se combiner avec les bases et de les saturer. C'est pourquoi elles n'exercent leur effet thérapeutique que dans la moitié inférieure du canal digestif, là précisément où le suc intestinal offre une réaction alcaline manifeste.

Il est d'observation pratique que l'addition d'une petite quantité d'alcali diminue la tendance des résines dras-tiques à produire la colique ; parce que, dans ce cas, leur leur effet médical se fait sentir sur une plus grande sur-face : aussi remarque-t-on que si, par ce moyen, les tranchées intestinales sont diminuées, par contre l'ac-

tion sur la muqueuse des premières voies est incomparablement plus marquée; ces substances agissent assez
souvent à la manière des éméto-cathartiques.

Ainsi tout agent susceptible de rendre les résines
miscibles à l'eau diminue leur action sur le gros in-
testin et augmente leur effet sur la muqueuse gastrique : voilà pourquoi la gomme-gutte, qui s'émulsionne naturellement avec l'eau, détermine plus fréquemment le
vomissement que les autres drastiques ; afin qu'elle
ne provoque pas de nausées, elle doit être associée à
des substances qui en rendent la solution dans l'estomac
moins facile.

321. **Térébenthines et baumes**. — Les baumes et les
térébenthines constituent, par les huiles essentielles
qu'elles renferment, des agents modificateurs d'une
énergie très marquée.

Bien que les huiles volatiles ne soient que très imparfaitement solubles dans l'eau, elles s'absorbent néanmoins avec assez de promptitude, à cause de leur grande
expansibilité. Toutefois, de même que les résines, les
huiles essentielles administrées à hautes doses échappent en partie au phénomène de l'absorption. C'est ainsi
que, lors de l'ingestion de l'huile de térébenthine dans le
traitement du tænia, une portion de cette essence arrive
en nature dans les garderobes. C'est même à cette propriété qu'il convient très probablement de rapporter
l'action toxique qu'elle exerce sur le ver solitaire. Il est
bon de faire observer que l'association des essences aux
résines favorise l'action des alcalis sur ces substances,
et par suite augmente leur effet thérapeutique.

322. Huiles fixes. — L'absorption des huiles fixes s'effectue à l'aide des mêmes réactions chimiques que celle des résines, c'est-à-dire à la faveur des bases alcalines contenues dans le liquide sécrété par la muqueuse intestinale ; d'où il résulte que ces substances ne deviennent absorbables qu'après avoir été attaquées par les alcalis et avoir subi un commencement de saponification.

323. — Pour obtenir des résines et des huiles le maximum d'effet thérapeutique que ces substances peuvent produire, il est quelques préceptes qu'il est indispensable de suivre :

1° Il ne faut jamais associer les résines et les huiles avec des acides, ni même avec des substances organiques très aisément acidifiables, telles que le sucre et l'amidon.

2° Il faut tâcher de leur faire franchir le pylore le plus tôt possible, en ingérant, immédiatement après leur administration, deux ou trois verres d'une infusion théiforme non sucrée ou de bouillon gras coupé.

3° Il faut supprimer alors toute espèce de boisson.

L'inopportunité de l'association des acides avec les résines et les huiles tient à ce que les acides saturent, en pure perte pour l'effet médical, une partie des bases alcalines par lesquelles a lieu l'absorption des huiles et des résines.

La nécessité de ne pas laisser séjourner ces matières dans l'estomac se tire de ce que toute substance insoluble, digestible ou non, introduite dans la cavité stomacale, active la sécrétion du fluide gastrique acide.

Enfin, la suppression des boissons est commandée par ce fait, que la saponification a lieu d'autant plus promptement, que l'on opère avec des liqueurs alcalines plus concentrées.

Puisque les résines et les huiles appartiennent à la classe des médicaments qui, pour acquérir de l'énergie, ont besoin de l'intervention d'un dissolvant spécial, dont la proportion dans l'économie animale est toujours bornée, il est impossible que ces substances produisent une action thérapeutique en rapport avec la masse qui en est ingérée. C'est, en effet, ce que l'observation démontre :

15 à 30 grammes d'huile de ricin purgent aussi bien que 50 à 60 grammes ;

4 à 8 grammes de baume de copahu déterminent, sur les écoulements muqueux, le maximum d'effet thérapeutique que cette substance peut produire ;

25 à 50 centigrammes de résine de jalap donnent lieu à un effet purgatif aussi manifeste que 1 gramme et plus, etc.

Formules rationnelles.

PILULES PURGATIVES A LA RÉSINE DE JALAP.

Résine de jalap pure	50 centigram.
Potasse caustique.	10 —
Eau	2 gouttes.
Savon amygdalin	40 centigram.
Magnésie calcinée	2 gram. 80 centigram.

Broyez très exactement, dans un mortier de fer, la résine, la potasse et l'eau ; ajoutez le savon, puis enfin la magnésie calcinée, et divisez la masse pilulaire en 10 pilules argentées.

Ces pilules purgent très bien à la dose de 4 ou 5, et 10 déterminent une forte purgation.

Il faut les avaler à l'aide d'un ou deux grands verres d'eau, et puis suspendre toute boisson jusqu'au moment où commence l'effet purgatif.

ÉMULSION PURGATIVE.

Huile d'amandes.	20 grammes.
Résine de scammonée d'Alep. .	40 centigram.
Lait de magnésie.	15 grammes.
Eau.	30 —
Eau de fleur d'oranger	10 —
Sucre blanc.	15 —
Gomme arabique pulvérisée. . .	5 —

Faites dissoudre d'abord la résine dans l'huile, ajoutez ensuite le sucre, la gomme et le lait de magnésie, et broyez exactement jusqu'à ce que vous ayez obtenu un mélange très homogène, puis ajoutez s. a. l'eau simple et l'eau aromatique.

A prendre en une seule fois, et, immédiatement après, boire un ou deux grands verres d'eau pure ou de thé non sucré; puis supprimer toute boisson jusqu'au moment de l'effet purgatif.

SAVON DE TÉRÉBENTHINE (SAVON DE STARKEY).

Carbonate de potasse sec . . .	100 grammes.
Essence de térébenthine. . . .	100 —
Térébenthine de Venise	100 —

Triturez le carbonate de potasse dans un mortier de marbre, avec un pilon de verre; mêlez-y d'abord l'huile essentielle, puis la térébenthine. Lorsque ces matières auront été bien mélangées, porphyrisez le mélange par parties, jusqu'à ce qu'il ait acquis la consistance d'un miel épais et qu'il soit devenu bien homogène. (Codex.)

Ce savon était employé autrefois comme stimulant,

apéritif et fondant, surtout contre la gonorrhée, l'hydropisie, les engorgements du foie. Il est inusité aujourd'hui, mais bien à tort, selon nous, car aucune des préparations ayant la térébenthine ou son huile pour base, actuellement employées en médecine, ne constitue un médicament aussi efficace.

LAVEMENT ANTISPASMODIQUE.

Infusion de valériane (10 grammes) . . . 200 grammes.
Asa fœtida. . . . . 1 —
Carbonate de potasse, ... 50 centigram.
Jaune d'œuf . . . . n° 1.

Broyez l'asa fœtida avec le carbonate potassique et quelques gouttes d'eau ; ajoutez ensuite le jaune d'œuf, puis l'infusion de valériane.

POTION BALSAMIQUE.

Baume de copahu . . . . . 50 grammes.
Alcoolat de menthe . . . . 30 —
Lait de magnésie . . . . . 20 —

Mélez.

A prendre à la dose de trois petites cuillerées à café par jour, une le matin, une dans le courant de la journée, et l'autre au moment de se coucher, dans le traitement de la gonorrhée et d'autres écoulements muqueux analogues. Il est bon de boire un verre d'eau après l'ingestion de chaque cuillerée de cette potion ; mais il est urgent de supprimer, hors des repas, toute espèce de boisson.

FORMULE DE COPAHU SOLIDIFIÉ OFFICINAL (Mialhe).

Baume de copahu . . . . 500 grammes
Magnésie nouvellement calcinée. . . 30 —

Mélez. Il faut huit à douze jours pour que la solidification s'opère.

Dose : 8 à 10 grammes par jour dans du pain azyme,
en quatre ou cinq fois. C'est une bonne préparation, et
qui est très fréquemment usitée, surtout dans la blennorrhagie et la leucorrhée.

En ajoutant au baume de copahu 1/40ᵉ de son poids de
magnésie décarbonatée, en divisant ensuite cette masse en
bols qu'on recouvre d'une couche de gluten dissous dans
l'alcool, on obtient des pilules balsamiques semblables à
celles de Raquin, lesquelles constituent une préparation
aussi commode dans son administration qu'efficace dans
ses effets.

POTION PURGATIVE A L'HUILE DE RICIN.

Huile de ricin récente	20 grammes.
Alcoolat de menthe (Codex). . .	15 —
Lait de magnésie	10 —

Mêlez.

Cette potion doit être prise en une seule fois ; immédiatement après son ingestion, il faut boire un ou deux
grands verres de bouillon coupé ou de thé non sucré, puis
supprimer toute espèce de liquide jusqu'au moment où la
purgation a lieu.

324. — Un mot sur l'emploi des semences de ricin
comme purgatif :

L'huile de ricin, dit M. Soubeiran, est moins purgative
que les semences qui l'ont fournie. C'est parce que
l'huile qui s'écoule, entraîne comparativement moins de
résine qu'il n'en reste dans le marc.

Nous avons rapporté ailleurs, à l'occasion d'émulsions
préparées avec les semences fraîches, divers résultats

thérapeutiques qui viennent à l'appui de cette opinion : 10 grammes de semences dépouillées de leur enveloppe donnèrent lieu à un effet éméto-cathartique très énergique ; une émulsion préparée avec une dose moitié moindre, c'est-à-dire avec 5 grammes, détermina vingt-huit vomissements et dix-huit évacuations alvines ; enfin, une troisième émulsion contenant seulement 1 gramme de semences de ricin produisit un effet éméto-cathartique très marqué. Il en fut de même avec une préparation ne renfermant que 20 centigrammes de semences.

Nous concluons de ces faits :

1° Que le principe oléo-résineux trouvé par M. Soubeiran dans la semence de ricin n'existe qu'en proportion très faible dans l'huile, tandis qu'il se trouve en totalité dans l'émulsion ;

2° Que les ricins de France renferment une grande proportion d'un principe éméto-cathartique qui est propre à un grand nombre de plantes de la famille des euphorbiacées ;

3° Que l'émulsion de semences de ricin préparée avec 30, 25, 20 centigrammes de ces semences constitue peut-être le purgatif le plus agréable au goût ; mais que, par malheur, même à cette faible dose, cette médication, outre son effet purgatif, détermine assez fréquemment le vomissement ; elle doit donc être bannie de la pratique médicale toutes les fois que les vomitifs sont contre-indiqués.

Alcalis végétaux, ou bases alcalines organiques.

325. — Les alcalis végétaux sont à peine solubles dans l'eau, mais ils acquièrent la propriété de s'y dissoudre par l'addition de quelques gouttes d'acide : aucune substance basique ne se dissout dans une aussi faible proportion d'acide ; pour en donner une idée, il nous suffira de rappeler que les sulfates de soude, de chaux et d'ammoniaque contiennent plus de la moitié de leurs poids d'acide sulfurique, tandis que le sulfate de quinine effleuri n'en renferme même pas 10 pour 100.

Ce qui précède permet de prévoir que toutes les fois qu'un alcali végétal sera administré par la bouche, à dose thérapeutique rationnelle, il pourra être entièrement dissous à l'aide des acides du suc gastrique, et par suite, être absorbé en totalité ; il n'en sera plus de même lorsqu'il sera introduit par l'anus, attendu que le suc intestinal, au lieu d'être acide comme le suc stomacal, est alcalin, et partant, inapte à dissoudre les alcalis végétaux ; mais on pourra rendre l'absorption également facile en modifiant convenablement l'alcali organique. Tous ces faits sont démontrés par des observations cliniques.

Cependant quelques alcalis végétaux, et notamment la morphine, sont bien absorbés par toutes les parties du tube digestif, et aussi par la peau dénudée.

Mais ces faits exceptionnels, au lieu d'infirmer notre manière de voir, la confirment ; car, tandis que le plus grand nombre des bases alcalines végétales sont insolubles dans les liqueurs alcalines, la morphine y est très soluble, et cette propriété qu'elle possède de se combiner avec les alcalis aussi bien qu'avec les acides la rend absorbable dans toute la longueur du tube digestif.

326. — Les alcalis végétaux sont tous absorbés par la peau, mais à des degrés bien différents. C'est ainsi que la morphine, très soluble dans les alcalis, est absorbée en totalité ; tandis que la vératrine, la strychnine et la quinine, qui sont à peine solubles dans les liqueurs alcalines, échappent à l'absorption cutanée.

C'est pourquoi l'application d'un composé morphique sur un vésicatoire apaise si rapidement les douleurs névralgiques, tandis que l'action fébrifuge de la quinine est si peu efficace par la méthode endermique. En effet, lorsqu'un sel d'alcali organique non soluble dans les liqueurs alcalines, par exemple le sulfate de quinine, est appliqué sur la peau privée de son épiderme, il l'imprègne d'abord, et puis par un phénomène d'imbibition ou d'endosmose, il est peu à peu absorbé ; mais pendant cette imbibition lente, l'alcali organique est décomposé et rendu presque insoluble par les carbonates alcalins que nos humeurs renferment, avant d'avoir pu entrer dans la grande circulation. On conçoit dès lors que la quantité qui arrive après cette décomposition dans le sang soit assez faible pour ne pouvoir être constatée dans les urines : c'est ce qui avait porté quelques praticiens à conclure que les alcalis végétaux ne sont point absorbables par la peau dénudée. C'est une erreur : ils le sont tous, comme nous l'avons dit, mais à des degrés bien différents et suivant leur plus ou moins de solubilité dans les liqueurs alcalines.

Toutefois nous dirons, sans crainte d'être démenti par l'observation clinique, que l'administration endermique des alcalis végétaux qui n'agissent qu'à dose élevée, et spécialement de la quinine, est une méthode vicieuse, surtout en considérant qu'il n'existe peut-être pas un cas bien avéré dans lequel un sel de quinine acide n'ait pu être administré à dose fractionnée, soit par la bouche, soit par l'anus.

On objectera peut-être qu'aux Antilles plusieurs praticiens affirment que l'ingestion interne des sels quiniques détermine des accidents cérébraux qui ne se manifestent plus lorsque ces composés, incorporés à l'axonge, à la dose énorme de 10, 20, 30 grammes, sont administrés par la méthode endermique ; à cela nous répondrons que par cette médication on ne fait entrer dans l'économie qu'une très faible proportion de principe actif, et que l'on arriverait certainement au même but en prescrivant à doses fractionnées le sulfate de quinine en quantité beaucoup plus petite que celle qui donne lieu aux symptômes que l'on cherche à éviter.

327. — Les considérations dans lesquelles nous venons d'entrer autorisent à établir en principe que tous les alcalis végétaux, sans exception, doivent être administrés à l'état salin, et même plutôt à l'état de sel acide qu'à l'état de sel neutre ou basique ; en agissant ainsi, on ne fait, du reste, que se conformer à l'exemple que la nature nous a donné à cet égard. On sait que toutes les substances végétales actives qui empruntent leurs propriétés organoleptiques à des alcaloïdes contiennent ces derniers à l'état de combinaison saline

soluble : c'est ainsi que, de tous les sels de morphine, le plus soluble, au dire de M. Liebig, est justement le méconate, c'est-à-dire celui qui se rencontre naturellement dans l'opium.

C'est, sans aucun doute, pour n'avoir pas administré la quinine en combinaison soluble, que quelques auteurs l'ont vue échouer dans le traitement de certaines affections fébriles, contre lesquelles l'ingestion du quinquina en nature a été suivie d'un plein succès.

La nécessité de prescrire les alcalis organiques dans un état de combinaison qui rende leur absorption tout à fait indépendante de l'intervention des dissolvants *humoriques*, se fait particulièrement sentir alors que l'on administre plusieurs jours de suite ces agents héroïques à haute dose ; attendu qu'en ce cas, ils peuvent donner lieu à une *accumulation* du principe actif insoluble, lequel, par suite d'un changement chimique survenu dans les humeurs, ou par suite d'une sécrétion outrée, peut devenir immédiatement absorbable, et, par son introduction dans le sang, donner lieu à des accidents très graves, et même mortels.

Sulfate de quinine. — Morphine.

328. — Le sulfate de quinine officinal est un composé basique qui est à peine soluble dans l'eau, et par cela même difficilement absorbable. Quand il est administré en poudre, soit en suspension dans un véhicule, soit enveloppé dans du pain azyme, il s'absorbe assez aisément, attendu que, arrivé dans la cavité stomacale, il

s’y divise, en tapisse les parois et y séjourne un temps suffisamment prolongé pour que les acides du suc gastrique aient le temps de le dissoudre, pourvu toutefois que la dose de ce sel organique ne soit pas trop élevée.

Le sulfate de quinine réduit en pilules présente moins de chances de dissolution, parce que les pilules, arrivées dans l’estomac, doivent s’y ramollir d’abord, puis s’y dissoudre; et que, pendant ce travail, quelques-unes franchissent le pylore; ces dernières sont perdues pour l’effet médical, car, bien que ramollies, elles se trouvent en contact avec le suc intestinal qui, d’ordinaire neutre ou alcalin, est incapable de leur fournir l’acidité nécessaire pour leur absorption.

Lorsque le sulfate de quinine est donné sous forme de lavement, son absorption est encore plus incertaine que lorsqu’il est prescrit sous la forme de pilules; car les humeurs rectales, étant alcalines, ne peuvent lui faire éprouver aucun genre de dissolution; il est alors indispensable de l’administrer à l’état soluble, si l’on veut pouvoir compter sur son action.

Tout ce qui précède nous porte à conclure que le sulfate de quinine ne devrait jamais être usité en médecine à l’état de sulfate basique insoluble, c’est-à-dire tel qu’il existe dans les pharmacies, mais bien à l’état de sulfate acide soluble. Et alors il serait propre à remplacer tous les genres de médicaments dont la quinine est la base. Nous disons la quinine, car il est bon que les médecins soient pénétrés de cette vérité : que c’est la quinine elle-même, et non ses combinaisons salines, qui produit l’action dynamique alors qu’un de ses sels est administré, l’acide auquel elle est unie n'ayant d'autre rôle à remplir que de lui servir de véhicule d'introduction dans le sang ; c'est là que la quinine, mise à l'état de liberté par les carbonates alcalins, exerce son action modificatrice. Cette remarque prouve combien peu sont fondées les assertions des auteurs qui ont tour à tour proposé de substituer au sulfate de quinine, comme lui étant bien préférables, les sels quiniques suivants : citrate, tartrate, quinate, lactate, valérianate, ferrocyanate, etc.

Pour faire apprécier le vague de ces assertions, nous devons dire que l'un de ces composés, dont on a rehaussé le plus la valeur thérapeutique, le ferrocyanate, est un sel qui n'existe pas, ainsi que M. Pelouze l'a péremptoirement démontré ; le composé employé comme tel n'étant rien autre chose que du sulfate de quinine souillé par la présence d'une faible proportion de ferrocyanate de potasse jaune , sel dont l'action ne saurait modifier celle du sulfate quinique, puisqu'il est lui-même inactif.

Formules rationnelles.

SULFATE DE QUININE SOLUBLE, OU SULFATE ACIDE DE QUININE.

Sulfate de quinine officinal . . . . 15 grammes.
Acide sulfurique étendu d'eau à parties égales. 4 —

Introduisez le sulfate quinique dans un mortier de porcelaine, ajoutez l'eau acidulée, et triturez jusqu'à ce que le mélange ait pris la forme d'une poudre homogène.

Ce sel représente sensiblement les trois quarts de son poids de sulfate basique ou officinal ; il doit être prescrit à une dose d'un quart plus grande que le sulfate basique.

PILULES DE SULFATE ACIDE DE QUININE.

Sulfate acide de quinine . . . . . . 4 grammes.
Conserve de roses, q. s., environ . . 1   —

F. s. a. 20 pilules argentées, lesquelles contiennent chacune 20 centigrammes de sulfate acide de quinine, équivalant à 15 centigrammes de sulfate de quinine ordinaire.

LAVEMENTS DE SULFATE ACIDE DE QUININE.

Sulfate acide de quinine. . . .   1 gramme.
Gomme arabique   8   —
Eau   120   —

F. s. a.

Ici l'emploi du sulfate acide est tout à fait nécessaire, car ce sel peut alors rester en dissolution en présence des alcalis intestinaux, à cause de l'excès d'acide qu'il contient; ce qui lui permet d'éprouver, là comme ailleurs, le phénomène de l'absorption.

Mais il est convenable d'atténuer l'effet de son acidité sur la muqueuse intestinale par un mélange gommeux ou mucilagineux, comme nous l'avons fait. Ceci nous est indiqué par l'analogie. On sait, en effet, que l'acidité du suc de citron diminue considérablement lorsque l'on fait bouillir ce fruit, afin d'en développer le mucilage.

329. — Depuis que l'usage du sulfate de quinine a été introduit dans la thérapeutique, ce sel a remplacé d'une manière si générale le quinquina en substance, que ce n'est plus que tout à fait exceptionnellement et pour rem-

plir des indications spéciales, que les praticiens prescrivent ce dernier dans le traitement des fièvres intermittentes. Le principal motif de cette préférence, c'est la
proportion excessivement variable de quinine renfermée
dans les diverses espèces de quinquinas, et même dans les
différents échantillons d'une même espèce. Ce qui est vrai
de l'écorce s'applique également aux extraits qu'elle sert
à préparer.

Ce qu'on a fait pour le quinquina ne serait pas moins
utile pour l'opium ; car quel est le médecin qui n'a souvent été frappé de la différence que l'on observe dans
l'action d'une même dose d'opium ou d'extrait d'opium?

Nous avons entrepris une série de recherches dans
le but de connaître la composition exacte des diverses
espèces d'opiums et d'extraits d'opium fournis par le
commerce, et nous sommes arrivé à des résultats qui
ont dépassé de beaucoup nos prévisions.

La morphine, la codéine et la narcotine, sont les
principales substances basiques de l'opium. Les expériences cliniques de MM. Trousseau et Pidoux et nos
propres recherches ont démontré que la codéine est
douée de propriétés hypnotiques comparables à celles
de la morphine affaiblie, de telle sorte que 1 partie
de morphine équivaut à plus de 10 parties de codéine. Comme d'ailleurs la proportion de codéine contenue dans l'opium est excessivement faible, comparée
à celle de la morphine (1/40ᵉ environ), et comme elle
peut même y manquer complétement, il faut admettre
de toute nécessité que, dans la généralité des cas où l'on
administre des préparations d'opium, la part d'action thé-

rapeutique qui revient à la codéine est sinon nulle, du moins très insignifiante, et peut être négligée sans inconvénient.

Quant à la narcotine, ainsi que l'ont démontré les recherches cliniques de Bally, elle est complétement inerte; ce qui se comprend aisément quand on songe que cette substance est insoluble dans les liquides de notre organisme, et, par conséquent, hors d'état d'être absorbée.

C'est donc à la morphine que l'on doit rapporter tous les effets des opiacés : aussi est-ce cet alcaloïde dont nous nous sommes efforcé de déterminer les proportions dans nos recherches sur les opiums.

Douze échantillons d'extraits d'opium pris dans les maisons de pharmacie et de droguerie les plus recommandables de Paris ont été analysés par le procédé de M. Guilliermond, tel que nous l'avons modifié. Voici le tableau des résultats que nous ont fournis 15 grammes de chaque extrait :

		Grammes.	Centigrammes.	
Extrait A.	. . . .	1	85 de morphine.	
—	B.	2	»	—
—	C.	2	10	—
—	D.	2	15	—
—	E.	2	15	—
—	F.	2	20	—
—	G.	2	25	—
—	H.	2	50	—
—	I.	2	60	—
—	J.	2	70	—
—	K.	3	10	—
—	L.	4	25	—

Si des différences si considérables se rencontrent quand

on emploie des préparations justement réputées de bonne qualité, que serait-ce si l'on examinait des extraits provenant d'opium de qualité inférieure, comme on en trouve trop souvent dans le commerce?

Un opium de bonne qualité doit renfermer de 6 à 9 pour 100 de morphine, ou 7,5 en moyenne. Or, ce médicament fournit à peu près la moitié de son poids d'extrait; ce dernier devrait donc contenir 15 pour 100, c'est-à-dire de 1/6ᵉ à 1/7ᵉ de son poids de morphine. Il suit de là que 1/7ᵉ de grain de morphine, ou 1/5ᵉ de grain de sulfate ou chlorhydrate (ces deux sels renferment 4/5ᵉˢ de leur poids de morphine cristallisée), représente sensiblement 1 grain d'extrait d'opium.

Il était intéressant de rechercher si les extraits préparés avec les capsules de pavot étaient sujets aux mêmes variations que les extraits d'opium, eu égard à la quantité de morphine qu'ils renferment. Les analyses que nous avons faites nous ont montré des différences également très remarquables. Nous avons reconnu, de plus, que l'extrait de pavot doit être dix-huit fois moins actif que celui d'opium de moyenne qualité, parce qu'il contient dix-huit fois moins de morphine. Or, dans les formules du Codex, le sirop qui, pour 30 grammes, contient 5 centigrammes d'extrait d'opium équivalant à peu près à 1 centigramme de morphine, est certainement trois fois plus actif que le sirop qui, pour 30 grammes, contient 30 centigrammes d'extrait de pavot équivalant seulement à 1/6ᵉ de centigramme de morphine. C'est donc bien à tort que quelques praticiens prescrivent indifféremment l'un ou l'autre.

Nous pensons donc qu'il serait avantageux de substituer proportionnellement les sels de morphine avec ou sans addition de codéine à toutes les préparations opiacées.

RÉSUMÉ DU CHAPITRE III.

Après avoir étudié les principales substances qui, comme médicaments ou comme poisons, peuvent être introduites dans l'économie animale, nous allons les grouper d'une manière générale d'après leurs conditions de solubilité et d'absorption.

Substances immédiatement absorbables.

Ce sont toutes les substances absorbables sans aucune intervention chimique, telles que la potasse, la soude, l'ammoniaque, la baryte, la strontiane, la chaux ; tous les acides végétaux solubles ; quelques acides minéraux : acides arsénieux, arsénique, phosphorique hydraté ; presque tous les sels alcalins et terreux, et parmi les sels métalliques proprement dits, tous ceux qui ne coagulent pas l'albumine : cyanures de potassium et de fer, cyanure de mercure, émétique, etc. ; l'alcool, les huiles volatiles, l'extractif des végétaux, le sucre et ses congénères, la mannite, la gomme, l'albuminose, l'urée, la créatine, certaines matières colorantes ; quelques alcalis organiques, et même tous à la rigueur, puisque aucun d'eux n'est entièrement insoluble dans l'eau, etc.

Substances médiatement absorbables.

A. *Dans l'estomac, par l'intervention des acides ou des ferments.* — Tous les métaux (excepté ceux de la dernière classe de Thenard, argent, or, platine, etc., lesquels, n'étant nullement attaquables par les liquides organiques, n'exercent aucune action sur l'économie animale, alors qu'ils sont ingérés à l'état métallique); presque tous les oxydes métalliques insolubles, les alcalis végétaux, l'amidon et ses congénères, les matières albuminoïdes, les matières gélatineuses, etc.

B. *Dans les intestins, par l'intervention des alcalis (avec ou sans la coopération de l'albumine).* — Le soufre, le phosphore, l'iode; presque tous les acides minéraux; l'acide tannique et tous les acides végétaux insolubles; certains oxydes métalliques électro-négatifs, oxydes d'antimoine, d'étain, de zinc, etc.; les résines, les huiles grasses, l'extractif modifié (apothème); la santonine, certaines matières colorantes, etc.

C. *Dans toute la longueur du canal digestif, par l'intervention des chlorures alcalins.* — Tous les oxydes et sels du plomb, du mercure, de l'argent, de l'or et du platine.

Bien que ces indications théoriques sur l'absorption des substances alimentaires et médicamenteuses ne puissent pas être considérées toutes comme étant des vérités absolues, nous croyons qu'elles sont exactes dans leur généralité, et qu'elles peuvent servir de guide utile.

CHAPITRE IV.

COROLLAIRES A L'ABSORPTION DES MÉDICAMENTS ET DES POISONS.

Dans les chapitres précédents, nous avons démontré que rien n'entre dans l'économie par voie d'absorption, si ce n'est à l'état liquide ; nous avons indiqué quels sont les divers agents de dissolution dont notre économie dispose, et comment ces dissolvants ne sont pas tous uniformément répandus dans l'organisme : les uns, tels que les chlorures alcalins, se rencontrant à peu près partout ; les autres n'existant normalement qu'en certaines régions du corps, tels que les acides dans l'estomac, les alcalis dans les intestins. Nous allons maintenant présenter comme corollaires à l'absorption des médicaments et des poisons :

1° Élimination des substances étrangères à l'organisme ;

2° Parallèle entre les médicaments insolubles et les médicaments solubles ;

3° Poisons, traitement de l'empoisonnement ;

4° Localisation ou stagnation des poisons ;

5° Idiosyncrasies chimiques ;

6° Influence du mode d'administration des médicaments ;

7° Influence de la quantité d'eau ingérée ;

8° Influence de l'état de la peau ;

9° Influence de la composition anormale des humeurs ;

10° Association et incompatibilité des médicaments ;

11° Examen des principes auxquels il convient de rapporter l'action des médicaments ;

12° Considérations générales sur les médicaments et les poisons.

Élimination des substances étrangères à l'organisme.

330. — Les principes qui nous ont servi de base pour l'étude de l'absorption sont aussi ceux qui vont nous diriger dans l'examen du mode d'élimination des substances étrangères à l'organisme. Ici encore la solubilité est la condition qui prime toutes les autres.

Parmi les matières absorbées et passées dans le sang, il en est qui sont destinées à être assimilées et à constituer la substance même de nos organes ; d'autres doivent être détruites pour fournir à certaines fonctions les produits de leur décomposition ; ni les unes, ni les autres, dans l'état physiologique de santé, ne sont éliminées de l'économie. Mais il en est d'autres qui, n'étant point assimilables, doivent être expulsées comme substances inutiles et étrangères par tous les appareils de sécrétion. Elles passent dans tous les produits sécrétés, urine, sueurs, salive, liquide gastro-intestinal, etc., à la condition seule de conserver leur solubilité. Il est évident que plus la sécrétion sera abondante, plus l'élimination sera rapide.

Nous n'admettons pas l'espèce de choix que ferait chaque émonctoire. Il n'y a pas d'élection dans la nature, il n'y a que des corps solubles ou insolubles. Les corps insolubles par eux-mêmes, ou devenus insolubles après leur absorption, séjournent dans l'économie jusqu'à ce qu'ils aient trouvé les éléments nécessaires à leur dissolution. Les corps solubles, et qui restent tels au milieu des humeurs animales, arrivent plus ou moins rapidement dans tous les produits sécrétés, sans exception. Ainsi, les composés qui passent dans les urines doivent également se retrouver dans les sueurs, la salive, etc. Une sécrétion ne peut être plus apte qu'une autre à éliminer telle ou telle substance ; pour qu'il en fût ainsi, il faudrait que la glande sécrétoire pût fournir à la substance insoluble les éléments de solubilité nécessaires à l'excrétion. Or, cette chimie spéciale est encore à démontrer, et les éliminations admises comme s'effectuant seulement, les unes par les reins, les autres par le foie, d'autres par les voies digestives, nous paraissent avoir été avancées sans preuves suffisantes, et nécessiter un nouvel examen.

331. — Envisagé ainsi, le phénomène de l'excrétion, pas plus que le phénomène de l'absorption, dont il constitue la contre-partie, n'a rien d'organique, rien de vital ; l'excrétion ou la non-excrétion des matières que la circulation met en contact avec les organes excrétoires dépendent uniquement de la solubilité ou de l'insolubilité de ces matières. Chez tous les êtres organisés, végétaux ou animaux, la nature s'est évidemment proposé pour but, dans la nutrition, d'utiliser le mieux possible les substances destinées à l'accomplissement de ce grand acte physiologique, en leur faisant subir une série de métamorphoses dont le résultat est de les rendre aptes à être assimilées

ou brûlées ; et ce but, il faut le dire, elle l'a admirablement atteint. Néanmoins il se produit toujours, pendant l'acte de la nutrition, certains composés organiques ou inorganiques, solubles ou insolubles, assez stables pour pouvoir échapper aux réactions chimico-physiologiques, véritable *caput mortuum* de l'assimilation et de la respiration, qui constituent la classe des matières excrémentitielles. La matière est-elle soluble, elle peut s'échapper à travers tous les tissus vivants ; insoluble, elle éprouve des difficultés souvent insurmontables pour quitter l'organisme. C'est ainsi que, dans quelques végétaux, nous voyons certains produits solubles dans l'eau de végétation, comme la gomme et la mannite, ou solubles dans les sucs propres huileux, comme les résines, venir faire saillie au dehors sous forme de produits d'excrétion ; tandis que les matières insolubles y séjournent et donnent lieu à des concrétions plus ou moins volumineuses, telles que les aiguilles microscopiques d'oxalate de chaux ou raphides que l'on trouve accumulées dans les cellules, les dépôts siliceux que l'on rencontre dans les nodosités du chaume de quelques graminées.

La même remarque sur le mode d'excrétion des matériaux inassimilables s'applique aux animaux. L'urée, ce résidu normal de l'assimilation des aliments azotés, peut, par sa solubilité naturelle, sortir de l'économie en dissolution dans l'urine où elle se trouve mêlée aux différents sels de l'organisme solubles comme elle ; mais il ne saurait en être de même pour les substances insolubles, pour les matières tophacées existant chez les goutteux, pour les dépôts de cholestérine que l'on rencontre, soit dans le liquide de certains kystes, soit dans le foie des personnes atteintes de colique hépatique.

Ces idées sont les mêmes que celles que M. Wœhler a déduites de ses recherches sur le passage des substances dans l'urine :

« Parmi les substances introduites dans l'économie
» animale, dit M. Wœhler, toutes celles qui sont solu-
» bles dans l'eau et les humeurs du corps, qui n'entrent
» point dans sa composition ; c'est-à-dire qui ne sont point
» assimilées ; qui ne forment pas de combinaisons inso-
» lubles avec les principes contenus dans les humeurs et
» les organes ; qui ne sont pas détruites par l'acte de la
» respiration, ni par d'autres actes chimiques se passant
» dans l'organisme ; qui ne sont pas trop astringentes ;
» enfin, celles qui ne sont pas assez volatiles pour être éva-
» cuées par la transpiration cutanée ou la perspiration
» pulmonaire, peuvent passer dans l'urine.

» En connaissant donc la nature chimique des corps
» étrangers, ainsi que celle des différents organes et
» appareils de la machine animale, il sera facile de déter-
» miner d'avance si une substance passera ou ne passera
» pas dans les urines (1). »

332. — A l'aide des divisions que nous allons établir, il sera facile de reconnaître immédiatement quelles seront les substances qui devront se trouver en plus ou moins grande proportion dans les divers produits de sécré-tion.

______

(1) Wœhler , *Mémoire sur le passage des substances dans l'urine* (*Journal des progrès*, t. II, p. 114).

Substances assimilables ou destructibles par l'oxygène ou les alcalis contenus dans le sang.

Elles ne passent dans les sécrétions que lorsqu'il y a viciation des humeurs de l'économie. Ce sont la glycose et ses congénères (sucre de canne interverti, sucre de fruits, sucre de lait), l'albuminose, les corps gras, l'alcool, certaines huiles essentielles, le phosphate de chaux, les oxydes de fer, etc.

Cependant quelques huiles essentielles résistent aux décompositions chimiques de l'organisme, et arrivent dans les produits excrétés, où elles témoignent leur présence par leur odeur caractéristique ; par exemple, l'ail, le copahu, la térébenthine.

Substances non assimilables.

A. *Substances non précipitables par l'albumine et par les alcalis contenus dans le sang.*

Elles passent toutes promptement dans les émonctoires de l'économie animale, et notamment dans l'urine. Ce sont les alcalis et leurs carbonates, sulfates, nitrates, chlorures, iodures, etc.; les sels non coagulants et non précipitables par les alcalis, comme le cyanure de mercure, le cyanure et le sulfocyanure de fer et de potassium ; les acides non coagulants : acides arsénieux, arsénique, phosphorique ; les acides végétaux imparfaitement destructibles par l'oxygène du sang : acides citrique, tartrique, oxalique, benzoïque et gallique ; la mannite, la gomme, l'urée, la créatine ; certaines matières colorantes, comme celles des fruits rouges, cerises, framboises, mûres; des betteraves, de la garance, du bois de Campêche, etc.

B. *Substances précipitables par l'albumine et par les alcalis contenus dans le sang.*

1° *Formant avec les alcalis du sang un composé à peu près insoluble :* sels de manganèse, de bismuth, de cuivre, de baryte, de strychnine, etc.

2° *Formant avec les alcalis du sang un composé assez soluble :* sels de chaux, de magnésie, de zinc, d'étain, d'antimoine, etc.; tous les acides coagulants.

3° *Formant avec les chlorures alcalins du sang un composé soluble :* sels de plomb, de mercure, d'argent, d'or et de platine.

Ces diverses substances passeront plus ou moins facilement dans les urines, selon leur degré de solubilité.

Les composés presque insolubles y arrivent avec une extrême lenteur : tels sont les sels de manganèse et de bismuth ; les sels de cuivre s'y présentent en proportion si minime, que l'on est encore à se demander si réellement ils y passent.

Les composés assez solubles y arrivent moins lentement et en plus grande proportion.

Parmi les chlorures doubles, ce sont les plus solubles qui doivent se montrer le plus promptement et en plus grande abondance dans les sécrétions : d'abord l'or et le platine, ensuite le mercure et le plomb, enfin l'argent.

Si l'observation et l'expérience n'ont point encore directement sanctionné nos assertions, les résultats obtenus par MM. Flandin et Danger leur donnent une certaine confirmation :

« S'il nous fallait établir l'ordre suivant lequel les reins
» sont plus librement traversés par les poisons métal-
» liques, nous aurions à mettre en première ligne l'anti-
» moine, l'or, l'arsenic et l'argent. Le cuivre devrait être
» placé à l'extrémité de la liste, si ce n'est dans une classe
» à part, les organes de la sécrétion rénale paraissant
» impénétrables à ce métal (1). »

On pourra encore résoudre plusieurs problèmes
ayant rapport à des substances inscrites dans des groupes
éloignés, en se rappelant que ces substances sont ou
ne sont pas coagulantes, et que le coagulum qu'elles
forment est plus ou moins facilement soluble dans un
excès du corps précipitant ou dans un dissolvant ultérieur. Par exemple, si l'on demandait quel est de
l'émétique et du sulfate de zinc celui qui paraîtra le premier dans les urines, nous pourrions, à l'instant, répondre que c'est l'émétique. En effet, l'émétique ne coagule
pas l'albumine, il est donc immédiatement absorbé ; et,
de plus, il a pour base l'oxyde antimonique, qui est plus
aisément soluble dans les liqueurs alcalines que l'oxyde
de zinc ; tandis que le sulfate de zinc forme avec l'albumine un coagulum qui ne peut devenir soluble que par
son union avec les liquides alcalins de l'économie, et, par
conséquent, ne peut être absorbé que lentement et successivement.

(1) **Flandin** et **Danger**, *Comptes rendus de l'Académie des sciences,*
juillet 1843.

Parallèle entre les médicaments insolubles et les médicaments solubles.

333. — Quelques praticiens pensent que les médicaments insolubles, non-seulement peuvent être mis en parallèle avec les médicaments solubles, mais encore doivent, dans bien des cas, leur être préférés. C'est là une erreur grave que nous allons tâcher de réfuter.

La seule objection raisonnable, à notre avis, que l'on puisse faire contre l'usage des médicaments solubles, c'est que leur action locale est parfois plus irritante que celle des médicaments insolubles. Mais c'est un inconvénient auquel il est toujours possible de remédier; ainsi, le sublimé corrosif, dira-t-on, exerce sur les membranes organisées une action coagulante qui rend sa présence dans l'estomac plus difficile à supporter que celle du calomel ou du proto-iodure de mercure. Eh bien! répondrons-nous, associez le sublimé avec deux ou trois fois son poids de sel marin ou de sel ammoniac, et vous anéantirez cette action locale. A côté de cet inconvénient, que nous considérons comme à peu près illusoire, combien d'avantages les matières solubles ne présentent-elles pas sur les matières insolubles!

Avec ces dernières, on ne peut jamais être certain de la dose qui est absorbée, et, par conséquent, de la dose agissante; tandis qu'avec les substances médicamenteuses solubles, on connaît généralement à l'avance la quantité qui passe dans le sang, celle-ci étant d'ordinaire en rapport direct avec la proportion ingérée.

D'un autre côté, les agents modificateurs insolubles présentent, dans leur emploi médical longuement continué, un inconvénient peu connu des praticiens, et qu'il est très utile de signaler, celui de former dans les voies digestives des accumulations qui peuvent, dans certaines circonstances, donner lieu à des effets toxiques et tout à fait inattendus.

En effet, quand un composé médicamenteux insoluble est introduit dans l'économie animale, et qu'il ne peut être dissous en totalité au moyen des agents contenus dans les liquides gastriques et intestinaux, la portion insoluble, ou même la totalité de ce corps parcourt toute la longueur du canal digestif et arrive dans les fèces, avec lesquelles elle est expulsée; ou bien, au contraire, elle s'arrête dans son cours, se loge dans quelque repli de la muqueuse des voies digestives, où elle séjourne un temps plus ou moins long. Dans ce dernier cas, il se produit une *accumulation* de matière qui peut devenir considérable si l'ingestion du composé insoluble est continuée plusieurs jours de suite. Ainsi l'usage inconsidéré de la magnésie caustique a donné lieu à des incrustations magnésiennes remarquables; et tout récemment, M. J. Cloquet a montré à la Société de chirurgie de Paris un *entérolithe* formé de carbonate de magnésie, du volume d'un gros œuf de pigeon, expulsé par le rectum d'une femme qui prit par erreur 45 grammes de carbonate de magnésie au lieu du sulfate de la même base (1). Les préparations de fer non solubles, et notamment le sous-carbonate de peroxyde,

(1) *Union médicale*, 5 avril 1855.

administrés à de trop hautes doses, donnent très souvent lieu à des concrétions lithoïdes intestinales.

334. — Les matières insolubles ainsi accumulées ne présentent pas toutes les mêmes dangers. Celles qui sont inattaquables par les humeurs vitales n'agissent sur les surfaces avec lesquelles elles sont en contact qu'à la manière des corps étrangers, c'est-à-dire en déterminant de l'irritation et des symptômes d'inflammation ; tandis que les matières susceptibles de se dissoudre par suite d'un changement dans la quantité ou dans la composition des humeurs viscérales, peuvent devenir actives, souvent toxiques, et, par leur absorption, déterminer des accidents très graves, quelquefois même mortels.

Ainsi le calomel administré à haute dose pour produire la purgation ne tarde pas quelquefois à déterminer le ptyalisme et à attaquer profondément l'économie ; le mercure métallique lui-même, ingéré dans le tube digestif dans le but de vaincre une obstruction intestinale, a causé la mort avec tous les symptômes de l'empoisonnement par le sublimé ; de même le *sulfate de quinine basique* ou officinal, administré à la dose de plusieurs grammes par jour, et ne produisant, dans les premiers moments, aucun effet physiologique extraordinaire, a donné lieu tout à coup à des accidents d'intoxication terribles.

Par suite de réactions semblables, quelques verres de limonade tartrique ont déterminé une action vomitive et la diarrhée chez un malade qui avait pris, quelques jours auparavant, du protoxyde d'antimoine. L'eau iodée, administrée à un dartreux peu de temps après la cessation d'un traitement dépuratif ayant le calomel pour base, a donné lieu à une salivation des plus abondantes, effet produit par le bichlorure et par le bi-iodure de mercure auxquels l'eau iodée avait donné naissance en réagissant sur le protochlorure existant encore dans l'économie.

Et que l'on ne pense pas que les agents médicamenteux insolubles aient seuls la propriété de séjourner assez de temps dans l'économie animale, car l'analyse chimique démontre que les matières actives solubles existent encore dans nos humeurs en proportion notable plusieurs jours après leur ingestion. Ce fait explique comment un étudiant en médecine, qui avait pris pendant longtemps de l'iodure de potassium à haute dose, a pu être atteint d'un ptyalisme très marqué après avoir pris seulement 30 centigrammes de proto-iodure de mercure.

335. — Ce que nous venons de dire nous porte à établir en principe que le praticien devra toujours baser ses formules sur les réactions qui se passeront probablement entre les agents thérapeutiques et les liquides de l'économie vivante avec lesquels ils seront mis en contact; qu'il devra même chercher à prévenir ces réactions, en les faisant naître lui-même dans la préparation des médicaments qu'il prescrit; et enfin qu'il devra opérer en dehors de l'économie la dissolution des substances insolubles toutes les fois qu'il y aura possibilité de le faire, au lieu d'en laisser le soin aux humeurs intraviscérales : car ces humeurs, loin d'avoir une composition constante, sont variables suivant l'alimentation et l'état morbide des individus. Il est donc beaucoup plus rationnel d'adminis-

trer ces médicaments sous une forme qui en rende l'absorption infaillible, quel que soit l'état chimique des humeurs avec lesquelles ils seront mis en présence.

Poisons; traitement de l'empoisonnement.

336. — On donne le nom de *poisons* à toutes les substances qui, soit introduites dans l'économie animale, soit appliquées d'une manière quelconque sur un corps vivant, détruisent la santé ou anéantissent la vie. Les désordres généraux, les modifications de tissus ou d'humeurs, déterminés par les poisons, constituent l'*empoisonnement*.

Quand on examine attentivement le mode d'action des divers poisons, on ne tarde pas à se convaincre qu'ils peuvent tous être rangés en *poisons locaux* et en *poisons généraux*; par conséquent, le traitement à diriger contre l'empoisonnement sera de même local ou général : toute substance capable d'annihiler les désordres toxiques sera nommée *antidote* ou *contre-poison*.

337. — Nous avons établi en principe que tous les corps solubles ou susceptibles de le devenir agissent dans l'économie comme *coagulants* ou *fluidifiants*. Cette division s'applique parfaitement aux poisons. Ceux qui appartiennent à la classe des coagulants, rencontrant immédiatement sur leur passage des tissus albuminoïdes, forment avec eux un coagulum qui, plus ou moins stable, les empêche de pénétrer plus avant dans l'économie et localise ainsi leur action; de sorte que si les poisons coagulants sont, d'une part, moins à redouter parce que leur action n'est pas générale et parce que l'antidote peut les atteindre

plus facilement et plus sûrement, d'autre part ils sont
quelquefois très dangereux, parce que, concentrant leur
action sur une petite surface et déterminant une vive irritation, ils donnent lieu à des lésions organiques beaucoup
plus graves que les effets dynamiques du poison lui-même.
C'est ce qui arrive pour tous les acides énergiques, comme
les acides sulfurique, nitrique, chlorhydrique, etc.; pour
certains sels métalliques, tels que le sublimé corrosif, le
chlorure d'antimoine, le nitrate d'argent, etc.

Toutefois ce serait commettre une grave erreur que de
croire que les poisons coagulants bornent uniquement leur
action aux tissus avec lesquels ils se combinent; un grand
nombre d'entre eux, au contraire, par suite des réactions
chimiques qui s'effectuent entre les parties coagulées et
les fluides environnants, deviennent propres à l'absorption
et exercent une action générale : c'est ainsi que le sublimé corrosif et tous les sels mercuriques sont absorbés
à la faveur des chlorures alcalins de l'économie; en se
combinant avec eux, ils forment un chlorure double hydrargyrico-alcalin soluble et non coagulant. Tous les sels
de cuivre deviennent également absorbables à la faveur
des liquides alcalins et albumineux de l'organisme; l'alcali sature l'acide de ces composés salins, et l'albumine,
dissolvant l'oxyde de cuivre mis en liberté, lui sert de
véhicule d'absorption et le transporte dans le torrent de
la circulation.

Les poisons fluidifiants, c'est-à-dire dépourvus de la
propriété de coaguler l'albumine, sont immédiatement
absorbés. Ils sont doublement dangereux : d'une part,
à cause de la promptitude avec laquelle ils se répandent

dans l'organisme, et d'autre part, à cause de la difficulté de les atteindre dans le but de les rendre insolubles, et partant inactifs, au moyen des réactions chimiques.

338. — Mais que les poisons soient coagulants ou fluidifiants, la manière rationnelle de les combattre est toujours la même : elle consiste à transformer dans l'économie la substance toxique en un composé inoffensif au moyen d'un antidote.

Nous n'avons nullement l'intention de rappeler ici la liste de tous les antidotes qui ont été proposés pour annihiler l'action malfaisante des agents délétères ; nous y suppléerons par des considérations générales propres à guider le praticien dans le choix qu'il sera appelé à en faire.

Poisons acides. — Dans le cas d'intoxication par un acide, on devra recourir aux substances alcalines ou à l'albumine : car on sait que les acides perdent leur action corrosive, lorsqu'une substance alcaline ou basique vient à les saturer ; on sait de plus qu'ils possèdent en général la propriété de coaguler l'albumine en formant avec elle un composé insoluble.

Mais tous les alcalins ne sauraient être employés avec un égal succès comme antidotes des poisons acides ; il en est parmi eux dont la causticité est extrême, et qui, par cela même, doivent être totalement rejetés : on ne doit s'adresser qu'à ceux qui offrent le double avantage d'être doués d'une grande capacité de saturation et de présenter peu ou point de sapidité. Le bicarbonate de soude, la magnésie calcinée hydratée, la craie, remplissent ces deux indications : ils saturent aisément et complétement le principe vénéneux, et forment avec lui une substance inerte ou seulement plus ou moins purgative.

Les praticiens donnent en général la préférence à la magnésie, à cause de son peu de sapidité et de sa parfaite innocuité; cependant le bicarbonate de soude offre sur la magnésie des avantages incontestables : soluble dans l'eau, il est plus apte à imbiber les tissus vivants et à atteindre l'élément toxique jusque dans l'intimité des organes.

Dans les cas où l'on n'aurait pas immédiatement à sa disposition l'une des trois substances basiques, magnésie, craie, bicarbonate de soude, on devrait administrer l'eau de savon, qui donnerait aussi d'excellents résultats. En effet, le toxique acide serait saturé par la soude contenue dans le savon, et les acides gras seraient mis en liberté : or, on sait que ces derniers sont sans action sur l'économie animale.

Enfin on pourrait avoir recours à l'eau albumineuse, mais à la condition de l'administrer à très grande dose ; car l'albumine est loin d'avoir pour les acides une capacité de saturation aussi grande que les quatre antidotes précités.

Poisons alcalins. — Lorsque la matière vénéneuse est de nature alcaline, elle est à base minérale ou végétale. Pour neutraliser une base minérale quelconque, on doit administrer des acides faibles en dissolution étendue, tels que les acides citrique et tartrique, ou mieux encore le vinaigre, qui se trouve partout. On peut ainsi saturer le poison sans déterminer les accidents qui résulteraient de l'emploi d'acides minéraux dont une dissolution même très étendue aurait encore la propriété de coaguler l'albumine. A part cette dernière circonstance, on conçoit que tous les acides inoffensifs puissent se remplacer, puisqu'ils arrivent tous au même résultat final, la saturation de la base alcaline et la formation d'un composé salin qui est sans action sur l'économie.

Mais il n'en est pas ainsi des bases alcalines végétales; le choix de l'agent chimique destiné à les saturer est de la plus haute importance, car la plupart des acides, en se combinant avec elles, produisent des sels beaucoup plus solubles que ces bases elles-mêmes, et qui, par conséquent, hâteraient l'intoxication au lieu de la prévenir. Il est cependant un acide qui, par une heureuse exception, forme avec tous les alcalis organiques un composé insoluble, et partant sans action, pourvu qu'on ait le soin de ne pas le laisser séjourner longtemps dans nos organes : c'est le tannin, ou acide tannique. On devra administrer le tannin à la dose de 5 à 10 grammes en dissolution dans un verre d'eau simple ou sucrée, ou, à défaut de tannin, une dose double de poudre de noix de galle ou de toute autre matière végétale suffisamment riche en tannin. Nous avons eu plus d'une fois l'occasion de constater l'efficacité de ce contre-poison, tant sur l'homme que sur les animaux.

M. Bouchardat a proposé l'iodure de potassium ioduré comme antidote des alcalis végétaux ; ce sel serait administré de la manière suivante :

Iode.	20 centigrammes.
Iodure de potassium	40 —
Eau.	500 grammes.

On donne cette solution par demi-verrées, en favorisant les vomissements, pour que le précipité insoluble
formé ne séjourne pas dans l'appareil digestif.

Ce contre-poison a été employé avec succès dans les
cas d'empoisonnement par l'opium, par les sels de morphine et d'aconit; M. Bouchardat a en outre essayé son
utilité sur les animaux, dans les cas d'empoisonnement
par la belladone et le stramonium, par le tabac et par la
strychnine. Suivant M. Bouchardat, la solution d'iodure
de potassium iodurée serait infiniment plus utile que la
noix de galle et le tannin ; car, dit-il, si le tannin forme
avec presque tous les alcaloïdes un composé insoluble, ce
dernier se redissout dans le plus léger excès d'acide, et
l'on sait que le liquide contenu dans l'estomac présente
ordinairement cette réaction.

Nous admettons que la solution d'iodure de potassium
iodurée puisse être avantageusement employée, mais nous
ne croyons pas qu'elle soit infiniment plus utile que le
tannin ; car s'il est vrai qu'un léger excès d'acide ait la
propriété de dissoudre le précipité produit par le tannin
quand ce précipité est plus ou moins neutre ou basique,
cette dissolution ne saurait avoir lieu en présence d'un
excès de tannin : c'est précisément le cas qui se présente
toujours quand on administre l'acide tannique comme
antidote des alcalis végétaux. D'ailleurs il est de précepte,
en toxicologie, de faire évacuer de l'économie, le plus
promptement possible, tout composé insoluble résultant
de l'action d'un antidote quelconque, et ce précepte s'applique tout aussi bien à l'iodure qu'aux tannates. Et
M. Bouchardat en convient lui-même, puisqu'il fait cette

observation : « Lorsqu'on associe un sel à base d'alcali
» végétal avec de l'iodure de potassium ioduré, il se forme
» un précipité résultant de la combinaison de l'alcali vé-
» gétal à l'état d'iodure d'iodhydrate complétement inso-
» luble dans l'eau, même acidulée. Cependant j'ai vérifié
» qu'une pareille combinaison possédait encore une action
» physiologique très manifeste, et cela parce qu'elle est
» attaquée dans les intestins par les alcalis de la bile et
» du suc pancréatique (1). »

Depuis, M. Caventou a fait sur des chiens des expériences qui démontrent que, comme contre-poison des
alcalis organiques, le tannin est réellement plus efficace
que l'iodure de potassium ioduré, ce que, du reste,
indiquait la théorie.

Poisons salins. — Dans le groupe des matières salines,
ce sont surtout les sels métalliques qui sont vénéneux.
Ces sels forment presque toujours avec quelques acides
des composés insolubles ; de plus, comme leurs bases,
insolubles par elles-mêmes, peuvent être mises en liberté
par d'autres plus puissantes qu'elles, ou être transformées
en sulfures insolubles au moyen de certains composés
sulfureux, on a un grand nombre de moyens d'en détruire
la toxicité. Ainsi, les sels de plomb et de baryte peuvent
être rendus insolubles à l'aide des solutions de sulfate de
soude ou de sulfate de magnésie ; les sels d'antimoine
sont précipités par le tannin, qui agit, du reste, de la
même manière sur la plupart des composés métalliques
dont nous parlons ; les sels d'argent sont transformés en

(1) *Annales de thérapeutique*, 1846, p. 298.

chlorure d'argent insoluble par l'action des chlorures alcalins, etc.

Parmi les antidotes qu'on peut leur opposer, il y a un choix à établir, car il est évident que dans l'incertitude où l'on est souvent sur la véritable nature de la substance toxique ingérée, l'agent le plus neutralisateur et le plus inoffensif sera celui auquel il conviendra de donner la préférence, et cet agent sera d'autant plus précieux qu'il s'adressera à un plus grand nombre de poisons. Or, l'albumine, la magnésie et le protosulfure de fer hydraté sont les contre-poisons qui présentent la plus grande généralité d'action.

L'albumine combat avec succès les effets délétères des acides minéraux et de la plus grande partie des sels métalliques. Elle est toujours très facile à se procurer, et n'a aucune action nuisible par elle-même. Toutefois il convient de faire remarquer qu'elle n'est pas, à proprement parler, un véritable antidote ; elle sature mal les substances actives contre lesquelles elle est usitée ; et, de plus, elle forme un précipité qui peut être rendu soluble, soit par un excès d'albumine elle-même, soit par les réactifs que nos humeurs renferment : d'où suit la nécessité de l'expulser de l'économie le plus promptement possible. Il serait même plus sage de considérer l'action de l'albumine comme temporaire ou transitoire, et de recourir, après son ingestion, à l'administration d'un contre-poison plus efficace. Cependant, même ainsi circonscrite, l'action décomposante de l'albumine n'en est pas moins très précieuse et très propre à rendre de véritables services dans les cas où elle est employée à propos.

La magnésie hydratée, proposée par M. Bussy, ou, à son défaut, la magnésie calcinée que l'on trouve dans toutes les pharmacies, remplit les mêmes indications que l'albumine ; elle annihile l'action de tous les acides (sauf l'acide prussique) en les saturant ; elle décompose tous les sels métalliques (sauf le cyanure de mercure) en mettant leur oxyde en liberté : or, on sait que les oxydes métalliques, en raison de leur insolubilité, ou ne sont pas vénéneux, ou le sont incomparablement moins que les composés salins auxquels ils donnent naissance. Elle jouit, en outre, d'une propriété précieuse que ne possède pas l'albumine, celle de précipiter les bases organiques, qui, à l'état de liberté, sont presque toutes insolubles ou peu solubles.

Mais la magnésie n'a pas une action annihilante absolue. Quelques oxydes métalliques, comme l'oxyde mercurique, sont sensiblement solubles dans l'eau et actifs par eux-mêmes ; de plus, un grand nombre d'oxydes insolubles et d'alcalis organiques, même en présence d'un excès de magnésie, peuvent trouver dans l'économie des éléments de dissolution. Il en résulte qu'il faudra recourir à un antidote autre que la magnésie, toutes les fois qu'il y aura possibilité de le faire.

Cet antidote de tous les poisons métalliques (excepté le cyanure de mercure), c'est le *sulfure de fer hydraté*. N'ayant par lui-même aucune action délétère, il précipite à l'état de sulfure insoluble l'acide arsénieux, les sels de zinc, d'étain, de plomb, de bismuth, d'antimoine, de cuivre, de mercure, d'argent, d'or, de platine, etc.

Un corps pouvant neutraliser tant de poisons, et d'une

manière aussi parfaite, devrait constamment se trouver en réserve dans toutes les pharmacies. On l'obtient facilement et abondamment en précipitant une dissolution d'un sel de protoxyde de fer par un protosulfure alcalin dissous ; il faut avoir soin de laver le précipité avec de l'eau distillée et bouillie, en le tenant à l'abri du contact de l'air.

Ajoutons que s'il est associé à la magnésie calcinée, association que nous avons proposée le premier, et dont M. Duflos a fait ressortir tous les avantages, il peut servir de contre-poison à tous les acides, aux composés cyaniques, et même au cyanure de mercure ; c'est-à-dire qu'il constitue alors le contre-poison par excellence, un véritable contre-poison général.

339. — Autrefois, après l'ingestion d'un poison, on se contentait d'évacuer, autant que possible, les voies digestives, en abandonnant le reste aux efforts de l'économie. Actuellement, ces évacuations, qu'il est toujours de précepte de provoquer avant de recourir à d'autres moyens, sont loin de constituer tout le traitement ; grâce aux importants travaux des toxicologistes modernes, et notamment d'Orfila, il ne s'agit plus seulement de chasser et de paralyser la substance toxique contenue dans les voies digestives, et donnant lieu à un empoisonnement local, il faut s'efforcer d'empêcher l'empoisonnement général, en poursuivant les agents délétères : même après leur absorption, lorsqu'ils sont déjà dans le sang, le foie, la rate, il faut leur opposer des contre-poisons spéciaux qui puissent, soit les transformer en composés inertes ou moins vénéneux, soit déterminer des combinaisons plus faciles à éliminer.

Toutefois, on doit l'avouer, la science possède encore si peu de moyens pour combattre l'effet ultime des poisons, que malheureusement l'empoisonnement général est le plus souvent suivi d'une terminaison fatale. Il est cependant certain que l'emploi des diurétiques, des purgatifs et des sudorifiques, peut rendre les plus grands services, même pour ceux des poisons qui sont le plus difficilement expulsés, ainsi qu'Orfila l'a péremptoirement démontré.

Il est positif que dans l'empoisonnement par l'opium ou par ses dérivés, le café est très avantageusement administré ; qu'il détermine une excitation propre à vaincre l'espèce de torpeur due à l'opium ; qu'il agit, en outre, suivant toute probabilité, en précipitant la morphine par le tannin qu'il contient.

Il est également incontestable que l'administration du sucre peut entraver les effets vénéneux des sels de cuivre : le sucre se transforme en glycose, et celle-ci, en présence des carbonates alcalins contenus dans le sang, réduit les sels et le bioxyde de cuivre en protoxyde insoluble. Ce protoxyde de cuivre, avec sa couleur rouge caractéristique, a été trouvé dans les organes d'animaux empoisonnés par les sels de cuivre et traités par l'ingestion du sucre.

Ces exemples, le dernier surtout, prouvent qu'il est possible, dans certains cas, de neutraliser l'action des poisons après leur absorption, et nous sommes intimement persuadé que l'on arriverait plus souvent à cet heureux résultat si, dans les recherches propres à faire connaître les contre-poisons auxquels il convient d'avoir

recours, on expérimentait, non avec l'eau distillée,
comme on a l'habitude de le faire, mais avec les liquides
animaux au milieu desquels la réaction neutralisante doit
finalement être effectuée. C'est dans cette voie seule
d'expérimentation que réside l'avenir de la toxicologie.

Localisation ou stagnation des poisons.

340. — Les nombreuses recherches expérimentales
auxquelles nous nous sommes livré dans le but d'éclairer
tout ce qui se rattache à l'absorption des aliments, des médicaments et des poisons, nous permettent d'aborder ici
une question chimico-physiologique qui a beaucoup attiré
l'attention des toxicologistes dans ces dernières années :
nous voulons parler de la *localisation des poisons*. Mais
avant tout, qu'est-ce que l'on entend par *localisation des
poisons ?*

Lorsqu'on introduit certains composés toxiques dans
l'économie animale, et que l'on examine ensuite les
organes de l'animal empoisonné, l'analyse démontre
que ces composés délétères ne se trouvent pas en proportion égale dans les différents viscères.

C'est ce fait réel de la présence des poisons en plus
grande quantité dans certains viscères que MM. Flandin
et Danger ont désigné sous le nom de *localisation des
poisons*, l'attribuant à une sorte d'élection particulière
des substances toxiques. Orfila a très judicieusement fait
observer que cette dénomination est tout à fait impropre.

Pour nous, il n'y a point de localisation des poisons,
dans le sens propre du mot ; c'est-à-dire que nous n'ad-

mettons point qu'un poison puisse, par une propriété *sui generis*, élire domicile dans un organe plutôt que dans un autre. Mais nous reconnaissons des stagnations de poisons; et c'est par les stagnations que nous expliquons les phénomènes de localisation de MM. Flandin et Danger.

Nous établissons deux classes de stagnations :

La première est produite par un *arrêt circulatoire*, et pourrait être désignée sous le nom de *stagnation physico-organique*.

La deuxième résulte d'une décomposition chimique, et pourrait être appelée *stagnation chimico-organique*.

La *stagnation physico-organique* est le fait du ralentissement forcé qu'éprouve le sang à travers tout le système de la veine porte : toutes les substances toxiques ou non toxiques indécomposables ou, pour mieux dire, imprécipitables par aucun des éléments chimiques du sang, telles que les bromures et iodures alcalins, le cyanure de mercure, les alcalis caustiques, etc., ingérées dans l'appareil digestif, sont presque en totalité absorbées par les ramifications de la veine porte, qui les transmet immédiatement au foie. Dans cet organe, elles séjournent un temps plus ou moins long, en rapport avec la disposition particulière du système hépatique; et par suite du ralentissement de cette circulation partielle, elles ne doivent entrer dans la circulation générale que longtemps après les substances qui ont été absorbées par les appareils respiratoire ou cutané, dans lesquels le mouvement du sang est beaucoup plus rapide.

Cette remarque revient de droit à Orfila, ainsi que le

prouve le passage suivant de son *Traité de toxicologie :*

« Le foie, en effet, reçoit le premier, à l'aide des vais-
» seaux qui forment la veine porte, la presque totalité de
» la substance toxique ; ce viscère, d'ailleurs très vascu-
» laire, est un organe de sécrétion, et dans lequel le
» sang circule lentement. Cela étant, on conçoit déjà
» pourquoi on trouve une plus grande quantité de sub-
» stance vénéneuse dans ce viscère que dans ceux que le
» sang traverse rapidement, tels que les poumons, et
» pourquoi elle y reste plus longtemps (1). »

La *stagnation chimico-organique* résulte de la décomposition qu'une substance toxique ou non toxique subit
dans le sang abdominal ou dans le foie lui-même : le
nouveau composé étant insoluble, ou moins soluble que
le corps qui lui a donné naissance, stagne dans les viscères spongieux, et partout où la circulation est retardée.

MM. Flandin et Danger ont rapporté, dans leur mémoire à l'Institut, quelques exemples de cette stagnation,
mais sans en donner d'explication.

« De quelque manière, disent-ils, que l'on empoisonne
» un chien par l'antimoine, on ne retrouve pas le métal
» dans les poumons, non plus que dans le cœur, le cer-
» veau, les muscles et les os. L'empoisonnement a-t-il
» été produit par les organes de la respiration au moyen
» du gaz hydrogène antimonié, c'est toujours spéciale-
» ment dans le foie, la rate, les reins et les urines que
» l'on retrouve le poison.

» Dans le cas d'empoisonnement par le cuivre, on ne

____

(1) *Traité de toxicologie*, t. I, p. 496.

» retrouve ce métal ni dans le cœur, ni dans les pou-
» mons, ni dans le système veineux, ni les muscles et les
» os, non plus que dans les reins et les urines; on le
» rencontre dans le foie, la rate et le tube intestinal.

» Dans le cas d'empoisonnement par le plomb, on
» retrouve cet élément toxique dans le foie, la rate, les
» reins, l'urine et les poumons, mais non dans le cœur ni
» dans le tissu musculaire et osseux (1). »

Voici comment nous expliquons ces faits, qui semblent, au premier abord, échapper à toute loi chimique.

Antimoine (émétique) (2). — Le tartrate de potasse et
d'antimoine ingéré par la bouche est absorbé par les
veines abdominales, qui le transportent au foie ; mais
durant ce trajet, une partie de l'oxyde d'antimoine contenu dans le sel antimonial devient insoluble par suite du
contact avec l'oxygène, les carbonates et savons alcalins
du sang, imprègne le tissu du foie et y séjourne; tandis
que la partie d'oxyde antimonique qui a résisté à l'action
décomposante des agents précipités entre dans la circulation générale, et arrive bientôt dans les divers émonctoires de l'économie animale, spécialement dans le liquide
urinaire.

Il ne faut pas croire que l'oxyde d'antimoine déposé
dans le foie y stagne indéfiniment : cet oxyde étant sensiblement soluble dans l'eau, et surtout dans l'eau alcalisée comme l'est celle qui existe dans le sérum du sang,

(1) *Comptes rendus de l'Académie des sciences*, 15 avril 1844.

(2) Comme exemple de la localisation de l'antimoine, nous choisissons
l'émétique, parce que c'est le sel qui a été ordinairement expérimenté,
et parce que, n'étant pas coagulant, il s'absorbe immédiatement.

est dissous peu à peu par ce véhicule, et transporté dans l'économie générale.

Toutefois la dissolution du protoxyde d'antimoine dans le foie s'effectue avec une lenteur telle, que la proportion d'antimoine qui existe dans le sang pulmonaire à un certain moment est assez faible pour que MM. Flandin et Danger aient pu l'y méconnaître.

Cuivre. — Les sels de cuivre, n'étant pas tous également coagulants, s'absorbent dans les voies digestives avec plus ou moins de lenteur ; néanmoins, quelque temps après leur ingestion, on en démontre aisément la présence dans le foie, la rate et le tube intestinal. Comment se fait-il que, contrairement à la plupart des métaux, on ne les rencontre *habituellement* pas dans l'urine ?

C'est parce que les sels de bioxyde de cuivre sont décomposés par les bases alcalines que renferme le sang veineux abdominal : le bioxyde est mis en liberté, et alors il se combine avec l'albumine, qui le retient dans le torrent circulatoire et l'empêche de sortir des vaisseaux ; ou bien il est transformé en présence des glycates, formiates, ulmates, etc., résultant de l'action des alcalis sur les substances sucrées, en protoxyde insoluble qui ne peut arriver dans les urines.

Plomb. — Il nous reste à expliquer pourquoi le plomb, contrairement à l'antimoine et au cuivre, peut être si aisément constaté dans le foie, la rate, les reins, l'urine et les poumons.

C'est que le plomb fait partie de la classe des métaux (mercure, argent, or, platine) dont les chlorures ont des propriétés électro-négatives ou acides ; ces chlorures peuvent, avec les chlorures alcalins électro-positifs ou basiques contenus dans nos liquides, constituer des chlorures doubles, solubles, indécomposables par aucun des éléments du sang, et qui, par suite de ce caractère important, doivent être retrouvés partout où l'on rencontre les chlorures alcalins eux-mêmes, c'est-à-dire dans toutes les humeurs de l'économie animale. Comme exemples de ce que nous avançons, nous rappellerons les faits suivants :

La teinte noirâtre olive qui apparaît chez les épileptiques traités par le nitrate d'argent est uniquement due à l'action de la lumière sur le chlorure argentique qui s'est formé dans l'économie, car les autres sels d'argent ne sont pas influencés par les rayons lumineux.

Le blanchiment que déterminent sur le cuivre les sécrétions des malades soumis à la médication mercurielle ne peut avoir lieu, d'après nos recherches, qu'avec les sels mercuriels très fortement acides ou avec le bichlorure combiné avec les chlorures alcalins.

Le sulfure de plomb qui noircit la peau des malades affectés de colique saturnine auxquels on fait prendre des bains sulfureux, est produit par la décomposition du chlorure plombique qui accompagnait les chlorures alcalins dans la perspiration cutanée.

Ainsi, le phénomène de la localisation ou stagnation des poisons dans l'économie est le résultat, soit d'une cause physique, soit d'une cause chimique ; par conséquent, il se rattache aux lois générales qui régissent la nature entière.

Idiosyncrasies chimiques.

341. — Il en est de même pour les idiosyncrasies dont les phénomènes, attribués longtemps à des forces vitales particulières, se rapportent presque tous aux lois naturelles de la chimie.

Nous admettons sous le nom d'*idiosyncrasie* certaine disposition par laquelle chaque individu ressent, d'une manière qui lui est propre, l'influence des agents extérieurs : par exemple, les susceptibilités nerveuses qui causent la défaillance à l'aspect de certains animaux, le vomissement en présence de certaines matières alimentaires ou médicamenteuses. Mais nous ne reconnaissons pas comme *idiosyncrasies chimiques* les anomalies d'action médicale qui, attribuées journellement par les praticiens au tempérament, à la vitalité exceptionnelle des malades, ne sont en réalité que des réactions chimiques dont on n'a pu jusqu'à présent donner une explication satisfaisante.

Toutes ces prétendues idiosyncrasies chimiques sont le résultat des influences qu'exercent sur l'action des médicaments : le mode d'administration, la plus ou moins grande quantité d'eau ingérée, l'état de la peau, la composition anormale des humeurs de l'économie, l'association ou l'incompatibilité des substances entre elles.

Toutes ces causes vont être successivement étudiées.

Influence du mode d'administration des médicaments.

342. — Tous les agents médicaux insolubles donnés à haute dose n'agissent jamais en raison directe de la quantité ingérée en une seule fois. La raison de ce fait est : que tout médicament insoluble a besoin de se dissoudre pour acquérir de l'action ; que les agents de dissolution chimique dont l'économie peut disposer (acides, alcalis, chlorures alcalins) n'existent dans les humeurs qu'en proportion limitée, et que dès lors la quantité de matière dissoute est également limitée.

Mais lorsque, au lieu d'administrer en une seule fois une forte dose de matière insoluble, on la fractionne de manière à multiplier le nombre des digestions humorales ou des réactions dissolvantes, on obtient des résultats d'absorption tout différents.

Quelques exemples mettront cette vérité hors de doute.

Exemples ayant rapport à l'action dissolvante des acides du suc gastrique :

4 grammes de limaille de fer administrés chaque jour en une seule fois ne triomphent de la chlorose qu'après plusieurs mois de traitement ; tandis qu'une dose quotidienne de ce métal quatre fois moindre, mais prescrite à doses fractionnées, amène une guérison beaucoup plus rapide.

1 gramme de kermès pris en un seul coup détermine ou ne détermine pas le vomissement, et ne donne lieu qu'à un effet dynamique à peine appréciable ; tandis qu'une quantité de cette substance moitié moindre, mais

administrée à doses fractionnées, produit, avec ou sans vomissement, une action hyposthénisante des plus marquées.

Exemples ayant rapport à l'action dissolvante des alcalis contenus dans le suc intestinal :

4 grammes de baume de copahu administrés chaque jour en une seule fois ne produisent que peu d'effet sur les écoulements gonorrhéiques ; pareille dose administrée en cinq ou six fois dans le courant de la journée donne lieu à un résultat thérapeutique bien autrement satisfaisant.

50 centigrammes de résine de jalap en une seule dose manqueront assez souvent leur effet purgatif, tandis que cette même dose partagée en 25 centigrammes pris la veille au soir, et 25 centigrammes pris le matin, déterminent une purgation énergique.

Exemples ayant rapport à l'action dissolvante des chlorures alcalins :

1 gramme de calomel administré en une seule fois détermine une action purgative plus ou moins marquée, et un effet dynamique à peine sensible ; prescrit à la dose de 1 centigramme toutes les demi-heures, il donne lieu au ptyalisme en très peu de temps.

Ce que nous venons de dire sur le protochlorure de mercure est entièrement applicable à tous les protosels mercuriels insolubles, ainsi qu'aux composés correspondants de plomb, d'argent, d'or et de platine.

Ces faits cliniques prouvent que c'est toujours à doses fractionnées ou réfractées qu'il convient de prescrire les médicaments insolubles, pour retirer de leur emploi le maximum d'effet thérapeutique qu'ils peuvent produire.

Influence de la proportion d'eau ingérée.

343. La proportion d'eau introduite dans la cavité stomacale avant, pendant ou après l'administration des médicaments actifs par eux-mêmes, c'est-à-dire solubles sans
aucune intervention chimique, influe peu sur leur effet général; elle exerce au contraire une très grande influence
lorsqu'il s'agit de médicaments insolubles qui nécessitent
l'intervention d'un ou plusieurs dissolvants intra-viscé-
raux. On peut admettre en principe, que *l'action des
médicaments insolubles est d'autant plus grande que la
proportion d'eau ingérée est moindre.*

En effet, les dissolutions s'opèrent avec d'autant plus
de promptitude et d'abondance, que les réactifs sont moins
étendus d'eau; c'est pourquoi les substances qui, pour devenir actives, nécessitent l'intervention des acides de l'estomac ou des chlorures alcalins de l'économie, doivent
être prescrites avec le moins d'eau possible pendant et
après leur ingestion.

Quant aux substances qui nécessitent le concours des
réactifs alcalins sécrétés par les intestins, il n'est pas possible de leur faire franchir le pylore autrement qu'en les
entraînant avec un liquide; il faut donc immédiatement,
après leur ingestion, faire prendre deux ou trois verres
d'une boisson aqueuse qui ne soit ni acide, ni sucrée, et
dès lors interdire toute boisson jusqu'au moment où l'effet
du médicament commence à se produire.

Influence de l'état de la peau.

344. — L'état physiologique de la peau peut aussi influer d'une manière puissante sur l'action des médicaments appliqués à l'extérieur.

Une peau épaisse, sèche, rugueuse, ne fournit aucun élément de dissolution ; au contraire, une peau souple, humectée d'une sueur abondante, est parfaitement apte à favoriser la dissolution des topiques médicamenteux : c'est ce qui explique les résultats si variables de l'application d'un emplâtre stibié.

Influence de la composition anormale des humeurs de l'économie.

345. — Tous ceux qui s'occupent de l'art de guérir connaissent l'influence marquée que l'état pathologique exerce sur l'effet thérapeutique des agents médicamenteux, influence attribuée à une différence d'incitation nerveuse que la maladie imprime à l'économie tout entière. Sans nier ici d'une manière absolue la possibilité de cette incitation nerveuse, qu'il nous soit permis de faire observer que, dans les affections morbides, les humeurs de l'économie animale éprouvent de tels changements dans la nature, et plus encore dans la proportion de leurs principes constituants, qu'il n'est nullement extraordinaire que l'action des médicaments en général, et plus spécialement encore l'action des médicaments insolubles, soit notablement modifiée.

Suc gastrique. — La composition du suc stomacal est

profondément altérée dans un grand nombre de maladies; on sait que ce liquide offre une prédominance d'acidité remarquable dans la gastrite chronique, l'hypochondrie, le diabète, la goutte, etc.

Dans toutes ces maladies on obtient, à son maximum d'intensité, l'effet thérapeutique des composés insolubles qui réclament l'intervention des acides pour devenir actifs, tels que ceux de magnésie, de chaux, de fer, de zinc, de bismuth, d'antimoine, les alcalis végétaux, etc.

Suc intestinal. — On ne connaît pas de maladies dans lesquelles il y ait prédominance d'alcalinité dans le suc intestinal, mais on a pu souvent constater que ce liquide est souvent neutre et même acide chez certains dyspep-tiques et chez tous les diabétiques.

En dehors des cas pathologiques, on sait parfaitement aujourd'hui que les personnes qui se nourrissent presque exclusivement de végétaux herbacés ont un suc intestinal qui offre une alcalinité très prononcée : ce qui les rap-proche des animaux herbivores, qui ont alcalines non-seu-lement leurs excrétions intestinales, mais même aussi leurs excrétions rénales. On sait également que les per-sonnes qui usent d'une alimentation uniquement consti-tuée par des matières albuminoïdes et par des matières grasses présentent un suc intestinal très peu alcalin ou neutre, et quelquefois même manifestement acide.

Chlorures alcalins. — Les variations auxquelles sont soumis les chlorures alcalins existant dans les diverses humeurs de l'économie animale suivent, dans l'état patho-logique, la loi de diminution qui est propre aux sels inor-ganiques en général.

« La loi générale, dit M. A. Becquerel, c'est la diminution de la quantité absolue des sels inorganiques ; mais le chiffre exact de cette diminution est tellement variable, qu'il est impossible de donner une moyenne qui puisse convenir à tous les cas, puisqu'on la voit varier de 1, 5, 7 et même 8. »

« Des recherches que j'ai faites, il y a plus de huit ans, dit à son tour M. le docteur Lhéritier (1), sur l'urine de douze typhoïques arrivés au quinzième, au vingt et unième et au trentième jour de la maladie, dans le but d'apprécier les rapports de composition qui pourraient exister entre ce liquide et le sang de ces malades, m'ont conduit aux moyennes suivantes :

Densité	1022,930
Quantité d'eau.	591,775
Quantité de sels inorganiques. . . .	4,129

c'est-à-dire 4,870 de ces derniers au-dessous de la moyenne physiologique admise par M. Becquerel. Chez les mêmes malades, la proportion des sels contenus dans le sang était représentée par 5,020 (moyenne de 24 analyses) ; ils avaient, par conséquent, diminué de 3,990 au-dessous de la moyenne adoptée par M. Lecanu (9,010) et la plupart des expérimentateurs. »

Les recherches auxquelles nous nous sommes livré sur le même sujet confirment en tout point celles de MM. Becquerel et Lhéritier ; nous avons pu nous assurer que la proportion absolue des sels inorganiques contenus soit

____

(1) *Traité de chimie pathologique.*

dans le sang, soit dans l'urine, diminue toujours dans les maladies en raison directe de la quantité de boisson ingérée. La diminution des sels inorganiques a lieu d'une manière tellement marquée dans certaines maladies, qu'une simple dégustation est suffisante pour la constater : le sérum du sang d'un malade subitement atteint d'une maladie inflammatoire a la saveur d'un bouillon de viande très salé, tandis que le sérum d'un malade depuis longtemps soumis à la diète se rapproche d'un bouillon non salé.

Il résulte de ces documents, que les individus bien portants et les malades depuis longtemps à la diète doivent être inégalement impressionnés par les composés insolubles de plomb, de mercure, d'argent, de platine et d'or, composés qui empruntent aux chlorures alcalins leurs propriétés médicales. L'observation clinique confirme la vérité de ces indications théoriques : que l'on prescrive à un homme bien portant, et usant d'une alimentation convenablement salée, 1 gramme de calomel, il sera immanquablement purgé ; que l'on administre la même dose de mercure doux à un malade soumis depuis longtemps au régime délayant ou *déchlorurant*, l'action purgative pourra être nulle.

Influence de l'association des médicaments.

346. — Lorsqu'on prescrit à un malade plusieurs médicaments à la fois, trois cas peuvent se présenter : 1° Chacune des matières actives agira pour son propre ompte, comme si elle avait été administrée seule ; 2° ou

bien une des substances médicamenteuses augmentera l'effet des autres ; 3° enfin l'une d'elles diminuera, annihilera même l'action de ces dernières.

A. *Médicaments agissant chacun pour son propre compte.* — Tous les corps solubles de la matière médicale non susceptibles de se combiner entre eux appartiennent à cette série. C'est ainsi que l'action purgative produite par 10 grammes de sulfate de potasse, autant de sulfate de soude, et autant de sulfate de magnésie, est juste égale à la somme des trois sels purgatifs ; c'est ainsi que l'association du sulfate de quinine et du sulfate de cinchonine donne lieu à un effet fébrifuge représenté par la somme des effets des deux composés antipériodiques isolés ; c'est encore ainsi qu'une infusion mixte de cachou et de ratanhia produit une action astrictive égale à la somme des deux composants.

B. *Médicaments dont l'action thérapeutique est augmentée par l'association d'un autre médicament.* — Les résines deviennent plus actives quand elles sont dissoutes dans l'huile d'amande ; ce qui tient d'une part à ce que l'huile d'amande est elle-même un peu laxative, et d'autre part à ce que les résines étant ainsi très divisées, l'action des alcalis intestinaux est plus prompte à s'effectuer. L'association de la magnésie leur est encore plus favorable : la magnésie donne naissance à des sels qui sont eux-mêmes purgatifs, et de plus, en s'emparant des acides de l'estomac, elle laisse aux alcalis intestinaux toute leur énergie dissolvante.

Vallisnieri, et après lui M. Bretonneau (de Tours), ont parfaitement démontré par l'observation clinique, qu'en associant entre eux certains purgatifs à petite dose, soit le calomel et le jalap, on obtient un effet purgatif plus prononcé qu'en administrant un seul de ces médicaments, même à très haute dose. Or, nos recherches nous permettent de donner l'explication de ce fait thérapeutique. La plupart des corps qui purgent nécessitent l'intervention d'un dissolvant spécial pour acquérir de l'action ; il en résulte que toutes les fois qu'on associe deux purgatifs qui ne s'adressent pas au même agent dissolvant, l'action purgative est portée à son maximum. Tel est le cas du calomel et du jalap : le premier a besoin de l'intervention des chlorures alcalins, le second de l'intervention des alcalis.

C. *Médicaments dont l'action de l'un paralyse ou empêche totalement celle de l'autre.* — Quand on administre en même temps plusieurs substances insolubles qui toutes nécessitent l'intervention des acides gastriques, il arrive que : 1° Tantôt les deux matières médicamenteuses sont dissoutes en totalité : tels sont la cinchonine et la quinine, les carbonates de chaux et de magnésie prescrits l'un et l'autre à faible dose, les oxydes de zinc et de fer donnés également à petite dose, etc. 2° Tantôt une des substances est dissoute en totalité, et l'autre seulement en partie : ainsi le carbonate de chaux prescrit à une dose un peu élevée, concurremment avec le carbonate de magnésie, est seul dissous en totalité, parce que l'oxyde de calcium est plus basique que celui de magnésium. 3° Enfin une des substances médicamenteuses est presque exclusivement attaquée, l'autre ne l'étant que peu ou point. C'est ce qui arrive alors que sont ingérées ensemble une faible dose de quinine ou de sulfate de quinine et une forte dose de magnésie libre ou carbonatée : cette dernière, épuisant à elle seule l'action dissolvante des acides gastriques, est seule dissoute. Il en est de même quand on donne à la fois l'oxyde de bismuth à petite dose et la magnésie à haute dose ; c'est encore l'oxyde de magnésium qui seul éprouve le phénomène de la dissolution.

Mais il n'est malheureusement pas toujours facile de décider de prime abord si deux substances solubles mélangées restent à leur état naturel, ou bien si elles réagissent l'une sur l'autre. Le mélange d'une solution de chlorure de sodium et d'une solution de deuto-nitrate de mercure donne lieu immédiatement à une production de nitrate de soude et de bichlorure de mercure, bien qu'aucun phénomène apparent n'annonce cette double décomposition. C'est surtout dans l'association des substances organiques entre elles qu'il est difficile, pour ne pas dire impossible, de formuler *à priori* quelle doit être la composition chimique du mélange produit. Quel est le chimiste qui, avant les belles recherches de MM. Robiquet et Boutron, Liebig et Wœhler, aurait pu prévoir que le mélange de deux solutions aqueuses aussi inoffensives que l'amygdaline (principe amer des amandes amères), et la synaptase (substance albuminoïde des amandes) donnerait naissance à un poison aussi énergique que l'acide cyanhydrique? Quel est aussi le chimiste qui aurait pu indiquer, avant les travaux de M. Bussy, que la myrosine et le myronate de potasse existant dans la moutarde noire ont besoin de la participation de l'eau pour donner lieu à la production de l'huile volatile de moutarde ?

Or, comme il est incontestable que des réactions analogues peuvent s'effectuer à notre insu dans les mélanges de produits organiques que nous n'avons pas l'habitude d'associer ensemble, il s'ensuit que le médecin doit mettre la plus grande circonspection dans la prescription simultanée de substances végétales dont il connaît seulement l'action médicale isolée; et que le pharmacien ne doit faire éprouver aucun changement à la nature des composants médicamenteux, ni se permettre la plus légère modification dans les préparations pharmaceutiques, dans la crainte de donner lieu à des réactions chimiques inattendues, dont les résultats thérapeutiques pourraient être différents de ceux que l'on se proposait.

Substances incompatibles.

347. — Il était de précepte en thérapeutique de regarder comme incompatibles toutes les substances dont l'action réciproque en dehors de l'économie avait pour résultat la formation d'un composé insoluble dans l'eau. En conséquence, on n'admettait pas comme incompatibles les substances qui, bien que réagissant les unes sur les autres et donnant naissance à de nouvelles combinaisons, ne produisaient pas de composés insolubles. Tout médicament soluble était réputé actif, tout médicament insoluble était réputé sans action sur l'économie.

L'expérience clinique a cependant fourni la preuve que certains composés administrés à l'état insoluble donnent d'excellents résultats thérapeutiques, et que d'autres composés donnés dans des conditions favorables de solubilité né produisent que très peu d'effet. On s'étonne de l'efficacité des uns, de la nullité d'action des autres, sans même en chercher l'explication ; on ne songe pas que la solubilité ou l'insolubilité des corps peut être tout autre pour le chimiste, qui opère ses réactions avec de l'eau distillée, et pour l'économie, qui opère les siennes avec des liquides d'une composition autrement complexe ; on calcule l'incompatibilité d'après les réactions du laboratoire, au lieu de l'établir d'après les réactions intra-viscérales.

Cette manière d'envisager l'incompatibilité est donc vicieuse, puisqu'elle ne tient pas compte des éléments les plus importants de la question, des fluides de l'organisme. Suivant nous, la définition des médicaments incompatibles doit être ainsi modifiée : *Sont incompatibles les substances dont l'action mutuelle donne naissance à un composé insoluble que les liquides de l'économie ne peuvent redissoudre en tout ou en partie.*

On a recommandé de ne point faire usage d'eau ordinaire dans les préparations ayant pour base le nitrate d'argent, sous prétexte que cette eau renferme des chlorures, et que le chlorure d'argent inévitablement formé est insoluble. Cette précaution est bonne à observer quand la dissolution argentine est destinée à être employée comme caustique, par la raison que le chlorure d'argent est dépourvu de toute action topique ou locale ; mais elle est inopportune quand le nitrate d'argent est appelé à exercer une action générale dynamique, comme dans le traitement de l'épilepsie, car c'est précisément à l'état de chlorure, ou, pour mieux dire, de chlorure double argentico-alcalin, qu'il produit un effet thérapeutique.

On a également proscrit le mélange de l'eau avec les solutions éthérées ou alcooliques de phosphore, parce que l'eau précipite le phosphore. Mais les fluides aqueux ne sont-ils pas en assez grande abondance dans nos humeurs pour opérer un semblable phénomène ?

Croit-on que l'association du tannin soit avec le quinquina, soit avec l'opium, forme un composé inactif, parce qu'un précipité abondant s'est produit au moment du mélange ? Est-ce que les acides de l'estomac n'ont pas la propriété de dissoudre en tout ou en partie ce précipité en isolant le principe actif, dont la vertu un instant dissimulée se développera alors avec plus ou moins d'énergie !

L'incompatibilité qu'on dit exister entre l'opium et l'iodure de potassium ioduré est également plus apparente que réelle. Le mélange de ces deux substances donne naissance à un précipité insoluble d'iodure d'iodhydrate de morphine. Les deux principes actifs, iode et morphine, sont un instant annulés ; mais comme la morphine se dissout dans les acides et dans les alcalis de l'économie, et comme l'iodure de potassium ioduré se dissout dans les alcalis du tube digestif, les deux médicaments peuvent manifester, chacun de son côté, toutes les propriétés thérapeutiques dont ils jouissent à l'état de liberté.

Ces remarques font comprendre que, dans l'empoisonnement par l'opium, le tannin et surtout l'iodure de potassium ioduré ne peuvent être que des contre-poisons momentanés. Sans doute ils formeront tous deux un composé insoluble avec une substance qui, immédiatement absorbée, eût produit des effets toxiques, mais ils ne font que retarder cette absorption ; et si, l'on ne se hâte de les

expulser par les vomissements ou les purgations, la substance vénéneuse qu'ils contiennent ne tardera pas à se redissoudre et à exercer ses funestes effets sur l'organisme.

Ce que nous venons de dire sur l'absorption de l'iodure
d'iodhydrate de morphine s'applique à tous les composés
d'iode insolubles ; ils sont tous actifs, parce que tous sont
décomposés par les bases alcalines que nos humeurs renferment, et transformés en iodures et iodates alcalins solubles. C'est donc à tort que les thérapeutistes proscrivent
l'association de l'iode aux substances amylacées et aux
alcalis végétaux, il n'y a entre ces substances aucune incompatibilité réelle ; l'organisme recevra toujours la même
impression finale de l'iode ingéré soit à l'état libre, soit à
l'état d'iodure insoluble, puisqu'il se formera dans tous
les cas les mêmes combinaisons d'iodures ou d'iodates
solubles. Il y a même avantage réel à administrer l'iode à
l'état de combinaison, car il conserve ainsi toute son action
dynamique et perd son effet local, toujours plus nuisible
qu'utile.

On a considéré comme incompatibles : l'iodure de potassium et le bichlorure de mercure, l'oxyde de zinc et
l'acide prussique, parce que de leur réaction mutuelle
résultent des composés insolubles. Mais en réalité l'incompatibilité n'existe pas, ces deux composés insolubles ne
résistent pas aux réactions de l'économie ; l'iodure mercurique est transformé en sublimé par les chlorures alcalins
contenus dans les humeurs vitales, et le cyanure de zinc,
décomposé par les acides gastriques et même par l'acide
carbonique contenu dans le sang, laisse en liberté l'acide
prussique : aussi l'expérience clinique a-t-elle appris que

le bi-iodure de mercure et le cyanure de zinc exercent sur l'organisme une action toxique des plus énergiques.

Il est donc bien nécessaire, en administrant des substances dont le mélange a pour effet la destruction ou la neutralisation du principe actif contenu dans l'une d'elles, de se rappeler si les humeurs de l'économie peuvent reproduire ce principe actif ou lui permettre de manifester ses propriétés.

Mais l'insolubilité ne constitue pas la seule condition d'incompatibilité.

Deux médicaments sont incompatibles lorsqu'en se décomposant ils perdent leur action médicinale. Ainsi, l'addition de la salicine à une préparation contenant des amandes amères donne, par la réaction de la synaptase des amandes amères sur la salicine, naissance à des composés inertes, et les fluides de l'organisme sont impuissants à reformer les principes actifs détruits ; de même l'union des acides ou des alcalis avec les amandes amères ou la semence de moutarde empêche le développement des huiles essentielles dont on attend l'action salutaire, et les réactifs de l'économie sont inaptes à en déterminer la production. L'association d'une quantité convenable de sulfate de protoxyde de fer avec le cyanure de potassium suffit pour annuler complétement les propriétés funestes d'un des plus violents poisons que nous connaissions : au moment du mélange, il se produit un composé parfaitement soluble (le cyanure jaune de potassium et de fer) n'exerçant pas la moindre action toxique, parce qu'aucun des réactifs de l'économie ne peut le décomposer et mettre en liberté l'acide cyanhydrique.

Deux médicaments sont incompatibles quand ils forment par leur mélange un nouveau corps qui a des propriétés autres que celles des composants : un acide et un alcali réunis dans une même préparation donnent naissance à un sel qui n'a rien des caractères acides de l'un, ni de la réaction alcaline de l'autre.

Enfin, deux médicaments sont incompatibles, parce qu'ils donnent, par le mélange, un composé différent et nuisible : ainsi le mercure doux administré dans une émulsion d'amandes amères se transforme en cyanure de mercure.

Avant d'associer les substances qui doivent constituer un médicament, le thérapeutiste doit donc se rendre un compte parfait de toutes les modifications chimiques que les substances mises en contact pourront subir non-seulement avant leur administration, mais surtout après leur ingestion et pendant leur séjour dans l'économie.

Examen des principes auxquels il convient de rapporter l'action immédiate ou prochaine des agents modificateurs de l'économie animale.

348. — Lors de l'administration d'un médicament composé, à quel principe chimique doit-on rapporter la cause de son action modificatrice ? Est-ce à ce composé lui-même, ou bien à l'un de ses principes constituants devenu libre ou ayant contracté une nouvelle combinaison ?

Il est difficile de répondre catégoriquement à cette question, toutefois nous allons essayer d'en donner une solution satisfaisante.

Quand on introduit dans l'économie animale une substance médicamenteuse ou toxique, de nature complexe, cette substance est ou n'est pas décomposée par les acides, les bases, les sels et les éléments organiques que nos humeurs renferment.

Le composé ingéré résiste-t-il à toute décomposition, son action, s'il en a une par lui-même, sera évidemment toute différente de celle qu'exerceraient isolément les éléments qui le constituent.

Si, au contraire, le médicament est décomposable, il donnera naissance à un nouveau produit qui pourra être actif, et qui sera nécessairement le même pour toutes les substances possédant les mêmes éléments basiques. En effet, les liquides de l'économie sont limités sous deux rapports : leur nombre et leur quantité. Il en résulte que les nouveaux composés auxquels leur réaction donne naissance et auxquels il faut rapporter l'action utile des médicaments doivent aussi se renfermer dans cette double limite. La quantité du corps actif est forcément proportionnée à la quantité du réactif nécessaire à sa formation; elle est restreinte, et c'est ainsi qu'est également restreint le nombre des composés dont l'action sur l'organisme est incontestable.

Il est certain pour nous que chaque groupe de médicaments dont la base est identique donne naissance en dernier lieu à un même composé qui exerce sur nos organes une action spéciale.

Ingérez n'importe quel sel de mercure insoluble, qu'arrivera-t-il ? Le mercure ne pourra développer son influence qu'autant que les liquides qu'il rencontrera sur son passage l'auront transformé en un composé soluble, absorbable ; les réactifs en état d'opérer cette transformation sont les chlorures alcalins : les sels qui résulteront de cette réaction intraviscérale seront des chlorures doubles, solubles et actifs. Pour exercer leur action sur les organes, tous les composés de mercure devront subir la même modification, tous donneront naissance à une seule et même combinaison active. S'il n'en était ainsi, comment expliquer l'utilité uniforme qu'on retire de tous les composés mercuriels dans le traitement de la syphilis ? Ce que nous établissons ici pour les médicaments à base de mercure, nous pouvons l'établir pour tout autre groupe de médicaments, en nous reportant aux principes que nous nous sommes efforcé de mettre en lumière dans le cours de cet ouvrage.

Mais comment pouvoir à l'avance prévoir que la substance composée introduite par l'absorption dans la circulation générale sera ou ne sera pas décomposée dans le sang ? Comment connaître le composé actif auquel cette réaction intérieure donnera lieu ?

Deux voies peuvent nous conduire à la solution de ce problème, l'une théorique, l'autre pratique. La première consiste à examiner, d'après les lois connues de la science, si le corps complexe qu'on administre est accessible ou non à l'action modificatrice des réactifs contenus dans les liquides animaux : s'il est décomposable, on peut déterminer à l'avance quel sera le principe agissant. La seconde manière de résoudre la question, c'est de soumettre à l'analyse chimique le corps composé, après que son action a été produite, c'est-à-dire après qu'il a été expulsé de l'économie animale par les émonctoires qui lui sont propres.

C'est à l'aide de ces deux méthodes que nous sommes arrivé à connaître la véritable nature du principe actif d'un grand nombre de substances médicamenteuses et toxiques; nous allons rapidement en présenter des exemples.

Substances indécomposables par les humeurs organiques, ou qui produisent elles-mêmes tout ou partie de leur action générale ou dynamique.

Ce groupe est peu nombreux ; il renferme les carbonates, sulfates, azotates, phosphates, chlorures, bromures et iodures alcalins, l'acide cyanhydrique, etc.

La théorie enseigne que les liquides de l'économie sont impuissants à attaquer ces divers composés, qui devront par conséquent, parcourir tout le torrent circulatoire, et arriver dans les divers émonctoires, et spécialement dans l'urine, sans avoir éprouvé de décomposition appréciable. (L'acide prussique, en raison de l'état gazeux où il se trouve à la température du corps humain, est par exception expulsé par le poumon.) L'observation a confirmé ce que la théorie faisait pressentir

Substances décomposables par les humeurs vitales, ou qui ne produisent pas par elles-mêmes l'action générale ou dynamique qui leur est propre.

Ce groupe renferme un si grand nombre de substances médicamenteuses et toxiques, que, pour en donner ici le tableau complet, il faudrait citer toute la matière médicale : nous nous bornerons à des généralités.

Métalloïdes. — Leur action générale ou dynamique est due à leur combinaison avec les alcalis que renferment nos humeurs. Ainsi l'iode n'agit qu'à l'état d'iodure et d'iodates alcalins ; le soufre emprunte ses propriétés aux hyposulfites, sulfites et sulfates alcalins, auxquels son ingestion dans nos viscères donne naissance, etc.

Oxydes. — Leur action est généralement produite par les composés salins qu'ils forment, soit avec les acides gastriques, soit avec les chlorures alcalins de l'économie, soit avec l'acide carbonique ou les matières albuminoïdes contenues dans le liquide sanguin.

Acides. — Les acides (sauf l'acide prussique) passent à l'état de combinaison saline en s'emparant des bases des carbonates alcalins contenus dans les humeurs vitales ; aussi ne rendent-ils l'urine acide que lorsqu'ils sont ingérés en proportion considérable, médication dangereuse qui ne peut s'effectuer que momentanément, et qu'avec certains acides organiques.

Sels métalliques. — Ils agissent de deux manières distinctes. Les uns, sels de zinc, d'étain, de fer, de bismuth, de cuivre, d'antimoine, etc., décomposés par les bases alcalines contenues dans le sang, produisent leur action à l'état d'oxyde, de carbonate ou d'albuminate. Les autres, tels que les sels de plomb, de mercure, d'argent, d'or et de platine, sont également décomposés par les alcalis, mais l'oxyde mis en liberté est ensuite transformé par les chlorures potassique, sodique et ammonique existant dans les liquides animaux, en chlorure double.

Sels organiques. — Les sels à bases végétales ou organiques, également décomposés par les alcalis du sang, n'agissent que par la base qui les constituait.

Ces remarques ont une grande portée thérapeutique. Elles permettent d'expliquer pourquoi tous les sels produits par un même métal jouissent des mêmes propriétés médicales ; dans tous les cas, c'est le même élément qui produit l'effet thérapeutique. C'est ce qui donne la raison des déceptions que l'on éprouve dans la pratique, alors que l'on croit pouvoir accorder une préférence exclusive à tel ou tel composé.

349. — Puisque, dans chaque groupe de médicaments ayant la même base et ne résistant pas à l'action décomposante des liquides de l'économie, c'est toujours le même composé qui produit l'action salutaire, chacun de ces médicaments ne saurait avoir une action spéciale à lui appartenant. Ainsi, un gramme de quinine combiné avec l'acide lactique ou l'acide tartrique ne doit pas valoir mieux que le même poids de quinine combiné avec l'acide sulfurique, puisque le lactate, le tartrate et le sulfate de quinine n'agissent tous trois que par la quinine qu'ils renferment, et que leurs acides abandonnent avec la même facilité l'alcali organique dans le torrent de la circulation.

Ce n'est pas que nous voulions en inférer que, dans une même classe de médicaments, tout choix est inutile ou impossible. Il est évident qu'un médicament produira d'autant plus d'action curative, que sa transformation en le dernier composé qui seul jouit de propriétés sera plus facile et plus complète. Bien que tous les sels de mercure puissent être avantageusement employés contre la syphilis, bien que la plupart des ferrugineux puissent guérir la chlorose, tous les composés de mercure et de fer ne sont pas également propres à remplir ces indications : à poids égal, un composé mercuriel ou ferrugineux, soluble et aisément absorbable, est préférable à un composé insoluble ou coagulant ; de même, un composé soluble et non coagulant, renfermant une forte proportion d'oxyde, doit l'emporter sur un composé qui en contient moins, puisque c'est à l'oxyde, ou au chlorure double auquel il donne naissance, que l'action médicale doit être rapportée.

Qu'on se garde bien surtout de croire qu'une substance médicamenteuse complexe puisse produire à la fois, et l'action spéciale qu'elle possède par elle-même, et les effets thérapeutiques qu'elle doit à ses composants. Ces effets multiples sont impossibles : ou le composé est inattaquable par les réactifs de l'économie, et alors il produit un effet qui ne peut être attribué qu'à lui-même, puisque les éléments constitutifs n'y sont absolument pour rien ; ou le composé médicamenteux est modifié par les liquides de nos humeurs, et alors ses éléments isolés, soit qu'ils restent à l'état de liberté, soit qu'ils forment de nouvelles combinaisons, exercent une action médicale particulière, action que le corps complexe eût été complétement impuissant à produire. Ainsi, le valérianate de zinc, qui est décomposable par les humeurs vitales, ne doit exercer d'autre action que celle qui est propre à ses deux composants administrés l'un et l'autre séparément, la valériane et l'oxyde de zinc. Croire que la réunion de ces deux antispasmodiques constituera un médicament qui sera doué de leurs effets multiples, nous paraît une grave erreur.

L'exemple du valérianate de zinc nous rappelle un autre composé dans lequel on a cru reconnaître des propriétés fébrifuges très marquées, c'est l'hydroferrocyanate de potasse et d'urée. Nous ne pouvons admettre cette énergie d'action : le prétendu composé n'existe pas, il n'est qu'un simple mélange, et en supposant même une véritable combinaison entre l'urée et l'hydroferrocyanate de potasse, cette combinaison serait immédiatement détruite dans l'économie par les bases alcalines, bases autrement puissantes que l'urée. Or, administrer l'hydroferrocyanate de potasse et d'urée, c'est simplement administrer l'hydroferrocyanate de potasse, car les propriétés de l'urée sont plus que problématiques. Reste à savoir si le cyanoferrure de potassium est réellement doué de vertus fébrifuges. C'est aux praticiens à décider expérimentalement cette question.

Nous venons d'établir qu'en dernière analyse, c'est toujours à un composé chimique identique que l'on doit rapporter l'action médicale d'une même classe de médicaments, quelle que soit la préparation que l'on mette en usage. Il en résulte que la manière la plus simple et la plus certaine d'obtenir l'effet thérapeutique que l'on se propose, c'est d'administrer directement le composé soluble et actif qui doit être le dernier terme de la réaction intraviscérale. Si on ne l'administre pas directement, on doit, du moins, dans l'association des substances que l'on emploie, n'avoir pour but que de favoriser et compléter autant que possible la production de ce composé.

Considérations générales sur l'action intime des médicaments et des poisons.

350. — Après avoir décrit, aussi exactement qu'il nous a été possible, les principales réactions chimiques qui président à l'absorption et aux sécrétions ; après avoir déduit de la connaissance de ces phénomènes naturels les règles générales qui doivent, selon nous, guider le praticien dans l'administration des agents modificateurs de l'économie animale, il nous reste à parler plus spécialement du mode d'action des médicaments et des poisons, question aussi neuve que difficile, et dont la solution intéresse à la fois les physiologistes et les médecins.

Tous les agents médicamenteux et toxiques agissent, selon nous, de quatre manières principales :

1º En arrêtant la circulation du sang ;

2º En activant la circulation du sang ;

3º En empêchant les réactions chimiques qui peuvent se faire dans le sang ;

4º En produisant dans le sang des réactions chimiques anormales.

Substances qui agissent en arrêtant la circulation du sang.

351. *Agents toxiques qui ont pour effet de coaguler le sang.* — Toutes les substances faisant partie du groupe des coagulants introduits dans l'économie animale déterminent, en se combinant avec les éléments protéiques du sang, un arrêt circulatoire duquel résultent des désordres

plus ou moins graves, et même la mort. Mais toutes n'a-gissent pas avec une égale intensité. Les plus actives ne sont pas celles qui coagulent le plus promptement et le plus complétement le sérum du sang, telles que l'acide nitrique, la créosote, l'alun, le perchlorure de fer, etc.; ce sont celles qui ne coagulent l'albumine que lorsqu'elles sont entrées en proportion considérable dans la circulation générale : tel est l'alcool, tel est le principe actif des champignons toxiques.

Suivant M. Liebig : « Les véritables poisons inorga-
» niques sont ceux dont l'action dépend de leur aptitude
» à produire des combinaisons stables avec les substances
» des membranes, des tissus, des fibres musculaires. Dans
» cette classe se rangent les sels de peroxyde de fer, de
» plomb, de bismuth, de cuivre, de mercure, etc. Si l'on
» met des solutions de ces sels en proportions suffisantes
» en contact avec du blanc d'œuf, du lait, des fibres mus-
» culaires, des membranes animales, ils se combinent
» avec ces divers corps et perdent leur solubilité, si bien
» que l'eau dans laquelle ils s'étaient dissous n'en contient
» bientôt plus de trace. Ainsi, tandis que les sels à base
» alcaline enlèvent aux parties animales l'eau qu'elles con-
» tiennent, les sels des métaux pesants, au contraire, se
» combinent avec les substances qui les rendent ainsi in-
» solubles. C'est de cette manière que les substances dont
» nous parlons agissent dans le corps de l'animal. Deve-
» nues insolubles, elles sont absorbées par les organes
» en se combinant avec eux. C'est que, pendant leur tra-
» jet, elles sont mises en contact avec une quantité de
» matières qui les retiennent. De ce contact avec certains

» organes, ou certaines parties essentielles d'organes,
» résulte nécessairement pour les fonctions de ces der-
» nières une perturbation, une direction anormale, qui se
» manifeste par des maladies. » (Liebig, *Chimie organique*, introduction, page 173.)

Nous ne pensons pas comme M. Liebig, qu'un toxique
détermine dans les fonctions organiques une perturbation, une direction anormale, uniquement parce qu'au
moment de l'absorption il devient insoluble en se combinant avec les organes. En effet, plusieurs composés salins
peuvent donner lieu à des combinaisons solubles avec les
éléments albuminoïdes du sang, sans cesser pour cela
d'être toxiques : tels sont les arsénites et arséniates alcalins, l'émétique, le cyanure de mercure, les chlorures de
plomb, de mercure, d'argent, d'or et de platine, alors
qu'ils sont combinés avec les chlorures alcalins ; nous
expliquons cette perturbation par l'impossibilité que la
combinaison de certaines substances inorganiques avec les
substances organisées apporte aux diverses mutations
chimiques nécessaires au mystérieux phénomène de la vie.

*Agents toxiques qui ont pour effet de précipiter un corps
insoluble dans le sang.* — Tous les sels non coagulants,
susceptibles d'être décomposés par les éléments inorganiques du sang avec production d'un composé salin insoluble, font partie de ce groupe : tels sont les sels solubles
de chaux et de strontiane, et surtout de baryte. Tous ces
composés salins, introduits à haute dose dans la circulation générale par voie d'absorption, donnent lieu à des
carbonates, sulfates et phosphates terreux insolubles, dont
la présence fortuite dans le sang produit, en obstruant les

vaisseaux capillaires, un trouble circulatoire suffisamment marqué pour expliquer leur action malfaisante et même toxique.

Substances fluidifiant le sérum du sang et activant la circulation.

352. — Les substances qui fluidifient le sérum du sang doivent, contrairement aux substances coagulantes, activer la circulation.

Ces prévisions théoriques ont été sanctionnées par M. Poiseuille, qui a démontré que chez les animaux vivants l'acétate d'ammoniaque, les nitrates de potasse et d'ammoniaque, les iodure et bromure de potassium, tous composés appartenant à la classe des fluidifiants, facilitent la circulation capillaire ; tandis que l'alcool, l'acide sulfurique et autres, qui appartiennent aux coagulants, la retardent.

Substances modifiant les phénomènes d'oxydation qui ont lieu dans le sang.

353. — Ce groupe se divise en trois classes.

La première comprend toutes les substances qui déplacent simplement l'oxygène contenu dans le sang : tels sont les anesthésiques et spécialement l'éther sulfurique et le chloroforme. Ces agents n'ont rien de vénéneux par eux-mêmes, seulement dès qu'ils sont introduits dans le torrent circulatoire, ils déplacent l'oxygène du sang, arrêtent l'oxydation intravasculaire, et suspendent ainsi la vie pendant un temps plus ou moins long ; car la combustion chimico-vitale est un phénomène incessant, qui ne peut être entravé, anéanti un seul instant sans que l'existence soit mise en péril. Nous ne saurions mieux comparer l'action des anesthésiques qu'aux gaz qui, n'exerçant aucune action chimique sur l'économie, sont cependant capables d'entraver la vie : tels que l'hydrogène, l'azote et le protoxyde d'azote. Nous trouvons la preuve de cette assertion dans les expériences contradictoires sur l'inhalation du protoxyde d'azote. Les uns ont considéré ce gaz comme un excitant et *hilarant*, (Davy, Tennant, Underwood), les autres comme un stupéfiant, (Vauquelin, Thenard et autres (1). Ce qui démontre incontestablement que, suivant la dose qui est inspirée, le protoxyde d'azote agit sur l'économie animale d'une manière analogue, sinon identique, à celle des anesthésiques proprement dits.

Dans la seconde classe se rangent toutes les substances qui, étant introduites dans les voies circulatoires, s'emparent de l'oxygène contenu dans le sang, et donnent lieu à des produits nouveaux plus ou moins toxiques : ce sont les huiles volatiles, les hydrogènes sulfuré, sélénié et arsénié. L'action délétère de ces divers agents reconnaît pour cause, d'une part l'arrêt brusque de l'oxydation vitale résultant de la rapidité avec laquelle ces substances s'emparent de l'oxygène dissous dans le liquide sanguin ; d'autre part l'action spéciale des composés nouveaux qui résultent de cette combustion. Si les huiles volatiles, si les hydrogènes sulfuré et sélénié sont des agents moins vénéneux que l'hydrogène arsénié, c'est que les acides carbonique, sul-

(1) Thenard, *Traité de chimie*, t. V, p. 125 et 126.

furique et sélénique provenant de l'oxydation intravasculaire des trois premiers genres de corps, constituent des acides beaucoup moins toxiques que l'acide arsénieux résultant de l'oxydation de l'hydrogène arsénié.

Les agents qui font partie de la troisième classe produisent soit une mort immédiate, soit une mort plus ou moins prompte, en empêchant subitement l'hématose par une cause encore mal appréciée, et que l'on rapporte à la force catalytique. C'est de cette manière que l'on doit envisager l'action de l'acide prussique ; c'est du moins ce que les intéressantes recherches de M. Millon nous permettent d'admettre. Cet habile chimiste a constaté que l'acide cyanhydrique, même en très faible proportion, met obstacle aux phénomènes d'oxydation ; il paralyse immédiatement l'action oxydante de l'acide iodique sur certaines matières : ainsi il arrête complétement la combustion ordinairement si rapide et si complète de l'acide oxalique par l'acide iodique. D'après l'analogie qui existe entre l'oxydation de l'acide oxalique par l'oxygène de l'acide iodique, et l'oxydation des éléments organiques du sang par l'oxygène de l'air (phénomènes dont le résultat final, tout à fait identique, est la formation d'acide carbonique), il est permis de conclure que l'acide cyanhydrique n'a d'autre effet sur l'organisation que d'arrêter brusquement l'oxydation vitale, et de produire par là une mort instantanée.

Nous avons vu, en précisant le rôle de l'oxygène dans l'économie animale, que l'acide arsénieux et l'émétique jouissent de propriétés tout à fait semblables, quoique moins développées ; tout nous porte à croire que c'est en entravant les phénomènes d'oxydation qu'ils développent leurs propriétés thérapeutiques et toxiques.

Substances produisant dans le sang des réactions chimiques anormales.

354. — A cette classe appartiennent le venin du serpent à sonnettes et autres, les virus de la rage, de la morve, du choléra, de la peste, de la fièvre jaune, de la fièvre typhoïde, de la variole, de la vaccine, de la syphilis, de l'infection purulente, etc. Nul doute que ces venins et que ces virus n'agissent sur l'économie à la manière de certains ferments, et ne se comportent avec les éléments organiques du sang comme le fait la synaptase sur l'amygdaline, la diastase sur l'amidon, la pepsine sur les matières albuminoïdes, etc. Et la preuve que l'action de ces venins et de ce virus est tout à fait analogue à celle des ferments, c'est que tous les agents médicamenteux qui annulent l'action spécifique des venins et des virus sont précisément ceux qui anéantissent le plus aisément l'action spécifique des ferments : tels sont la chaleur, les acides puissants, les alcalis caustiques, les sels coagulants. On nous objectera peut-être que deux des substances chimiques qui empêchent le plus complétement le développement de toute espèce de fermentation, le tannin et la créosote, ne sont pourtant pas comprises au nombre des agents anticontagieux. Mais cette objection est sans valeur, car, à coup sûr, le tannin et la créosote agiraient infailliblement sur tous les genres de venins et de virus, comme ils agissent sur toute espèce de ferment.

RÉSUMÉ DU CHAPITRE IV.

355. — En résumé, les médicaments et les poisons agissent toujours immédiatement, souvent même uniquement, sur le sang ; et c'est en imprimant à ce liquide organique, à ce véhicule de la vie, des modifications chimiques plus ou moins profondes, que leur action thérapeutique et toxique est produite.

Cette manière de voir n'est point celle de tous les physiologistes, et en particulier de Giacomini ; suivant le docteur italien, il serait absurde de croire que les médicaments puissent agir sur le sang. Mais Giacomini se réfute lui-même en disant : « N'allez pas croire qu'en ap-» pliquant un poison sur un nerf ganglionnaire, l'action » soit foudroyante et instantanée. L'expérience prouve » que, même dans ce cas, la substance a besoin d'être » absorbée et de passer dans le sang avant d'agir. Le sang » est le véhicule indispensable au développement de la » force des poisons. »

Ce qui revient à dire qu'aucun poison n'est poison par lui-même, puisqu'il a besoin d'être uni intimement au sang pour acquérir de l'énergie.

L'opinion de Giacomini nous paraît donc insoutenable, et pour la mettre en avant, il fallait comme lui croire que, « aussitôt entrées dans l'organisme, les substances médi-» camenteuses perdent, sous l'influence de la force *vitale*, » la plupart de leurs propriétés physico-chimiques, et en » acquièrent de nouvelles. »

C'est un fait hors de doute que les substances introduites dans le sang acquièrent des propriétés nouvelles par suite des réactions auxquelles elles donnent lieu ; mais que ces nouvelles propriétés leur soient communiquées par la force vitale, c'est ce qui n'est pas également prouvé.

Pour nous, l'ensemble des fonctions organiques s'effectue à l'aide d'une suite non interrompue de réactions chimiques. Tout ce qui trouble ou suspend ces réactions chimico-vitales influe sur l'organisation d'une manière plus ou moins fâcheuse ; tout ce qui maintient ou active ces réactions entretient la santé, active la vitalité.

C'est ainsi qu'agit la lumière solaire sur les êtres organisés ; c'est en accélérant leurs réactions intraviscérales qu'elle les vivifie : les végétaux privés de lumière s'étiolent ; les œufs de la grenouille ne se développent pas dans l'obscurité ; les enfants élevés dans les lieux bas et mal éclairés deviennent scrofuleux. Eh bien, ces faits pathologiques reconnaissent une seule et unique cause : ils sont dus à des réactions anormales produites par insuffisance des rayons chimiques de la lumière, rayons chimiques que l'on pourrait aussi nommer, à juste titre, rayons vivificateurs.

CHAPITRE V.

ÉTUDES PHARMACEUTIQUES ET THÉRAPEUTIQUES DES PRINCIPALES FORMES DE MÉDICAMENTS.

356. — Des substances que l'homme peut introduire dans son économie, les unes le nourrissent, ce sont les aliments; les autres réparent les désordres de l'organisme, ce sont les médicaments; les dernières enfin exercent une action destructive, ce sont les poisons.

Par aliments nous entendons toute substance qui, introduite dans l'économie, y subit les transformations nécessaires pour être assimilée et faire partie intégrante de nos organes, ou pour être oxydée, brûlée dans l'acte de la respiration. Le fer, qui rend au sang un de ses éléments indispensables (les globules); le phosphate de chaux, qui, s'ajoutant à la matière gélatiniforme, vient opérer la solidification des os, doivent, à ce point de vue, être considérés comme des aliments; ils constituent les matériaux essentiels de notre structure organique.

Quant aux médicaments et aux poisons, il est tout à fait impossible d'en tracer une délimitation bien nette: en effet, tel corps qui, introduit à haute dose, cause la mort, devient, lorsqu'il est administré à dose convenable, un médicament très efficace.

Nous donnons le nom de médicament à toute substance qui, modifiant un état anormal de l'économie, ne peut être assimilée, contrairement à ce qui a lieu pour les substances alimentaires, et par conséquent doit être rejetée au dehors.

La plupart des agents médicamenteux ne peuvent être employés tels que nous les offre la nature ; il a fallu, pour rendre leur administration possible, leur donner une forme convenable : l'art qui préside à cette transformation, à cette préparation, est la pharmacie.

Envisagée sous le seul point de vue de la préparation manuelle, de la manipulation, la pharmacie n'offre qu'un intérêt secondaire ; elle n'est qu'un moyen, qui a son opportunité, il est vrai ; elle ne constitue pas un but.

Autrefois on divisait la pharmacie en chimique et en galénique. Dans la pharmacie chimique étaient classés tous les médicaments dont les éléments réagissaient les uns sur les autres pour former des combinaisons nouvelles ; et dans la pharmacie galénique, les médicaments dont l'association s'effectuait ou paraissait s'effectuer sans phénomènes chimiques.

Les études poursuivies chaque jour sur le mode d'action des médicaments ont mis définitivement en lumière l'inanité de ces distinctions.

Quelques considérations d'un ordre plus élevé vont nous montrer dans la pharmacie des divisions plus importantes.

Que se propose-t-on en administrant un médicament ? On a pour but d'obtenir le retour de l'état normal des fonctions troublées ou perverties, en un mot, de produire une modification favorable dans un état morbide, ou la guérison de la maladie. Mais comment atteindre ce but, si, connaissant le médicament à l'état naturel, on ignore les changements que la préparation apporte dans sa composition intime, et conséquemment dans ses propriétés médicales ; si l'on ne sait pas le suivre dès son ingestion dans l'économie ; si l'on est hors d'état d'apprécier les modifications chimiques qu'il peut subir, et dont la nature, comme le nombre, dépend de la solubilité de la substance ingérée, de l'alimentation, du régime, des habitudes du malade en traitement ? Comment, sans la connaissance de ces conditions essentielles, préciser l'action de la substance pharmaceutique ?

Nous proposons donc pour la pharmacie trois divisions :

La première comprend la connaissance des formes pharmaceutiques et des changements que la préparation fait subir aux médicaments. C'est la pharmacie proprement dite, ou *pharmacographie*.

Dans la seconde, on étudie les modifications que l'économie détermine dans le médicament ingéré ; on recherche les causes, les circonstances et les proportions de dissolution, car la dissolution est une condition indispensable de l'action modificatrice que la substance médicamenteuse est destinée à produire. Cette étude constitue la *pharmacochimie*.

Dans la troisième, on examine l'effet ultime du médicament pendant qu'il est absorbé ou excrété. Cette partie, la plus importante de toutes, peut s'appeler *pharmacodynamie*.

En présence d'un sujet d'étude aussi vaste et aussi complexe, on nous accusera peut-être d'empiéter sur le domaine de la physiologie, on nous reprochera de dépasser de beaucoup les limites dans lesquelles on a jusqu'ici renfermé la pharmacologie ; loin de nous défendre d'un pareil reproche, nous ne craignons pas de l'accepter. H. Royer-Collard a dit que la physiologie devait constituer la raison de la méd _cine ; il doit en être de même de la pharmacie. Le jour est venu où la pharmaceutique, comme l'appelait Ampère, doit emprunter à la physiologie les connaissances scientifiques qui peuvent seules éclairer sa marche et donner à ses préceptes l'autorité de la démonstration. Du reste, les sciences ne se complètent qu'en se faisant des emprunts les unes aux autres. Les isoler entre elles, c'est les frapper de stérilité.

Si la pharmacie est demeurée longtemps stationnaire, c'est qu'elle était tellement détachée de tout, qu'elle ne tenait réellement à rien. En la reliant étroitement aux sciences qui poursuivent l'explication des lois et des phénomènes de l'organisme, elle marchera comme elles, et rendra, à leur exemple, d'immenses services à l'art de guérir.

357. — Nous allons étudier la valeur thérapeutique des principales préparations pharmaceutiques. Les diverses formes sous lesquelles on administre les médicaments sont pour beaucoup dans leur mode d'action. Elles indiquent même, jusqu'à un certain point, le degré d'activité de chaque substance.

Pulpes.

Les pulpes, formées par le mélange des sucs et des parties tendres, celluleuses et vasculaires, des végétaux, représentent aussi exactement que possible la totalité des éléments actifs des plantes, la manipulation ne leur ayant fait éprouver aucun changement chimique appréciable.

Quand on administre ce genre de médicaments, l'économie fait en quelque sorte le triage des différents principes qu'ils renferment. Les sucs, c'est-à-dire les parties liquides, ordinairement les plus actives, sont absorbés en totalité ; la partie solide, ou le ligneux, forme deux parts, dont l'une est rejetée comme inutile, tandis que l'économie extrait de l'autre tout ce qui peut servir à la nutrition, notamment l'amidon et la cellulose faiblement agrégée : cette dernière peut, en effet, subir, comme l'amidon, une transformation moléculaire propre à la rendre absorbable et assimilable.

Ce dernier phénomène est surtout remarquable chez les animaux qui se nourrissent exclusivement d'herbes et de plantes fraîches. La mastication prolongée à laquelle ils soumettent les aliments, et qui a précisément pour but de désagréger la cellulose et l'amidon, l'admirable disposition de leur estomac multiple, la longueur de leur tube intestinal, tout concourt, chez ces animaux, à produire la lixiviation et la digestion parfaites du bol alimentaire. Ces conditions font défaut chez les animaux carnivores, dont la nourriture, plus concentrée, et plus facile à digérer, rendait inutiles les précautions prises par la nature pour qu'aucune partie nutritive d'un végétal n'échappât à l'action des liquides digestifs.

Les pulpes constituent un genre de préparation mixte agissant à la fois comme médicament et comme aliment. L'usage que l'on pourrait en faire se trouve naturellement restreint, parce qu'il n'est possible de les obtenir qu'à certaines époques de l'année, et parce qu'elles s'altèrent avec une grande facilité (ce qui oblige à les employer peu de temps après leur préparation) ; et enfin parce que leur ingestion est difficile, ou du moins désagréable.

Tels sont les motifs qui ont légitimé l'abandon à peu près absolu d'une médication dont l'efficacité ne saurait cependant être un seul instant mise en doute.

Sucs d'herbes.

Les sucs contiennent toutes les parties liquides des végétaux ; bien qu'ils ne renferment pas aussi complétement que les pulpes tous les éléments de la plante, ils n'en sont pas cependant moins riches en principes actifs, puisqu'il est démontré, en physiologie végétale, que la plupart des principes actifs des plantes se trouvent à l'état de dissolution dans les organes qui les recèlent. Leur usage est beaucoup plus répandu en thérapeutique que celui des pulpes.

Les sucs aqueux contiennent, indépendamment des principes qui leur sont propres, des sels alcalins à acides organiques. Ces sels, comme l'a prouvé M. Wœhler, sont brûlés dans l'économie, et réduits en carbonates alcalins que l'on retrouve dans l'urine. C'est à ces carbonates alcalins qu'il faut, en grande partie, attribuer l'action thérapeutique des sucs.

C'est ainsi que certaines affections de la peau, et, en général, les maladies qui réclament l'usage des alcalins, éprouvent de si bons effets de l'emploi quotidien des sucs d'herbes. Par les carbonates alcalins qu'ils produisent dans l'économie, ils neutralisent l'excès d'acidité et ramènent les humeurs à l'état normal d'alcalinité, qui est la condition physiologique de l'économie animale. L'usage presque exclusif que les gens de la campagne font d'aliments végétaux les exempte des maladies (pyrosis, gravelle, goutte, diabète) que détermine si fréquemment l'excès des substances animales chez les habitants des villes.

Ces explications montrent que les sucs d'herbes ont véritablement l'efficacité qu'on leur avait jadis attribuée.

Poudres

Résultat de la dessiccation et de la division mécanique des plantes, les poudres représentent encore, d'une manière à peu près complète, la composition des parties du végétal. Cependant certaines substances qui, dans la plante verte, pouvaient être entraînées avec le suc, deviennent insolubles par l'effet de la dessiccation, ce sont les composés albuminoïdes ; d'autres, qui sont volatiles, disparaissent, ou sont plus ou moins modifiées dans leur nature chimique pendant que l'eau de végétation s'évapore, ce sont les huiles volatiles et les principes astringents. Cette modification, du reste, en ce qui concerne les huiles volatiles, est beaucoup moins préjudiciable aux effets médicamenteux qu'on ne pourrait le supposer. La dessiccation n'a d'autre action sur les huiles volatiles que celle que l'économie leur ferait subir elle-même, si elles y étaient introduites en nature ; elle les oxyde en les transformant en principes résineux acides, transformation indispensable pour que ces substances puissent produire leur effet dynamique.

La perte en huile volatile que les plantes subissent par la dessiccation est d'ailleurs très inégale dans les différentes parties de l'organisme végétal. Ainsi, les fleurs odorantes abandonnent leur principe aromatique beaucoup plus facilement que les feuilles, différence qui s'explique par la structure particulière de chacun de ces organes. Dans les feuilles, les cellules qui contiennent les huiles volatiles sont placées sous une cuticule d'une texture serrée, qui ne permet que difficilement l'évaporation ; tandis que le tissu de la fleur, lâche et dépourvu d'enveloppe, ne met pour ainsi dire aucun obstacle à la déperdition des matières volatiles qu'il contient.

L'insolubilité des composés albuminoïdes, l'évaporation ou la modification chimique des essences, sont les inconvénients inhérents à la dessiccation. Les extraits obtenus avec les poudres sont plus colorés que les extraits retirés des plantes vertes , ce qui est un signe certain d'une plus grande altération ; cependant les principales substances actives, les acides, les alcalis organiques, les matières salines, restent intactes. L'inconvénient que nous venons de signaler est en général plus que compensé par les avantages que l'on retire de cette forme pharmaceutique.

Les poudres, en effet, sont d'un petit volume, d'une administration facile ; elles se conservent un temps presque illimité, et permettent de posséder à toutes les époques de l'année des médicaments que la nature ne produit que dans de certaines saisons et sous des climats lointains.

De plus, l'extrême division de ces substances médicamenteuses donne beaucoup de facilité aux liquides de l'économie pour en épuiser toutes les matières solubles, et les rend très propres à subir toutes les manipulations pharmaceutiques.

Lorsque les poudres ne renferment que peu de principes actifs, comme il faudrait les administrer à des doses très élevées pour produire un certain effet, on a recours, soit à l'extrait, soit au principe actif isolé. Mais il arrive quelquefois que ni l'extrait, ni même le principe actif de la poudre, administrés seuls, ne remplacent la poudre avec avantage. Ainsi, la poudre de quinquina jaune guérit mieux certaines fièvres intermittentes que la quinine ou son sulfate : c'est ce que l'expérience clinique a démontré. Serait-ce que la poudre de quinquina est plus active ou renferme un autre principe, la cinchonine, par exemple, à laquelle la quinine elle-même le céderait en activité? Non. Il y a là une simple question de solubilité jointe à une simple question d'absorption. Le sulfate de quinine est très facilement rendu soluble par l'addition d'une faible quantité d'acide ; dans cet état, son absorption et son effet dynamique, qui en est la conséquence, sont presque immédiats, et en quelque sorte instantanés. La poudre de quinquina, au contraire, n'est pas immédiatement soluble ; elle n'est que peu à peu pénétrée par les liquides du tube digestif auxquels elle cède sa matière active. Il en résulte que son action s'exerce avec moins de promptitude et d'énergie, mais qu'elle se distingue par sa continuité. Dans certaines circonstances, cet effet consécutif présente un précieux avantage. Nous ferons remarquer, toutefois, sans que cette observation détruise en rien la vérité du fait que nous venons d'énoncer, qu'il serait peut-être plus naturel de chercher à obtenir la continuité dans les effets, en administrant le sulfate de quinine à doses fractionnées.

Puisque les poudres n'agissent que par leurs principes solubles, donnons quelques préceptes sur les moyens d'en faciliter la dissolution, afin d'en obtenir le maximum d'effet thérapeutique.

Si la poudre est naturellement soluble, il faut l'administrer avec des boissons qui en rendent la dissolution plus prompte et plus complète.

Le principe actif de la poudre a-t-il besoin d'un dissolvant spécial acide ? Comme c'est dans l'estomac que se trouvent surtout les liquides acides des voies digestives, et comme, évidemment, plus l'acide sera concentré, plus la dissolution sera rapide et complète, on devra éviter de boire aussitôt après l'ingestion du médicament.

Le principe actif de la poudre a-t-il besoin, au contraire, d'alcalis pour être dissous ? Comme les alcalis contenus dans les sucs digestifs se trouvent surtout dans le tube intestinal, il sera nécessaire de faire franchir le pylore au médicament à l'aide d'abondantes boissons.

Tout ce qui vient d'être dit sur le mode rationnel d'administrer les médicaments pulvérulents s'applique également bien aux poudres minérales et aux poudres végétales.

Tisanes.

Les tisanes, qu'elles soient préparées par simple solution, par macération, infusion ou décoction, ne contiennent jamais qu'une faible proportion de substances médicamenteuses. Aussi sont-elles peu actives, et ont-elles été de tout temps destinées à servir uniquement de boisson aux malades. La plupart des médecins ne les considèrent même que comme un auxiliaire propre à seconder l'action des médicaments sans leur accorder aucune propriété thérapeutique. Telle n'est pas notre opinion.

Les tisanes, par les matières extractives et les sels alcalins à acides organiques qu'elles contiennent, bien qu'en petite quantité, ont une action médicamenteuse manifeste qui les rend d'une incontestable utilité.

Pendant la diète à laquelle on soumet les malades, les phénomènes vitaux de combustion ou d'oxydation ne cessent pas d'avoir lieu ; or, comme ils ne peuvent pas porter sur les matières alimentaires, c'est aux dépens de l'économie elle-même qu'ils se produisent, en donnant naissance à des composés acides résultant de l'oxydation des substances albuminoïdes. Ces acides augmentent encore l'état anormal engendré par la maladie. Les tisanes ont précisément pour objet de paralyser cet effet nuisible. En effet, par les matières extractives et les sels alcalins à acides organiques qu'elles contiennent, ainsi que par la matière sucrée qu'on y ajoute toujours, elles fournissent un véritable élément de combustion à l'oxygène, empêchent l'économie de vivre entièrement à ses propres dépens, saturent l'excès d'acidité des humeurs, et les ramènent à l'alcalinité normale.

Les tisanes étendent les éléments salins et organiques du sang, et, en diminuant l'état de concentration, elles modifient les réactions chimiques ; elles activent les sécrétions et purifient le sang en renouvelant une grande partie des matières solubles qu'il renferme, car, dans ces matières solubles se trouvent les matières putrides, véritables ferments qui vicient l'économie.

Le sucre, le miel, la gomme, viennent, à différents titres et à divers degrés, ajouter à leur influence. Ainsi, le sucre et le miel jouent, dans la respiration et dans la nutrition, un rôle que nous avons déjà signalé à l'article Diabète. La gomme, qui n'est ni fermentescible ni attaquable par les alcalis faibles ou par les acides étendus, échappe à toutes les réactions viscérales, et borne son effet à adoucir les boissons et à lubrifier , par un simple phénomène de contact, les membranes muqueuses sur lesquelles elle passe.

On ajoute aussi quelquefois aux tisanes des substances acides dont la valeur thérapeutique est très diverse. Les acides minéraux ne sont utiles que lorsque l'on veut mettre à profit leurs propriétés de coaguler l'albumine. Administrés à titre d'astringents, ils rendent moins de service que les acides végétaux. Les sucs acides, tels que nous les offre la nature, méritent donc la préférence à cause de leur composition, dans laquelle entrent toujours des sels alcalins en proportion plus ou moins grande.

Nous ne devons pas non plus passer sous silence l'influence de la petite proportion d'air que l'eau tient toujours en dissolution, et qui s'échappe, en majeure partie, des tisanes, par l'effet de l'ébullition. Dans le cas où l'influence de cet air serait jugé utile, il conviendrait de préparer les tisanes en faisant une dissolution concentrée de la substance qui doit en former la base, et en étendant cette dissolution dans une eau qui n'aurait pas été soumise à l'action de la chaleur ; mode de préparation que l'on emploie souvent dans les hôpitaux.

Puisque les tisanes ont des effets si nombreux et si variés, la proportion qu'il conviendrait d'administrer dans les diverses maladies serait de nature à devenir l'objet de recherches physiologiques du plus haut intérêt, et dont la thérapeutique pourrait tirer un grand profit.

Bouillons médicinaux.

Les bouillons médicinaux sont préparés avec des viandes blanches, viandes peu riches en principes nutritifs, et soumises peu de temps à l'action du feu ; rendus ainsi d'une digestion facile, ils peuvent être considérés comme tenant le milieu entre les aliments et les médicaments. On ne peut indifféremment leur substituer les bouillons alimentaires que l'on prépare avec des viandes nourrissantes subissant longtemps l'action de la chaleur, et dont la proportion surpasse, relativement au véhicule, celle des bouillons médicinaux ; les bouillons alimentaires, même affaiblis par une certaine quantité d'eau, présentent encore une trop grande richesse en principes nutritifs.

Les tisanes, ainsi que nous l'avons vu, ont pour effet de détruire l'acidité anormale de l'économie et de ramener les humeurs au degré d'alcalinité nécessaire au rétablissement de la santé ; les bouillons médicinaux, composés de matières grasses, de sels, de principes extractifs et aromatiques, de gélatine, de créatine, de caséine, d'albuminose, ont, au contraire, pour effet de développer des matières acides pendant leur assimilation. Il en résulte que les tisanes et les bouillons ne sauraient se remplacer entre eux dans la pratique.

L'expérience clinique a prouvé, en effet, que l'on peut administrer sans danger les tisanes, même dans les maladies inflammatoires les plus intenses, tandis que personne n'ignore que, dans ces cas, on n'administrerait pas sans inconvénient les bouillons médicinaux.

Afin de mieux apprécier le mode d'action que les bouillons médicinaux exercent sur l'économie, nous allons examiner une à une les principales substances qui entrent dans leur composition, et discuter l'influence relative de chacune d'elles. Ces substances sont la créatine, la gélatine, la caséine et l'albuminose.

La créatine existe toute formée dans les viandes, ainsi que l'a démontré M. Liebig, mais son rôle physiologique est encore trop peu connu pour que l'on puisse apprécier la part qui lui revient dans l'action thérapeutique des bouillons médicinaux ; elle s'y trouve, d'ailleurs, en quantité trop minime pour que l'on puisse admettre qu'elle exerce même une faible influence sur le phénomène de la nutrition.

La gélatine entre toujours pour une proportion plus ou

moins notable dans la composition de ces bouillons. Elle résulte de l'action de la chaleur sur le tissu cellulaire, les os et les cartilages des animaux supérieurs.

Comme on a contesté les propriétés nutritives de la gélatine, nous allons examiner en quelques mots cette importante question. Elle est, en quelque sorte, résolue d'avance par ce seul fait, que dans les maladies inflammatoires intenses, les bouillons de gélatine ne sont pas mieux supportés que les bouillons médicinaux. La gélatine est alimentaire, car, s'il en était autrement, elle traverserait l'économie sans être assimilée, et serait expulsée comme la gomme et la mannite.

Les nombreuses expériences de MM. les commissaires de l'Académie des sciences ont prouvé que le pouvoir nutritif de la gélatine est faible, sans doute, mais qu'il est réel. M. Dumas pense cependant que la destruction de l'organisation d'une matière gélatineuse entraîne celle de son pouvoir nutritif ; d'une autre part, MM. Bernard et Barreswil contestent aussi à la gélatine toute propriété nutritive, et voici sur quels raisonnements ils se fondent : à leurs yeux, une substance n'est alimentaire qu'autant qu'ingérée dans l'estomac ou introduite dans le torrent circulatoire après dissolution préalable dans le suc gastrique, elle ne se montre pas en substance dans l'urine. Or, au dire de ces expérimentateurs, dans les deux circonstances précitées, on trouve constamment la gélatine dans le liquide urinaire.

Nous opposons à l'assertion de MM. Bernard et Barreswil l'expérience suivante. Nous nous sommes administré plusieurs fois 50 grammes de gélatine étendus d'une quantité suffisante d'eau chaude ; jamais nous n'avons constaté dans nos urines une quantité de matière précipitable par le tannin plus grande que dans le cas où nous avions ingéré, au lieu de gélatine, une proportion équivalente de viande ou d'albumine, et ces matières n'ont donné à l'examen que de l'*albuminose* et point de *gélatine*.

D'un autre côté, nous sommes loin de croire, avec M. Dumas, qu'en détruisant l'organisation d'une matière animale on diminue son alibilité. Nos recherches sur ce sujet nous autorisent à penser, au contraire, qu'une substance ne devient alimentaire qu'à la condition d'avoir perdu son organisation primitive. Nous voyons, en effet, parmi les substances végétales, l'amidon et la cellulose se transformer, avant leur assimilation, en glycose ; et parmi les matières animales albuminoïdes, l'albumine, la caséine, la fibrine et le gluten se transformer en albuminose, c'est-à-dire en substances devenues solubles par le fait de la fermentation digestive qui leur a fait perdre leur constitution moléculaire primitive. Il n'en est pas autrement pour la gélatine, qui, une fois introduite dans l'estomac, s'y désorganise et y subit une modification telle, qu'elle n'est plus susceptible de se prendre en gelée, ni d'être précipitée en flocons par le chlore.

La gélatine est-elle destinée à être brûlée et à concourir à l'entretien de la chaleur animale, ou bien est-elle un aliment plastique propre à réparer la trame organique ? La question n'est pas encore expérimentalement résolue. Toutefois l'analogie conduit à admettre qu'elle a cette double fonction.

Pour nous, la gélatine est alimentaire, seulement elle l'est à un degré moindre que les autres matières azotées.

Ce faible degré d'alibilité de la gélatine nous paraît pouvoir s'expliquer par deux raisons. La première, c'est que la gélatine est dépourvue des matières salines et terreuses indispensables pour constituer un aliment complet ; en second lieu, c'est que cette substance, mise en digestion avec le suc gastrique, subit beaucoup plus lentement que les matières albuminoïdes la fermentation ou modification de constitution nécessaire pour devenir absorbable et assimilable. Aussi échappe-t-elle en notable quantité à l'absorption digestive, ainsi que nous nous en sommes assuré par l'examen des excrétions.

Quant à la caséine ou matière caséiforme contenue dans les bouillons, il est certain qu'elle concourt d'une manière efficace à la nutrition ; il en est de même, et à plus forte raison, de l'albuminose, puisque cette substance est le résultat final de la digestion de toutes les matières albumi noïdes.

Comme la quantité de caséine et d'albuminose, principes les plus essentiels des bouillons médicinaux, varie en raison de la durée de l'ébullition des matières animales, il s'ensuit que la composition de ces bouillons, et par suite leur alibilité, sont très variables.

On ajoute souvent des légumes aux bouillons médicinaux. Ces légumes contiennent, outre une petite quantité de matière sucrée ou saccharifiable, des sels alcalins à acides organiques qui donnent une saveur plus agréable.

On a proposé de substituer les bouillons au lait dans l'alimentation des enfants. Cette substitution ne repose sur aucun motif valable, car les éléments qui entrent dans la constitution du lait, le beurre, le sucre de lait et la caséine, se trouvent dans des conditions bien plus favorables à la digestion et à l'assimilation. Le beurre est, de tous les corps gras, le plus facilement oxydable; le sucre de lait ou lactose offre la même composition que la glycose, et est décomposable immédiatement par les liquides alcalins de nos organes; enfin, le caséum, pour être transformé en albuminose par la pepsine gastrique, n'a pas besoin, comme les autres matières albuminoïdes, d'être préalablement modifié par un acide. Le lait contient, en outre, une assez grande quantité de phosphate de chaux indispensable au travail régulier de l'ossification; il a donc les conditions nécessaires pour constituer un aliment parfait que rien ne saurait remplacer.

L'expérience a d'ailleurs résolu cette question. M. le docteur Jules Guérin a nourri pendant longtemps de jeunes chiens exclusivement avec des bouillons, et, sous l'influence de cette alimentation, ces animaux sont devenus complétement rachitiques. Cela devait être, puisque le rachitisme est le résultat d'une ossification imparfaite, et que les bouillons ne peuvent, comme le lait, fournir les éléments nécessaires à cette ossification.

Les bouillons médicinaux, plus nutritifs que les tisanes, mais beaucoup moins que les bouillons alimentaires, doivent, par conséquent, être réservés pour les organisations débilitées qui, après une longue abstinence, ont besoin d'une alimentation légère propre à préparer l'estomac à une nourriture plus substantielle.

Émulsions.

Un assez grand nombre de semences végétales renferment de l'huile et une certaine quantité d'une matière
mucilagineuse albuminoïde ou caséiforme dont le mélange
donne naissance, lorsque ces semences sont broyées et
délayées dans l'eau, à un liquide qui a l'apparence du
lait, et que l'on désigne sous le nom de lait ou d'émulsions naturelles. On peut obtenir aussi des liquides analogues, désignés sous le nom d'émulsions artificielles,
avec des huiles, des résines, des gommes-résines, des
baumes, etc., délayés et tenus en suspension dans un
liquide mucilagineux.

Y a-t-il avantage, au point de vue thérapeutique,
d'émulsionner les huiles et les substances résineuses employées en médecine ? Nous ne le croyons pas, et voici
sur quels motifs nous fondons notre manière de voir.

Les huiles et les résines, administrées en simple suspension dans un liquide, ne séjournent pas dans l'estomac, passent rapidement dans l'intestin, et produisent
un effet purgatif ; mais elles se comportent souvent
autrement lorsqu'elles sont données à l'état d'émulsion.
Ne pouvant alors se séparer du mucilage qui leur sert
de véhicule, elles séjournent dans l'estomac, y sont parfois modifiées et absorbées partiellement, ce qui détermine des nausées et des vomissements, résultat que le
médecin n'avait nulle intention de produire.

L'inconvénient que nous venons de signaler ne se
présente pas au même degré avec tous les genres d'émul-

sions. Les émulsions dans lesquelles les substances huileuses ou résineuses sont émulsionnées au moyen de l'albumine ou d'une matière albuminoïde sont, en général, facilement supportées par l'estomac. La matière albumineuse est tout d'abord coagulée par les acides gastriques, et se sépare ; l'huile ou la résine se trouvant dégagées, rentrent alors dans le cas où elles seraient administrées à l'état de simple mélange dans l'eau.

Les émulsions préparées avec un mélange gommeux fatiguent, au contraire, toujours plus ou moins l'estomac, parce que, la gomme étant inattaquable par le suc gastrique acide, l'huile ou la résine sont longtemps maintenues dans la cavité gastrique.

Loin donc de présenter aucun avantage, l'émulsion des huiles et des résines offre, au contraire, selon nous, des inconvénients assez graves qui doivent en faire rejeter complétement l'usage.

Teintures alcooliques.

Les teintures alcooliques constituent un ordre de médicaments des plus avantageux ; elles présentent aux thérapeutistes des solutions plus ou moins actives, toutes prêtes, faciles à doser, et d'une conservation, en quelque sorte, indéfinie, puisque l'alcool, qui en forme l'excipient, agit à la fois sur les principes médicamenteux comme dissolvant et comme agent conservateur.

Les teintures produisent deux effets bien distincts, l'un qui résulte de l'alcool, l'autre de la matière médicamenteuse tenue en dissolution.

La plupart des substances employées en teinture ne sont pas également solubles ; beaucoup d'entre elles exigent, pour rester en dissolution, que l'alcool possède un certain degré de spirituosité. Il s'ensuit que, dès que les liquides aqueux de l'économie ont diminué cette concentration, les substances actives sont précipitées en partie ou en totalité. Alors l'alcool, redevenu libre, exerce séparément l'action qui lui est propre, et les matières précipitées, qui, suivant leur nature chimique, sont plus ou moins susceptibles de se dissoudre dans les acides ou les alcalis de l'économie, agissent en vertu des propriétés thérapeutiques spéciales qu'elles possèdent. C'est ce qui arrive, notamment pour les résines qui ne peuvent avoir d'action qu'autant qu'elles auront été attaquées et dissoutes par les sucs intestinaux.

Il en est de même pour les alcalis organiques. Ces alcaloïdes, étant à peine solubles dans l'eau, se précipitent presque en totalité aussitôt que les liquides de l'économie diminuent la force dissolvante de l'alcool. En conséquence, ils ne peuvent exercer d'action qu'autant qu'ils séjournent suffisamment dans l'estomac, où leur solubilité se maintient ou se produit à la faveur du suc gastrique acide.

Ce serait donc une erreur de croire qu'il suffit de dissoudre les résines et les alcalis organiques dans l'alcool, pour placer ces agents médicamenteux dans des conditions telles que l'économie puisse en absorber une quantité indéfinie. Cette quantité reste forcément limitée ; elle dépend entièrement de la proportion plus ou moins grande d'acides et d'alcalis qui se trouvent dans les voies digestives au moment de leur ingestion. Le seul avantage que procure la dissolution des alcalis végétaux et des résines dans un véhicule alcoolique, c'est de placer ces substances par le fait de leur précipitation dans une division telle, qu'elles se trouvent dans les conditions les plus favorables pour épuiser, les unes (les alcalis organiques) l'action dissolvante des acides gastriques, les autres (les résines) l'action dissolvante des alcalis contenus dans le suc intestinal. C'est bien à tort qu'on aurait admis qu'une quantité de quinine dissoute dans l'alcool (alcoolé de quinine) devait agir mieux et plus promptement qu'un poids égal du même principe médicamenteux ingéré à l'état de combinaison saline.

Il importe beaucoup, dans la préparation des teintures, de tenir compte de la composition des substances végétales qui doivent en faire la base. Il y en a, en effet, qu'il n'est nullement indifférent de dissoudre immédiatement dans l'alcool, ou bien préalablement dans l'eau, si l'on veut conserver toute leur force d'action. Si l'on traite d'abord par une petite quantité d'eau une plante qui, entre autres principes, renferme un ferment, ce ferment réagit par sa dissolution dans l'eau sur les autres matières, et il donne naissance à des produits nouveaux qui n'existaient pas auparavant, ce qui change plus ou moins complétement la composition et les propriétés du médicament. Si alors on reprend ce produit de métamorphose par l'alcool, on obtient une teinture d'une très grande activité. Si, au contraire, on soumet la même plante à l'action immédiate de l'alcool, pour la traiter ensuite par une quantité d'eau égale à celle employée dans l'expérience précédente, on n'obtient qu'une teinture presque entièrement dépourvue de propriétés médicales. La raison de ce dernier résultat est que l'alcool a coagulé le ferment et a dissous, au contraire, les principes sur lesquels ce ferment devait effectuer son action métamorphosante spécifique. Nous pourrions citer un grand nombre de faits à l'appui de cette proposition. Par exemple, si l'on traite les amandes amères ou les semences de moutarde par l'alcool, puis par une faible proportion d'eau, on ne change absolument rien à leur composition ; tandis que si l'on traite ces mêmes substances d'abord par l'eau, on en transforme complétement la composition et les propriétés.

La différence d'action qui résulte de la dissolution de telles ou telles substances organiques par l'eau ou par l'alcool, est donc un fait chimique d'une grande importance pratique que les médecins ne doivent jamais perdre de vue dans leurs prescriptions.

Alcoolatures.

Les alcoolatures sont le produit de l'action de l'alcool sur les plantes fraîches, tandis que les teintures sont préparées avec les plantes sèches.

Les plantes fraîches contiennent toujours une eau de végétation qui, se mêlant avec l'alcool, en diminue la concentration ; de plus, elles sont employées en quantité beaucoup moins considérable que la proportion correspondante de plantes sèches avec lesquelles on prépare les teintures : il en résulte que, hors les cas où la dessiccation enlève aux plantes leurs principes médicamenteux, on doit préférer les teintures alcooliques aux alcoolatures, qui, d'ailleurs, ne jouissent ordinairement pas des propriétés thérapeutiques spéciales que l'on est généralement porté à leur attribuer.

Extraits.

Ce que l'on se propose, en préparant les extraits, c'est de concentrer sous un petit volume la matière active qui se trouve éparse dans les tissus d'une plante ou d'un animal, et d'obtenir par ce moyen un médicament qui soit à la fois d'une administration commode et d'un effet certain.

La pharmacie a-t-elle atteint ce double but? C'est ce que nous allons examiner ici.

La composition des extraits est extrêmement compliquée et variable.

Outre le principe actif, spécial, chaque extrait renferme toujours un certain nombre d'autres substances communes à la plupart des êtres organisés, telles que l'amidon, le sucre, les gommes, les résines, l'albumine, la caséine, les matières colorantes, astringentes, extractives, etc., dont l'influence, quoique secondaire, ne doit peut-être pas être négligée, ainsi qu'on le fait habituellement, dans l'appréciation des effets thérapeutiques des extraits.

La manière dont les extraits sont obtenus laisse assez pressentir que toutes les matières solubles des végétaux et des animaux doivent s'y retrouver. Mais les extraits ne contiennent-ils que les matières solubles? Ceux qui résultent de l'évaporation des sucs sucrés peuvent seuls être dans ce cas, encore présentent-ils souvent l'altération ou la modification d'un ou plusieurs composés solubles. C'est ainsi que le sucre de canne est en partie transformé en un sucre incristallisable qui offre la plus grande analogie avec certaines variétés de glycose.

Mais, le plus ordinairement, les extraits contiennent, outre les substances solubles, des matières insolubles qui ont été entraînées chimiquement ou mécaniquement par l'action du dissolvant. Ainsi, l'extrait de gaïac renferme une matière résineuse, l'extrait de cantharides contient de la cantharidine. Ces substances ont été entraînées à la faveur d'autres principes solubles, bien qu'elles-mêmes soient insolubles dans l'eau.

On conçoit encore que, parmi les matières enlevées aux plantes ou aux animaux, quelques-unes, naturellement très altérables, soient modifiées dans leur composition pendant la préparation de l'extrait, de façon que celui-ci puisse renfermer de nouveaux composés non contenus primitivement dans la plante ou l'animal qui leur ont servi d'origine.

Aussi, lorsqu'on reprend un extrait par l'eau, abandonne-t-il presque toujours une plus ou moins grande quantité d'un résidu insoluble qui résulte de l'altération à l'air de substances très complexes, et qui est formé, en majeure partie, d'une matière désignée autrefois sous le nom d'extractif oxygéné, et que Berzelius a simplement appelé *apothème* ou dépôt.

Cette altération de l'extrait est très facilement appréciable. Lorsque l'on exprime la pulpe des plantes très aqueuses, on ne tarde pas à voir le suc que l'on en retire prendre une teinte foncée ; si on laisse reposer le liquide après l'avoir évaporé en partie, on voit se déposer peu à peu une matière insoluble qui est précisément celle qu'avec Berzelius nous désignerons sous le nom d'*apothème*.

On conçoit facilement que le degré de température auquel on porte le liquide à évaporer doive influer sur la production de cet apothème, aussi les extraits préparés à la température de l'ébullition de l'eau sont-ils généralement plus colorés, et contiennent-ils plus d'apothème que les extraits préparés à une moindre température.

On a trouvé divers inconvénients à l'emploi de la chaleur dans la préparation des extraits. Nous allons examiner si tous ces reproches sont fondés, et nous étudierons en même temps les modifications que la chaleur apporte dans la composition de cette classe de médicaments.

Si le liquide soumis à l'évaporation renferme des principes volatils, une partie de ces principes volatils se dégage et se perd. Dans ce cas, l'extrait ne représente pas d'une manière complète la composition du liquide avec lequel il est obtenu ; cependant une portion de ces principes reste, comme on peut s'en assurer pour les extraits de valériane, d'absinthe et d'autres. La préparation détermine des modifications assez profondes, mais heureusement elle ne détruit pas l'efficacité, elle ne fait éprouver au médicament que les changements que l'économie elle-même aurait produits sur lui.

Si le liquide soumis à l'évaporation ne renferme pas de principes volatils, il serait représenté d'une manière exacte par l'extrait, en supposant que la préparation puisse s'effectuer à l'abri du contact de l'air ; comme cette condition est presque impossible à remplir dans la pratique, le liquide est ordinairement plus ou moins altéré. Cette altération est-elle aussi nuisible aux effets du remède que l'ont prétendu quelques thérapeutistes ? Il convient, pour juger convenablement cette question, de rechercher comment les extraits agissent au sein de l'économie.

Beaucoup d'extraits renferment des bases organiques. Ce sont ces bases qui en constituent l'efficacité. Mais il est un grand nombre d'extraits qui ne contiennent pas de principes alcalins organiques, mais seulement des matières extractives proprement dites. A petites doses, ces extraits sont généralement sans action ; à des doses élevées, ils peuvent avoir une influence sensible sur l'économie, car ils contiennent beaucoup de matières combustibles. Ces matières, ingérées dans l'économie, y sont brûlées, parce qu'elles s'emparent d'une grande quantité d'oxygène qui, trouvant des éléments sur lesquels il peut se fixer, cesse de se porter exclusivement sur ceux du sang et des tissus dont il opérerait la destruction au préjudice de l'économie. C'est également ce qui se passe pour les matières grasses, et notamment pour l'huile de foie de morue. L'économie brûle ces matières au lieu de se brûler elle-même. C'est là, croyons-nous, la seule explication qui convienne à l'efficacité attribuée à l'huile de foie de morue dans le traitement de la phthisie et des scrofules.

C'est aussi de cette manière que l'on peut expliquer les

succès obtenus par l'administration à hautes doses d'extraits peu actifs dans les maladies de la peau, maladies contre lesquelles l'efficacité du traitement alcalin est généralement reconnue.

Tout ce que nous venons de dire s'applique à la matière extractive demeurée soluble dans l'extrait, mais nous avons vu que la préparation donne naissance à une substance insoluble, l'apothème. Cette substance concourt-elle à l'action de l'extrait, ou bien, comme quelques auteurs l'ont pensé, est-elle tout à fait inerte ? Nous croyons que l'apothème a une action réelle, car, sous l'influence des acides gastriques et des alcalis intestinaux, il peut être dissous en partie et rendu absorbable. Outre l'action qu'il a par lui-même, il peut en acquérir une plus grande, qu'il doit aux alcaloïdes qu'il renferme fréquemment, et dont la proportion est, du reste, très variable, suivant la différence de nature des extraits. Ainsi, l'apothème de l'extrait de quinquina retient toujours une certaine quantité de cinchonine et de quinine, parce que, pendant l'évaporation, les sels de quinine et de cinchonine sont devenus basiques par suite de l'altération du tannin, et n'ont pas pu se conserver complétement à l'état de dissolution ; l'apothème, au contraire de l'extrait d'opium, ne retient pas sensiblement de morphine ni de codéine, parce que ces alcaloïdes organiques existent toujours dans l'opium à l'état de sel acide, condition qui leur permet de conserver leur entière solubilité pendant l'évaporation.

Nous venons de prouver que la chaleur n'avait pas pour les extraits tous les inconvénients que lui ont reprochés la plupart des pharmacologistes ; il est facile aussi de démontrer que le temps n'altère pas ces préparations autant que l'on a pu le croire.

On a dit qu'à la longue les produits qui entrent dans la composition d'un extrait, réagissant les uns sur les autres, devaient donner lieu à une sorte de fermentation capable d'altérer les principes actifs du médicament et de diminuer considérablement ses propriétés thérapeutiques. En se fondant sur cette opinion, on attribuait aux extraits récemment préparés des effets que l'on ne pouvait produire avec les extraits conservés depuis longtemps. Une simple explication montre le peu de fondement de cette assertion. Les extraits pour lesquels on avait noté une différence dans les propriétés, suivant l'ancienneté de la préparation, sont précisément ceux qui, par la nature de leurs principes, ne peuvent perdre leur activité : tels sont les extraits de quinquina, de noix vomique, qui, redevables de leur action à des bases alcalines, présentent une résistance indéfinie à tout mouvement spontané de décomposition. M. Caventou a démontré, par des expériences sur les animaux, que deux extraits de noix vomique, l'un récemment préparé, l'autre conservé depuis longtemps, ont eu, quant aux principes actifs, une composition identique et une égale efficacité.

Tous les extraits ayant pour base un alcali organique sont inaltérables et se conservent un temps illimité. Le temps ne diminue donc nullement leur efficacité, et si l'on a constaté une différence à cet égard, c'est que l'on s'est servi de mauvaises préparations.

Les seuls extraits qui pourraient être altérés, ceux, par

exemple, qui renferment des matières sucrées, sont encore dans d'assez bonnes conditions de stabilité. On sait, en effet, que la fermentation des sucres est rendue à peu près impossible quand la liqueur possède un certain degré de concentration. A plus forte raison, cette fermentation n'aura-t-elle pas lieu dans les extraits qui ont, en général, subi une évaporation à peu près complète. Cependant ces extraits peuvent subir des altérations autrement importantes que les extraits qui doivent leurs propriétés aux bases organiques complétement inaltérables.

En résumé, les extraits renferment, concentrés sous un petit volume, tous les principes solubles des végétaux ou des animaux qui les ont fournis. Un grand nombre d'entre eux contiennent des principes organiques spéciaux auxquels ils doivent d'être inaltérables et de jouir d'une grande activité.

Quant à ceux qui ne contiennent pas de bases organiques et qui ne renferment que peu de principes solubles actifs, ils peuvent avoir un certain degré d'utilité qu'ils doivent à la présence des matières extractives que jusqu'à présent on avait cru être sans action. Ces extraits servent à la fois, et comme aliment respiratoire, et comme modificateurs de l'économie. Ils donnent pour résultat de leur combustion des composés alcalins dont le rôle dans l'économie animale est très important.

La chaleur agit sur les principes des extraits : les uns, volatils, se dissipent ; les autres se modifient. Dans tous, la chaleur donne naissance à un composé moins soluble et moins actif, l'apothème.

Mais, pour l'apothème comme pour les huiles essentielles, la chaleur se borne à commencer un changement
que l'économie continue à développer ou qu'elle aurait
opéré à elle seule. Ces substances modifiées ainsi trouvent le moyen de se dissoudre après leur ingestion et
achèvent leur transformation dans nos organes, afin d'acquérir les conditions nécessaires pour concourir efficacement à l'effet général.

Le temps fait aussi subir une altération aux extraits ;
mais cette altération est beaucoup moins grande qu'on
ne pensait. Les extraits à bases organiques ayant des
principes qui résistent à toute fermentation et à toute
putréfaction, se conservent d'une manière illimitée ; ceux
qui sont dépourvus de ces principes organiques spéciaux
sont altérables ; mais, en raison de leur consistance,
cette altération est beaucoup moins fréquente et moins
complète qu'on n'est porté à le croire généralement.

Sirops.

Les sirops ont pour but, soit de présenter toute
l'année, dans un bon état de conservation, des matières
qui, seules, ne tarderaient pas à s'altérer, soit de fournir
des dissolutions médicamenteuses toujours prêtes, et dans
un état de concentration constante. Ils offrent aussi, en
général, l'avantage d'être d'une saveur agréable. Il est
cependant certains composés dont le goût est tellement
repoussant, qu'il ne saurait être masqué par celui du
sucre, et passer sans affecter désagréablement le malade.
Comme le seul moyen d'atténuer cette saveur consiste-

rait à affaiblir la proportion du principe médicamenteux, ce qui aurait pour résultat de diminuer l'activité de la préparation, on doit éviter de donner la forme de sirop à des substances trop sapides. D'autre part, comme la préparation des sirops a pour objet principal la conservation des substances altérables, il est parfaitement inutile de les préparer avec des composés qui se conservent d'eux-mêmes, et qui se dosent immédiatement avec facilité.

Nous allons examiner quel est le mode d'action des sirops, en faisant la part du sucre et de la partie médicamenteuse à laquelle le sucre sert d'excipient ou de condiment.

En général, le sucre n'influe en rien sur les propriétés du principe actif ; cependant, quand il n'est pas pur, il peut exercer sur certaines matières minérales avec lesquelles il est associé une réduction qu'il est indispensable de connaître.

Si le sirop est préparé à froid, avec du sucre candi, sans clarification, il peut être employé avec toute espèce de substances minérales, et même avec le sublimé corrosif, sans avoir à redouter le moindre travail de décomposition. Mais il en est tout autrement quand le sirop contient de la glycose et un peu d'alcali. On sait, en effet, que ces deux substances se décomposent l'une et l'autre, et donnent naissance à des corps très avides d'oxygène, qui réduisent instantanément un grand nombre de dissolutions minérales, et notamment celles de cuivre, de mercure, d'argent, de platine et d'or.

La présence simultanée de la glycose et des alcalis dans les sirops est difficile à éviter. Que le sirop soit chauffé un peu trop longtemps ou que la dissolution soit mise en contact avec des acides, une quantité notable de glycose est aussitôt formée. Que l'on clarifie le sirop avec des blancs d'œufs, qui sont toujours alcalins, le sirop retiendra un peu d'alcali. Or, comme les sirops sont souvent préparés par ébullition et clarifiés à l'aide des blancs d'œufs, ils doivent, pour la plupart, contenir et de la glycose et des alcalis ; si l'on y ajoute ensuite un sel réductible, la réduction aura lieu avec une rapidité proportionnée à la quantité de glycose et d'alcali contenus dans la dissolution sucrée. C'est ainsi que, dans le mélange du sublimé corrosif avec le sirop sudorifique, tout le composé mercuriel est bientôt réduit en calomel.

Les médecins doivent donc faire attention aux réactions qu'ils peuvent provoquer en additionnant certains composés métalliques à des sirops préparés à chaud et clarifiés.

A part ces circonstances particulières et exceptionnelles, les substances médicamenteuses conservent ordinairement, au milieu du sucre, toutes les propriétés dont elles jouissaient auparavant.

Quant au sucre lui-même, dans aucune circonstance, hors le cas de diabète, il ne peut être nuisible aux malades ; il est même utile dans les maladies inflammatoires, car, en fournissant un aliment à la combustion respiratoire, il sature en quelque sorte l'excès d'oxygène, diminue l'intensité de l'inflammation et agit comme un véritable antiphlogistique (1).

(1) Le sens que nous donnons ici au mot *inflammation*, et qui rappelle l'idée d'une combustion, est une conséquence naturelle des expé-

Électuaires.

Dans les électuaires, confections ou opiats, on a pour but de faciliter l'ingestion des médicaments pulvérulents en les unissant à un excipient tel que le miel ou un sirop, qui diminue leur volume et augmente leur cohérence.

Ces préparations ont été pendant longtemps l'objet d'une confiance presque aveugle ; on leur attribuait des propriétés merveilleuses , on les décorait de noms pompeux. Pour comprendre un pareil engouement, il faut se rappeler tous les frais de science, tout le luxe de recherches qui présidaient à la confection de ce genre de médicaments. C'est ce qui a fait dire à M. Soubeiran : « Ces compositions, que l'on qualifie aujourd'hui d'indigestes et de chaos, n'étaient pas, comme on se l'imagine généralement, le produit d'un mélange arbitraire ; elles exigeaient de celui qui les inventait un travail attentif et une connaissance exacte de la thérapeutique de l'époque. Les anciens étaient persuadés que les substances médicinales jouissaient chacune de propriétés curatives absolues ; l'action qu'exercent ces corps sur nos organes n'était considérée par eux que comme un accessoire jamais utile et presque toujours nuisible. D'après cette idée, après avoir fait entrer dans un électuaire une matière

riences de Mulder : « L'opinion ancienne qui, dit-il, ne s'appuyait sur
» aucune recherche, qui avait même pour point de départ des faits
» inexacts, se trouve maintenant (résultat assez singulier) confirmée par
» nos expériences ; le sang contient, en effet, plus d'oxygène dans l'in-
» flammation. »

médicamenteuse, il fallait, par une ou plusieurs autres, détruire l'effet que la première produisait en dehors de sa propriéte curative ; de sorte que, à mesure que les bases d'un électuaire étaient plus nombreuses, les correctifs se multipliaient à leur tour, et leur nombre s'accroissait d'autant plus, que l'on s'attendait à voir sortir de ce mélange de médicaments simples, jouissant tous de la faculté de guérir une ou plusieurs maladies, quelques propriétés nouvelles qu'aucun médicament simple ne pouvait posséder (1). »

Ces quelques mots suffisent pour nous montrer que les anciens distinguaient déjà d'une manière instinctive, il est vrai, l'action immédiate topique du médicament, et son action dynamique ou générale. Ils atténuaient la première autant que possible, ils s'efforçaient de développer la seconde, ils cherchaient dans l'association d'une foule de substances médicamenteuses des propriétés spéciales qu'ils croyaient n'exister séparées et distinctes dans aucune d'elles en particulier.

Peu à peu l'expérience et le raisonnement ont fait justice de la plupart de ces compositions étranges, et quant au nombre de celles qui doivent à leurs propriétés énergiques non contestables d'avoir survécu, elles nous paraissent très probablement appelées à disparaître également du répertoire pharmaceutique. Des médicaments beaucoup moins complexes et beaucoup plus actifs peuvent très avantageusement remplacer ces préparations qui, du reste, ne doivent leurs propriétés qu'à un petit

______

(1) *Traité de pharmacie.*

nombre de substances. L'examen que nous allons faire de leurs principes constituants convaincra aisément de cette vérité.

L'inventaire des substances que les anciens faisaient entrer dans la composition des électuaires est assez simple à faire. Il comprend à peu près toutes les substances de la matière médicale de l'époque. Prenons les bois, les feuilles, les extraits, les résines, les huiles fixes et volatiles ; ajoutons les matières astringentes et gommeuses, les différentes matières sucrées alors connues, quelques principes minéraux, et nous aurons une idée exacte des agents nombreux qui entraient dans la composition des électuaires. Pour nous en assurer, nous n'aurions qu'à examiner avec détail les diverses substances constituantes de la fameuse thériaque d'Andromaque; du reste, cette préparation variait beaucoup, tant par le nombre que par les proportions de ses éléments, et cela suivant le but que l'on voulait atteindre et l'efficacité que chaque époque attribuait à tel ou tel principe médicamenteux.

Tous les autres électuaires présentaient des variations de composition à peu près aussi fréquentes. On s'ingéniait à entasser le plus de substances possible dans le même médicament, comme si l'électuaire devait plutôt son efficacité au nombre de ses éléments qu'à leur valeur thérapeutique.

Il est impossible que le temps n'amène pas des altérations profondes dans des mélanges aussi hétérogènes : c'est en effet ce qui a lieu. Cette décomposition n'est pas simultanée dans tous les éléments qui se trouvent réunis dans un électuaire. Ce sont d'abord les matières saccharines qui, par leur contact avec l'eau et avec des corps fermentifères, éprouvent une fermentation non équivoque : il s'en dégage des bulles d'acide carbonique qui soulèvent peu à peu la masse et la boursouflent. Le sucre d'amidon, l'alcool, l'acide lactique et la mannite qui résultent des diverses fermentations dont la petite quantité d'eau qui entre dans l'électuaire permet la production, viennent s'ajouter aux éléments déjà si complexes de cette préparation pharmaceutique. L'amidon et les matières amylacées disparaissent aussi pour concourir à la formation des produits que nous venons de désigner. Les matières extractives subissent à leur tour, mais plus tard, de profondes altérations ; sous l'influence lente, mais incessante de l'oxygène de l'air, elles donnent naissance à de l'acide carbonique, à de l'eau, et à cette substance que l'on a si improprement désignée sous le nom d'extractif oxygéné, et que l'on nomme actuellement apothème.

Les matières minérales résistent davantage à l'action destructive du temps ; quelques-unes, cependant, se dissolvent dans les produits de nouvelle formation, comme l'oxyde de fer, dont le contact avec les acides et les matières astringentes donne lieu à un composé noir qui finit par colorer toute la masse du médicament : cette transformation de couleur est manifeste dans la thériaque ; d'autres matières minérales restent inattaquables, et n'entrent en dissolution, en tout ou en partie, que dans le sein de l'économie.

Les principes gommeux restent inaltérés au milieu de

toutes ces transformations. Cela doit être, puisque la gomme n'est ni fermentescible, ni attaquable, soit par les acides faibles, soit par les alcalis étendus. Les résines n'éprouvent aucun changement appréciable dans leur nature intime. Il s'y joint même certains corps qui leur sont tout à fait analogues, et qui résultent de l'oxygénation des huiles essentielles.

Enfin, il est d'autres principes qui, mieux que toutes les autres substances organiques, résistent à toute altération, à toute fermentation, et que l'on retrouve toujours en nature dans les électuaires, ce sont les alcalis organiques.

L'analyse chimique a mis ces faits en évidence. Peu de temps après la préparation des électuaires, on voit la plupart des substances qui entrent dans leur composition se modifier et disparaître en totalité ou en partie : tels sont, par exemple, le sucre, l'amidon, le tannin, les huiles essentielles. Par suite de la décomposition de ces deux derniers principes, les électuaires perdent l'âcreté qu'ils devaient à leur présence. Aussi ceux dont la préparation remonte à une époque éloignée sont-ils beaucoup plus doux que ceux qui sont récemment préparés. On a surtout remarqué ce fait pour la thériaque. L'expérience pratique a montré, en outre, que fraîche, cette préparation est moins efficace que lorsqu'elle est faite depuis un certain temps. Cette différence tient à ce que, après la destruction de la plus grande partie des substances qui entrent dans la composition des électuaires, les véritables principes actifs, les alcaloïdes organiques restés intacts, n'étant plus contrariés dans leurs effets par le mélange des autres substances, peuvent exercer plus librement leur action salutaire. Aussi, lorsque la thériaque est conservée depuis longtemps, l'opium, qui en est le principe le plus actif, acquiert, par la destruction des matières astringentes, une nouvelle efficacité.

Il est facile, d'après ce que nous venons de dire, de déterminer quels sont, dans un électuaire, les principes véritablement actifs. Dans la thériaque, ils sont représentés par la morphine et la codéine ; dans le diascordium, par les mêmes substances, auxquelles il faut joindre l'alumine, dont les propriétés antidiarrhéiques incontestables ont été appréciées dans une autre partie de cet ouvrage.

Ces considérations montrent combien on a eu raison de rejeter peu à peu de la thérapeutique ces associations bizarres formées, en majeure partie, de substances altérables et tout au moins inutiles. On n'a conservé que celles dont l'expérience et la pratique ont consacré les propriétés curatives incontestables, la thériaque et le diascordium ; leurs propriétés sont dues à des principes actifs connus (à l'opium et quelques toniques, pour la thériaque ; à l'opium, quelques amers et l'alumine, pour le diascordium), et non, comme on l'a cru trop longtemps, à une sorte de vertu occulte spéciale résultant du mode d'assemblage des diverses substances qui entrent dans leur composition.

Pilules.

Les pilules, en raison de leur forme et de leur consistance, présentent tout à la fois des avantages précieux et des inconvénients réels.

Presque toutes les substances employées en médecine peuvent entrer, et entrent en effet, dans la composition des pilules.

Cette forme pharmaceutique offre l'avantage de réunir les substances sous un petit volume ; de présenter une consistance assez ferme pour assurer aux principes médicamenteux une assez longue conservation ; de constituer des médicaments d'un dosage facile, et surtout de permettre une déglutition très rapide et très complète d'un grand nombre d'agents thérapeutiques dont la saveur plus ou moins désagréable est souvent un obstacle insurmontable pour le malade.

Certaines matières se prêtent très bien, par leur consistance naturelle, à ce mode de préparation ; mais il en est un bien plus grand nombre qui n'ont pas le degré de consistance nécessaire pour se prêter à cette forme. Il est alors indispensable de les associer à des substances, soit solides, soit liquides, qui leur servent d'excipient.

Pour être convenablement choisis, les excipients doivent remplir certaines conditions indispensables qui diffèrent suivant qu'on se propose pour but de donner aux substances médicamenteuses la consistance pilulaire, ou d'utiliser les propriétés chimiques ou thérapeutiques dont les excipients peuvent jouir eux-mêmes. Dans le premier cas, l'excipient doit être emprunté à la classe des substances inertes ou à peu près ; dans le second cas, au contraire, il doit être choisi dans les substances susceptibles d'agir pour leur propre compte sur l'économie, soit en modifiant la nature chimique du médicament, soit simplement en y ajoutant leur propre activité.

Les excipients doivent être d'une solubilité facile : sans cette condition importante, les pilules, arrivées dans le canal alimentaire, ne pourraient s'y désagréger pour entrer en dissolution ; elles ne seraient attaquées qu'à leur superficie, et, perdant ainsi la majeure partie de leur action, elles tromperaient l'espérance du médecin.

Les excipients doivent pouvoir donner aisément au médicament employé la consistance pilulaire, c'est-à-dire ce degré de consistance suffisant pour que la pilule ne se ramollisse ni ne se déforme. Le sirop et le miel sont, à ces différents titres, des excipients très convenables. Ils donnent à la plupart des médicaments une consistance suffisante, et leur prompte et facile dissolution entraîne une rapide désagrégation des parties qu'ils étaient destinés à unir momentanément. Le seul reproche qu'on puisse leur adresser est de ne pas donner toujours aux pilules une cohésion assez complète, ou de leur faire acquérir un trop fort volume.

La gomme, dont on fait un usage si fréquent, n'a pas ces désavantages ; même employée en très petite quantité, elle lie parfaitement les diverses parties de la pilule : mais elle présente l'inconvénient sérieux de communiquer à la masse pilulaire une dureté quelquefois excessive, qui, dans certains cas, va jusqu'à soustraire complétement le médicament à l'action dissolvante des liquides de l'économie. Le remède à cet inconvénient est facile : il suffit de mêler une certaine quantité de sucre à la gomme. L'extrême solubilité du sucre facilite le contact des liquides de l'estomac, la gomme elle-même se ramollit, et le médicament ingéré sous forme pilulaire se laisse promptement attaquer et dissoudre par les liquides des voies digestives, alors même que les pilules ont été conservées longtemps et ont acquis à l'air une dureté considérable.

Le savon est assez souvent usité comme excipient, mais il est loin d'être inerte, et l'énergie de son action indique assez que son usage doit être restreint. De plus, il peut produire, dans certaines masses pilulaires, des réactions chimiques qu'il faut soigneusement éviter. Dans les cas où le savon n'a point d'action sur la substance employée, il peut rendre quelques services ; il est très utile pour la préparation des pilules d'onguent mercuriel, à cause de son inertie à l'égard du mercure. Il est même des cas où l'on peut tirer parti de son action chimique. Si l'on veut, par exemple, réduire en pilules des matières résineuses, le savon sert, par l'alcali qu'il contient, à dissoudre ces matières et à faciliter leur effet. Il doit être préféré à l'alcool et aux essences que l'on emploie généralement pour unir les résines, parce que ces substances communiquent aux pilules une dureté trop grande qui retarde l'action du médicament et peut même l'empêcher. L'association du savon aux substances résineuses offre pourtant l'inconvénient de leur communiquer la propriété d'irriter plus ou moins l'estomac, et de donner lieu à des nausées et quelquefois à des vomissements.

Les extraits peuvent aussi être mis en usage comme excipient, seulement on ne doit employer que ceux qui sont doués de propriétés médicinales, et dont il est facile de faire concorder l'action avec celle de l'agent médicamenteux principal.

Enfin, pour mouler en pilules les substances qui ont

besoin d'un excipient solide, on emploie généralement des poudres à peu près inertes, telles que les poudres de réglisse et de guimauve.

Les considérations dans lesquelles nous venons d'entrer auront, selon nous, suffisamment démontré que le choix de l'excipient, loin d'être indifférent et arbitraire, doit être soumis à de certaines lois subordonnées elles-mêmes à la nature et à la consistance de la matière médicamenteuse.

. Nous allons actuellement nous occuper de la manière d'administrer les pilules, et démontrer qu'elle doit également être soumise à des règles précises qu'il faut suivre rigoureusement, pour avoir le droit de compter sur l'action des divers agents médicamenteux prescrits sous cette forme pharmaceutique.

Pour agir, la pilule doit nécessairement être dissoute; or, pour entrer en dissolution, elle a besoin, soit de la présence de l'eau seulement, soit de l'intervention des acides, des alcalis, ou des chlorures alcalins de l'économie. Les précautions à prendre après l'ingestion des pilules doivent donc varier suivant le liquide exigé pour sa dissolution.

La pilule est-elle directement soluble dans l'eau, peu importe la quantité de boisson dont l'ingestion sera suivie: soit dans l'estomac, soit dans l'intestin, les pilules trouveront toujours une quantité de liquide suffisante pour leur dissolution. Ceci peut s'appliquer aux pilules préparées avec des extraits aqueux, avec des matières salines solubles, etc.

La substance qui fait la base de la pilule réclame-t-elle

un dissolvant spécial, la quantité de boisson qui suivra l'administration de la pilule cesse d'être indifférente. Si ce dissolvant doit être un acide, il faudra prolonger autant que possible le séjour de la pilule dans l'estomac, et dans ce but proscrire toute espèce de boisson. Les liquides auraient, en effet, dans ce cas, deux effets fâcheux : non-seulement ils dilueraient le suc acide de l'estomac au point de rendre impossible ou du moins très difficile la dissolution de la pilule, ils pourraient encore soustraire complétement cette dernière à l'action du suc gastrique en lui faisant franchir trop vite le pylore. Les pilules qui doivent prolonger leur séjour dans la cavité gastrique sont celles qui contiennent des substances minérales insolubles, le fer métallique, l'oxyde et le carbonate de fer, le sulfate de quinine basique ou officinal. On a remarqué que ce dernier médicament se montrait surtout infidèle lorsqu'il était pris sous forme pilulaire. La raison de ce résultat est bien simple. Comme le sulfate de quinine ne devient facilement soluble que lorsque de sel basique il est passé à l'état de sel acide, s'il est soustrait en totalité ou en partie à l'action du suc gastrique acide, il n'a que peu ou point d'effet. On évite cet inconvénient en mettant directement dans les pilules du sulfate acide de quinine, dont la dissolution facile est dès lors indépendante du milieu chimique dans lequel la pilule est placée.

Si la pilule exige l'intervention des bases alcalines pour entrer en dissolution, il sera nécessaire de faire boire beaucoup immédiatement après son ingestion, puis de cesser les boissons. Le liquide abondant qu'on administre après la pilule a pour but de lui faire franchir rapidement le pylore et de l'amener dans les intestins : c'est là seulement qu'elle trouve les substances alcalines nécessaires à sa dissolution ; une fois ce passage effectué, de nouvelles quantités de boissons ne feraient qu'étendre les alcalis de l'intestin, et diminuer, par conséquent, leur action dissolvante. Les substances qui réclament après leur ingestion une assez grande quantité de boissons, qu'on cesse aussitôt, sont le copahu, le cubèbe, les résines, les huiles, etc.

Si la substance administrée sous forme pilulaire nécessite, pour se dissoudre plus ou moins complétement, l'intervention de chlorures alcalins de l'économie, il conviendra, comme pour les matières qui ont besoin de l'intervention des acides, de ménager ou même de suspendre l'administration de tous liquides, qui auraient l'inconvénient d'étendre les chlorures et d'atténuer leur propriété dissolvante.

Les bols, qui ne sont autre chose que des pilules d'une grosse dimension, doivent être soumis aux mêmes prescriptions et préparés d'après les mêmes règles. Quant aux bols dans la composition desquels il entre des matières molles et même liquides, ils peuvent, sans inconvénient, être renfermés dans des capsules de gomme, de sucre ou de gélatine : ces capsules se laissant dissoudre, en général, assez facilement par les divers sucs digestifs avec lesquels elles sont mises en contact après leur ingestion.

Collyres.

Les collyres sont des médicaments d'usage externe qu'on applique sur les yeux.

Les diverses substances qui entrent dans la composition des collyres, et qui sont très nombreuses, doivent
être distinguées en substances coagulantes et non coagulantes. Cette distinction nous paraît capitale : elle repose
sur deux genres d'action bien différents, ou pour mieux
dire opposés. Les collyres coagulants ont une action topique, locale, non dynamique, dont l'influence thérapeutique est ordinairement nulle après l'absorption du médicament. Aussi un grand nombre de sels métalliques
coagulants peuvent-ils se suppléer dans les collyres destinés à produire l'astriction pour le traitement des affections superficielles du globe de l'œil, et mieux encore des
paupières. Il en est autrement pour les collyres fluidifiants.

Collyres coagulants. — Ils sont presque tous formés
de substances d'origine métallique, comme les sels de
zinc, de cuivre, de plomb, de mercure, d'argent, etc.
On les emploie sous plusieurs formes qui peuvent se réduire à trois : la dissolution, la pommade et la poudre
sèche.

Les collyres liquides sont ordinairement employés pour
combattre les affections de la conjonctive oculaire ou
palpébrale, ainsi que les blépharites ciliaires ou glandu-
laires. Ils ont l'avantage de pénétrer profondément la muqueuse ; mais ils ont l'inconvénient d'atteindre, en s'étendant, les parties saines de l'œil et de les irriter plus ou
moins. Il est donc convenable de limiter leur action en
faisant usage d'un pinceau qui ne touche que les parties
malades : cette pratique devrait prévaloir sur les bains
locaux et sur les lotions généralement usitées.

Quant aux pommades, elles sont d'un emploi facile et

d'une efficacité presque constante, et par leur consistance elles permettent l'application directe ; elles peuvent séjourner longtemps à la même place et y exercer une action continue, ce qui n'a pas lieu pour les collyres liquides. Dans le but de rendre plus facile la dissolution des principes actifs contenus dans les pommades, on a proposé de les broyer avec une petite quantité d'eau, mais on s'expose, en agissant ainsi, à les faire promptement rancir, ce qu'il importe d'éviter avec soin. Du reste, les liquides sécrétés dans la région malade opèrent successivement cette dissolution. Une autre précaution est plus nécessaire, il faut que les substances incorporées aux graisses soient d'une ténuité extrême, afin qu'elles n'exercent pas d'irritation sur le globe de l'œil.

Les collyres secs ont été abandonnés à cause de l'irritation qu'ils déterminent pendant la durée de leur contact. L'expérience a prouvé bien des fois que cette irritation a pu être assez forte pour neutraliser l'action thérapeutique.

C'est à tort qu'on attribue à certaines eaux distillées, de rose, de sureau, de plantain, des propriétés astringentes qu'elles ne possèdent en aucune façon ; tout leur rôle consiste à opérer le lavage des parties malades, à entraîner les liquides altérés dont le contact prolongé est une cause nouvelle d'irritation ; à restituer enfin aux paupières leur souplesse physiologique, la liberté de leurs mouvements.

Les mucilages qu'on a l'habitude de faire entrer dans quelques collyres coagulants doivent être proscrits. En effet, mis en présence des sels métalliques astringents, ils déterminent un travail de décomposition qui diminue la puissance médicamenteuse du topique, s'il ne la détruit pas entièrement.

L'addition d'une quantité plus ou moins grande de laudanum, si commune aussi dans les collyres astringents, ne mérite pas moins d'être blâmée que l'adjonction des mucilages. En voici la raison. Les sels métalliques astringents, c'est-à-dire la partie réellement active du composé, sont, comme dans le cas précédent, presque toujours précipités par l'acide méconique contenu dans le laudanum. Le docteur Cunier a montré que le méconate de plomb, formé dans un collyre laudanisé, a engendré plus d'une fois des albugos et des pseudo-albugos. L'inconvénient que nous signalons, en nous appuyant d'exemples aussi concluants pris dans la pratique, peut être facilement écarté, il n'y a, pour cela, qu'à substituer au laudanum un sel de morphine, tel que l'acétate ou le chlorhydrate. Cette simple modification suffit pour conserver au collyre astringent toute sa puissance thérapeutique.

Collyres fluidifiants. — Les maladies profondes de l'œil exigent souvent l'intervention d'une action dynamique plus ou moins prononcée ; dans ces cas, la base du collyre à employer devra être puisée dans la classe des médicaments fluidifiants.

Les médicaments doivent agir, non par leurs propriétés locales, non par simple contact, mais bien par absorption, par leurs propriétés dynamiques. Les fluidifiants, seuls propres à l'absorption immédiate, seront donc seuls administrés avec succès. Comme ce genre de collyres a été employé jusqu'à présent sans qu'on se soit rendu un

compte exact de leur action, nous devons particulièrement insister sur les bons résultats qu'on peut espérer de
leur emploi.

L'albumine des humeurs animales est naturellement
insoluble ; elle doit sa transparence parfaite, qui simule
en tous points la dissolution, à la présence, dans l'organisme, des alcalis libres ou carbonatés. Dès que cette alcalinité disparaît, la transparence de l'albumine disparaît
aussi. Les expériences suivantes, que nous avons faites
depuis longtemps, vont le démontrer. Ayant préparé
trois dissolutions salines légères, la première neutre, la
deuxième alcaline et la troisième acidulée par de l'acide
acétique, nous avons immergé dans chacune d'elles un
œil de bœuf parfaitement sain. Quelques heures après,
les yeux, placés dans le liquide neutre et dans le liquide
alcalin, avaient conservé toute leur transparence normale,
mais l'œil, qui avait subi l'action de la liqueur acidulée,
était devenu complétement opaque.

Sous l'influence d'une médication alcaline, l'albumine
reprend sa transparence, et les humeurs retrouvent leur
état normal.

L'action fluidifiante des alcalis sur les liquides albuminoïdes nous a fait penser qu'on pouvait prétendre à un
résultat satisfaisant dans certains cas de cataracte. Non-
seulement les principes y conduisent, mais les expériences
tentées sous différentes formes ou par des moyens variés,
quoique à peu près les mêmes au fond, le démontrent
suffisamment : les effets curatifs obtenus soit avec les
collyres de Leysson, dont la base est l'ammoniaque gazeuse, soit avec le collyre de Gimbernat, dont l'action est

due à la potasse caustique, soit enfin avec le borax, tous composés alcalins fluidifiants, avaient sans doute rapport à des cas de cataracte naissante.

Dans tous les cas, nous avons constaté nous-même que l'affaiblissement de la vue, si notable chez les diabétiques, tient à l'opalinité des humeurs de l'œil, affaiblissement qui disparaît presque toujours rapidement sous l'influence du traitement alcalin.

La médication alcaline nous paraît devoir être essayée contre la cataracte. Pour être efficace, elle exigerait une certaine énergie, et ne serait possible qu'au début de la maladie. Elle se composerait de l'emploi simultané de l'ammoniaque gazeuse dirigée avec précaution sur l'organe malade, de l'usage interne de médicaments alcalins, tels que le bicarbonate de soude, l'eau de Vichy, l'iodure de potassium, et de l'administration de bains alcalins.

Les chances deviendraient plus favorables encore, si le traitement était secondé par une alimentation végétale. En supposant que le traitement alcalin ne guérît pas la cataracte lorsqu'il serait appliqué trop tard, il ne saurait assurément être défavorable aux chances de l'opération.

Le traitement vanté par certains charlatans qui prétendaient guérir toutes les cataractes sans opération avait pour base l'iodure de potassium. Le docteur Rau (de Brême) avance que l'usage prolongé de l'iodure de potassium fait disparaître l'opacité du cristallin : il a fait en dehors de l'économie des expériences qui corroborent les nôtres. Il a placé un cristallin cataracté dans une solution d'iodure de potassium ; après vingt-quatre heures de macération, il a pu distinguer des lettres imprimées à travers le corps opaque qui avait repris par le bain iodo-alcalin une partie de sa transparence.

Il y a des observations d'un ordre indirect, qui concourent pour leur part à la confirmation de nos idées. Ainsi, d'après des recherches qui nous sont propres, la cataracte non traumatique est plus fréquente chez les carnivores que chez les herbivores, qui ont toujours les humeurs très alcalines ; elle ne se présente jamais chez les vidangeurs, constamment exposés aux émanations ammoniacales. La seule affection assez fréquente chez eux, c'est la *mitte*, qui consiste dans une maladie des paupières et non de la vision proprement dite.

En résumé, les substances coagulantes employées en collyre agissent d'une manière plutôt locale que générale ou dynamique.

Les matières fluidifiantes sont plus aptes à pénétrer dans l'organe de la vue que celles qui coagulent les fluides albumineux.

A l'aide d'un traitement propre à alcaliniser les humeurs de l'économie vivante, on peut songer à arrêter les progrès de quelques cataractes, et les guérir complétement.

Gargarismes.

La membrane muqueuse qui tapisse la bouche est sujette à des affections diverses dont on modifie avantageusement la marche et la durée par l'emploi de certains topiques spéciaux. Ces topiques portent le nom de *gargarismes*. Or, il est un fait qui a généralement échappé à l'attention des praticiens : c'est que les gargarismes, quelle que soit leur composition chimique, agissent toujours, soit comme astringents, soit comme détersifs. En effet, les gargarismes réellement actifs ont deux sortes de bases : les unes appartiennent à la classe des corps qui, en s'unissant avec les parties albuminoïdes du sang et des tissus organisés, produisent une combinaison insoluble, et que, pour cette raison, nous avons cru devoir désigner sous le nom de *coagulants* ou *plastifiants*. Les autres rentrent dans la catégorie de ceux qui, en s'unissant chimiquement avec ces mêmes liquides et solides vivants, les fluidifient au lieu de les coaguler ; c'est pour cela que nous les avons désignés sous le nom de *fluidifiants* ou *désobstruants*.

Cette distinction importante n'a jamais été faite, ou du moins n'a jamais été convenablement formulée. Ce qui le prouve, c'est que les principes actifs de presque tous les gargarismes appartiennent à la classe des coagulants : acides sulfurique, chlorhydrique ; tannin ; sels d'alumine, de zinc, de plomb, de mercure, d'argent, etc.; et que, sauf le borax, aucun médicament fluidifiant proprement dit n'est actuellement employé en gargarisme. Il convient d'ajouter que beaucoup de médecins se trompent sur les propriétés vraies du borate de soude, qu'ils emploient comme astrictif, tandis qu'il ne l'est pas.

Il y a des exceptions touchant les qualités astringentes des gargarismes en usage dans la pratique. Quelques sels métalliques, et notamment l'alun, qui est si fréquemment employé dans les affections de la bouche et du pharynx, sont, il est vrai, des coagulants et des astringents locaux, mais ils ne possèdent cette propriété que lorsqu'ils sont administrés à faible dose ; à dose plus élevée, leur action thérapeutique change de nature , elle devient fluidifiante et détersive.

On a lieu d'être surpris de voir les fluidifiants occuper une place si restreinte dans l'emploi des gargarismes. Ils peuvent rendre de grands services dans certaines inflammations des muqueuses buccale et laryngo-pharyngienne, dans les affections croupales, les angines couenneuses , et toutes les fois qu'il importe de rétablir la circulation dans les capillaires engorgés, de liquéfier les liquides qu'ils renferment.

Les anciens n'ont pas méconnu les services importants que peuvent rendre les gargarismes fluidifiants et détersifs. Ils n'ont pas été guidés par le raisonnement théorique , mais par l'empirisme, qui peut conduire, par hasard, à la découverte de la vérité, bien que, le plus souvent, il aboutisse à l'erreur. Nos devanciers, en effet, faisaient un fréquent usage des fluidifiants par excellence, c'est-à-dire des préparations alcalines. Pringle employait comme résolutif, dans certaines variétés d'angine, un gargarisme ammoniacal ne contenant pas moins de 24 pour 100 de son poids d'ammoniaque liquide.

Toutefois l'emploi inconsidéré des alcalis caustiques peut offrir des inconvénients dans la pratique médicale, et il convient de leur préférer les sels neutres à bases alcalines. Parmi ces derniers, aucun ne nous paraît aussi fluidifiant que le tartrate double de potasse et de soude, ou sel de Seignette.

GARGARISME ASTRINGENT.

Alun.	60 centigrammes.
Eau distillée	150 grammes.
Sirop de mûres	25 —
Sirop de diacode . . .	25 —

Mêlez.

Dans les affections aphtheuses, la stomatite mercurielle, et généralement dans tous les maux de gorge où l'emploi des astringents est indiqué.

GARGARISME DÉTERSIF.

Alun.	20 grammes.
Eau distillée	100 —
Sirop de mûres . . .	30 —
Sirop de diacode . .	30 —

Mêlez.

Ce gargarisme convient dans l'enrouement, dans l'aphonie inflammatoire, et dans certaines affections de l'arrière-gorge caractérisées par une grande sécheresse dans les parties, et dans lesquelles il y a avantage à activer les sécrétions des muqueuses. C'est à cette dose, c'est-à-dire à dose fluidifiante, que l'alun doit être prescrit dans le traitement préventif, et même curatif, de la diphthérite pharyngienne. Les succès d'Arétée et de MM. Bretonneau et Trousseau témoignent de l'efficacité de cette médication.

La plupart des praticiens administrent l'alun à trop faible dose dans l'enrouement aigu, et surtout dans le traitement de l'aphonie des chanteurs ; la théorie enseigne que c'est à haute dose qu'il faut le prescrire, et la pratique confirme la valeur de cette indication.

« M. le docteur Bennati traitait les aphonies chro-
» niques avec des gargarismes composés d'alun en
» poudre suspendu dans l'eau, d'abord à la dose de
» 4 grammes en quatre paquets pour quatre gargarismes,
» qu'il augmentait successivement jusqu'à 16 grammes
» par jour, aussi en quatre fois. Il rendit, par ce moyen,
» la voix à plusieurs chanteurs célèbres qui en étaient
» privés depuis longtemps. Nous avons été témoin du
» succès fort remarquable de ce procédé dans une maladie
» rebelle à la plupart des autres traitements, qui n'a
» d'ailleurs aucun inconvénient, puisqu'on n'avale pas
» ou très peu du médicament (1). »

GARGARISME FLUIDIFIANT.

Eau distillée	150 grammes.
Tartrate de potasse ou de soude. .	50 —
Sirop de mûres	50 —

F. s. a.

Ce gargarisme constitue un excellent détersif, très propre à faire cesser la turgescence des muqueuses avec lesquelles il est mis en contact.

Dentifrices.

On considère, en général, les dentifrices comme des préparations uniquement destinées à nettoyer les dents; aussi les range-t-on, le plus souvent, dans la classe des

____

(1) Mérat, *Supplément au Dictionnaire de matière médicale*, p. 30.

cosmétiques. C'est là une grave erreur : les dentifrices ne bornent pas leur action aux dents, ils doivent avoir pour but principal d'entretenir l'intégrité physiologique de l'appareil dentaire tout entier, et de concourir, par conséquent, à rendre aussi parfait que possible l'acte si important de la mastication. A ce dernier titre, ils méritent d'être mis au rang des préparations pharmaceutiques les plus utiles ; leur composition chimique et leur mode d'emploi devraient être, pour les praticiens, l'objet d'une surveillance plus active que celle à laquelle on les soumet habituellement.

Pour démontrer la justesse de ces réflexions, nous ferons remarquer qu'il est incontestable que , par un usage sagement raisonné des préparations dentifrices, on peut annihiler les principales causes de la chute prématurée des dents.

Ces causes sont : 1° le dépôt de tartre ; 2° le gonflement des gencives ; 3° l'acidité quotidienne de la salive.

L'accumulation du tartre comme cause de l'altération de l'appareil dentaire est reconnue par tout le monde ; le gonflement de la pulpe gingivale n'a été bien apprécié que par M. le docteur Toirac, qui a savamment démontré que les gencives, en se tuméfiant, finissent par chasser les dents de leurs alvéoles. Enfin, l'action destructive des acides salivaires est des plus manifestes dans tous les cas où la salive acquiert des propriétés acides, et notamment dans le diabète (1).

(1) Les dents n'étant pas organisées comme les os, avec lesquels on les a longtemps confondues, ne sont pas susceptibles de s'enflammer ni de s'ulcérer : c'est pourquoi, dit M. le docteur Devillemur, on doit

L'expérience démontre que presque toujours on évite l'accumulation des matières insolubles de la salive, c'est-à-dire du tartre, sur les dents, en faisant *journellement* usage d'une poudre dentifrice composée de substances assez résistantes pour pouvoir exercer sur les dents un frottement convenable, sans avoir cependant assez de dureté pour en altérer mécaniquement l'émail. Le plus souvent on fait disparaître promptement le relâchement du tissu alvéolaire en associant à cette poudre une substance convenablement tonique, ou, pour mieux dire, astringente.

Un mélange de poudre de charbon de bois léger et de quinquina remplit assez bien cette double indication ; c'est le dentifrice qui est le plus généralement prescrit.

Cependant le charbon et le quinquina offrent quelques petits inconvénients. Le charbon de bois est manifestement trop dur ; il est d'une couleur désagréable, d'une insolubilité absolue dans les liquides salivaires, ce qui

---

nommer *érosion* l'altération des dents qui, jusqu'à présent, a été désignée sous le nom de *carie*. L'érosion est en tout semblable à la destruction du fer par la rouille. C'est par leur contact prolongé avec les agents chimiques, presque toujours acides, engendrés tant par la bouche que par l'estomac, que les dents s'*érodent*, mais ne se carient pas.

« La *carie* des dents, dit Müller, doit être bien distinguée de celle des » os organisés. Ce n'est qu'une simple décomposition chimique, qui » résulte d'une composition vicieuse, ou qui est déterminée peu à peu » par les liquides de la bouche. Les canalicules dentaires perdent, la » plupart du temps, leur couleur blanche jusqu'à une certaine profon- » deur au-dessous du point carié. Linderer m'a montré des dents qui » avaient été implantées avec une tige métallique, et qui étaient deve- » nues carieuses, absolument comme les dents vivantes. » (Müller, *Manuel de physiologie*, t. I, p. 305.)

lui permet de se loger dans les espaces interdentaires, et d'y constituer de véritables petits foyers d'infection, par suite de la décomposition spontanée des matières alimentaires dont il s'imprègne. Le quinquina, de son côté, conserve toujours quelques parties fibreuses incomplétement désagrégées, qui s'implantent dans les gencives et les irritent ; de plus, outre sa vertu astringente, il présente une amertume assez désagréable, et qui n'est d'aucun avantage odontalgique. C'est bien à tort, en effet, que quelques personnes ont proposé l'emploi thérapeutique de certains dentifrices à base de quinine, car les alcaloïdes organiques ne se distinguent par aucune propriété particulière qui doive les faire rechercher.

POUDRE DENTIFRICE AU TANNIN.

Sucre de lait.	1000 grammes.
Laque carminée	10 —
Tannin pur.	15 —
Essence de menthe	20 gouttes.
Essence d'anis.	20 —
Essence de fleur d'oranger	10 —

Broyez la laque avec le tannin, ajoutez peu à peu le sucre de lait pulvérisé et passé à un tamis de soie à mailles un peu larges, et puis les huiles essentielles.

Cette poudre dentifrice offre, selon nous, tous les avantages du quinquina et du charbon réunis, sans en avoir les inconvénients. Son emploi quotidien suffit presque toujours pour empêcher l'accumulation du tartre sur l'émail dentaire, et pour entretenir la pulpe gingivale dans un état de tonicité convenable.

Il est cependant quelques personnes chez lesquelles le relâchement des gencives est tel, que cette poudre est sans efficacité ; alors il sera convenable de faire usage de la préparation éminemment astringente dont voici la formule :

ÉLIXIR DENTIFRICE ASTRINGENT.

Alcool à 33 degrés	1000 grammes.
Kino vrai	100 —
Racine de ratanhia	100 —
Teinture de baume Tolu.	2 —
Teinture de benjoin.	2 —
Essence de menthe.	2 —
Essence de cannelle de Ceylan. . .	2 —
Essence d'anis	1 —

Faites macérer, l'espace d'une huitaine de jours, le kino et le ratanhia dans l'alcool ; filtrez, ajoutez les teintures balsamiques et les essences, et filtrez de nouveau après quelques jours de contact.

Cette préparation doit être employée en gargarisme, immédiatement après la poudre, à la dose d'une petite cuillerée à café, étendue dans trois ou quatre cuillerées à bouche d'eau tiède.

A l'aide des deux préparations qui précèdent, il est presque toujours possible de parer aux deux principales sources d'altération des dents, l'accumulation du tartre et le ramollissement des gencives.

Quant à l'acidité du fluide salivaire, c'est à tort que quelques médecins croient y remédier efficacement en ajoutant aux dentifrices quelque substance terreuse ou alcaline ; car l'effet neutralisant de ces préparations étant momentané et la sécrétion salivaire acide incessante, il en résulte que ces préparations manquent presque complétement le but auquel on les destine.

On peut donc établir que toutes les fois que la salive revêt le caractère acide, l'emploi des gargarismes est complétement illusoire. Pour remédier à cet état pathologique, il faut recourir, non à des agents neutralisants locaux n'ayant d'efficacité qu'au seul instant qu'on les applique, mais bien à une médication alcaline, seule propre à rendre aux humeurs de l'économie animale l'alcalinité qui doit les caractériser dans l'état sain.

CHAPITRE VI.

MÉDICATIONS SPÉCIALES.

Caustiques.

Il existe un grand nombre de composés chimiques qui, mis en contact avec les tissus vivants, les désorganisent plus ou moins profondément; ils ont reçu le nom de *caustiques*. Mais si tous ces agents destructeurs ont un caractère commun, celui d'agir sur la trame organique, de modifier, de suspendre même les phénomènes chimiques qui assuraient son organisation, qui constituaient sa vitalité, combien sont différentes les réactions qui produisent ces altérations ! Toutefois les caustiques n'agissent que de deux manières. En se combinant avec les tissus organisés, les uns forment, avec les éléments protéiques ou albumineux de l'économie animale, un composé insoluble plus ou moins plastique; les autres ramollissent les tissus et les *géléifient* en quelque sorte. En d'autres termes, il y a des caustiques *coagulants* et des caustiques *fluidifiants ;* et bien que dans ces deux cas ils possèdent également une grande énergie, ils ne sauraient être employés indifféremment les uns pour les autres.

Cette distinction permet de saisir immédiatement pourquoi les nitrates d'argent et de mercure, les chlorures d'antimoine et de zinc, qui appartiennent aux coagulants, ne peuvent être remplacés dans la pratique médicale par la potasse, la soude ou l'ammoniaque, qui font partie des fluidifiants.

Caustiques coagulants ou plastifiants. — Presque tous les acides minéraux puissants, un très grand nombre de matières salines, les protochlorures de zinc, d'antimoine, les perchlorures de mercure, d'or, les nitrates d'argent et de mercure, les sulfate et acétate de cuivre, la créosote, l'acide acétique concentré, etc.

Ces caustiques n'agissent pas avec une égale intensité; l'observation démontre que parmi les acides minéraux concentrés, l'acide nitrique tient le premier rang relativement à l'effet plastifiant qu'il détermine; que les chlorures de zinc et d'antimoine ont un pouvoir coagulant plus marqué que les chlorures de mercure et d'or; que, comme puissance de cautérisation, le nitrate de mercure l'emporte sur le nitrate d'argent, le sulfate de cuivre sur l'acétate de la même base. Enfin, que la créosote et l'acide acétique très concentré sont les deux substances qui coagulent le plus complétement l'albumine, ou pour mieux dire, qui forment avec elle le coagulum le plus plastique. C'est donc à l'un de ces deux composés qu'il convient d'avoir recours pour arrêter une hémorrhagie grave, quand l'application d'un caustique n'est pas contre-indiquée. Mais on doit donner la préférence à la créosote parce que le coagulum qu'elle forme est stable, c'est-à-dire insoluble dans un excès de sérum, tandis que le coagulum formé par l'acide acétique est très soluble dans ce même excès de sérum.

Caustiques fluidifiants.—Potasse, soude, ammoniaque, acides arsénieux, arsénique, acide phosphorique hydraté, acide oxalique, etc. Ces substances n'exercent pas une égale action sur les tissus organiques ; l'ammoniaque, la potasse et la soude caustiques changent les éléments albumineux en une sorte de matière savonneuse; l'acide oxalique et l'acide arsénieux *mortifient* plutôt qu'ils ne désorganisent.

Parmi les caustiques coagulants, il en est plusieurs dont le coagulum peut être rendu soluble, et par suite absorbable, soit à la faveur d'un excès du corps coagulant, soit à la faveur des agents de dissolution contenus dans les humeurs vitales. C'est pourquoi on pourrait les diviser en *caustiques qui, par absorption immédiate ou médiate, peuvent donner lieu à des accidents graves et même mortels :* ce sont les acides arsénieux, arsénique, oxalique, et même l'acide acétique concentré ; les acétate et sulfate de cuivre; les bichlorures de mercure et d'or ; et en *caustiques dont l'absorption immédiate ou médiate ne donne ordinairement lieu à aucun symptôme dynamique grave,* comme la potasse, la soude, l'ammoniaque, la plupart des acides inorganiques, les chlorures de zinc et d'antimoine, les protonitrates de mercure et d'argent, la créosote, etc.

L'absorption des alcalis s'effectue sans aucune intervention chimique; seulement il est bon de faire observer que ces composés absorbent très aisément l'acide carbonique du sang, de sorte qu'une partie de leur action dynamique est réellement due à leurs carbonates. Tous les acides coagulants sont absorbés à la faveur des bases alcalines que nos humeurs renferment, et c'est toujours aux sels alcalins produits que leur action générale doit être rapportée.

L'absorption des sels de cuivre est complexe; le coagulum qu'ils produisent au moment de leur combinaison avec les matières albuminoïdes et alcalines des membranes est peu à peu redissous par un excès de ces mêmes matières, et c'est à l'état d'albuminate et de cuprate que ces composés salins agissent sur notre organisation.

Les sels solubles de plomb, de mercure, d'argent et d'or, rendus d'abord insolubles par les éléments albumineux, sont décomposés en présence des chlorures alcalins de l'économie; ils passent à l'état de chlorures; puis ces chlorures, s'unissant avec l'excès des chlorures alcalins réagissant, donnent naissance à des chlorures doubles, inaptes à précipiter l'albumine, et c'est toujours sous ce dernier état qu'ils arrivent dans la circulation générale. Aussi ces sels ne produisent d'effet dynamique qu'à l'état de chloro-plombate, chloro-hydrargyrate, chloro-argentate et chloro-aurate.

Les chlorures de zinc et d'antimoine, après avoir contracté avec nos matières albuminoïdes une combinaison insoluble, se redissolvent à la faveur des bases alcalines contenues dans nos liquides; ils agissent à l'état de zincate et d'hypo-antimonite.

Notons, enfin, que tous les composés absorbés contractent, en outre, avec le sérum du sang, une combinaison plus ou moins stable, qui est très certainement l'une des causes (peut-être même la cause unique) de l'action générale ou dynamique de tous les agents modificateurs dont nous venons d'esquisser l'histoire chimico-physiologique.

CAUSTIQUE AU SULFATE DE CUIVRE FONDU.

Sulfate de cuivre. . . . . q. v.

. Introduisez le sulfate cuivrique dans un creuset de porcelaine; chauffez jusqu'à ce qu'il soit en fusion bien tranquille ; et puis coulez-le dans une lingotière de cuivre pareille à celles qui servent à préparer les cylindres de pierre infernale.

Cette préparation, qui se trouve actuellement dans presque toutes les pharmacies, est appelée à rendre quelques services à la thérapeutique, attendu que l'on peut, à l'aide de ce caustique, obtenir à volonté, ou une action purement astringente, ou un effet caustique assez prononcé, suivant qu'on le laisse plus ou moins de temps en contact avec les parties ulcérées qu'on touche.

CAUSTIQUE DE VIENNE SOLIDIFIÉ (Filhos).

Potasse caustique. . . . . . . 2 parties.
Chaux vive pulvérisée. . . . . 1 —

Chauffez fortement dans une cuiller de fer ou dans un creuset de même métal, et quand le mélange est en fusion parfaite, coulez dans une lingotière préalablement chauffée, ou, mieux encore, dans des tubes de plomb de 8 à 12 centimètres de longueur et de 2 ou 3 millimètres d'épaisseur, qu'il faut avoir soin de placer dans du sable fin pour les empêcher de se déformer.

Ce caustique doit être renfermé dans des tubes de verre.

bien bouchés, afin de le garantir de l'humidité. Pour s'en servir, on le taille à la manière d'un crayon. On donne à ce caustique une plus grande activité en le trempant légèrement dans l'alcool ou dans toute autre liqueur spiritueuse.

En donnant la consistance solide et la forme cylindrique au mélange de potasse et de chaux, connu sous le nom de caustique de Vienne, M. Filhos a doté la thérapeutique d'un caustique des plus commodes, des plus actifs et des plus sûrs; mais nous ne sommes pas également persuadé que ce caustique puisse, *dans le plus grand nombre de cas, remplacer avantageusement tous les autres* (1). Selon nous, son emploi est contre-indiqué dans le cas où la cautérisation doit être superficielle; c'est alors à un caustique coagulant qu'il faut s'adresser, et parmi ceux-ci, la créosote, le sulfate de cuivre et le nitrate d'argent tiennent le premier rang.

Nous croyons devoir rappeler ici qu'à l'article Cuivre, nous avons consigné la formule de la pâte caustique de Payan que nous considérons comme une bonne préparation; et qu'à l'article Nitrate mercureux, nous avons donné la formule d'un protonitrate de mercure liquide, qui n'a pas, comme le deutonitrate acide liquide, l'inconvénient de produire la salivation. Enfin, nous ajouterons que quelques praticiens pensent à tort que le nitrate d'argent fondu, ou pierre infernale, est bien plus actif que le nitrate argentique cristallisé, parce qu'ils supposent que ce dernier contient de l'eau de cristallisation, ce qui est

____

(1) *Revue médicale*, août 1842.

une erreur : le nitrate d'argent est anhydre, mais il renferme souvent un petit excès d'acide nitrique entre ses lames, ce qui ne saurait nuire à son action caustique.

Astringents.

Les astringents ont pour caractère générique de crisper, de resserrer la trame organique animale; effet qui, au dire des auteurs de matière médicale et de thérapeutique (1), est dû à un phénomène de tonicité, c'est-à-dire qu'ils produisent une astriction fibrillaire, un resserrement qui efface le diamètre des interstices organiques, au point d'expulser les liquides, de tarir les exhalations, de produire du refroidissement, de la pâleur et une sensation bien connue de froncement et de condensation.

Tous les astringents appartiennent à la classe des coagulants, c'est-à-dire à la classe des agents chimiques susceptibles d'entrer en combinaison avec les éléments albumineux du sang, et de former avec eux un composé insoluble. Il n'y aurait d'exception que pour le borax. Mais que les praticiens veuillent bien examiner de nouveau l'action du borate de soude, et ils ne tarderont pas à reconnaître que ce composé salin, loin d'appartenir aux astringents, constitue, comme tous les sels alcalins à acides faibles, un détersif ou fluidifiant très marqué.

Il est encore une substance qui, bien que n'appartenant pas évidemment au groupe des vrais coagulants, agirait cependant sur le sang, au dire de M. Bonjean, à

(1) Trousseau et Pidoux, *Traité de thérapeutique et de matière médicale.*

la manière des astringents les plus énergiques : c'est l'ergotine. On sait que M. Bonjean attribue à l'ergotine la
propriété d'arrêter la circulation du sang dans les vaisseaux artériels même d'un gros calibre. Mais il n'y a de
substances véritablement hémostatiques que celles qui
agissent, soit en oblitérant complétement par compression,
ou par tout autre moyen mécanique, le calibre du vaisseau
ouvert, soit en coagulant immédiatement le sang à la sor-
tie du vaisseau ou dans le vaisseau lui-même. De ce
dernier ordre sont toutes les matières fortement astringentes (tannin, alun, perchlorure de fer) et certains caustiques (créosote, nitrates d'argent et de mercure); or, l'ergotine du seigle n'a aucune de ces propriétés. Nous avons
bien reconnu nous-même, il est vrai, qu'elle précipite
une partie de l'albumine du sang, et c'est même à ce précipité que nous avons rapporté l'action hyposthénisante
de l'ergotine sur la circulation; mais cette action est manifestement insuffisante pour produire la coagulation complète du sang.

Il existe pourtant un certain nombre de composés salins qui exercent sur la muqueuse intestinale un phénomène analogue à l'astriction, et dont les praticiens tirent
un parti avantageux dans le traitement de la diarrhée chronique : tels sont les sels à acides organiques d'alumine,
de bismuth, de plomb, le sous-phosphate calcaire, etc.,
lesquels ne font pas cependant partie des coagulants. Ces
composés, au moment de leur absorption, sont changés
en sous-sels insolubles par les carbonates alcalins contenus dans les humeurs intestinales, et ce sont ces sous-
sels qui, en leur qualité de corps insolubles, enraient les

déjections alvines diarrhéiques. Mais de tels composés n'astringentent pas, ils obturent ; toutefois leur manière d'agir mérite l'attention, car s'il est vrai qu'ils agissent comme nous le pensons, on conçoit qu'ils puissent arrêter certains dévoiements pour le traitement desquels les véritables astringents, c'est-à-dire les coagulants, sont contre-indiqués.

Peut-être demandera-t-on : Puisqu'un grand nombre de caustiques appartiennent, comme les vrais astringents, à la classe des coagulants, en quoi consiste la différence caractéristique de ces deux classes d'agents médicaux ?

Nous répondrons : Tous les caustiques coagulants, employés en petite quantité ou mélangés avec une substance qui affaiblit leur action, deviennent des cathérétiques, c'est-à-dire des caustiques superficiels ; et lorsque leur effet coagulant est à peine sensible, ils rentrent dans la classe des astringents. Ainsi, un morceau de nitrate d'argent fondu, appliqué et fixé sur la peau, donne lieu à une eschare profonde, c'est un caustique escharotique ; ce même sel, employé en solution aqueuse convenablement concentrée, constitue un cathérétique ; enfin, usité en dissolution très étendue, tel qu'on le prescrit ordinairement en collyre, il rentre dans la classe des astringents.

Cet exemple suffit pour prouver que les caustiques coagulants diffèrent assez peu des astringents, puisque, avec quelques précautions relatives au mode d'emploi, on peut, à volonté, changer l'action escharotique en une action simplement astrictive ; mais il ne faudrait pas croire que la réciproque fût vraie, c'est-à-dire qu'il fût possible de changer l'action astrictive des astringents coagulants en une action caustique escharotique, attendu que l'action physiologique des vrais astringents est bien différente de celle des vrais caustiques. Le coagulum protéique, en lequel réside l'action astrictive, peut toujours être rendu soluble à la faveur des agents de dissolution que nos humeurs renferment, et dès lors le tissu organique ne tarde pas à reprendre ses fonctions; tandis que l'application d'un caustique a déterminé une désorganisation trop profonde pour que le coagulum puisse être rendu soluble, ou du moins pour que le tissu puisse reprendre sa vitalité première. Cette distinction mérite à tous égards d'attirer l'attention des physiologistes et des médecins.

Tous les astringents ne manifestent pas leur action avec une égale intensité: les sels avec excès d'acide, ou ayant pour base un oxyde métallique peu électro-positif, qui abandonne aisément l'acide auquel il est uni, constituent, en général, des astringents plus efficaces; ils ont une action plus pénétrante que les sels qui offrent des propriétés chimiques opposées. C'est ainsi que le coagulum formé par le sulfate de zinc est plus profond que celui auquel donne naissance l'acétate de plomb : or, chacun sait que la douleur produite par ce dernier n'est pas à comparer à la douleur produite par le premier.

Examinés à ce dernier point de vue, les astringents peuvent aussi être divisés en *astringents dont l'action peut se faire sentir profondément dans les tissus :* perchlorure de fer, alun, sulfate de zinc, sulfate de cadmium, etc., et en *astringents dont l'action est toujours beaucoup plus superficielle :* acétate et sous-acétate de plomb, nitrate d'argent très affaibli, tannin, etc.

Les astringents de la première classe, employés en excès, redissolvent le coagulum, et l'effet astrictif est alors changé en un effet détersif; tandis que les astringents de la seconde classe, employés en excès, déterminent seulement un effet astrictif local plus prononcé; mais l'action n'est jamais aussi profonde, et le coagulum, loin de disparaître, devient, au contraire, incomparablement plus plastique.

Il nous reste maintenant à dire quelques mots sur la différence d'action thérapeutique que quelques praticiens ont dit exister entre le tannin contenu dans un certain nombre de composés astringents et celui contenu dans la noix de galle. Suivant M. Trousseau et quelques autres auteurs, le tannin contenu dans le cachou et dans la racine de ratanhia est incomparablement plus doux que le tannin retiré de la noix de galle, différence d'action que M. Dumas attribue à ce que le tannin du cachou et du ratanhia n'est pas identiquement semblable à celui de la noix de galle. On sait, en effet, que le tannin du cachou, du ratanhia, du quinquina, des feuilles de noyer, du kino, etc., *précipite en vert les sels de peroxyde de fer,* tandis que le tannin du chêne, de la noix de galle, de la busserole, du sumac, de l'aune, du bouleau, de la racine de grenadier, etc., *précipite en noir les sels ferriques.* Or, l'assertion de M. Trousseau est très certainement fondée. Nous avons, en effet, constaté que le tannin gallique forme avec les liqueurs albumineuses un précipité qui diffère essentiellement de celui que produit le tannin du cachou et du ratanhia. Le précipité gallique est caséiforme, tenace, mal lié; tandis que le précipité résultant de l'union du tannin, du cachou et du ratanhia avec l'albumine, est moins tenace, mais plus homogène, plus uniformément plastique. Donc, l'assertion de M. Trousseau est exacte, ainsi que nous l'avons déjà dit; en est-il de même de l'explication que M. Dumas en a donnée? On ne saurait en douter; car, si les faits qui précèdent ne nous ont point permis de trancher la question, il n'en est pas de même de ceux que nous allons rapporter. Il résulte d'un travail récent de M. Guibourt que le tannin du cachou (acide cachutique, acide tanningénique, catéchine) est essentiellement différent du tannin gallique, ou acide tannique. Le tannin du cachou, ou acide cachutique, est blanc, grenu, cristallisé, d'une saveur astringente et douceâtre. Il se dissout très mal dans l'eau froide; il se dissout très bien dans l'eau bouillante, dans l'alcool et dans l'éther. Enfin, et c'est là le point capital au point de vue qui nous occupe, cet acide est incomparablement plus faible que l'acide tannique; il ne chasse pas l'acide carbonique des carbonates. Il n'est pas besoin de faire remarquer que ce dernier caractère explique pourquoi l'effet astrictif de cette espèce de tannin est plus doux que celui du tannin gallique, et pourquoi l'acide tannique, acide puissant, altère plus profondément la texture organique des tissus vivants? Ajoutons à cela que l'acide tannique se comporte, selon nous, avec les fluides albumineux d'une manière analogue à celle de l'acide nitrique, tandis que l'acide cachutique agit sur l'albumine à la manière de l'eau créosotée, et nous aurons suffisamment démontré la non-identité d'action thérapeutique de ces deux espèces de tannins.

Voici maintenant le rang qui nous paraît devoir être assigné aux différents composés tannifères employés en médecine. En première ligne, le kino vrai, ou gomme-kino, qui agit avec une énergie presque égale à celle du tannin gallique ; puis le cachou, et enfin le ratanhia.

Avant de terminer ce qui a rapport aux caustiques et aux astringents, nous croyons devoir insister un peu sur la nature intime de l'action chimico-physiologique de ces précieux agents modificateurs de l'économie vivante. Les caustiques coagulants et les astringents ont tous un caractère commun, celui de se combiner avec le sérum du sang et de le solidifier ; et, à ce titre, ils peuvent tous se remplacer entre eux. Mais l'action locale n'est pas la seule action que les caustiques ou les astringents puissent produire : l'effet local est presque toujours suivi d'un effet général ou dynamique consécutif à l'absorption, lequel varie essentiellement avec chacun d'eux ; il en résulte que, lorsqu'on est forcé de recourir pendant longtemps à l'action des caustiques ou des astringents, le choix de tel ou tel de ces agents modificateurs est loin d'être indifférent. Ainsi, les topiques arsénifères, qui introduisent dans l'économie animale une certaine quantité d'acide arsénieux, sont contre-indiqués dans le traitement local des maladies cancéreuses, et les préparations mercurielles se recommandent spécialement pour le traitement local des affections dermiques d'origine syphilitique, précisément parce que ces préparations donnent toutes lieu à l'absorption d'une certaine quantité de sublimé corrosif, qui modifie heureusement l'organisation.

TISANE ASTRINGENTE AU KINO.

Kino vrai . . . . .   2 grammes.
Eau.   1000   —

Dissolvez, filtrez, et ajoutez :

Sirop de coing. . .   100   —

A prendre par verres, d'heure en heure, dans tous les cas où les astringents végétaux sont mis en usage.

LAVEMENT ASTRINGENT AU KINO.

Kino vrai . . . . . .   2 grammes.
Eau   500   —

Mêlez.

Ce lavement est très efficace dans le traitement de certaines diarrhées atoniques.

INJECTION ASTRINGENTE AU KINO.

Kino vrai . . . .   50 centigram.
Eau. . . . . . .   200 grammes.

Dissolvez et filtrez.

Deux ou trois injections par jour dans la blennorrhée et la leucorrhée chroniques.

Vésicants.

Il est un certain nombre d'agents qui, appliqués sur la peau, déterminent l'exsudation d'un liquide séreux, et soulèvent l'épiderme en forme de bulles ; on leur a donné e nom de *vésicants* ou *épispastiques*.

Ils ne bornent pas tous leur action à cet effet local, plusieurs donnent lieu, en outre, à des symptômes généraux consécutifs à leur absorption ; aussi le choix de tel ou tel vésicant n'est pas indifférent.

Nous ne nous occuperons que des trois épispastiques le plus généralement employés dans la thérapeutique : les *cantharides*, le *garou* et l'*ammoniaque liquide*.

Cantharides. — Parmi les rubéfiants employés en médecine pour opérer une vésication prompte, il en est peu de plus actifs que les cantharides ; et pour faciliter la suppuration des exutoires, aucun épispastique ne saurait être comparé aux préparations cantharidées. Mais à côté de ces avantages précieux et incontestables, les cantharides ont un inconvénient grave : elles agissent fréquemment d'une manière fâcheuse sur l'appareil urinaire.

Ce phénomène doit être rapporté à l'absorption du principe actif des cantharides, la cantharidine, laquelle, en se combinant avec les principes alcalins du sérum devient soluble, par conséquent absorbable, et passe dans la circulation générale sous forme de composé salin neutre qui n'a plus de propriétés irritantes et n'exerce aucune action sur les membranes ; mais arrivé dans l'appareil rénal, ce composé rencontre des principes acides qui s'emparent de la base alcaline et mettent la cantharidine en liberté ; celle-ci reprend alors sa vertu vésicante, et agit sur les tissus des reins, des uretères, de la vessie, comme elle avait agi sur la peau, en donnant lieu à une exsudation d'albumine que l'on peut constater dans l'urine. Nous ajouterons, comme conséquence de cette explication, qu'en administrant les alcalins à haute dose, et notamment l'eau de Vichy, de manière à rendre l'urine alcaline au moment de l'application d'un vésicatoire, on empêcherait très probablement le développement de la cystite cantharidienne.

EMPLATRE VÉSICATOIRE CAMPHRÉ.

Cantharides.	400	grammes.
Axonge.	25	—
Suif de veau.	25	—
Poix blanche	50	—
Cire jaune.	100	—
Éther sulfurique.	100	—
Camphre	40	—

Pulvérisez les cantharides sans les dessécher préalablement ; passez-les au tamis de soie, et suspendez la pulvérisation aussitôt que vous aurez obtenu 100 grammes de poudre fine, que vous placerez dans un flacon à large ouverture avec la quantité d'éther ci-dessus indiquée. Mettez le restant des cantharides dans une bassine étamée, avec l'axonge et le suif de veau, et suffisante quantité d'eau pour que le tout baigne largement ; chauffez jusqu'à ébullition modérée pendant une heure, en agitant continuellement la masse ; laissez refroidir dans la bassine même, et séparez le mélange graisseux cantharidé, qui s'est figé à la surface, du marc, qui s'est déposé au fond, et que vous rejetterez. Faites fondre ensuite sans eau ce mélange graisseux, passez-le à travers un linge dans un bain-marie d'étain ; ajoutez la poix blanche, la cire et le camphre ; chauffez jusqu'à fusion complète ; ajoutez alors la poudre de cantharides éthérée, et chauffez jusqu'à entière évaporation de l'éther dans un appareil distillatoire propre à recueillir ce véhicule, c'est-à-dire pendant environ une heure. Versez, après cela, l'emplâtre dans un mortier de marbre, et agitez-le jusqu'à ce qu'il soit entièrement refroidi.

Cet emplâtre étant un peu mou, il convient de l'étendre en couches minces sur du sparadrap, et non sur de la peau blanche, comme quelques pharmaciens le pratiquent encore.

L'effet vésicant de ce topique est des plus prompts ; il a lieu en deux ou trois heures au plus, suivant la susceptibilité organique du tissu cutané sur lequel il est appliqué, suivant la température plus ou moins élevée de la partie du corps qu'il recouvre, et suivant le plus ou moins d'adhérence qu'il contracte.

Une fois ce temps écoulé, bien que la phlyctène ne soit pas encore produite, comme la cantharidine absorbée est suffisante pour donner lieu à l'épanchement séreux phlycténoïde, il convient d'enlever l'emplâtre et de le remplacer par un morceau de papier brouillard, de sparadrap ou d'ouate enduit de cérat; par ce moyen, on épargne au malade la majeure partie de la douleur que cause ordinairement un vésicatoire, et on le place dans les meilleures conditions pour le soustraire à l'action dynamique des cantharides.

L'emplâtre vésicatoire que nous proposons offre de l'analogie avec celui de la pharmacopée de Londres, qui est bien préférable à celui du Codex français; il est plus actif, parce qu'il renferme une plus forte proportion de cantharides, et parce que tout le principe vésicant y existe à l'état de dissolution parfaite, à cause de la manipulation spéciale à laquelle il a été soumis.

Garou. — Le garou est, à proprement parler, le succédané des cantharides : on a recours à cette écorce soit pour établir un exutoire, soit pour entretenir un vésicatoire, toutes les fois que l'on a à redouter l'action irritante des cantharides sur les organes *génito-urinaires;* mais si,

sous ce rapport, il est préférable aux préparations cantharidées, il est loin d'offrir les mêmes avantages.

Le garou, appliqué sur la peau comme vésicant, est
toujours d'une action très lente, et parfois même il est
inefficace ; d'autres fois, au contraire, il donne lieu à une
vésication des plus énergiques avec eschare, laissant à
sa suite une cicatrice indélébile plus ou moins profonde,
ainsi que nous en avons été témoin.

Employé en pommade pour activer la suppuration quotidienne des vésicatoires, il n'exerce, il est vrai, aucune
influence sur la vessie ; mais, outre qu'il est loin d'avoir
autant d'efficacité que les cantharides, il est doué d'une
âcreté mordicante qui le rend souvent insupportable aux
malades.

En résumé, le garou, comme agent épispastique, est
en inférieur aux cantharides, et est loin de mériter les
éloges que quelques praticiens se sont plu à lui prodiguer.

Ammoniaque. — L'ammoniaque liquide constitue un
agent des plus énergiques, et cependant des plus faciles
à employer ; aussi est-elle usitée, pour produire la vésication, presque aussi fréquemment que les cantharides.

Appliquée sur la peau, l'ammoniaque concentrée produit rapidement une sensation de cuisson, suivie bientôt
de rougeur, de vésication, et enfin d'eschare superficielle ; car l'ammoniaque, appartenant à la classe des
corps qui ne coagulent pas l'albumine, mais qui, au contraire, la fluidifient, ne saurait donner lieu à une eschare
analogue à celle qui est produite par l'action des acides
puissants ou des sels coagulants énergiques.

De tous les moyens proposés pour produire la vésication facile et prompte , le meilleur, à nos yeux, est celui que l'on doit à M. Gondret, et qui consiste à employer l'ammoniaque sous la forme de pommade. Seulement la préparation de la pommade ammoniacale offre quelques difficultés qui doivent être vaincues , si l'on veut obtenir tout l'effet qu'il est permis d'en attendre : elle doit être très homogène et d'une consistance telle qu'elle ne soit que ramollie et non fondue par son contact avec la partie du corps qu'elle est appelée à dénuder.

La formule suivante réussit parfaitement.

POMMADE AMMONIACALE.

Axonge. . . . . 5 grammes.
Suif de mouton. 5   —
Ammoniaque liquide à 25 degrés. 10   —

Versez les substances grasses fondues et pas trop chaudes sur l'ammoniaque, agitez quelques instants seulement, et plongez dans l'eau froide.

Corps gras et résineux.

Les médicaments gras et résineux sont généralement destinés à l'usage externe , et servent à couvrir la peau soit saine , soit plus ou moins profondément altérée. Ils forment un groupe assez nombreux qui comprend les liniments, les cérats, les pommades, les onguents, les emplâtres, etc. Toutes ces préparations ont pour base soit une matière grasse, soit une matière résineuse, soit un mélange de ces deux principes. Elles sont le plus souvent additionnées de matières médicamenteuses très diverses et d'une activité variable.

Suivant qu'elles sont simples ou composées, elles ont une action locale ou médicatrice.

L'action locale, toute de contact, toute mécanique, a pour effet d'arrêter la transpiration cutanée, et de mettre la peau à l'abri du contact de l'air et des objets extérieurs.

L'action médicatrice dépend de l'absorption des substances qui sont incorporées.

Les corps gras ou résineux ne dissolvent pas la plupart des composés chimiques qu'on leur associe, mais leur concours n'en est pas moins efficace pour en faciliter le passage dans l'économie. Par suite de l'obstacle qu'ils apportent à l'évaporation de la transpiration cutanée, ils accumulent la sueur à la surface du corps sur laquelle on les applique, et c'est cette sueur qui, par son eau, par ses acides, par ses chlorures alcalins, donne lieu aux réactions nécessaires aux phénomènes de dissolution et d'absorption.

Mentionnons enfin, comme dernier effet de l'application des corps gras, la propriété qu'ils possèdent de rendre la peau molle et flexible.

Alcalins.

Dans l'état physiologique de la santé, les trois principaux liquides de l'économie animale, le chyle, la lymphe, le sang, sont alcalins ; leur somme de base alcaline est beaucoup plus considérable que la somme d'acide contenue dans les autres humeurs du corps humain. C'est donc dans un milieu alcalin que s'accomplissent les réactions et mutations chimiques qui président aux phénomènes les plus importants de l'existence : digestion, absorption, sécrétion, oxygénation, etc. Cet ordre de choses peut changer sous l'influence de l'alimentation, des habitudes, des maladies, des médicaments. Les sécrétions naturellement alcalines peuvent devenir neutres, et même acides; et les sécrétions naturellement acides peuvent devenir neutres, et même alcalines; par ces transformations elles indiquent la nature chimique du milieu où elles puisent. Or, ce milieu ne peut changer sans déterminer de graves désordres dans l'économie; il est donc d'une grande importance de maintenir ou de ramener les humeurs vitales à leur état normalement chimique.

M. Trousseau, combattant l'abus des alcalins, a rappelé que, pris en grande quantité, ils pouvaient occasionner des accidents bien plus graves que la maladie qu'il s'agit de guérir; mais l'abus de tous les médicaments conduirait aux mêmes résultats; si l'augmentation des éléments alcalins dans l'économie peut donner lieu à quelques accidents, leur diminution a une influence encore plus fâcheuse sur les principales fonctions de l'organisme : l'oxygénation, la nutrition, la circulation, etc. En somme, l'expérience a montré que l'excès d'alcalinité, qui n'est que l'exagération de l'état normal, est moins à redouter que l'excès d'acidité.

Les substances alcalines, à l'état libre ou carbonatées, introduites dans l'économie, donnent toujours lieu au dégagement d'une certaine quantité d'ammoniaque, qui produit sur l'organe du goût une impression particulière de saveur urineuse. Ce fait explique comment l'ingestion du bicarbonate de soude, si usité en Angleterre, fait cesser les symptômes de l’ivresse. L’ammoniaque dégagée rend aux éléments albumineux du sang la fluidité que l’action coagulante de l’alcool leur avait fait perdre.

Les alcalis, en raison de leur importance dans les phénomènes naturels de décomposition, d’absorption, d’oxydation des substances sucrées et amyloïdes, des substances grasses, des huiles, des matières résineuses, sont en tête des médicaments les plus utiles et les plus usités : ils maintiennent le sang dans le degré de viscosité nécessaire, fluidifient sa trop grande coagulabilité, activent la circulation, dissolvent les principaux éléments (albumine et fibrine) qui forment la base de la plupart des engorgements ; fluidifient les éléments de la bile, les empêchent de s’épaissir, de se concréter, de former des calculs ; raniment et régularisent les digestions intestinales, facilitent les sécrétions ; saturent les acides qui, prenant naissance dans l’économie, pourraient, par leur excès, occasionner des maladies (telles que le pyrosis, la goutte, le rhumatisme, le diabète) ou des dépôts insolubles (tels que les calculs urinaires, les matières tophacées, etc.).

La médication alcaline est aussi propre à prévenir les causes qu’à combattre les effets, elle est ordinairement plus avantageuse que défavorable. Son efficacité a, de tout temps, été reconnue : les eaux minérales dont les anciens faisaient le plus d’usage étaient toutes chargées de principes salins, calcaires, de carbonates de soude, de potasse, etc. On sait tout le parti que la médecine peut tirer de l’administration de ces eaux naturelles, qui constituent les plus précieux médicaments.

La médication alcaline convient dans tous les cas de

pléthore, d'accumulation de principes nutritifs, d'excès d'acides engendrés ordinairement par l'alimentation exclusivement azotée, l'inaction, le défaut de sueurs, l'abus des alcooliques, etc. Elle est parfaitement supportée, même à doses élevées et longtemps prolongées, par les goutteux, les graveleux, les diabétiques. Mais elle est souvent inapplicable, et même funeste, dans les cas d'anémie, d'affaiblissement, d'altération des humeurs, d'alcalinité exagérée, déterminés par de longues maladies, certaines affections putrides, des sueurs exagérées, une alimentation exclusivement végétale, et souvent insuffisante.

C'est à l'oubli ou à l'ignorance de ces faits importants que doivent être rapportés les effets fâcheux produits par les médicaments alcalins.

Mode d'administration. — Les préparations alcalines à bases de chaux, de magnésie, de soude et de potasse, peuvent-elles se remplacer mutuellement dans la pratique médicale ?

Les faits et les remarques qui précèdent permettent de répondre affirmativement ; l'observation clinique l'a, d'ailleurs, démontré depuis longtemps. La chaux, bien que plus caustique que la magnésie, peut cependant, avec quelques précautions, lui être substituée. L'eau de chaux était très fréquemmen usitée dans la médecine ancienne.

Les composés alcalins de potasse sont aussi avantageusement administrés que ceux de soude ; car, c'est à tort que l'on a prétendu que la soude est plus favorable à l'homme et aux animaux. L'analyse des produits salins existant dans le liquide des animaux démontre que les composés potassiques y figurent en proportion égale à celle des composés sodiques, et même en proportion beaucoup plus marquée, du moins chez les herbivores.

L'analogie d'effets thérapeutiques qui caractérise les alcalis se tire de deux propriétés qui leur sont communes : c'est, d'une part, la propriété de saturer les acides, et, d'autre part, celle de donner naissance à une certaine quantité d'ammoniaque en réagissant sur les composés ammoniacaux contenus dans les humeurs. C'est à ces deux propriétés que leur uniformité d'action thérapeutique doit être rapportée.

Cette propriété des préparations alcalines de mettre à nu de l'ammoniaque dans l'économie s'oppose à ce que ces agents médicamenteux puissent être longtemps continués sans exciter le dégoût, à moins qu'on ne les étende dans beaucoup d'eau, ou qu'on ne les associe à une proportion très marquée de sucre. Le premier de ces deux modes d'administration n'a d'autre désavantage que celui de nécessiter l'ingestion d'une grande proportion de liquide ; le second offre un inconvénient réel, quand le médicament alcalin est destiné à agir plus spécialement dans les premières voies. Le sucre produit toujours, en présence des alcalis, une certaine proportion d'acide, lequel sature en pure perte une partie de l'alcali ingéré, et diminue d'autant l'efficacité de la médication.

Cette remarque s'applique en tout point aux pastilles dites pastilles de Darcet ou de Vichy, qui constituent un médicament peu efficace ; comme elles ne contiennent qu'un vingtième de leur poids de bicarbonate de soude, elles doivent être ingérées au nombre de 24 ou 25, pour représenter 1 gramme de bicarbonate alcalin. Cette appréciation est même faite sans tenir compte de la diminution d'action résultant de la combinaison d'une partie de l'alcali avec l'acide fourni par la décomposition du sucre.

Bien qu'on obtienne des préparations alcalines un résultat médical identique, nous croyons qu'il est convenable de donner la préférence aux composés alcalins qui offrent le double avantage de présenter une composition chimique constante et de produire un effet thérapeutique local à peu près nul. A ce double titre, la magnésie calcinée hydratée et le bicarbonate de soude nous paraissent tenir le premier rang ; nous allons indiquer quelques formules relatives à ces préparations alcalines.

LAIT DE MAGNÉSIE, OU MAGNÉSIE HYDRATÉE OFFICINALE.

Magnésie calcinée du Codex. . . . . . 100 grammes.
Eau pure 800   —
Eau de fleur d'oranger. 100   —

Broyez la magnésie avec l'eau, et portez ensuite le mélange à l'ébullition (dans un poêlon d'argent) en agitant sans cesse, afin d'éviter que l'oxyde de magnésium ne se précipite en s'hydratant ; passez au travers d'une étamine à looch, et ajoutez l'eau de fleur d'oranger.

Le lait de magnésie contient 2 grammes d'oxyde de magnésium par chaque cuillerée à bouche. C'est uniquement sous cette forme qu'il convient, selon nous, d'administrer la magnésie calcinée du Codex : ainsi *mixtionnée* avec l'eau, elle est d'un goût moins désagréable et d'une action plus douce. Des malades qui n'avaient jamais pu supporter l'usage de la magnésie calcinée du Codex, ont retiré de fort bons résultats de l'emploi quotidien du lait de magnésie.

Il doit être pris à la dose d'une cuillerée à café, le matin à jeun ou le soir en se couchant, dans les dyspepsies acides, et à la dose d'une cuillerée à bouche, dans le traitement du diabète sucré; enfin, comme laxatif léger, il peut être donné à la dose de 2, 3 et même 4 cuillerées à bouche prises d'un seul coup dans un demi-verre d'eau fraîche fortement sucrée.

EAU ALCALINE GAZEUSE.

Eau. . . . . 1 bouteille.
Bicarbonate de soude. . . . . 8 grammes.

Dissolvez, filtrez, et ajoutez :

Acide citrique . . . . 5 grammes.

Bouchez et ficelez.

Cette eau peut être substituée à l'eau de Vichy naturelle. Bien qu'une partie du bicarbonate de soude employé dans sa préparation s'y trouve à l'état de citrate, l'action médicale est, en dernier résultat, à peu près la même, puisque les citrates, tartrates, acétates alcalins, éprouvent dans le sang une sorte de combustion qui les fait passer à l'état de carbonates ou de bicarbonates.

CAPSULES DE BICARBONATE DE SOUDE OU DE VICHY.

Bicarbonate de soude. . . . . 50 grammes.
Sirop de gomme (Codex) . . . q. s.

Battez fortement le mélange dans un mortier de marbre, et quand la masse aura acquis une consistance pilulaire un peu molle, divisez-la en 100 bols de forme olivaire, que vous recouvrirez s. a. d'une couche gélatineuse ou sucrée.

Ces capsules contiennent chacune un demi-gramme de bicarbonate de soude, c'est-à-dire que chacune d'elles équivaut à une douzaine environ de pastilles de Vichy. On les prend avec la plus grande facilité à l'aide de quelques gorgées d'eau. De tous les moyens usités pour administrer les médicaments alcalins, celui-ci est, sans aucun doute, le plus commode et le moins désagréable au goût.

Acides.

Puisque les humeurs sont généralement alcalines chez l'homme, puisque les réactions ordinaires de l'économie se passent, pour la plupart, dans un milieu alcalin, il est évident qu'un changement de qualité chimique dominante de ces humeurs sera nécessairement une cause de troubles fonctionnels d'une gravité plus ou moins considérable. En présence des acides ou seulement en l'absence des alcalis, les phénomènes chimiques habituels ne se produiront plus de la même manière : le travail de la nutrition n'accomplira plus les métamorphoses nécessaires ; les liquides vitaux, dont la composition est alors si opposée à leur nature physiologique, ne seront plus aptes à déterminer les changements interstitiels et les modifications intimes qu'ils sont destinés à faire naître dans la profondeur des organes.

La surabondance des acides dans l'économie reconnaît pour causes : l'abus des liqueurs acides, l'alimentation exclusivement azotée, la suppression de la transpiration.

Cet état anormal des humeurs a pour conséquences :

l'affaiblissement, la maigreur, le pyrosis, la gravelle urique, la goutte, le diabète; maladies qui sont, en général, le triste apanage des gens riches, chez lesquels une nourriture trop fortement animalisée et le défaut d'exercice concourent à produire le développement d'une grande quantité d'acides, tandis qu'elles sont rares chez les habitants des campagnes, qui, par leur vie active et leur nourriture frugale, sont à l'abri de leurs atteintes.

Si les habitants des campagnes, de même que les habitants des pays chauds, peuvent ingérer sans inconvénient une quantité de fruits acides, pommes, poires, fruits rouges, raisins, citrons, oranges, grenades, tamarins, etc., c'est, d'une part, que des sueurs abondantes déterminées par les durs travaux ou la haute température tendent constamment à éliminer les acides et à rétablir l'équilibre des humeurs ; et, d'autre part, qu'une différence essentielle existe dans les effets chimiques résultant de l'ingestion des fruits acides et de l'ingestion des acides libres. Les acides contenus dans les fruits s'y trouvent en partie à l'état de sels alcalins susceptibles d'être brûlés par l'oxygène du sang et d'être transformés en carbonates de potasse, ils contribuent ainsi à l'alcalisation des humeurs ; tandis que les acides libres, ne présentant pas les mêmes transformations, ne fournissent à l'économie que de l'acidité.

Les conditions d'une vie sédentaire, d'une nourriture trop animalisée, du défaut d'exercice et de sueurs, contre-indiqueront d'une manière formelle l'usage des acides. Une basse température suffit même, en supprimant ou ralentissant la transpiration cutanée, pour prédisposer à l'excès d'acidité : c'est ainsi qu'on voit se renouveler, sous l'influence du froid, des affections goutteuses et diabétiques qui avaient disparu depuis quelque temps.

Il est une question qui a beaucoup occupé les physiologistes dans ces derniers temps : Pourquoi certains acides organiques (oxalique, tartrique, citrique, etc.), pris en abondance, passent-ils dans les urines? Pourquoi les acides minéraux n'y passent-ils pas ?

La réponse est facile pour nous. Les acides organiques, qui n'ont pas pour effet de coaguler l'albumine, entrent dans le torrent de la circulation et saturent d'abord les alcalis du sang; mais ne trouvant pas assez d'éléments alcalins pour se consommer en entier, ils restent en liberté et passent dans les urines. Les acides minéraux, au contraire, qui ont la propriété de coaguler l'albumine, ne peuvent jamais pénétrer bien avant dans l'économie, puisque à mesure de leur absorption ils disparaissent en se combinant avec les liquides séreux et avec les tissus. Si le coagulum qui résulte de cette succession de combinaison cède peu à peu son acide aux bases alcalines du sang, cet acide arrivera dans l'urine à l'état salin, mais jamais à l'état libre. L'acide phosphorique fait exception; comme il ne coagule pas l'albumine, il passe assez promptement dans les urines de même que les acides organiques. Toutefois il ne doit pas leur être substitué dans la pratique médicale, parce que, en outre des désordres intestinaux que Berzelius l'a vu produire, il pourrait, par sa propriété de dissoudre très aisément le phosphate calcaire des os, déterminer une ostéomalaxie qui serait plus grave que la maladie réclamant l'usage des acides.

En résumé, la médication acide est rarement utile, et doit être employée avec une grande prudence, car l'excès des acides dans l'économie entraîne des dangers plus graves, et surtout plus prompts, que l'excès des alcalis.

L'ingestion des acides minéraux libres est plus à craindre que l'ingestion des acides organiques.

Si certains acides, ainsi que l'a démontré M. Wœhler, peuvent passer en nature dans les urines, si d'autres n'y arrivent jamais à l'état de liberté, c'est que les uns coagulent l'albumine du sang, et que les autres ne la coagulent point.

Purgatifs.

On désigne sous le nom de *purgatifs* tous les agents de la matière médicale qui ont pour effet de produire la diarrhée. Or, d'après cette définition, comme le dit Schwilgué, tous les corps administrés à dose suffisante pourraient entrer dans la classe des purgatifs ; mais, en examinant le mode d'action des substances introduites dans le tube digestif, on est promptement convaincu que le nom de purgatif doit être réservé uniquement à celles qui, par leurs effets chimiques ou physiques, déterminent nécessairement une supersécrétion des muqueuses intestinales.

Les matières alimentaires ne deviennent causes d'évacuations qu'en raison de trop grande quantité ou de mauvaise digestion ; elles agissent alors par irritation de contact.

Les purgatifs introduits dans les voies digestives sont solubles ou insolubles.

Solubles, ils doivent être partagés en deux classes, suivant qu'ils possèdent ou non des propriétés coagulantes.

Matières solubles non coagulantes, matières salines. — Les matières salines (sulfates de soude, de potasse, de magnésie, sel de Seignette) purgent par absorption et par sapidité. L'excessive sapidité des médicaments, en stimulant vivement les membranes muqueuses, détermine une sécrétion abondante dans toute l'étendue du tube digestif ; c'est elle qui est cause de l'action purgative de l'aloès, du sulfate de quinine à haute dose, du colchique, de la coloquinte, etc.

Matières solubles coagulantes. — Les matières solubles coagulantes ont toujours un effet local, une action topique qui résulte de leur absorption immédiate et de la combinaison qu'elles peuvent contracter avec les tissus des membranes. Par suite de l'irritation déterminée par la coagulation de l'albumine, il se fait, vers la partie lésée, un afflux de liquide qui donne lieu à une sécrétion plus ou moins abondante. Tel est le mode de purgation du bichlorure de mercure, des drastiques de la famille des euphorbiacées, etc.

Les purgatifs insolubles se divisent également en deux classes :

La première comprend les *corps insolubles et incapables d'être réactionnés par les liquides animaux.* Ces corps n'agissent sur les voies digestives que par une action irritante toute de contact. C'est ainsi que l'on doit expliquer l'effet purgatif du charbon, lorsqu'il est administré à dose suffisamment élevée ; car le charbon, corps tout à fait insoluble, ne peut, en aucune façon, être absorbé et réagir physiologiquement sur l'économie. Il en est de même du verre pilé, de la silice.

Dans la deuxième classe se rangent les *corps qui, naturellement insolubles, sont susceptibles de se dissoudre dans l'économie.* Cette dissolution s'effectue au moyen des acides, des alcalis, des sels contenus dans les humeurs vitales. Chacun de ces réactifs a une action spéciale qu'il ne peut exercer que sur un certain nombre de substances ; c'est ainsi que les acides dissoudront la magnésie, les alcalis saponifieront les résines, les sels chlorurés transformeront le calomel en bichlorure de mercure. Mais comme la plupart sont localisés dans certaines parties du tube digestif, il s'ensuit que les purgatifs qui ont besoin de leur intervention agiront également d'une manière locale.

Nous allons successivement étudier les principaux purgatifs inscrits dans ce tableau :

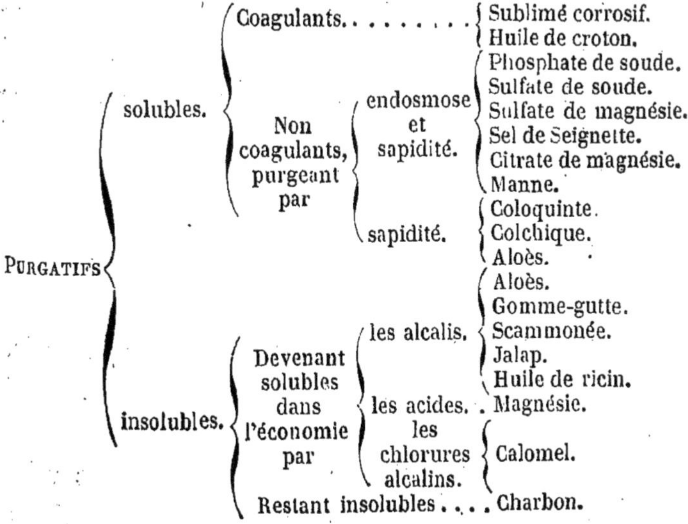

Purgatifs solubles coagulants.

Sublimé corrosif (bichlorure de mercure). — L'action purgative du sublimé étant tout à fait analogue à celle du calomel, nous l'étudierons dans le chapitre spécial à ce dernier.

Huile de croton tiglium. — Cette huile constitue un drastique très énergique. C'est le purgatif par excellence ; car, agissant par lui-même, et portant son action sur toutes les parties du tube intestinal, il est d'un effet presque certain. En coagulant les principes albumineux des tissus vivants, il les irrite fortement, et même jusqu'au point d'y faire naître des pustules ; aussi son emploi peut déterminer une inflammation intense qu'il faut avoir soin d'éviter. Ce purgatif, administré à l'état liquide, agit d'abord sur l'estomac, et provoque souvent des nausées suivies de vomissements. Il est donc convenable de le donner en pilules ou en potions qui, au moyen d'une certaine quantité de liquide, puissent franchir rapidement le pylore et exercer leur action seulement sur la muqueuse intestinale.

Purgatifs solubles non coagulants agissant par endosmose et sapidité.

Les matières salines, telles que les sulfates de soude, de magnésie, de potasse, le phosphate de soude, le sel de Seignette, etc., produisent un effet différent suivant leur mode d'administration : ingérées dans les voies digestives en dissolution très étendue, elles déterminent peu d'effet purgatif, agissent plutôt comme diurétiques, et passent dans les urines , dans lesquelles on peut retrouver tout le composé salin. Mais si elles sont administrées en dissolution concentrée, elles donnent lieu au double phénomène d'endosmose et d'exosmose, à un afflux de liquide dans le canal, et, par suite, à la purgation. En même temps une certaine quantité de dissolution saline passe de l'autre côté de la membrane, et, emportée par les vaisseaux absorbants, elle se mêle au torrent de la circulation.

Toutefois les sels minéraux non coagulants doivent, ainsi que nous l'avons mentionné, agir aussi à la manière des corps fortement sapides, en stimulant fortement la membrane muqueuse. Cette action sympathique se prolonge, même après l'effet endosmotique.

Nous soutenons qu'il y a absorption du composé salin, bien que MM. Millon et Laveran aient affirmé le contraire. Cette absorption ne peut facilement se prouver pour les sels qui existent naturellement dans l'économie, mais elle devient très évidente pour le *sel de Seignette* et pour la *manne*.

Sel de Seignette (tartrate double de potasse et de soude). — On sait, depuis les belles recherches de Wœhler, que les composés alcalins à acides organiques éprouvent, après leur absorption, une combustion interstitielle dont l'effet est de changer le sel en carbonate. MM. Millon et Laveran, étudiant l'action du sel de Seignette, ont cru pouvoir affirmer que : « 1° Le sel de Seignette, administré d'un seul coup à une dose élevée et en dissolution peu étendue, agit comme purgatif, et n'est nullement absorbé, puisque les urines formées pendant la purgation n'ont jamais été trouvées par eux alcalines ; 2° au contraire, administré à petites doses souvent répétées, et dans des liqueurs étendues, le même sel n'a aucun effet purgatif et est entièrement absorbé, ce que prouve l'alcalinité constante des urines. » Ainsi, d'après ces expérimentateurs, il y a deux modes d'action bien tranchés du sel de Seignette, selon qu'il est pris à haute dose et en une seule fois, ou à petite dose et en plusieurs fois. Dans le premier cas, effet purgatif sans alcalinité des urines ; dans le second cas, purgation nulle, mais passage de tout le sel dans les urines à l'état de carbonate ; résultats qui semblaient appuyer cette ancienne opinion : que les purgatifs agissaient seulement lorsqu'ils n'étaient pas absorbés, et que ces médicaments étant absorbés, n'avaient plus d'effet purgatif.

Or, nous ne sommes pas arrivé aux mêmes résultats : nous avons reconnu que, dans tous les cas d'administration du sel de Seignette, il y a absorption du sel et alcalisation de l'urine.

Après avoir administré du sel de Seignette à haute dose, de manière à amener la purgation, nous avons eu soin de faire immédiatement uriner le sujet, afin de débarrasser la vessie du liquide normal qu'elle contenait, et qui aurait pu, par son acidité, masquer le carbonate alcalin nouvellement formé : car c'est cette combinaison qui a causé l'erreur de MM. Millon et Laveran. Grâce à cette précaution, nous avons toujours constaté l'alcalinité de l'urine, alcalinité due, sans aucun doute, à l'absorption du sel à acide organique et à sa réduction en carbonate alcalin.

Cependant certaines conditions de l'organisme peuvent empêcher de découvrir le carbonate alcalin formé après l'absorption du sel de Seignette : par exemple, l'état pathologique déterminé par le développement outré de matières acides, la dyspepsie acide, la goutte, le diabète, etc. Mais ces cas particuliers ne peuvent échapper aux expérimentateurs.

Citrate de magnésie. — La limonade magnésienne, dont le citrate de magnésie forme la base, est un purgatif agréable, et, par cela même, très employé de nos jours.

Ce médicament purge par sapidité et par absorption endosmotique, comme les matières salines dont nous venons de parler ; en outre, une notable partie de citrate acide soluble arrive en nature jusque dans les intestins, y rencontre des alcalis qui s'emparent de son excès d'acide, précipitent la magnésie à l'état de citrate neutre insoluble, et déterminent un second effet purgatif par irritation locale.

Cette explication n'est pas purement théorique ; nous avons pu nous assurer que les évacuations déterminées par la limonade magnésienne, d'abord séreuses, devenaient ensuite blanchâtres et féculentes, par la présence du citrate neutre de magnésie insoluble.

Manne. — La manne, purgatif très doux, n'agit que par sa mannite, comme M. Magendie l'a démontré, contrairement à l'avis des thérapeutistes, qui attribuaient à la matière mucoso-sucrée le principe énergique. Aussi la manne grasse passait-elle pour plus purgative que la manne en sortes, et surtout que la manne en larmes ; ce qui n'est pas exact, car la manne et la mannite, essayées comparativement comme purgatif, donnent les mêmes résultats lorsqu'elles sont prises à doses proportionnellement égales.

La manne purge par sapidité et par endosmose. L'absorption qui suit l'endosmose fait passer dans l'urine une grande quantité de mannite qu'il est facile de recueillir.

On voit donc que, par la similitude de leur action, la manne et les purgatifs salins doivent être placés sur le même rang, ce que la pratique médicale avait indiqué depuis longtemps.

Purgatifs solubles non coagulants agissant par sapidité seulement.

Colchique. — Le colchique d'automne , ainsi que certaines autres plantes de la même famille, renferme la vératrine, principe analogue aux alcalis organiques et doué d'une saveur excessive ; c'est cette saveur qui est la cause de l'action purgative. Mais on doit faire de ces médicaments un usage très modéré, parce que, à dose un peu élevée, ils deviennent toxiques.

Les résultats curatifs obtenus au moyen du colchique dans quelques maladies, comme la goutte, le rhumatisme, etc., ne peuvent être uniquement attribués à sa vertu purgative ; ils dépendent beaucoup des effets dynamiques qui suivent l'absorption du médicament. Ce que nous venons de dire du colchique s'applique en tous points aux préparations ayant la coloquinte et l'élatérium pour base : ce sont des purgatifs dangereux dont l'action

dynamique doit toujours être prise en sérieuse considération.

Aloès. — L'aloès est un suc végétal dont la nature
chimique n'a pas encore été bien déterminée, mais dont
les propriétés médicales ont été parfaitement constatées.

Doué d'une amertume insupportable, il purge d'abord
en stimulant la muqueuse par sa sapidité si prononcée, et
ensuite en se dissolvant dans les alcalis du suc intestinal.
Ce dernier effet, beaucoup plus prononcé que le premier,
détermine, par cette action toute locale, les flux du sang
qui suivent l'administration de ce médicament à une dose
un peu forte et continue. Mais les évacuations mêlées de
sang ne sont pas dues à ce purgatif spécial, comme on le
pense généralement ; elles peuvent être déterminées par
toutes les matières dont l'action se porte particulièrement
sur le gros intestin, par toutes les résines, et même par
l'huile de ricin.

Nous disons que l'aloès doit purger par absorption
après s'être dissous dans les alcalis des intestins à la
manière des résines que nous allons étudier ; en effet,
l'aloès, en partie soluble dans l'eau, laisse un résidu
insoluble, nommé apothème, qui ne possède plus de
saveur, mais qui se dissout dans les alcalis, et acquiert
alors une saveur très prononcée.

Aussi avait-on remarqué qu'il ne purge qu'au bout
d'un certain temps, tandis que tous les composés entièrement solubles sont toujours très prompts à amener la
purgation. Ce qui vient à l'appui de notre opinion, c'est
que l'aloès des Barbades contenant beaucoup plus d'apothème que les autres espèces, est aussi beaucoup plus actif.

Purgatifs insolubles rendus solubles par les alcalis de l'économie.

Résines en général. — La plupart des résines purgatives sont employées en médecine depuis un temps presque immémorial, et cependant leur action physiologique est loin d'avoir été convenablement appréciée, ainsi que le témoigne l'incertitude des auteurs sur le rang qu'il convient de leur assigner dans une classification méthodique des purgatifs ; en effet, si le plus grand nombre des thérapeutistes placent les évacuants résineux au nombre des drastiques les plus énergiques, quelques praticiens les considèrent, au contraire, comme des agents médicamenteux inoffensifs : or, la vérité est entre ces extrêmes, ainsi que nous allons le démontrer.

Ces médicaments cheminent dans toute la partie supérieure du tube digestif sans produire aucun effet, et ne commencent à agir qu'à leur arrivée dans la partie inférieure du tube intestinal. Là ils trouvent des matières alcalines qui, opérant leur dissolution, leur permettent de développer leur action purgative. Aussi les résines les plus électro-négatives, celles qui jouent le rôle d'acides par rapport aux bases, telles que le jalap, la gomme-gutte, etc., sont celles qui ont le plus d'action. Les résines déterminent rarement des nausées et des vomissements, parce qu'elles ne trouvent pas de dissolvants dans la cavité stomacale, ordinairement acide ; tandis qu'arrivées dans les intestins, elles se dissolvent en tout ou en partie, et produisent, par leur absorption, des coliques et des tranchées quelquefois très vives. Tant qu'elles ne rencontrent pas de sucs alcalins, elles demeurent insolubles et immiscibles à l'eau.

Leur saveur âcre et mordicante a été niée, parce qu'elle ne peut devenir sensible que par un contact prolongé avec la salive, qui fournit alors les alcalis nécessaires à la dissolution ; mais si les résines sont administrées avec un peu de matière alcaline, elles développent immédiatement sur la muqueuse buccale une sensation d'âcreté insupportable, prenant fortement à la gorge, et tout à fait analogue à celle des euphorbiacées.

Il est donc indispensable, pour obtenir des résines leur maximum d'effet thérapeutique, de suivre les préceptes que nous avons déjà indiqués ailleurs, et que nous rappelons ici :

« 1° Il ne faut jamais associer les résines avec des acides, ni même avec des substances organiques très aisément acidifiables.

» 2° On doit tâcher de leur faire franchir le pylore le plus tôt possible, en ingérant immédiatement après leur administration deux ou trois verres d'eau, ou d'infusion théiforme non sucrée, ou de bouillon gras coupé.

» 3° On supprimera ensuite toute espèce de boisson pendant plusieurs heures. »

Comme les sucs intestinaux ne peuvent fournir qu'une certaine quantité déterminée d'alcalis pour dissoudre les purgatifs résineux, il en résulte que si la dose ingérée est supérieure à celle qui peut être dissoute, tout l'excédant aura été donné en pure perte. Ainsi s'expliquent les faits observés par M. Willemin, qui a constaté que la résine de scammonée et celle de jalap ne produisent pas plus d'effet à forte dose qu'à dose modérée.

Les résines, avons-nous dit, ne développent leurs propriétés que dans un milieu alcalin; aussi n'agissent-elles point sur l'estomac, dont la réaction est ordinairement acide. Mais qu'on les associe à des composés alcalins, au savon, par exemple, elles produiront à coup sûr des nausées et des vomissements. C'est ce que M. Willemin a constaté pour la scammonée, et ce que nous avons retrouvé pour le jalap, etc.

Si, au contraire, l'alcalinité normale de nos humeurs est diminuée, il peut se faire que les résines ne trouvent pas, même dans l'intestin, la quantité d'alcali nécessaire à leur dissolution complète : leur action purgative sera très faible dans ce cas. Ainsi s'explique l'inefficacité des purgatifs résineux dans le diabète, la goutte, la gravelle urique, ou même après une diète prolongée.

Les expériences relatives à l'application de divers purgatifs sur la peau dénudée ont entraîné M. Bretonneau à une explication erronée. De ce que les drastiques résineux ne déterminent, dans ce cas, aucune action irritante locale, cet éminent médecin a conclu qu'ils agissaient dans les voies digestives, non par irritation locale directe, comme les euphorbiacées, mais par sympathie sur le système nerveux et réaction sur la membrane muqueuse. Si M. Bretonneau, dans ses expériences, avait employé les résines mêlées aux alcalins qui leur sont nécessaires pour opérer leur dissolution et leur absorption, il aurait pu constater sur la peau dénudée une irritation des plus manifestes.

De cette discussion il résulte : 1° Que les purgatifs résineux portent spécialement leur action sur le gros intestin, comme on l'a toujours remarqué, en raison des sucs alcalins propres à leur dissolution, et existant seulement à la partie inférieure du tube digestif ; 2° que ces alcalis ne peuvent, par leur quantité bornée, saturer qu'une certaine masse de résine ; qu'ils ont, par conséquent, une limite d'action, ce qui explique comment une dose plus élevée de médicament résineux n'ajoute pas à l'intensité de leur effet ; 3° que l'association des acides aux corps résineux est, sinon nuisible, du moins inutile ; 4° que l'addition d'une certaine quantité d'alcali rend, au contraire, leur action plus énergique et plus prompte en leur permettant d'être absorbés en plus grande quantité ; 5° mais que l'addition d'alcali n'est pas toujours convenable, parce qu'elle donne lieu à des nausées et des vomissements qui, généralement, ne se présentent pas quand les résines sont administrées seules.

C'est pour cette raison que les résineux n'exercent pas, comme les autres drastiques, d'influence fâcheuse sur les fonctions digestives ; ils traversent la plus grande partie du tube intestinal sans se dissoudre, et ne commencent à agir que dans la partie du canal digestif où l'absorption des matières alimentaires est à peu près nulle. Ils constituent donc un groupe tout à fait distinct dont les effets sont plus doux, et surtout plus limités que ceux de l'huile de croton tiglium, par exemple, qui exerce son action sur toute la longueur du tube intestinal.

Huile de ricin. — La composition intime de l'huile de

ricin n'est pas assez connue pour permettre de déterminer son action sur l'économie. A cet égard, on est
réduit à des conjectures basées uniquement sur des analogies. En effet, on peut attribuer la vertu purgative de
cette huile : 1° à un acide volatil analogue à l'acide crotonique de l'huile de croton tiglium ; 2° à une matière
résineuse d'une grande âcreté, et caractéristique de toute
la famille des euphorbiacées ; 3° à un principe qui lui est
propre.

Quant à l'acide analogue à l'acide crotonique, il est
tellement volatil, qu'il n'en reste pas de trace dans l'huile,
comme l'a montré M. Guibourt. Cependant l'existence
d'un pareil principe viendrait confirmer l'analogie avec le
croton tiglium, qui touche le ricin de si près dans la
chaîne naturelle des végétaux.

De même que les résines, l'huile de ricin nécessite,
pour sa dissolution et son absorption, l'intervention des
alcalis ; or, elle ne trouve ces alcalis que dans la portion
inférieure du tube digestif. Elle agit aussi bien à petite
qu'à grande dose, parce que la quantité saponifiée par les
alcalis est limitée et indépendante de la proportion d'huile
ingérée. D'après ces motifs, nous avions depuis longtemps prescrit comme suffisante la dose de 15 à 20 grammes, sans savoir que MM. Chomel et Blache étaient arrivés par la pratique au même résultat.

Il se pourrait cependant que la portion d'huile excédante qui n'a pas été saponifiée agît sur la muqueuse intestinale comme irritant mécanique : mais cet effet est trop
peu important pour que l'on ne cherche pas, par des doses
faibles, à diminuer le dégoût qu'inspire ce médicament,

Nous recommandons le choix d'une huile récemment préparée ; l'huile de ricin rancit très promptement au contact de l'air, et acquiert un goût insupportable qui excite des nausées. On peut dire, quant à la saveur, que l'huile de ricin fraîche est à celle qui a vieilli, comme le beurre frais est au beurre rance.

Ce médicament est encore moins désagréable, mêlé à un liquide chaud qui masque sa viscosité dégoûtante.

Terminons en parlant de l'action thérapeutique des semences de ricin.

Il résulte, pour nous, d'un grand nombre d'expériences, que ces semences ont beaucoup plus d'énergie que l'huile même : 10 grammes dans une potion émulsionnée ont déterminé un effet plus violent que le plus puissant éméto-cathartique ; 5 grammes ont provoqué vingt-huit vomissements et dix-huit évacuations alvines ; 1 gramme, et même 20 centigrammes, donnent ordinairement lieu à de nombreuses évacuations par le haut et par le bas. Une pareille action avec une petite dose est évidemment due à un principe tout à fait distinct, sans doute à cette résine âcre qui ne passe dans l'huile qu'en si minime quantité.

Purgatifs insolubles devenant absorbables par leur combinaison avec les chlorures alcalins de l'économie.

Calomel (protochlorure de mercure). — Outre les propriétés altérantes et spécifiques qui leur sont propres, les mercuriaux exercent sur l'économie animale une action purgative manifeste. De toutes les préparations mercurielles usitées en médecine, celle qui est le plus fréquemment employée à l'état de purgatif, c'est le protochlorure ou calomel.

Or, le calomel est insoluble et incapable d'effectuer la moindre purgation par irritation locale ou de contact, à cause de la faible dose à laquelle on l'administre ; à quels phénomènes spéciaux son action évacuante doit-elle être rapportée ?

Déjà, en 1842, nous avons résolu cette question dans un travail sur les mercuriaux, travail qui a obtenu l'approbation de M. Dumas, et celle non moins précieuse de Berzelius (1), et dont voici les principaux résultats :

1° Toutes les préparations mercurielles employées en médecine donnent lieu, dans l'économie animale, à une certaine quantité de sublimé corrosif, en lequel résident leurs propriétés thérapeutiques toxiques.

2° Cette transformation s'effectue par les chlorures alcalins que nos humeurs renferment.

3° La proportion de bichlorure de mercure formée est en rapport avec la quantité de chlorures alcalins existant dans nos organes, et plus encore en rapport avec la nature chimique du composé mercuriel ingéré ; car l'ex-

(1) « M. Mialhe a fait un beau travail sur les chlorures alcalins, qui » prouve que non-seulement le chlorure mercureux, mais aussi le métal » lui-même et toutes ses combinaisons, possèdent une grande tendance » à former avec les chlorures alcalins des sels doubles, composés de » chlorure mercurique et d'un chlorure alcalin, dont les quantités va- » rient selon les circonstances et selon la composition différente des » combinaisons de mercure. Ce Mémoire mérite toute l'attention des » praticiens. » (Berzelius, *Rapport annuel sur les progrès de la chimie*, 1843.)

périence démontre que les deutosels sont transformés immédiatement en sublimé corrosif, tandis que les protosels doivent d'abord passer à l'état de protochlorure pour produire, par une réaction secondaire, une certaine quantité de bichlorure.

§. — Appliquant au calomel les lois qui précèdent, nous disons : *Le calomel n'acquiert de propriétés médicales qu'en se transformant en sublimé corrosif.*

La transformation du calomel en sublimé est due à l'action des chlorures sodique et ammonique répandus dans toute l'économie animale. Mais comme ces chlorures ne sont pas concentrés en un seul point, et n'affluent qu'en petite proportion dans chaque partie du tube digestif, ils ne peuvent transformer le calomel en sublimé corrosif que partiellement et successivement. La quantité de bichlorure de mercure formé n'est donc pas en rapport avec celle du calomel ingéré, mais bien avec la quantité des chlorures alcalins réagissants. Plus il y aura de chlorures, plus il se formera de sublimé, et des expériences précises ont démontré que la proportion du chlorure mercurique produite est toujours en raison directe de la concentration de la liqueur chlorurée. Il s'ensuit que, pendant l'administration du calomel, l'ingestion d'une grande quantité de boisson aqueuse doit nécessairement nuire aux réactions chimiques intra-viscérales.

A l'air libre, les chlorures alcalins et le calomel, mis en présence, produisent trois fois plus de sublimé que lorsqu'ils agissent hors du contact de ce fluide élastique, parce que, pour chaque équivalent d'oxygène absorbé, un équivalent de chlorure mercurique prend naissance, et parce que chaque équivalent de chlorure mercurique formé donne, par double décomposition avec le chlorure alcalin, un équivalent de sublimé et un équivalent d'oxyde alcalin.

Comme, dans l'économie, le calomel se trouve en présence d'air, de chlorures alcalins, et même d'acides qui favorisent encore la réaction, tout concourt à l'accomplissement de la transformation en sublimé.

§. — Puisque le calomel n'agit que par le sublimé auquel il donne naissance, il nous sera facile d'expliquer une foule d'anomalies qui se présentaient dans l'action de ce médicament. L'intensité de son effet dépend de la quantité de chlorures alcalins existant dans l'économie, et nous pouvons d'avance déterminer l'influence que doivent apporter le régime des individus, la diète, l'ingestion d'une quantité plus ou moins considérable de substances salées, etc.

Ainsi les enfants en bas âge supportent très bien une forte dose de calomel sans éprouver une purgation plus marquée qu'avec une petite dose, parce qu'ils ont leurs humeurs, par suite de l'alimentation lactée, très peu riches en sel marin, élément nécessaire à la transformation mercurique.

Il en est de même pour les malades depuis longtemps à la diète, et dont les humeurs sont déchlorurées par suite de la quantité de boissons aqueuses ingérées.

Mais les grands mangeurs de sel, les habitants des côtes maritimes, les marins, ne peuvent prendre de calomel, même en petite proportion, sans ressentir très promptement les accidents mercuriels les plus prononcés, parce que leur économie sursaturée de chlorures permet la transformation de quantités considérables de calomel en sublimé.

Ces résultats ont été confirmés par les expériences cliniques de MM. les docteurs Louis, Godefroi (de Caen), etc.

Comme contre-partie des observations dans lesquelles on voit une masse de calomel rester sans action toxique, nous dirons un mot de l'emploi du calomel à doses réfractées ou fractionnées, d'après la méthode du docteur Law, méthode expérimentée depuis par M. Trousseau, qui a pu en reconnaître l'efficacité. On administre d'heure en heure un douzième de grain de calomel ; douze à vingt doses suffisent pour déterminer presque infailliblement chez le malade un ptyalisme considérable et une super-purgation marquée. On comprend aisément que ce mode d'administration du calomel doit singulièrement faciliter son passage à l'état de sublimé : en effet, ce sel n'arrive qu'en minime proportion en présence de l'air et des humeurs chlorurées de l'économie, qui se renouvellent constamment, et sont assez abondantes pour transformer tout le médicament en bichlorure.

§. — D'après cette transformation constante de calomel en proportion plus ou moins grande de sublimé corrosif, qui seul agit sur l'économie, il paraîtrait logique de substituer au protochlorure de mercure une quantité équivalente de bichlorure ; cependant cette substitution n'est pas possible :

1° Parce que le bichlorure, pris à l'intérieur, est un irritant des plus vifs ; aussi a-t-il été dénommé par les anciens médecins, sublimé corrosif, tandis qu'ils réservaient au protochlorure la désignation de mercure doux ;

2° Parce que, outre son effet irritant, le bichlorure administré à petites doses est immédiatement absorbé dans l'endroit même de contact avec la muqueuse, qu'il coagule et désorganise, et, par conséquent, ne peut arriver jusqu'aux intestins pour y déterminer une action purgative ;

3° Parce que, administré à dose suffisante pour provoquer la purgation, il deviendrait vénéneux.

En donnant le calomel, on ne s'expose à aucun des accidents qu'entraîne l'ingestion du sublimé, et l'on arrive sans danger au résultat que l'on se propose, la purgation. La transformation lente et successive qui s'opère dans le sein de nos organes rend impossible toute action locale désorganisatrice, car, dès sa formation, le sublimé s'unit aux chlorures alcalins et aux éléments albumineux du sang pour constituer un chlorure double, bien différent, par ses effets, du sublimé libre de toute combinaison.

Bien qu'il ne puisse plus agir comme coagulant, le calomel conserve cependant une faculté irritative assez marquée pour que l'on ait dû le proscrire dans le traitement des phlegmasies intestinales.

§. — Après avoir montré quel est le mode d'action du calomel au sein de l'économie animale, nous devons constater l'effet qui suit son emploi, c'est-à-dire la coloration des selles. De tout temps on a remarqué qu'après l'in-

gestion du calomel, les selles prenaient une couleur verte
caractéristique. Ce fait, signalé par tous les auteurs, est
indiqué de la manière suivante par MM. Trousseau et
Pidoux : « Les matières fécales prennent, dit-on, une
» teinte verte analogue à celle des herbes cuites. Cette
» teinte suit constamment l'ingestion du calomel, et nous
» l'avons toujours observée. Les premières évacuations
» sollicitées par le médicament ne diffèrent en rien,
» quant à la couleur, des selles que provoquent les autres
» agents purgatifs. Mais, quand le calomel a traversé le
» canal alimentaire, les fèces prennent une couleur verte
» analogue avec celle des épinards. Cette couleur, quel-
» quefois, ne s'observe pas le jour même de l'administra-
» tion du calomel, et cela arrive quand l'effet du purgatif
» a été peu prononcé, et alors le lendemain, et même le sur-
» lendemain, on voit des évacuations vertes qui conservent
» ce caractère particulier pendant deux ou trois jours. »

Le fait de cette coloration n'est pas particulier au calomel, il appartient aussi au sublimé, et, sans aucun doute,
à tous les autres mercuriaux ; ainsi, dans tous les cas
d'empoisonnement par le sublimé cités par Orfila dans
son *Traité de toxicologie*, il est constamment question de
déjections alvines d'une teinte verte bien prononcée et de
vomissements bilieux abondants. Cette coloration des
selles et des matières vomies est le résultat de l'action
toute spéciale du calomel et des mercuriaux sur l'appareil
sécréteur de la bile, action tellement bien reconnue, que
MM. Trousseau et Pidoux disent encore : « L'efficacité du
» mercure dans les maladies du foie est devenue, en
» quelque sorte, triviale. »

Ajoutons à l'autorité de tels juges l'opinion du docteur Higgins : « Le calomel, dit-il, exerce sur la sécrétion » biliaire une influence que nul autre médicament n'est » en état de reproduire. »

Cette spécificité d'action doit s'expliquer ainsi : Les mercuriaux excitent, non-seulement les sécrétions des membranes muqueuses, mais encore celles des appareils glanduleux. C'est pourquoi, sous leur influence, on voit se produire la supersécrétion du foie, et, consécutivement, la supersécrétion des glandes salivaires.

§. — Pour compléter l'histoire du calomel, il reste à fixer les doses auxquelles il doit être administré.

Tout en rappelant les doses fractionnées de 1/12ᵉ de grain, réservées pour des cas particuliers, et les doses énormes ingérées sans grand danger dans des circonstances spéciales, nous maintenons que le calomel doit être administré en quantité très limitée, parce que, d'une part, les petites proportions déterminent les mêmes résultats, et, d'autre part, qu'une trop grande quantité pourrait devenir nuisible dans le cas où elle viendrait à être tolérée dans le tube digestif, pour être ensuite convertie peu à peu en sublimé. Une dose de 25 à 30 centigrammes est toujours suffisante, et il est convenable de l'associer à un purgatif résineux pour assurer la purgation et déterminer l'expulsion de l'excès du calomel non employé.

Nous insistons sur les associations du calomel avec les résineux, tels que la scammonée, le jalap, l'aloès, parce que ces purgatifs ajoutent à l'effet du sel mercuriel en agissant pour leur compte et en entraînant avec eux le calomel qui pourrait rester dans l'économie comme un corps d'abord inerte, ensuite dangereux.

Purgatifs insolubles devenant absorbables par leur combinaison avec les acides de l'économie.

Magnésie calcinée. — La magnésie purge de deux manières : par absorption et par irritation locale. Son premier mode d'action est dû à la solubilité qu'elle acquiert en se combinant avec les acides du suc gastrique. Elle est absorbée, mais en raison de la quantité seule qui a été salifiée; on doit donc, lorsqu'on administre la magnésie comme purgatif, éloigner toutes les causes qui pourraient diminuer la quantité ou la faculté dissolvante des acides de l'estomac.

Le sucre facilite, augmente même l'action de ce purgatif, en donnant naissance à une certaine quantité d'acide lactique.

Si l'économie est saturée d'acides, comme dans le pyrosis, la goutte, le diabète, etc., la magnésie agit bien plus promptement et avec plus d'intensité. Si, au contraire, les humeurs de l'économie sont devenues plus alcalines, soit par l'usage de l'eau de Vichy, du bicarbonate de soude, soit par toute autre cause, la magnésie ne peut pas être salifiée, et ne produit d'évacuations que par son action irritante locale, comme le ferait le verre pilé, le charbon, etc.

La coloration blanche des selles, qui sont comme féculentes et pultacées après l'ingestion de cet oxyde, est due à la magnésie elle-même, qui, ne trouvant pas assez d'acide pour se dissoudre entièrement, passe en partie dans les intestins, puis est rejetée avec les matières fécales.

L'effet purgatif de la magnésie par irritation locale de la muqueuse intestinale nous est encore prouvé par la durée de la purgation qui se prolonge vingt-quatre ou trente-six heures après son ingestion.

Ce que nous venons de dire de la magnésie peut être appliqué à son carbonate. Seulement, à poids égal, celui-ci doit être moins actif, puisqu'il contient moins de principe salifiable.

Outre son action évacuante, la magnésie opère une heureuse influence sur l'estomac, en saturant l'excès d'acide que cet organe peut contenir; elle remplit ainsi deux indications utiles, souvent corrélatives l'une de l'autre.

Effets généraux de la purgation.—La purgation a deux actions bien distinctes : la première, locale et immédiate; la deuxième, dynamique et éloignée.

L'action locale ne s'étend pas au delà du lieu de contact, ni au delà du temps nécessaire à l'absorption des médicaments; elle a pour effet de chasser des intestins les matières alvines, résidu de tout ce qui a résisté à la digestion, et d'exciter fortement la sécrétion des glandes et des membranes muqueuses par la vive irritation qu'elle produit; par suite de cette irritation, le sang est appelé dans les parois intestinales, il vient sourdre à travers le tissu des membranes, mais il n'y passe pas tout entier; une sorte de triage de ses éléments permet seulement à l'eau, aux matières salines, à l'albuminose, de filtrer à travers le tissu, et retient la fibrine, l'albumine et les globules.

On a prétendu que, sous l'influence des purgatifs, une partie de l'albumine du sang passait dans le canal intestinal ; cette assertion, soutenue encore dernièrement par MM. Poiseuille et Bouchardat, n'est pas exacte. Ce qui a été considéré comme albumine n'est autre que l'albuminose, produit ultime de la digestion des matières albuminoïdes. Il est très facile de s'en assurer par les réactions chimiques. L'acide nitrique coagule immédiatement l'albumine partout où elle se rencontre ; or, l'acide nitrique ne donne lieu à aucun précipité dans les liquides, recueillis et filtrés, résultat de la purgation ; le tannin, au contraire, y détermine un précipité abondant dû à sa combinaison avec l'albuminose.

Si l'albumine a pu être constatée dans les déjections alvines, c'est dans des conditions pathologiques toutes spéciales, dans l'œdème, l'anasarque, les flux hémorrhoïdaires ; autrement, la purgation n'enlève au sang que l'albuminose, l'eau et les sels : et c'est en entraînant l'albuminose, principe essentiellement réparateur du sang, qu'elle active les fonctions digestives et développe le besoin de manger, si toutefois les voies digestives sont restées intactes.

La purgation entraîne aussi les principes putrides, éléments fermentifères, sans aucun doute, qui, dans certains cas, infectent l'économie et déterminent l'altération du sang lui-même. C'est ce qui explique l'heureuse influence des purgatifs dans toutes les affections typhoïques.

L'action dynamique et éloignée s'exerce sur toute la

constitution, et varie suivant le médicament administré. Les substances salines qui ne sont ni coagulantes ni toxiques ne laissent après leur effet purgatif aucun malaise, aucune fatigue ; elles n'ont d'autre action dynamique que d'alléger l'économie, d'exciter les sécrétions, d'aviver les fonctions digestives; mais certains purgatifs déterminent secondairement des effets dynamiques très prononcés. Ainsi :

Le calomel cause généralement malaise, lassitude, abattement, affaiblissement des extrémités.

La vératrine agit fortement sur l'organisme, produit un ralentissement très grand de la circulation, moindre de la respiration, donne lieu à des roideurs tétaniques.

Le sulfate de quinine, qui, à hautes doses, agit à la manière des évacuants, exerce sur toute l'économie une action dynamique spéciale d'où résultent le ralentissement de la circulation, de la respiration, l'abaissement de la température, la stupeur des sens, la prostration générale.

L'huile de crotontiglium administrée pendant longtemps donne naissance à des pustules, à des ulcérations dont le développement peut s'accompagner des accidents les plus intenses des phlegmasies intestinales.

Il est donc bien important de distinguer ces différents effets des évacuants, de ne point administrer ces médicaments au hasard, et d'en faire un choix rationnel fondé sur la modification qu'on veut imprimer à l'organisme.

Résumé et corollaires. — Nous avons démontré que les purgatifs agissaient en raison de leur solubilité, de leurs propriétés coagulantes ou non coagulantes, de l'endosmose, de la sapidité, des réactions chimiques secondaires qui ont lieu dans l'économie en présence des acides, des alcalis, des chlorures alcalins ; enfin, en raison d'une irritation locale toute mécanique de la part des substances insolubles.

Cette classification nous permet d'expliquer la préférence accordée par l'expérience à tels ou tels purgatifs pour certaines maladies, et de préciser même l'emploi qu'on devrait en faire suivant qu'on veut agir sur l'estomac ou les intestins, ou sur les deux à la fois, ou en même temps sur l'économie tout entière.

S'il s'agit de débarrasser promptement le tube intestinal du résidu des digestions, on doit employer les médicaments actifs par eux-mêmes, ceux qui n'ont besoin d'aucune intervention chimique pour produire leur action : tels sont l'huile de croton, les sulfates de soude, de magnésie, le sel de Seignette ; en un mot, tous les purgatifs salins. Dans ce cas, leur emploi est d'autant mieux indiqué, que souvent l'état de plénitude des intestins retarde et empêche l'effet des matières résineuses.

Si, au contraire, une action lente, continue, est nécessaire, comme dans les congestions cérébrales, la méningite ou autres maladies affectant particulièrement les centres nerveux, le calomel, les résines, les huiles, qui peu à peu se convertissent dans l'économie en substances purgatives, rempliront parfaitement le but qu'on se propose.

Dans les cas particuliers où l'estomac souffre d'un excès d'acide, comme dans le pyrosis, etc., la magnésie convient doublement, d'abord en saturant les acides de l'estomac, puis en agissant comme purgatif doux. Pendant la grossesse, et dans les mêmes circonstances, le lait de magnésie rendra des services analogues. Au contraire, l'estomac est-il irrité, enflammé, veut-on éviter les vomissements ou éloigner les substances irritantes, comme l'huile de croton, ou trop sapides, comme les solutions salines très concentrées, on les remplacera par les médicaments qui n'exercent aucune action sur l'estomac, et ne commencent leur effet purgatif que dans les intestins : telles sont les résines, les huiles.

Si les intestins eux-mêmes sont affectés, comme dans la fièvre typhoïde, on emploiera un purgatif doux, agissant par lui-même sans produire de coliques, le sulfate ou le citrate de magnésie, la manne, etc., et non pas les substances irritantes dont l'effet se ressent dans tout le tube digestif, et spécialement sur les intestins.

Dans les maladies de foie, le calomel, qui a été reconnu comme exerçant une action toute spéciale sur la sécrétion de cet organe, sera très efficace et impérieusement exigé.

Lorsqu'il s'agit de modifications générales de l'économie, le calomel, qui n'a d'action que par le sublimé auquel il donne naissance, doit être le purgatif le plus convenable pendant le traitement des maladies syphilitiques et des affections de la peau qui réclament l'usage du bichlorure de mercure.

Le protosulfure de mercure administré pendant le cours des fièvres typhoïdes ne doit les succès relatés par M. Serres qu'à l'action générale des mercuriaux sur l'économie, à l'effet purgatif et à l'effet dynamique qui ont ensemble chassé et neutralisé le poison typhoïque ; par conséquent, il peut être avantageusement remplacé par le calomel, dont la composition chimique est plus constante, et dont les effets thérapeutiques sont, par cela même, plus certains.

Le sel de Seignette sera indiqué dans les maladies de la peau qui réclament les alcalins, puisque sa combustion au milieu des organes donne lieu à des carbonates alcalins qui ajoutent à l'efficacité du traitement.

Influence des humeurs vitales, de l'alimentation, de la diète. — Après avoir discuté le choix du purgatif pour l'état de santé ou pour divers états pathologiques, il est nécessaire d'étudier l'influence que la composition anormale des humeurs, l'alimentation, la diète, les habitudes, peuvent exercer sur l'administration de tel ou tel médicament.

Lorsque les humeurs sont acides dans presque toute l'économie (comme dans la gravelle urique, la goutte, le diabète), les matières salines, la magnésie surtout, acquièrent leur maximum d'intensité, et ont l'avantage de purger, et de détruire en partie l'excès d'acidité, tandis que les matières résineuses n'exercent que peu ou point d'action.

Ces mêmes matières résineuses ou huileuses qui ont besoin de l'intervention des alcalis, acquièrent à leur tour leur maximum d'intensité quand les humeurs alcalines dominent dans l'organisme, et quand alors la magnésie est peu ou point efficace.

L'alimentation qui a pour effet d'acidifier les liquides de l'économie quand elle est animale, et de les alcaliser quand elle est végétale, doit, par cela même, être prise en grande considération.

La diète, en obligeant le corps à vivre à ses propres dépens, à puiser en lui-même sa nourriture, donne lieu à une combustion qui détermine une modification générale. Aussi, pendant et après la diète, les résines ont-elles très peu d'effet, tandis que les purgatifs salins produisent les meilleurs résultats.

D'autre part, pendant la diète et la maladie, l'ingestion continue de boissons aqueuses tend à délayer et à diminuer la proportion des chlorures alcalins de l'économie ; alors le calomel ne donne lieu à aucun phénomène d'évacuation ou d'empoisonnement, tandis que, dans l'organisme saturé de sel marin, il peut même, en petite proportion, devenir actif et dangereux.

Influence de la proportion d'eau ingérée. — La proportion d'eau ingérée avant, pendant et après l'administration des médicaments, exerce une très grande influence sur leur résultat. Ainsi les composés salins (non coagulants) en dissolution concentrée, purgent par endosmose et par sapidité. Au contraire, en dissolution très étendue, ils cessent d'être purgatifs et deviennent diurétiques. Ici l'abondancé du liquide, en diminuant la densité et la saveur de ces composés, leur enlève la plus grande partie de leur effet purgatif.

La magnésie, qui a besoin des acides de l'estomac pour se dissoudre et être absorbée, est également entravée dans ses résultats par une trop grande quantité d'eau. En effet, cette eau affaiblit les acides propres à la formation du sel, et, d'autre part, elle soustrait la magnésie à l'action des acides en la chassant trop rapidement de l'estomac; aussi, après l'absorption de beaucoup d'eau pendant l'administration de la magnésie, on constate que les évacuations sont moindres et qu'elles se font beaucoup plus longtemps attendre.

Il en est de même pour le calomel, dont la transformation en sublimé décroît d'une manière remarquable sous l'influence d'un excès d'eau.

Au contraire, les résines, les huiles, qui nécessitent, pour leur dissolution et leur absorption, l'intervention des alcalis des intestins, exigent l'ingestion d'une certaine quantité d'eau qui, loin d'atténuer leur action, est utile pour les chasser de l'estomac et leur faire franchir rapidement le pylore.

Ces faits prouvent que la quantité d'eau ingérée n'est pas indifférente pendant l'administration des purgatifs, et qu'il faut tenir compte des réactions chimiques que chacun d'eux doit subir.

Les boissons aqueuses n'ajoutent point, selon nous, à l'action évacuante; les infusions théiformes, le bouillon aux herbes, qui semblent rendre les évacuations plus abondantes, sont simplement rejetés en nature, ne pouvant plus être absorbés à cause de l'état d'éréthisme momentané de l'intestin.

Association des purgatifs. — Nous devons parler maintenant de l'association des purgatifs entre eux et de la valeur qu'on doit accorder aux médicaments qui en résultent.

Les anciens médecins, s'étayant des idées singulières qu'ils s'étaient formées sur la cause des maladies et sur l'effet curatif des médicaments, furent les premiers qui associèrent plusieurs substances. Comme à chacune d'elles ils attribuaient des propriétés spéciales, et comme ils étaient persuadés qu'elles s'adresseraient invariablement, dans le corps humain, à telle ou telle partie; ils avaient distingué les purgatifs suivant leurs effets. Ils nommaient *eccoprotiques* ceux qui faisaient rendre des selles purement stercorales, et *hydragogues* ceux qui amenaient des selles séreuses. Les selles glaireuses étaient dues aux *phlegmagogues*; les selles bilieuses, aux *cholagogues*; les selles vertes ou noires, aux *mélanagogues*; enfin les sécrétions générales étaient produites par les *panchymagogues*. Ce dernier groupe renfermait les purgatifs que nous avons nommés généraux, parce que leur action s'étend tout le long du tube intestinal. Lorsqu'ils voulaient réunir plusieurs effets, ils mélangeaient les substances qui, à leur avis, possédaient les propriétés nécessaires aux résultats multiples qu'ils recherchaient; et souvent ils retiraient de ces associations parfois bizarres des avantages précieux dont nous pouvons aujourd'hui apprécier la valeur. Ainsi l'association du calomel aux matières résineuses est restée en usage en France et surtout en Angleterre, association des plus rationnelles, puisque le premier de ces médicaments nécessite, pour devenir actif, l'intervention des chlorures alcalins, et que les seconds réclament l'intervention des bases alcalines.

L'ancienne médecine noire est aussi un mélange de purgatifs très bien entendu, et malgré sa saveur repoussante, elle est encore fréquemment employée et toujours suivie de bons résultats.

Dans ces associations, on doit bien plus tenir compte de l'effet produit sur telle ou telle partie de l'économie, que de l'abondance de la purgation elle-même. Les mélanges ne sont pas seulement utiles parce qu'ils purgent plus fortement qu'un purgatif seul, mais parce qu'ils agissent sur plusieurs organes à la fois. Ainsi le calomel et le jalap étant administrés ensemble, le calomel porte son action sur la plus grande partie du tube digestif, en s'emparant des chlorures alcalins nécessaires à sa modification chimique, et consécutivement il active la sécrétion biliaire. Le jalap n'agit que dans la partie des intestins où il rencontre des alcalis, et il sert en même temps à l'expulsion de l'excès du calomel ingéré.

Puisque chaque purgatif exerce particulièrement son action sur tel ou tel organe, il serait nuisible de poursuivre pendant longtemps l'usage d'une même substance, car on pourrait donner lieu à de graves accidents. La coloquinte a entraîné la mort, l'huile de croton a déterminé des éruptions intestinales fâcheuses; le calomel, administré à hautes doses et toléré pendant un certain temps dans les voies digestives, a produit consécutivement tous les accidents toxiques qui sont propres au sublimé corrosif. Il faut alors varier l'emploi de ces médicaments, ou mieux encore s'adresser aux purgatifs généraux et peu irritants, tels que les sulfates de soude, de magnésie, le citrate de magnésie, la manne, etc.

Considérations générales. — Avant l'étude des transformations chimiques que subissent les composés introduits dans l'économie vivante, on avait recours, pour l'explication des faits, à une foule d'opinions bizarres, ne reposant sur aucun fondement, sur aucune base solide. Sans parler des humoristes, qui voulaient que la purgation entraînât avec elle toutes les humeurs nuisibles causant les maladies , nous voyons les thérapeutistes d'aujourd'hui expliquer l'effet purgatif par des irritations topiques dont ils ne se rendent nullement compté, ou par des modifications sympathiques du système nerveux dont la réaction se transmettrait particulièrement à la muqueuse intestinale. Pour les uns, la purgation n'a lieu qu'autant qu'il n'y a point absorption du principe actif qui se retrouve alors entièrement dans les déjections alvines. Pour les autres, elle est le résultat d'un phénomène endosmotique qui s'étendrait à tous ces purgatifs.

On peut donc juger combien il est important de connaître l'action intime des médicaments sur l'organisme, et combien il est différent de s'appuyer sur les principes scientifiques que nous cherchons à établir, ou de s'abandonner à des hypothèses erronées et à une routine empirique.

La purgation a une efficacité tellement évidente, que pendant longtemps on en fit un très grand abus ; mais au commencement du siècle dernier elle fut abandonnée et même entièrement proscrite par Broussais et ses disciples, qui, en se privant d'un agent curatif aussi puissant, aidèrent quelquefois aux succès d'un grand nombre de charlatans dont toute la science se bornait à l'heureux emploi des purgatifs. Aujourd'hui cette médication est reprise avec faveur et déclarée par l'expérience très souvent utile et rarement nuisible ; car la purgation, outre son effet immédiat (l'évacuation des matières alvines), détermine encore la déplétion des vaisseaux ; le sang est comme tamisé à travers les membranes intestinales, qui ne laissent passer que l'eau, les sels, l'albuminose et les ferments, et retiennent au contraire les éléments constitutifs ou organisés, la fibrine, l'albumine et les globules. En un mot, le sang subit une véritable concentration, et il perd une partie de ses éléments alibiles ; de là, augmentation de la vitalité, excitation des fonctions digestives appelées à réparer les pertes que l'économie vient de faire.

La purgation est donc plus avantageuse que la saignée, car elle ne prend au sang que les matières que l'alimentation peut lui rendre si facilement, elle lui laisse les principes organisés que la saignée lui enlève. Aussi nous partageons, avec M. Requin, cette conviction que : « Si » la médecine était réduite à l'aveugle emploi d'un seul et » même moyen pour toutes les maladies, et qu'elle eût à » choisir entre la saignée et la purgation, le mal serait » beaucoup moindre d'employer indistinctement celle-ci » plutôt que celle-là (1). »

« En effet, dit Hufeland, la méthode gastrique, celle » qui consiste à purifier le canal intestinal et le système » abdominal, est depuis les temps les plus anciens une » des méthodes fondamentales de la pratique. Elle a survécu à toutes les vicissitudes des temps et des théories ; » et l'on peut dire avec raison que le canal intestinal est, » dans un grand nombre de cas, le champ de bataille où » se jugent les maladies les plus importantes (2). »

(1) Requin, *Thèse de concours.*
(2) Hufeland, *Médecine pratique.*